国防科技大学学术著作出版基金资助

无穷维随机动力系统的动力学

黄建华 郑 言 著

科学出版社
北京

内 容 简 介

　　本书主要介绍几类重要的随机偏微分方程及其随机动力系统的动力学研究成果. 通过对高斯噪声、分数布朗运动和 Lévy 过程驱动随机偏微分方程的随机吸引子及其 Hausdorff 维数估计、随机稳定性、随机惯性流形、大偏差原理、不变测度和遍历性，以及非一致双曲系统的随机稳定性等的研究，系统地介绍了无穷维随机动力系统动力学的研究方法和作者近期的研究成果.

　　本书可供高等院校数学专业高年级本科生、研究生、教师以及相关领域的科研人员阅读参考.

图书在版编目(CIP)数据

无穷维随机动力系统的动力学/黄建华, 郑言著. —北京:科学出版社, 2011
ISBN 978-7-03-030262-5

Ⅰ.无⋯　Ⅱ.①黄⋯②郑⋯　Ⅲ.无限维-动力系统（数学）　Ⅳ.①O19

中国版本图书馆 CIP 数据核字(2011)第 021947 号

责任编辑:赵彦超/责任校对:林青梅
责任印制:徐晓晨/封面设计:王　浩

科 学 出 版 社 出版
北京东黄城根北街 16 号
邮政编码: 100717
http://www.sciencep.com

北京虎彩文化传播有限公司 印刷
科学出版社发行　各地新华书店经销

*

2011 年 2 月第　一　版　　开本：B5(720×1000)
2018 年 6 月第二次印刷　　印张：17
字数：330 000
定价：98.00 元
（如有印装质量问题，我社负责调换）

序

　　近二十年来, 随机非线性偏微分方程及其动力系统问题大量出现在物理、力学、金融、生物等相关领域. 早在 20 世纪 70 年代, Bensoussan, Temam, Pardoux 等就对随机非线性偏微分方程进行了研究, 随机动力系统的研究要晚一些. 1994 —1997 年, Crauel, Flandoli 及 Debussche 等建立了有关随机无穷维动力学理论的基本框架, 德国的 Ludwig Arnold 教授于 1998 年出版了奠基性的著作《随机动力系统》, 数学工作者开始利用随机动力系统的框架来研究随机非线性发展方程解的长期性态, 特别是近十多年来, 随机非线性偏微分方程及其动力系统以及数值计算的研究得到了蓬勃的发展, 不少数学家得到了一系列很有价值的研究结果, 出版了一些很好的著作.

　　对随机偏微分方程解的存在性理论及长时间性态的研究, 主要是从轨道几乎处处的渐近行为和分布意义下的渐近行为两个方面来进行, 并比较不同噪声对系统动力学的影响, 分析出现的新现象和新问题.

　　国防科技大学黄建华和郑言两位老师多年来从事无穷维随机动力系统的研究, 取得了一系列的研究成果, 发表在国内外重要的学术杂志上, 引起了国内外随机动力系统领域学者的重视和关注. 最近, 他们总结了多年来的研究工作, 撰写了《无穷维随机动力系统的动力学》, 对高斯噪声、分数布朗运动和 Lévy 过程驱动随机偏微分方程的随机吸引子及其 Hausdorff 维数估计、随机惯性流形、大偏差原理和遍历性, 以及非一致双曲系统的随机稳定性等进行研究, 系统地论述了无穷维随机动力系统的几何理论和随机稳定性的研究方法和主要结论.

　　我相信, 本书的出版对于从事随机动力系统的理论与应用的研究将具有重要的参考价值.

郭柏灵

2010 年 9 月于北京

前　言

　　最近十多年来, 在流体力学、等离子体物理、非线性光学以及分子生物学等诸多领域的非线性波在随机介质、外力压力湍流和白噪声扰动中传播, 形成了更符合实际的具有不同于确定系统的新现象和新特征. 例如, 噪声影响了孤立子的形状和传播速度, 也在某些条件下, 延缓或防止了"爆破"现象的发生. 在一定条件下, 随机干扰对动力系统建立"有序性"起到了十分积极的作用, 人们也在利用随机因素来控制系统. 例如, 在耗散系统中增大噪声的强度能引起系统的相变使之趋向于平衡态. 在数学理论上, 对随机非线性发展方程的整体解的存在唯一性, 必须建立更为细致也更加复杂的新的估计, 对其无穷维动力系统行为, 如整体吸引子的存在性、维数估计、惯性流形的存在性及其稳定性等提出了不同的条件和要求, 出现了更为复杂的新的情况, 在理论上必须重新加以建立. 目前, 关于这方面的研究尚处在初级和发展阶段.

　　随机动力系统的研究目前已经是国际动力系统领域专家研究的热点和前沿课题, 属核心数学研究领域. 国际上关于随机动力系统动力学研究始于 20 世纪 90 年代, 德国的 Ludwig Arnold 领导的 Bremen 课题小组历经 10 年的研究, 从随机方程入手发展了随机动力系统的基本理论, 并完善了有限维随机动力系统的线性理论, 1998 年出版了奠基性的专著《随机动力系统》, 引起了动力系统领域和随机分析领域的极大关注, 人们开始利用随机动力系统的框架来研究随机非线性发展方程解的长期性态, 并成功地应用到很多领域中. 20 世纪 90 年代, Flandoli, Crauel, Schmalfuss 等建立了随机无穷维动力系统的基本概念和框架, 并对 Burgers 方程、NS 方程、非线性波方程、非线性扩散方程等证明了随机整体吸引子的存在性等. 关于无穷维随机动力系统的动力学研究, 目前主要有: 英国 Warwick 大学的 James Robinson 领导的研究小组、西班牙的 Caraballo 等领导的研究小组、德国的 Crauel 以及意大利的 Flandoli 为代表的研究团队、俄罗斯数学家 Igor Chueshov 关于单调随机动力系统的研究工作; 美国 Illinois 理工学院的段金桥及其合作者关于具有随机动力学边界条件的随机吸引子的研究工作, Illinois 理工学院的周修义和 Auburn 大学的沈文仙关于随机旋转数和随机噪声诱导单调性的研究工作, 美国 Brown 大学的 Rozovskii、美国新墨西哥州矿业科技学院的王碧祥、英国 York 大学的 Brzezniak 及其合作者黎育红等关于无界区域上随机发展方程和部分耗散系统的随机吸引子的研究工作, 杨伯翰大学的吕克宁和 Illinois 理工学院的段金桥关于随机动力系统的不变流形的研究工作. 这些研究工作极大地丰富了无穷维随机动力系统的基本理论, 需要指出的是, 他们的研究工作都是考虑由高斯白噪声驱动的发展方程的动力学性态, 而关于分数布朗运动驱动和非高斯 Lévy 过程驱动随机偏微分方程的解的动力学性态研究较少.

随机动力系统遍历理论的前沿课题是动力系统的随机稳定性研究. 粗略地讲, 动力系统的随机稳定性研究主要确定动力系统和它扰动后所形成的一系列随机动力系统, 以及确定它们的相关遍历性质是否随着扰动的减小而趋于一致. 国际上关于动力系统的随机稳定性研究始于 20 世纪 80 年代, 以色列数学家 Kifer 利用当时先进的随机分析技巧研究了双曲动力系统、一致扩张系统. 随后不久, 法国数学家 Keller 用 Ruelle 算子处理随机分片扩张系统并获得了成功. 他们的研究使当时尚处于模糊状态的随机稳定性概念清晰起来, 弱随机稳定性、强随机稳定性、混合率的健壮性等问题先后得到广泛关注. 国际上关于动力系统的随机稳定性的研究主要有三个学派: 第一个学派采用的是随机分析的办法, 通过对随机动力系统所对应的 Markov 过程的转移概率进行估计来证明弱随机稳定性; 第二个学派采用的是泛函中的扰动办法, 通过考虑转移算子的扰动把谱的稳定性问题和强随机稳定性、混合率的健壮性等问题联系起来, Keller 和 Baladi 关于分片扩张映射的文章被认为是这一方法的标志性文章; 最后一个学派采用的是遍历论的办法, 通过熵扩张等工具来估计随机动力系统的不变测度的聚点是否满足熵公式.

国内随机动力系统的研究是近几年才开始的, 2004 年 3 月 1 日—4 月 15 日, 在中国科学院数学与系统科学研究院晨兴数学研究中心举办了第一次"非自治和随机动力系统"高级研讨班. 后来郭柏灵院士领导的课题组在 Bourgain 空间中研究随机数学物理方程的动力学性态, 以及大气、海洋中的随机演化方程解的渐近行为. 中国科学院数学与系统科学研究院、北京大学、南京大学、四川大学、吉林大学、南京师范大学、上海大学、上海师范大学等的课题研究小组开展对随机动力系统的几何理论研究, 取得一些很好的研究工作, 并指导博士生从事随机动力系统的研究.

本书总结了作者及其合作者近年来在无穷维随机动力系统的动力学方面的研究工作, 主要涉及非光滑区域、初值非光滑、动力学边界条件的随机抛物方程的随机吸引子; 部分耗散系统的随机吸引子及其遍历性; 随机时滞抛物和时滞波方程的随机吸引子与惯性流形等; 分数布朗运动驱动的非牛顿流模型的随机动力学; Lévy 过程驱动的随机 Boussinesq 方程的遍历性及大偏差原理, 最后研究了非一致双曲系统的随机稳定性.

郭柏灵院士、李继彬教授、蒋继发教授和段金桥教授对本书的写作给予了极大的鼓励和支持, 科学出版社的责任编辑为本书的出版付出了辛勤的劳动, 在此表示深深的感谢. 在本书的撰写过程中, 黎育红副教授、王伟副教授、柳振鑫副教授和黄代文副研究员提供了很多参考文献, 为本书的顺利完成提供很多帮助, 在此表示感谢.

　　本书的出版得到了国防科技大学学术著作出版基金和数学学科建设基金的资助, 本书的研究成果得到了国家自然科学基金 (No: 10571175, No: 10971225)、天元基金 (No: 10926096)、留学回国科研启动基金以及国防科技大学基础研究基金 (No: JC0802) 的资助, 在此一并表示感谢.

　　限于作者的水平, 书中难免存在不妥之处, 恳请读者批评指正.

作　者

2010 年 8 月

目　　录

第 1 章 　 几类随机抛物方程的随机吸引子

整体吸引子在研究非线性发展方程的渐近性态中起着重要的作用. 粗略地说, 自治发展方程的整体吸引子是某一函数空间中吸引所有有界集的连通紧集. 关于自治发展方程整体吸引子的论文很多, 参阅文献 [1, 5, 21, 22, 25, 28]. 将自治方程整体吸引子的概念推广到非自治、随机偏微分方程的情形, 就是所谓的拉回吸引子. 关于各类非自治随机发展方程的拉回吸引子的研究论文很多, 参阅文献 [6—8, 12, 26, 27, 29]. 这一章研究随机非线性抛物方程在非光滑区域上、初值非光滑以及非牛顿-Boussinesq 修正方程动力学边界条件下随机吸引子的存在性.

1.1 　 随机动力系统

设 (X, d) 为完备的可分度量空间, $(\Omega, \mathfrak{F}, P)$ 为一概率空间.

定义 1.1.1 　 如果映射 $\theta_t : [R \times \Omega \ni (t, \omega) \mapsto \theta_t \omega \in \Omega]$ 是 $(\mathfrak{B}(R) \times \mathfrak{F}, \mathfrak{F})$ 可测的, $\theta_0 = Id$, $\theta_{s+t} = \theta_s \circ \theta_t$, 其中 $t, s \in R$, 且对任意的 $E \in \mathfrak{F}$, $\theta_t P = P$ (即 $P(\theta_t E) = P(E)$), 则称 $(\Omega, \mathfrak{F}, P, (\theta_t)_{t \in R})$ 为可测的度量动力系统.

定义 1.1.2 　 (1) 设 (X, d) 是 Polish 空间 (具有可数基的局部紧的 Hausdorff 空间), $\mathfrak{F}$ 是 σ 代数, θ 是 $(\Omega, \mathfrak{F}, P)$ 对应的保测变换, $(\Omega, \mathfrak{F}, P, \{\theta_t\}_{t \in R})$ 是度量动力系统, 如果可测映射

$$\Phi : R^+ \times X \times \Omega \to X \times \Omega, \Phi(t, x, \omega) = (S(t, x, \omega), \theta_t \omega)$$

在 X 上 P.a.s. 满足:

(i) $S(0, \omega) = id$ (即 X 上的恒同映射);

(ii) 对任意的 $s, t \in R^+$ 及 $\omega \in \Omega$, $S(t + s, \omega) = S(t, \theta_s \omega) \circ S(s, \omega)$.

则称 Φ 为 θ 驱动的可测随机动力系统(RDS).

(2) 若 X 为一拓扑空间, 可测随机动力系统 Φ 满足: 对任意的 $(t, \omega) \in R^+ \times \Omega$,

$$S(t, \omega) : X \longmapsto X \text{ 是连续的,}$$

则称 Φ 为 θ 驱动的连续随机动力系统.

(3) 若 X 为一光滑流形, 连续随机动力系统 Φ 满足: 如果对某个 $k, 1 \leqslant k \leqslant \infty$, 对任意的 $(t, \omega) \in R^+ \times \Omega$,

$$S(t, \omega) : X \longmapsto X \text{ 是 } C^k \text{ 的,}$$

则称 Φ 为 θ 驱动的 C^k 随机动力系统.

定义1.1.3　设 $(\Omega, \mathfrak{F}, P)$ 是一概率空间, (X, d) 是 Polish 空间, 集值映射 $K: \Omega \to 2^X (2^X$ 表示 X 中的所有子集组成的集合), 如果对任意的 $x \in X$, 映射 $\omega \to d(x, K(\omega))$ 关于 $\mathfrak{F}$ 可测, 则称 $K(\omega)$ 为随机集, 其中 $d(x, M) = \inf_{y \in M} d(x, y)$. 如果对每个 $\omega \in \Omega$, $K(\omega)$ 是闭的, 则称 $K(\omega)$ 是随机闭集. 如果对每个 $\omega \in \Omega$, $K(\omega)$ 都是紧集, 则称 $K(\omega)$ 是随机紧, 一个随机集 $\{K(\omega)\}$ 称为是有界的, 如果存在 $x_0 \in X$ 及随机变量 $r(\omega) > 0$, 使得对所有的 $\omega \in \Omega$,

$$K(\omega) \subset \{x \in X: d(x, x_0) \leqslant r(\omega)\}.$$

定义1.1.4　(1) 称 X 的非空子集簇 $\{K(\omega)|\omega \in \Omega\}$ 是拉回吸引的, 如果对任意的 $\omega \in \Omega$ 及 X 中的任意子集 $B \subset X$, 满足

$$d(S(t, \theta_{-t}\omega)B, K(\omega)) \to 0, \quad t \to \infty.$$

称 $\{K(\omega)|\omega \in \Omega\}$ 为 X 的拉回吸引子集簇, 如果它是拉回吸引的.

(2) 称 X 的非空子集簇 $\{K(\omega)|\omega \in \Omega\}$ 是拉回吸收的, 如果对任意的 $\omega \in \Omega$ 及 X 中的任意子集 $B \subset X$, 都存在实数 $T(\omega, B) > 0$, 使得当 $t \geqslant T(\omega, B)$ 时,

$$S(t, \theta_{-t}\omega)B \subset K(\omega).$$

称 $\{K(\omega)|\omega \in \Omega\}$ 为 X 的拉回吸收子集簇, 如果它是拉回吸收的, $T(\omega, B)$ 为吸收时刻.

(3) 称 X 的非空子集簇 $\{K(\omega)|\omega \in \Omega\}$ 是紧的, 如果对任意的 $\omega \in \Omega$, $K(\omega)$ 是紧的.

(4) 称 X 的非空子集簇 $\{K(\omega)|\omega \in \Omega\}$ 是可测的 (关于 $\mathfrak{F}$ 的完备化空间是可测的), 如果对任意的 $x \in X$, 映射 $[\Omega \ni \omega \mapsto d_X(x, K(\omega)) \in R^+]$ 是关于 $\mathfrak{F}$ 可测 (是指关于 $\mathfrak{F}$ 的完备化空间可测).

定义1.1.5　设 $(\Omega, \mathfrak{F}, P)$ 是概率空间, (X, d) 是 Polish 空间, Φ 是随机动力系统, X 的非空子集簇 $\{A(\omega)|\omega \in \Omega\}$ 称为 Φ 的随机吸引子 (也称随机拉回吸引子), 如果 $A(\omega)$ 是随机紧集, 吸引 X 中所有确定的集合, 并且是不变的, 即对所有 $t > 0$ 和 $\omega \in \Omega$, $\Phi(t, \omega)A(\omega) = A(\theta_t\omega)$.

定理1.1.1[8]　设 Φ 是定义在 X 上 θ_t 驱动的随机动力系统, 如果存在一个随机紧集, 吸引 X 中的任意有界集, 则随机动力系统 Φ 存在随机吸引子 $\mathcal{A}(\omega)$, 且

$$\mathcal{A}(\omega) = \overline{\bigcup_{B \subset X} \Lambda_B(\omega)},$$

且 $\mathcal{A}(\omega)$ 是可测的, 如果 X 是连通的, 则 P.a.s, $\mathcal{A}(\omega)$ 是连通的, 其中 $\Lambda_B(\omega) = \bigcap_{s \geqslant 0} \overline{\bigcup_{t \geqslant s} \Phi(t, \theta_t\omega)B}$ 是 B 的 ω 极限集.

附注 由随机吸引子的定义可知, 整体随机吸引子是唯一的. 在实际应用中, 通常把初始时刻移到 $-\infty$, 对固定的 $\omega \in \Omega$, 考虑 $t = 0$ 时刻的值即可.

假设空间 X 是一个 Hilbert 空间, $\{S(t, \omega)\}$ 是空间 X 上关于度量动力系统 $(\Omega, \mathcal{F}, \mathbb{P}, (\theta_t)_{t \in R})$ 的一个随机动力系统. 假设 $A(\cdot): \Omega \to 2^X \setminus \{\varnothing\}$ 是随机动力系统 $\{S(t, \omega)\}$ 的随机吸引子.

定义1.1.6 给定 $\omega \in \Omega$, 称 $d(\omega) \in [0, \infty]$ 是随机吸引子 $A(\omega)$ 的 Hausdroff 维数, 如果

$$\begin{cases} \mu_H(A(\omega), d) = 0, & \forall d > d(\omega), \\ \mu_H(A(\omega), d) = \infty, & \forall d < d(\omega), \end{cases}$$

其中

$$\mu_H(A(\omega), d) = \lim_{\varepsilon \to 0} \mu_H(A(\omega), d, \varepsilon),$$

$$\mu_H(A(\omega), d, \varepsilon) = \inf \sum_{i \in I} r_i^d,$$

这里的下确界是关于 $A(\omega)$ 的所有的 X 中的 $(B_i)_{i \in I}$ 覆盖取的, 其中 $r_i \leqslant \varepsilon$.

对每个 $\omega \in \Omega$, 记

$$S(\omega) = S(1, \omega).$$

则对每个 $x \in X$, 映射 $[\Omega \ni \omega \mapsto S(\omega)x]$ 是 $(\mathcal{F}, \mathcal{B}(X))$ 可测的, 称 $S(\cdot)$ 是 X 上的随机映射.

定义1.1.7 称一个随机映射 $S(\cdot)$ 在 $\{A(\omega)\}_{\omega \in \Omega}$ 上是一致可微的, 如果存在一个常数 $\mu > 0$ 和一个随机变量 $\bar{M}: \Omega \to R$, 对于任意的 $\omega \in \Omega$ 及任意的 $x \in A(\omega)$, 存在一个线性算子 $L(x, \omega): X \to X$ 使得

$$\bar{M}(\omega) \geqslant 1, \quad \mathbb{E}(\ln \bar{M}(\omega)) < \infty,$$

如果 $x + h \in A(\omega)$, 则

$$\|S(\omega)(x + h) - S(\omega)x - L(x, \omega)h\|_X \leqslant \bar{M}(\omega)\|h\|_X^{1+\mu}. \tag{1.1.1}$$

假设 $S(\cdot)$ 在 $\{A(\omega)\}_{\omega \in \Omega}$ 上是一致可微的, 线性算子 $L(\cdot, \cdot)$ 满足方程 (1.1.1). 令

$$\lambda_n(L(x, \omega)) = \sup_{G \subset X, \dim G = n} \inf_{y \in G, \|y\|_X = 1} \|L(x, \omega)y\|_X \tag{1.1.2}$$

及

$$\gamma_n(L(x, \omega)) = \lambda_1(L(x, \omega)) \cdots \lambda_n(L(x, \omega)). \tag{1.1.3}$$

定理1.1.2[12] 假设 $S(\cdot)$ 在 $\{A(\omega)\}_{\omega \in \Omega}$ 上是一致可微的, 线性算子 $L(\cdot, \cdot)$ 满足方程 (1.1.1). 进一步, 如果存在一个可积的随机变量 $\bar{\gamma}_d: \Omega \to (0, \infty)$, $d \in N$, 及随机变量 $\bar{\lambda}_1: \Omega \to (0, \infty)$, 使得对任意的 $\omega \in \Omega$ 及 $x \in A(\omega)$, 都满足

$$\gamma_d(L(x, \omega)) \leqslant \bar{\gamma}_d(\omega), \quad \mathbb{E}(\ln(\bar{\gamma}_d)) < 0, \tag{1.1.4}$$

及

$$\lambda_1(L(x,\omega)) \leqslant \bar{\lambda}_1(\omega), \quad \bar{\lambda}_1(\omega) \geqslant 1, \quad \mathbb{E}(\ln(\bar{\lambda}_1)) < \infty. \tag{1.1.5}$$

那么, 随机吸引子 $A(\omega)$ 的 Hausdorff 维数不大于 d, 即对所有的 $\omega \in \Omega$, 都有 $d_H(A(\omega)) \leqslant d$ 成立.

1.2　非光滑区域上非自治抛物方程的拉回吸引子

这一节先研究一般的非自治抛物型偏微分方程

$$\begin{cases} \dfrac{\partial u}{\partial t} = \sum_{i=1}^{N} \dfrac{\partial}{\partial x_i} \Big(\sum_{j=1}^{N} a_{ij}(t,x) \dfrac{\partial u}{\partial x_j} + a_i(t,x)u \Big) \\ \qquad + \sum_{i=1}^{N} b_i(t,x) \dfrac{\partial u}{\partial x_i} + c_0(t,x)u + f(t,x,u), \quad x \in D, \\ \mathcal{B}(t)u = 0, \quad x \in \partial D, \end{cases} \tag{1.2.1}$$

其中 $D \subset R^N$ 是有界的 Lipschitz 区域, $a_{ij}(\cdot,\cdot)$, $a_i(\cdot,\cdot)$, $b_i(\cdot,\cdot)$, $c_0(\cdot,\cdot) \in L_\infty(R \times \bar{D})$ $(i,j = 1,2,\cdots,N)$; $f(t,x,u)$ 关于 u 可微的, 关于 $(t,x,u) \in R \times \bar{D} \times R$ 是 Borel 可测的, 并且满足某些耗散性假设; $\mathcal{B}$ 是 Dirichlet (Neumann 或 Robin) 边界算子, 即

$$\mathcal{B}(t)u = \begin{cases} u, & \text{(Dirichlet)} \\ \displaystyle\sum_{i=1}^{N} \Big(\sum_{j=1}^{N} a_{ij}(t,x) \dfrac{\partial u}{\partial x_j} + a_i(t,x)u \Big) \nu_i, & \text{(Neumann)} \\ \displaystyle\sum_{i=1}^{N} \Big(\sum_{j=1}^{N} a_{ij}(t,x) \dfrac{\partial u}{\partial x_j} + a_i(t,x)u \Big) \nu_i + d_0(t,x)u. & \text{(Robin)} \end{cases} \tag{1.2.2}$$

$\nu = (\nu_1, \nu_2, \cdots, \nu_N)$ 表示边界 ∂D 上指向 D 的外侧的单位法线方向, 式 (1.2.2) 中的 $a_{ij}(\cdot,\cdot)$ 和 $a_i(\cdot,\cdot)$ $(i,j = 1,2,\cdots,N)$ 与式 (1.2.1) 中的相同, $d_0(\cdot,\cdot) \in L_\infty(R \times \partial D)$.

下面将主要研究一般随机抛物方程

$$\begin{cases} \dfrac{\partial u}{\partial t} = \sum_{i=1}^{N} \dfrac{\partial}{\partial x_i} \Big(\sum_{j=1}^{N} a_{ij}(\theta_t\omega,x) \dfrac{\partial u}{\partial x_j} + a_i(\theta_t\omega,x)u \Big) \\ \qquad + \sum_{i=1}^{N} b_i(\theta_t\omega,x) \dfrac{\partial u}{\partial x_i} + c_0(\theta_t\omega,x)u + f(\theta_t\omega,x,u), \quad x \in D, \\ \mathcal{B}(\theta_t\omega)u = 0, \quad x \in \partial D \end{cases} \tag{1.2.3}$$

的拉回吸引子, 其中 D 与 (1.2.1) 中的一致, $\omega \in \Omega$, $(P, \{\theta_t\}_{t \in R})$ 是一个度量动力系统, $a_{ij}(\cdot,\cdot)$, $a_i(\cdot,\cdot)$, $b_i(\cdot,\cdot)$ $(i,j = 1,\cdots,N)$, $c_0(\cdot,\cdot)$ 是 $(\mathfrak{F} \times \mathfrak{B}(D), \mathfrak{B}(R))$ 可测; $f(\omega,x,u)$ 关于 u 可微, 关于 (ω,x,u) 是 $(\mathfrak{F} \times \mathfrak{B}(D) \times \mathfrak{B}(R), \mathfrak{B}(R))$ 可测的, 并满足某

些耗散性假设条件. $\mathcal{B}$ 是 Dirichlet(Neumann 或 Robin) 边界算子) 即 $\mathcal{B}(\theta_t\omega)$ 是形如 (1.2.2) 中的 $\mathcal{B}(t)$ 算子, 其中 $a_{ij}(t,x) = a_{ij}^\omega(t,x) := a_{ij}(\theta_t\omega,x)$, $a_i(t,x) = a_i^\omega(t,x) := a_i(\theta_t\omega,x)$, $d_0(t,x) = d_0^\omega(t,x) := d_0(\theta_t\omega,x)$, $d_0(\cdot,\cdot)$ 是 $(\mathfrak{F} \times \mathcal{B}(\partial D), \mathcal{B}(R))$ 可测的.

对各种类型的非自治发展方程 (1.2.1) 和随机发展方程 (1.2.3) 的整体吸引子的研究很多 [1,5,21,25-29]. 在研究这些非自治发展方程 (1.2.1) 和随机发展方程 (1.2.3) 解存在唯一性的文献中, 常用的两种方法是 Galerkin 近似方法和半群方法. Galerkin 近似方法常用来研究在某个 Hilbert 空间 (例如 $L_2(D)$) 中发展方程的解的性质, 而半群方法则用于某个 Banach 空间中的发展方程的解的性质. 例如, Marion 等 [21] 研究了反应扩散方程

$$\frac{\partial u}{\partial t} = \Delta u + g(x,u), \quad x \in D, \quad \mathcal{B}u = 0, \quad x \in \partial D \tag{1.2.4}$$

在 $L_2(D)$ 中的整体吸引子, 其中 $\mathcal{B}u = u$ 或者 $\mathcal{B}u = \frac{\partial u}{\partial \nu}$, $g(x,u)$ 关于 x 可测, 关于 u 是 C^1 的, 并且满足下面的假设条件:

(H0) 存在常数 $p > 2, c_1 > 0, c_2 > 0, c_3 \geqslant 0, c_4 \geqslant 0$ 使得

$$-c_2|u|^p - c_3 \leqslant g(x,u)u \leqslant -c_1|u|^p + c_3, \qquad u \in R, \quad \text{a.e.} \quad x \in D,$$

$$\partial_u g(x,u) \leqslant c_4, \quad u \in R, \quad \text{a.e.} \quad x \in D,$$

其中 $\partial_u g$ 表示 g 关于 u 的偏导数. Marion 等 [21] 利用 Galerkin 近似方法证明了对任意的初值函数 $u_0 \in L_2(D)$, 方程(1.2.4) 存在唯一满足初值条件 $u(0;u_0) = u_0$ 的弱解 $u(t;u_0)$, 并且映射 $[R^+ \ni t \mapsto u(t;u_0) \in L_2(D)]$, $[L_2(D) \ni u_0 \mapsto u(t;u_0) \in L_2(D)]$ 是连续的, 方程 (1.2.4) 在 $L_2(D)$ 中存在整体吸引子 A, 而且当 $\mathcal{B}u = u$ ($\mathcal{B}u = \frac{\partial u}{\partial \nu}$ 时, A 在 $\mathring{W}_2^1(D) \cap L_p(D)$ ($W_2^1(D) \cap L_p(D)$) 中是有界的.

在文献 [26] 中, 作者在 $C(\bar{D})$ 中研究了下面的非自治抛物方程

$$\begin{cases} \dfrac{\partial u}{\partial t} = \Delta u + g(t,x,u), & x \in D, \\ u = 0, & x \in \partial D \end{cases} \tag{1.2.5}$$

的拉回吸引子, 其中 g 满足适当的光滑性假设, 并且存在可积函数 $C(t,x)$ 及 $D(t,x)$ 满足

$$g(t,x,u)u \leqslant C(t,x)|u|^2 + D(t,x)|u|, \quad (t,x,u) \in R \times D \times R.$$

利用半群方法可以证明对任意的 $u_0 \in C(\bar{D})$ 及 $s \in R$, 方程 (1.2.5) 存在唯一的 Mild 解 $u(t;s,u_0)$, 满足初值 $u(s;s,u_0) = u_0$, 且方程 (1.2.5) 在空间 $C(\bar{D})$ 中存在拉回吸引子.

尽管有很多论文研究了各种特殊形式的非自治发展方程和随机发展方程的整体吸引子, 但是, 对一般形式的非自治发展方程 (1.2.1) 和一般形式的随机发展

方程 (1.2.3) 的拉回整体吸引子的论文较少, 甚至关于一般形式的方程 (1.2.1) 和 (1.2.3) 解的基本性质的研究结论也很少. 因此, 这一节先研究一般的非自治发展方程 (1.2.1) 和随机发展方程 (1.2.3) 在 $L_q(D)\,(1 < q < \infty)$ 中的解的动力学性质, 在适当的耗散条件下, 一般的非自治发展方程(1.2.1) 和随机发展方程 (1.2.3) 在 $L_q(D)$ $(1 < q < \infty)$ 中存在拉回吸引子.

为了研究非光滑区域上一般非自治抛物方程的性质, 先把光滑区域上的线性抛物方程

$$
\begin{cases}
\dfrac{\partial u}{\partial t} = \displaystyle\sum_{i=1}^{N} \dfrac{\partial}{\partial x_i}\left(\sum_{j=1}^{N} a_{ij}(t,x)\dfrac{\partial u}{\partial x_j} + a_i(t,x)u \right) \\
\qquad + \displaystyle\sum_{i=1}^{N} b_i(t,x)\dfrac{\partial u}{\partial x_i} + c_0(t,x)u, \quad x \in D, \\
\mathcal{B}(t)u = 0, \quad x \in \partial D
\end{cases}
\tag{1.2.6}
$$

解的基本性质推广到非光滑区域上的一般线性抛物方程的情形, 其中 $D, a_{ij}, a_i, b_i,$ $c_0, d_0, \mathcal{B}(t)$ 的假设与 (1.2.1) 的假设相同, 也需要把光滑区域上的非线性抛物方程 (1.2.1) 的解的基本性质推广到非光滑区域上一般的非线性抛物方程解的基本性质. 由于非自治发展方程的形式很一般, 因此这种推广是非平凡的. 最近有很多关于非光滑区域上的一般线性抛物方程的性质研究, 参阅文献 [9—11, 16—18,23,24] 等.

可以证明, 如果 $u(t;s,u_0) := U_{a,p}(t,s)u_0$ 是方程 (1.2.6) 在 $L_p(D)$ 中的满足条件 $u(s;s,u_0) = u_0$ 的解, 则对任意的 $1 \leqslant p \leqslant \infty$, 方程 (1.2.6) 在 $L_p(D)$ 中可以生成解算子簇 $\{U_{a,p}(t,s)\}_{s\leqslant t}$, 并且 $U_{a,p}(t,s)$ 满足很多类似于由 Laplace 算子在光滑区域上的解析半群的性质. 对于非光滑区域上的一般的非线性抛物方程, 除了文献 [10] 的研究之外, 并没有更多的研究文献. 因此, 利用半群方法在空间 $L_q(D)$ 中研究一般的非自治抛物方程 (1.2.1), 证明其解的一些基本性质, 包括方程 (1.2.1) 的 Mild 解对初边值的连续依赖性、单调性和紧性等, 注意到, 随机方程 (1.2.3) 可以看作 $\omega \in \Omega$ 参数化的非自治方程簇. 方程 (1.2.1) 包含了周期抛物方程和概周期抛物方程, 并且一个随机抛物方程可以通过变换化成随机方程 (1.2.3) 的形式, 例如, 考虑下面的加性噪声驱动的随机抛物方程

$$
dv = \Delta v dt + f(v)dt + dW(t), \quad x \in D, \tag{1.2.7}
$$

$$
\frac{\partial v}{\partial \nu} = 0, \quad x \in \partial D, \tag{1.2.8}
$$

其中 $W(t)$ 是双边布朗运动.

$$
\Omega = C_0(R,R) = \{\omega|\omega : R \to R \text{ 连续, 且 } \omega(0) = 0\},
$$

并赋予紧开拓扑, 则 $\mathfrak{F} = \mathfrak{B}(\Omega)$ 是 Borel σ 代数, P 是 Ω 上的 Wiener 测度, $\theta_t : \Omega \to \Omega$, $\theta_t\omega(\cdot) = \omega(\cdot+t) - \omega(t)$. 则 $(P, (\theta_t)_{t\in R})$ 是一个遍历的度量动力系统. 令 $v^* : \Omega \to R$ 是

下面常微分方程

$$dv + vdt = dW$$

的稳态解过程. 令

$$v = u + v^*.$$

则 u 满足方程 (1.2.3) 的特殊形式:

$$\begin{cases} \dfrac{\partial u}{\partial t} = \Delta u + f(u + v^*(\theta_t \omega)) + v^*(\theta_t \omega), & x \in \partial D, \\[2mm] \dfrac{\partial u}{\partial \nu} = 0, & x \in \partial D. \end{cases}$$

需要指出的是, 加性噪声驱动的随机抛物方程的拉回吸引子可能有比较简单的结构, 例如在几乎每个纤维上可能是单点集[6].

1.2.1 一般线性抛物方程

先研究

$$\begin{cases} \dfrac{\partial u}{\partial t} = \displaystyle\sum_{i=1}^{N} \dfrac{\partial}{\partial x_i} \left(\sum_{j=1}^{N} a_{ij}(t,x)\dfrac{\partial u}{\partial x_j} + a_i(t,x)u \right) \\[4mm] \qquad\quad + \displaystyle\sum_{i=1}^{N} b_i(t,x)\dfrac{\partial u}{\partial x_i} + c_0(t,x)u, \quad x \in D, \\[4mm] \mathcal{B}(t)u = 0, \qquad x \in \partial D, \end{cases} \tag{1.2.9}$$

其中 $D \subset R^N$ 为有界的 Lipschitz 区域, $\mathcal{B}$ 是 Dirichlet(Neumann或Robin) 边界算子, $((a_{ij})_{i,j=1}^N, (a_i)_{i=1}^N, (b_i)_{i=1}^N, c_0, d_0)$ 是系数容许空间 Y 中的满足一定条件的常数.

先给出后面常用的一般线性抛物方程 (1.2.9) 的基本性质, 这些性质可以看成是热方程

$$\dfrac{\partial u}{\partial t} = \Delta u \tag{1.2.10}$$

在具有 Dirichlet(Neumann 或 Robin) 边界条件的光滑区域上解的基本性质的推广 [9,11,16−18,23,24].

下面先给出一些记号和基本假设:

$$a = ((a_{ij})_{i,j=1}^N, (a_i)_{i=1}^N, (b_i)_{i=1}^N, c_0, d_0),$$

其中 a_{ij}, a_i, b_i, c_0 是方程 (1.2.9) 的系数, d_0 是边界条件的系数.

对任意的 $a = ((a_{ij})_{i,j=1}^N, (a_i)_{i=1}^N, (b_i)_{i=1}^N, c_0, d_0)$ 及 $t \in R$, 可定义 a 的时间平移算子 $a \cdot t$:

$$a \cdot t := ((a_{ij} \cdot t)_{i,j=1}^N, (a_i \cdot t)_{i=1}^N, (b_i \cdot t)_{i=1}^N, c_0 \cdot t, d_0 \cdot t),$$

其中 $a_{ij} \cdot t(\tau, x) := a_{ij}(\tau + t, x)$, $s, \tau \in R$, $x \in D$ 等, 在不混淆的情况下, 简记 $a = (a_{ij}, a_i, b_i, c_0, d_0)$.

下面对方程 (1.2.9) 的容许系数类 Y 给出假设:

(L-1) Y 是 $L_\infty(R \times D, R^{N^2+2N+1}) \times L_\infty(R \times \partial D, R)$ 的有界子集, 在弱 * 拓扑下是闭的 (因此是紧的).

(L-2) Y 是平移不变的. 如果 $a \in Y$, 则 $a \cdot t \in Y$, $\forall t \in R$.

(L-3) $d_0 = 0$, 对任意 $a = ((a_{ij})_{i,j=1}^N, (a_i)_{i=1}^N, (b_i)_{i=1}^N, c_0, d_0) \in Y$ (Dirichlet 或 Neumann 情形) 或 $d_0 \geqslant 0$, 对任意的 $a = ((a_{ij})_{i,j=1}^N, (a_i)_{i=1}^N, (b_i)_{i=1}^N, c_0, d_0) \in Y$ (Robin 情形).

在讨论空间 Y 中序列的收敛性到 Y 上映射的连续性时, 总是假设该空间赋予弱拓扑, 并按照弱拓扑收敛. 注意到 $[Y \times R \ni (a, t) \mapsto a \cdot t \in Y]$ 是连续的. 则对于 $t \in R$, 令 $\sigma_t : Y \to Y$ 为 $\sigma_t a := a \cdot t$. 则映射簇 $\sigma = \{\sigma_t\}_{t \in R}$ 在紧空间上是一个流.

(L-4) (一致椭圆性) 存在常数 $\alpha_0 > 0$ 使得对所有的 $a \in Y$, 总有

$$\sum_{i,j=1}^N a_{ij}(t,x)\,\xi_i\,\xi_j \geqslant \alpha_0 \sum_{i=1}^N \xi_i^2, \quad \text{a.e. } (t,x) \in R \times D, \ \forall \xi \in R^N,$$

$$a_{ij}(t,x) = a_{ji}(t,x), \quad \text{a.e. } (t,x) \in R \times D, \quad i,j = 1, 2, \cdots, N. \tag{1.2.11}$$

(L-5) (几乎处处收敛) (1) 在 Dirichlet (或 Neumann) 边界条件下, 对 Y 中任意收敛到 a 的序列 $(a^{(n)})$, 都有 $a_{ij}^{(n)} \to a_{ij}$, $a_i^{(n)} \to a_i$, $b_i^{(n)} \to b_i$ 在 $R \times D$ 上几乎逐点成立.

(2) 在 Robin 边界条件下, 对 Y 中任意收敛到 a 的序列 $(a^{(n)})$, 都有 $a_{ij}^{(n)} \to a_{ij}$, $a_i^{(n)} \to a_i$, $b_i^{(n)} \to b_i$ 在 $R \times D$ 上几乎逐点成立, 并且 $d_0^{(n)} \to d_0$ 在 $R \times \partial D$ 上几乎逐点成立.

注意到在假设 (L-5) 中, 没有对 c_0 做任何假设, 并且如果 a_{ij}, a_i, b_i 及 d_0 在各自定义域上都是局部 Hölder 连续的, 且 Hölder 指数是不依赖于 $a \in Y$ 的常数, 则 (L-5) 成立.

对于给定的 Banach 空间 X, 其范数记为 $\|\cdot\|_X$, 记 $L_p(D)$ 的范数为 $\|\cdot\|_{p,D}$ 或 $\|\cdot\|_p$, 记从 $L_p(D)$ 到 $L_q(D)$ 的线性有界算子空间 $\mathcal{L}(L_p(D), L_q(D))$ 为 $\|\cdot\|_{p,q}$. 在不混淆的情况下, 简记 $\|\cdot\|_{p,p}$ 为 $\|\cdot\|_p$, 或者 $\|\cdot\|$.

记 $W_2^1(D) := \{u \in L_2(D) | \frac{\partial u}{\partial x_i} \in L_2(D), i = 1, 2, \cdots, N\}$. 定义空间 V 如下:

$$V := \begin{cases} \mathring{W}_2^1(D), & \text{(Dirichlet)} \\ W_2^1(D), & \text{(Neumann)} \\ W_{2,2}^1(D, \partial D), & \text{(Robin)} \end{cases} \tag{1.2.12}$$

其中 $\mathring{W}_2^1(D)$ 是 $\mathcal{D}(D)$ 在 $W_2^1(D)$ 中的闭包, $W_{2,2}^1(D, \partial D)$ 是空间

$$V_0 := \{v \in W_2^1(D) \cap C(\bar{D}) | v \text{ 在 } D \text{ 上是 } C^\infty \text{ 的, 且 } \|v\|_V < \infty\}$$

关于 $\|v\|_V := (\|\nabla v\|_2^2 + \|v\|_{2,\partial D}^2)^{1/2}$ 的完备化.

记 $\langle u, u^* \rangle$ 为空间 V 和 V^* 之间的对偶, 其中 $u \in V$, $u^* \in V^*$.

对于 $s \leqslant t$, 令

$$W = W(s,t;V,V^*) := \{ v \in L_2((s,t),V) | \dot{v} \in L_2((s,t),V^*) \}, \tag{1.2.13}$$

并赋予范数

$$\|v\|_W := \left(\int_s^t \|v(\tau)\|_V^2 \, d\tau + \int_s^t \|\dot{v}(\tau)\|_{V^*}^2 \, d\tau \right)^{\frac{1}{2}},$$

其中 $\dot{v} := dv/d\tau$ 是分布意义下取值于 V^* 的时间导数.

对于 $a \in Y$, 定义 V 上在 Dirichlet 边值条件和 Neumann 边值条件下关于 a 的双线性形式 $B_a = B_a(t, \cdot, \cdot)$ 如下:

$$B_a(t,u,v) := \int_D (a_{ij}(t,x)\partial_{x_j} u + a_i(t,x)u)\partial_{x_i} v dx$$

$$- \int_D (b_i(t,x)\partial_{x_i} u + c_0(t,x)u)v \, dx, \quad u,v \in V, \tag{1.2.14}$$

在 Robin 边界条件下

$$B_a(t,u,v) := \int_D (a_{ij}(t,x)\partial_{x_j} u + a_i(t,x)u)\partial_{x_i} v dx - \int_D (b_i(t,x)\partial_{x_i} u + c_0(t,x)u)v \, dx$$

$$+ \int_{\partial D} d_0(t,x)uv \, dH_{N-1}, \quad u,v \in V, \tag{1.2.15}$$

其中 H_{N-1} 表示 $N-1$ 维 Hausdorff 测度.

对于给定的 $E, F \subset L_q(D)$, 定义

$$d_q(E,F) := \sup_{u \in E} \inf_{v \in F} \|u - v\|_q.$$

对于 $u_1, u_2 \in L_p(D) \, (1 \leqslant p \leqslant \infty)$, 定义

$$u_1 \leqslant u_2 \, (u_1 \geqslant u_2), \quad u_1(x) \leqslant u_2(x)(u_1(x) \geqslant u_2(x)) \quad \text{a.e.} \quad x \in D.$$

定义空间

$$L_p(D)^+ := \{ u \in L_p(D) | u \geqslant 0 \}.$$

下面给出由一般线性抛物方程 (1.2.9) 的解定义的算子的基本性质.

定理1.2.1(解算子的存在性及 L_p-L_q 估计)　对任意的 $a \in Y$, 任意的 $s < t$, 及任意的 $1 \leqslant p \leqslant \infty$, 存在算子 $U_{a,p}(t,s) \in \mathcal{L}(L_p(D), L_p(D))$ 满足下面的性质:

(1) $u(t;s,u_0) := U_{a,2}(t,s)u_0(u_0 \in L_2(D))$ 是方程 (1.2.9) 的弱解, 且满足初值条件 $u(s;s,u_0) = u_0$, 即对任意的 $v \in V$ 及 $\psi \in \mathcal{D}([s,t))$,

$$- \int_s^t \langle u(\tau), v \rangle \, \dot{\psi}(\tau) \, d\tau + \int_s^t B_a(\tau, u(\tau), v)\psi(\tau) \, d\tau - \langle u_0, v \rangle \, \psi(s) = 0, \tag{1.2.16}$$

其中 $\mathcal{D}([s,t))$ 是在 $[s,t)$ 上具有紧支集的所有光滑的实函数组成的函数空间；

(2) 对任意 $a \in Y$, $q \geqslant p \geqslant 1$ 及 $t > s$, $U_{a,p}(t,s)(L_p(D)) \subset L_q(D)$, $U_{a,p}(t,s)|_{L_q(D)} = U_{a,q}(t,s)$；

(3) 对任意的 $a \in Y$, $p \geqslant 1$ 及 $t \geqslant \tau \geqslant s$, $U_{a,p}(t,\tau) \circ U_{a,p}(\tau,s) = U_{a,p}(t,s)$, $U_{a,p}(t,s) = U_{a \cdot s,p}(t-s,0)$；

(4) 对任意的 $a \in Y$, $1 \leqslant p \leqslant q \leqslant \infty$, $t > s$, 存在常数 $M > 0$, $\gamma > 0$ 使得下面结论成立：

$$\|U_{a,p}(t,s)\|_{p,q} \leqslant M(t-s)^{-\frac{N}{2}(\frac{1}{p}-\frac{1}{q})} e^{\gamma(t-s)}.$$

证明　(1) 参阅文献 [9, 定理 2.4]. (2) 参阅文献 [10, 定理 5.1, 推论 5.3]. (3) 由 (1), (2) 及文献 [24, 命题 2.1.6, 2.1.7] 即可得证. (4) 参阅文献 [9, 推论 7.2]. □

记 $U_{a,p}(t,s) = U_a(t,s)$. 则由定理 1.2.1(3) 可知, $U_a(t,s) = U_{a \cdot s}(t-s,0)$. 下面给出算子 $U_a(t,0)$ 的基本性质.

定理1.2.2　算子 $U_a(t,0)$ 具有下面性质：

(1) 对任意的 $1 < p < \infty$, $u_0 \in L_p(D)$ 及 $a \in Y$, 映射 $[0,\infty) \ni t \mapsto U_a(t,0)u_0 \in L_p(D)$ 是连续的；

(2) 令 $1 \leqslant p \leqslant q < \infty$, $a \in Y$. 则对任意的实数列 $(t_n)_{n=1}^{\infty}$ 及任意序列 $(u_n)_{n=1}^{\infty} \subset L_p(D)$, 如果 $\lim_{n \to \infty} t_n = t$, $t > 0$, 且在 $L_p(D)$ 中满足 $\lim_{n \to \infty} u_n = u_0$, 则在 $L_q(D)$ 中, $U_a(t_n,0)u_n$ 收敛到 $U_a(t,0)u_0$；

(3) 对任意序列 $(a^{(n)})_{n=1}^{\infty} \subset Y$, 任意实数列 $(t_n)_{n=1}^{\infty}$, $(u_n)_{n=1}^{\infty} \subset L_2(D)$, 如果 $\lim_{n \to \infty} a^{(n)} = a$, $\lim_{n \to \infty} t_n = t$, $t > 0$, 且在 $L_2(D)$ 中, 有 $\lim_{n \to \infty} u_n = u_0$ 成立, 则在 $L_2(D)$ 中, $U_{a^{(n)}}(t_n,0)u_n$ 收敛到 $U_a(t,0)u_0$.

证明　(1) 参阅文献 [9, 定理 5.1, 推论 5.3] 或 [24, 命题 2.2.1]. (2) 参阅文献 [24, 命题 2.2.6]. (3) 参阅文献 [24, 命题 2.2.13] 及 [24, 定理 2.4.1]. □

定理1.2.3　设 $1 \leqslant p \leqslant \infty$, $1 \leqslant q < \infty$. 则对任意给定的 $0 < t_1 \leqslant t_2$, 如果 E 是 $L_p(D)$ 中的一个有界子集, 则 $\{U_a(\tau,0)u_0 | a \in Y, \tau \in [t_1,t_2], u_0 \in E\}$ 在 $L_q(D)$ 中是相对紧的.

证明　参阅文献 [24, 命题 2.2.5]. □

定理1.2.4　设 $a \in Y$, $t > 0$, $u_1, u_2 \in L_p(D)$.

(1) 如果 $u_1 \leqslant u_2$, 那么 $U_a(t,0)u_1 \leqslant U_a(t,0)u_2$；

(2) 如果 $u_1 \leqslant u_2$, $u_1 \neq u_2$, 那么 $(U_a(t,0)u_1)(x) < (U_a(t,0)u_2)(x)$, $\forall$ a.e. $x \in D$；

(3) 在 Dirichlet 边值条件下, 假设 $a^{(k)}$, $k = 1,2$, 在 $R \times D$ 上几乎处处满足 $a_{ij}^{(1)} = a_{ij}^{(2)}$, $a_i^{(1)} = a_i^{(2)}$, $b_i^{(1)} = b_i^{(2)}$, $c_0^{(1)} \leqslant c_0^{(2)}$, 则对任意的 $t > 0$ 及任意的 $u_0 \in L_p(D)^+$, 都有

$$U_{a^{(1)}}(t,0)u_0 \leqslant U_{a^{(2)}}(t,0)u_0;$$

(4) 在 Neumann 边值条件或 Robin 边值条件下, 假设 $a^{(k)}$, $k = 1, 2$ 满足 $a_{ij}^{(1)} = a_{ij}^{(2)}$, $a_i^{(1)} = a_i^{(2)}$, $b_i^{(1)} = b_i^{(2)}$, 但 $c_0^{(1)} \leqslant c_0^{(2)}$, $d_0^{(1)} \geqslant d_0^{(2)}$ 几乎处处在 $R \times D$ 成立或几乎处处在 $R \times \partial D$ 成立. 则对任意的 $t > 0$ 及 $u_0 \in L_p(D)^+$,

$$U_{a^{(1)}}(t, 0)u_0 \leqslant U_{a^{(2)}}(t, 0)u_0.$$

证明 (1) 参阅文献 [24, 命题 2.2.9 (1)]. (2) 参阅文献 [24, 命题 2.2.9 (2)]. (3) 参阅文献 [24, 命题 2.2.10 (1)]. (4) 参阅文献 [24, 命题 2.2.10 (2)]. □

定义 1.2.1 给定 $a \in Y$, $p \geqslant 1$, 定义

$$\lambda_{a,p} := \limsup_{t-s \to \infty} \frac{\ln \|U_{a,p}(t, s)\|_p}{t - s}.$$

定理 1.2.5 (1) $-\infty < \lambda_{a,2} < \infty$;

(2) $\lambda_{a,p}$ 不依赖于 p;

(3) 给定 $\varepsilon > 0$, 当 $t - s \gg 1$ 时, 都有 $\|U_{a,p}(t, s)\|_p \leqslant e^{(\lambda_{a,p}+\varepsilon)(t-s)}$.

证明 (1) 由文献 [24, 定理 3.1.1, 3.1.2] 即可得证.

(2) 由定理 1.2.1(4) 可知, 对任意有界集 $E \subset L_p(D)$, $s \in R$, 存在常数 $M_1 > 0$, 使得当 $u_0 \in E$ 时, 都有 $\|U_a(s+1, s)u_0\|_\infty \leqslant M_1$ 成立. 因此, 当 $t \geqslant s+1$, $u_0 \in E$, $p \geqslant 1$ 时, 都有

$$\|U_a(t, s)u_0\|_p = \|U_a(t, s+1)U_a(s+1, s)u_0\|_p \leqslant M_1 \|U_a(t, s+1)\|_\infty.$$

这表明, 对任意的 $p \geqslant 1$, $\lambda_{a,p} \leqslant \lambda_{a,\infty}$.

对任意的 $q \geqslant p \geqslant 1$ 及任意的 $u_0 \in L_q(D)$, 当 $t \geqslant s+1$ 时,

$$\|U_a(t, s)u_0\|_q \leqslant Me^\gamma \|U_a(t-1, s)u_0\|_p \leqslant Me^\gamma \|U_a(t-1, s)\|_p \|u_0\|_p,$$

这表明 $\lambda_{a,q} \leqslant \lambda_{a,p}$. 因此, $\lambda_{a,p}$ 不依赖于 p.

(3) 由定义即可得证. □

附注 当 a 关于 t 是周期时, λ_a 是方程 (1.2.9) 的主特征值. 一般地, 称 λ_a 为方程 (1.2.9) 的上 Lyapunov 指数.

1.2.2 一般非线性抛物方程

这一节讨论一般的非线性抛物方程

$$\begin{cases} \dfrac{\partial u}{\partial t} = \displaystyle\sum_{i=1}^{N} \dfrac{\partial}{\partial x_i} \Big(\sum_{j=1}^{N} a_{ij}(t, x) \dfrac{\partial u}{\partial x_j} + a_i(t, x)u \Big) \\ \qquad + \displaystyle\sum_{i=1}^{N} b_i(t, x) \dfrac{\partial u}{\partial x_i} + c_0(t, x)u + f(t, x, u), \quad x \in D, \\ \mathcal{B}(t)u = 0, \quad x \in \partial D, \end{cases} \tag{1.2.17}$$

其中 $a = (a_{ij}, a_i, b_i, c_0, d_0) \in Y$ (Y 是 $L_\infty(R \times D, R^{N^2+2N+1}) \times L_\infty(R \times \partial D, R)$ 的子集, 且满足 (L-1)$\sim$(L-5)), $f(t, x, u)$ 是某个容许函数集 Z 中的元素, $\mathcal{B}$ 形如 (1.2.2) 中的边值算子 (注意到 $\mathcal{B}$ 中含有 d_0).

下面研究方程 (1.2.17) 的 Mild 解, 并将光滑抛物方程的各种基本性质推广到一般的非线性抛物方程 (1.2.17) 情形. 记 ∂_u 为函数关于 u 的偏导数.

(NL-1) 对每个 $f \in Z$, $f(t, x, u)$ 关于 u 可微, $f(t, x, u)$, $\partial_u f(t, x, u)$ 都是关于 $(t, x, u) \in R \times \bar{D} \times R$ Borel 可测的. 而且, 对任意的 $t \in R$, 都有 $f \cdot t(\cdot, \cdot, \cdot) := f(\cdot + t, \cdot, \cdot) \in Z$.

(NL-2) 存在常数 $p_0 \geqslant 2$, $q_0 > \max\left\{\frac{N}{2}, 1\right\}$, $m_0 \in N$ 使得对任意的 $f \in Z$, 都存在 $c_i(\cdot) \in C(R, R)$ ($i = 1, 2, 3$), $c_1(t), c_3(t) \geqslant 0$, $t \in R$, 及 $R \times D$ 上的 Lebesgue 可测函数 $C_i(\cdot, \cdot)$, 满足 $C_i(t, \cdot) \in L_{q_0}(D)$, $C_i(t, x) \geqslant 0$, $(t, x) \in R \times D$, $[R \ni t \mapsto C_i(t, \cdot) \in L_{q_0}(D)]$ 连续, 且对于 $(t, x, u) \in R \times D \times R$, 下面结论成立:

$$|f(t, x, u)| \leqslant c_1(t)|u|^{p_0-1} + C_1(t, x), \tag{1.2.18}$$

$$f(t, x, u)u \leqslant c_2(t)|u|^{p_0} + C_2(t, x), \tag{1.2.19}$$

$$|\partial_u f(t, x, u)| \leqslant c_3(t)|u|^{p_0-2} + C_3(t, x), \tag{1.2.20}$$

$$\frac{c_i(t)}{t^{m_0}} \to 0, \quad \frac{\|C_i(t, \cdot)\|_{q_0}}{t^{m_0}} \to 0, \quad |t| \to \infty, \quad i = 1, 2, 3. \tag{1.2.21}$$

而且当 $p_0 > 2$ 时, $c_2(t) \leqslant 0$, $t \in R$.

(NL-3) 对于任意的 $f \in Z$, $u \in L_{q_0(p_0-1)}(D)$, 映射 $[R \ni t \mapsto f(t, \cdot, u(\cdot)) \in L_{q_0}(D)]$ 连续.

由 (NL-1), (NL-2) 可知, 对任意的 $f \in Z$, $t \in R$, $u(\cdot) \in L_{q_0(p_0-1)}(D)$, 都有 $f(t, \cdot, u(\cdot)) \in L_{q_0}(D)$, 并且存在 $1 < p < q < \infty$ 使得

$$q \geqslant q_0(p_0 - 1) \geqslant q_0 \geqslant p\left(\frac{q}{q-p}\right) > p > 1, \tag{1.2.22}$$

$$\frac{N}{2} \cdot \frac{1}{p} < 1. \tag{1.2.23}$$

对给定的 p 满足 $\max\{\frac{N}{2}, 1\} < p < q_0$, p 和 q 满足 (1.2.22), (1.2.23), $q \gg 1$, 都有 $p = q_0\left(\frac{p_0-1}{p_0}\right)$, $q = q_0(p_0 - 1)$ 满足方程(1.2.22).

讨论 Z 中序列的收敛性、到 Z 上的映射的连续性等, 在没有特别强调时, 都假设该空间被赋予紧开拓扑, 即当 $n \to \infty$ 时, 对于任意的 $Z \ni f_n \to f \in Z$, 如果 $f_n(t, x, u) \to f(t, x, u)$ 在 $R \times \bar{D} \times R$ 的有界集上是关于 (t, x, u) 一致收敛的.

引理1.2.1 对于 $f \in Z$, $u(\cdot) \in L_q(D)$, 令 $F(f, t, u)(x) = f(t, x, u(x))$, $q > p$ 满足 (1.2.22), (1.2.23). 则下面结论成立:

(1) 对任意给定的 $f \in Z$, $F(f, t, \cdot) : L_q(D) \to L_p(D)$, 存在 $\kappa(T, r)$, 对任意 $u, v \in L_q(D)$, $\|u\|_q, \|v\|_q \leqslant r$, $t \in R$, $|t| \leqslant T$, 都有

$$\|F(f, t, u) - F(f, t, v)\|_p \leqslant \kappa(T, r)\|u - v\|_q; \tag{1.2.24}$$

(2) 对任意给定的 $f \in Z$, 映射 $[R \times L_q(D) \ni (t, u) \mapsto F(f, t, u) \in L_p(D)]$ 是连续的.

证明 (1) 由 (NL-2) 可知

$$|f(t, x, 0)| \leqslant C_1(t, x), \quad (t, x) \in R \times D,$$

对 $t \in R$, $C_1(t, \cdot) \in L_{q_0}(D)$. 因此, 对任意的 $t \in R$, $f(t, \cdot, 0) \in L_p(D)$. 再由 (NL-2) 可知, 对任意给定的 $u \in L_q(D)$ 及 $(t, x) \in R \times D$,

$$\begin{aligned}
|f(t, x, u(x))| &\leqslant |f(t, x, u(x)) - f(t, x, 0)| + |f(t, x, 0)| \\
&\leqslant c_3(t)|u(x)|^{p_0-1} + C_3(t, x)|u(x)| + C_1(t, x).
\end{aligned}$$

显然, 对任意的 $t \in R$, $c_3(t)|u|^{p_0-1} \in L_p(D)$, $C_1(t, \cdot) \in L_p(D)$. 注意到 $t \in R$, $\frac{p}{q} + \frac{q-p}{q} = 1$, $|u|^p \in L_{\frac{q}{p}}(D)$, $C_3(t, \cdot)^p \in L_{\frac{q}{q-p}}(D)$. 由 Hölder 不等式可知, 对任意的 $t \in R$, $C_3(t, \cdot)|u| \in L_p(D)$. 因此, 对任意的 $t \in R$, $u \in L_q(D)$, $f(t, \cdot, u(\cdot)) \in L_p(D)$.

对任意的 $u, v \in L_q(D)$, $(t, x) \in R \times D$,

$$|f(t, x, u(x)) - f(t, x, v(x))| \leqslant \big(c_3(t)|u(x) - v(x)|^{p_0-2} + C_3(t, x)\big) \cdot |u(x) - v(x)|.$$

注意到 $|u(\cdot) - v(\cdot)|^p \in L_{\frac{q}{p}}(D)$,

$$\frac{p_0 - 2}{q - p} \leqslant \frac{p_0 - 2}{q - q_0} \leqslant \frac{p_0 - 2}{q_0(p_0 - 1) - q_0} = \frac{1}{q_0} < 1.$$

因此, 对 $t \in R$ 都有 $\frac{(p_0-2)pq}{q-p} < q$, $\big(c_3(t)|u(\cdot) - v(\cdot)|^{p_0-2} + C_3(t, \cdot)\big)^p \in L_{\frac{q}{q-p}}(D)$.

(2) 对任意的 $x \in R$, $t_1, t_2 \in R$, $u_1, u_2 \in L_q(D)$,

$$\begin{aligned}
|f(t_2, x, u_2(x)) - f(t_1, x, u_1(x))| \leqslant &|f(t_2, x, u_2(x)) - f(t_2, x, u_1(x))| \\
&+ |f(t_2, x, u_1(x)) - f(t_1, x, u_1(x))|.
\end{aligned}$$

假设 $|t_1|, |t_2| \leqslant T$, $\|u_1\|_q, \|u_2\|_q \leqslant r$. 由结论 (1) 可知

$$\|f(t_2, \cdot, u_2(\cdot)) - f(t_2, \cdot, u_1(\cdot))\|_p \leqslant \kappa(T, r)\|u_2 - u_1\|_q.$$

由 (NL-3) 可得, 当 $t_2 \to t_1$ 时,

$$\|f(t_2, \cdot, u_1(\cdot)) - f(t_1, \cdot, u_1(\cdot))\|_p \to 0.$$

因此结论 (2) 得证. $\square$

下面研究方程 (1.2.17) 的 Mild 解及其性质. 假设 $1 < q < \infty$, 存在 $p > 1$ 使得 p 和 q 满足 (1.2.22) 和 (1.2.23).

定义1.2.2　(1) 对于给定的 $u_0 \in L_q(D)$, $s < T$, 如果 $s \leqslant t \leqslant T$, $u(\cdot) \in C([s,T], L_q(D))$ 满足下面的积分方程

$$u(t) = U_a(t,s)u_0 + \int_s^t U_a(t,\tau)f(\tau, \cdot, u(\tau))d\tau, \tag{1.2.25}$$

则称 $u(\cdot)$ 是方程 (1.2.17) 满足初值条件 $u(s) = u_0$ 的 Mild 解;

(2) 对 $s < T < T_\infty$, 如果 $u(\cdot) \in C([s, T_\infty), L_q(D))$ 是 (1.2.17) 在 $[s,T]$ 满足初值条件 $u(s) = u_0$ 的 Mild 解, 则称 $u(\cdot) \in C([s, T_\infty), L_q(D))$ 是 (1.2.17) 在 $[s, T_\infty)$ $(s < T_\infty \leqslant \infty)$ 满足初值条件 $u(s) = u_0 \in L_q(D)$ 的局部 Mild 解; 如果 $T_\infty = \infty$, 则称其为整体 Mild 解.

由引理 1.2.1 可知, 对于给定的 $u(\cdot) \in C([s, T], L_q(D))$, $f(t, \cdot, u(t)) \in L_p(D)$ 关于 t 是连续的, 因此 $U_a(t, \tau)f(\tau, \cdot, u(\tau)) \in L_q(D)$ 关于 τ 连续, $s \leqslant \tau < t$. 因此, 由定理 1.2.1 及 (1.2.23) 可知, 在方程 (1.2.25) 中的积分是有定义的.

定理1.2.6　对任意的 $u_0 \in L_q(D)$, $s \in R$, $a \in Y$, $f \in Z$, 存在 $h > 0$ 使得方程 (1.2.17) 在 $[s, s+h]$ 上存在唯一的 Mild 解, 且满足初值条件 $u(s; s, u_0, a, f) = u_0$, 记为 $u(t; s, u_0, a, f)$.

证明　可以用文献 [10] 定理 3.8 的方法来证明该定理, 但为便于读者阅读, 下面给出定理的主要证明思路. 首先, 对于给定的 $h > 0$, $r > 0$, 令

$$M_r(h,s) = \{u \in C([s, s+h], L_q(D)) \mid \|u(\tau)\|_q \leqslant r\}, \tag{1.2.26}$$

并赋予一致拓扑 $\|u - v\|_{M_r(h,s)} = \sup_{t \in [s, s+h]} \|u(t) - v(t)\|_q$. 则 $M_r(h, s)$ 是一个完备的度量空间.

接下来, 对于给定的 $a \in Y$, $f \in Z$, $u_0 \in L_q(D)$, $u \in M_r(h, s)$, 令

$$G_{u_0,a,f}(u)(t) = U_a(t,s)u_0 + \int_s^t U_a(t,\tau)f(\tau, \cdot, u(\tau))d\tau. \tag{1.2.27}$$

由引理 1.2.1 和文献 [10] 中定理 3.8 的证明可知, 对于任意的 $\rho > 0$, 存在 $h > 0$, $r > 0$ 使得对任意的 $u_0 \in L_q(D)$, $\|u_0\|_q \leqslant \rho$, $G_{u_0,a,f} : M_r(h, s) \to M_r(h, s)$ 是压缩的. 因此, 存在唯一的 $u(\cdot) \in M_r(h, s)$, 使得当 $t \in [s, s+h]$ 时,

$$u(t) = U_a(t,s)u_0 + \int_s^t U_a(t,\tau)f(\tau, \cdot, u(\tau))d\tau.$$

这表明 $u(t)$ 是系统 (1.2.17) 在 $[s, s+h]$ 上的唯一的 Mild 解, 并且满足 $u(s) = u_0$. □

定义 $u(t; s, u_0, a, f) = \Phi_{a,f}(t, s)u_0$. 由定理 1.2.1(3) 可知, 对任意的 $s < \tau < t$,

$$\Phi_{a,f}(t,s)u_0 = \Phi_{a,f}(t,\tau) \circ \Phi_{a,f}(\tau,s)u_0, \tag{1.2.28}$$

$$\Phi_{a,f}(t,s)u_0 = \Phi_{a \cdot t, f \cdot t}(t-s, 0)u_0, \tag{1.2.29}$$

并且 $\Phi_{a,f}(t,s)u_0$ 在 $[s,t]$ 上存在.

定理1.2.7 (1) 假设 $t_n \to t > s$, 对 $L_q(D)$ 中的 $u_{0n} \to u_0$ 及 $f_n, f \in Z$, 对 $(t,x,u) \in R \times D \times R$, $f_n(t,x,u)$ 逐点收敛到 $f(t,x,u)$. 而且, 假设存在 $c(\cdot) \in C(R,R)$, $C(t,x) \times C(t,\cdot) \in L_{q_0}(D)$, 使得对 $(t,x,u) \in R \times D \times R$, $n = 1,2,\cdots$, 都有 $|f_n(t,x,u)| \leqslant c(t)|u|^{p_0-1} + C(t,x)$. 因此, 对任意的 $a \in Y$ 及任意的 $t > s$, $u(t;s,u_0,a,f)$ 在 $L_q(D)$ 中,

$$u(t_n;s,u_{0n},a,f_n) \to u(t;s,u_0,a,f).$$

(2) 假设 $q_0 > 2$. 令 $q > 2$ 使得存在 $p \geqslant 2$, 方程 (1.2.22) $\sim$ (1.2.23) 成立. 假设 $t_n \to t > s$, 在 $L_q(D)$ 中, $u_{0n} \to u_0$, 在 Y 中 $a_n \to a$, $f_n, f \in Z$, 对 $(t,x,u) \in R \times D \times R$. 都有 $f_n(t,x,u)$ 逐点收敛到 $f(t,x,u)$, 假设存在 $c(\cdot) \in C(R,R)$ 及 $C(t,x)$, $[R \ni t \mapsto C(t,\cdot) \in L_{q_0}(D)]$ 是连续的, 对 $(t,x,u) \in R \times D \times R$, $n = 1,2,\cdots$, $|f_n(t,x,u)| \leqslant c(t)|u|^{p_0-1} + C(t,x)$. 则当 $t > s$ 时, $u(t;s,u_0,a,f)$ 存在, 且在 $L_q(D)$ 中有

$$u(t_n;s,u_{0n},a_n,f_n) \to u(t;s,u_0,a,f), \quad n \to \infty.$$

证明 只证明 (2). 结论 (1) 可类似证明.

(2)首先, 假设 $t_n, t \in (s, s+T]$, $u(t;s,u_0,a,f)$ 在 $[s,s+T]$ 上存在. 注意到

$$u(t_n;s,u_{0n},a_n,f_n) - u(t;s,u_0,a,f) = u(t_n;s,u_{0n},a_n,f_n) - u(t_n;s,u_0,a,f)$$
$$+ u(t_n;s,u_0,a,f) - u(t;s,u_0,a,f),$$

在 $L_q(D)$ 中, 当 $t_n \to t$ 时,

$$u(t_n;s,u_0,a,f) - u(t;s,u_0,a,f) \to 0.$$

因此, 只要证明在 $L_q(D)$ 中, 当 $n \to \infty$ 时,

$$u(t;s,u_{0n},a_n,f_n) - u(t;s,u_0,a,f) \to 0$$

在 $(s, s+T]$ 的紧子集上关于 t 是一致的.

由文献 [9] 中的定理 4.4 可知, 只要证明对任意给定的连续有界函数 $u : (s, s+T] \to L_q(D)$, 在 $L_q(D)$ 上, $G_n(u)(t) \to G(u)(t)$ 在 $(s, s+T]$ 的紧子集上关于 t 是一致的, 其中

$$G_n(u)(t) := U_{a_n}(t,s)u_{0n} + \int_s^t U_{a_n}(t,\tau)f_n(\tau,\cdot,u(\tau))d\tau,$$

$$G(u)(t) := U_a(t,s)u_0 + \int_s^t U_a(t,\tau)f(\tau,\cdot,u(\tau))d\tau.$$

下面证明, 对任意给定的连续有界函数 $u : (s, s+T] \rightarrow L_q(D)$, $G_n(u)(t) \rightarrow$ $G(u)(t)$ 在 $(s, s+T]$ 的紧子集上关于 t 是一致的. 事实上, 由定理 1.2.2(3) 可知, 在 $L_2(D)$ 上, 当 $n \rightarrow \infty$ 时, 在 (s, ∞) 的紧子集上关于 t 一致地有

$$U_{a_n}(t,s)u_{0n} \rightarrow U_a(t,s)u_0.$$

由定理 1.2.3 可知, 在 $L_q(D)$ 上, 当 $n \rightarrow \infty$ 时, 在 (s, ∞) 的紧子集上关于 t 一致地有

$$U_{a_n}(t,s)u_{0n} \rightarrow U_a(t,s)u_0.$$

注意到, 对于 $(t,x) \in (s, s+T] \times D$, $n = 1, 2, \cdots$ $f_n(t,x,u(t)(x))$ 逐点收敛到 $f(t,x, u(t)(x))$, 并且 $|f_n(t,x,u(t)(x))| \leqslant c(t)|u(t)(x)|^{p_0-1} + C(t,x)$. 由 Lebesgue 控制收敛定理可知, 对于 $t \in (s, s+T]$, 当 $n \rightarrow \infty$ 时, 在 $L_p(D)$ 中有

$$f_n(t,\cdot, u(t)) \rightarrow f(t,\cdot, u(t)).$$

由定理 1.2.2(3) 及定理 1.2.3 可得, 当 $n \rightarrow \infty$ 时, 对每个 $s < \tau < t$, 在 $L_q(D)$ 中有

$$U_{a_n}(t,\tau)f_n(\tau,\cdot, u(\tau)) \rightarrow U_a(t,\tau)f(\tau,\cdot, u(\cdot)).$$

再由 L_p-L_q 估计 (参阅定理 1.2.1 (4)) 和 Lebesgue 控制收敛定理可得, 在 $L_q(D)$, 在 $(s, s+T]$ 的紧子集上关于 t 一致地有

$$\int_s^t U_{a_n}(t,\tau)f_n(\tau,\cdot, u(\tau))d\tau - \int_s^t U_a(t,\tau)f(\tau,\cdot, u(\tau))d\tau \rightarrow 0.$$

这表明在 $L_q(D)$ 空间, 在 $(s, s+T]$ 的紧子集上关于 t 一致地有 $G_n(u)(t) \rightarrow G(u)(t)$ 成立. 从而定理证毕. $\square$

定理1.2.8 给定 $f \in Z$, 如果对 $(t,x,u) \in R \times D \times R$, $c(\cdot) \in C(R,R)$, 都有 $f(t,x,u) = c(t)u + g(t,x,u)$ 成立, 则当 $t > s$ 且 $u(t; s, u_0, a, f)$ 存在时, 对任意的 $u_0 \in L_q(D)$, 都有

$$u(t; s, u_0, a, f) = U_a(t,s)e^{\int_s^t c(r)dr}u_0 + \int_s^t U_a(t,\tau)e^{\int_\tau^t c(r)dr}g(\tau,\cdot, u(\tau; s, u_0, a, f))d\tau.$$

证明 由 (1.2.28) 可知, 只需证明当 $0 < t - s \ll 1$ 时, 定理 1.2.8 成立即可.

首先, 类似于定理 1.2.6 的讨论可知, 当 $0 < h \ll 1$ 时, 方程

$$\tilde{u}(t) = U_a(t,s)e^{\int_s^t c(r)dr}u_0 + \int_s^t U_a(t,\tau)e^{\int_\tau^t c(r)dr}g(\tau,\cdot, \tilde{u}(\tau))d\tau$$

在 $C([s, s+h], L_q(D))$ 中存在唯一解, 并记之为 $\tilde{u}(t; s, u_0, a, f)$. 于是, 当 $s \leqslant t \leqslant s+h$ 时,

$$\tilde{u}(t; s, u_0, a, f) = U_a(t,s)u_0 + U_a(t,s)\left(\int_s^t c(\tau)e^{\int_s^\tau c(r)dr}d\tau\right)u_0$$

$$+ \int_s^t U_a(t,\tau)e^{\int_\tau^t c(r)dr}g(\tau,\cdot,\tilde{u}(\tau;s,u_0,a,f))d\tau$$

$$=U_a(t,s)u_0 + \int_s^t U_a(t,\tau)c(\tau)\tilde{u}(\tau;s,u_0,a,f)d\tau$$

$$+ \int_s^t U_a(t,\tau)g(\tau,\cdot,\tilde{u}(\tau;s,u_0,a,f))d\tau$$

$$+ \int_s^t U_a(t,\tau)\left(e^{\int_\tau^t c(r)dr}-1\right)g(\tau,\cdot,\tilde{u}(\tau;s,u_0,a,f))d\tau$$

$$- \int_s^t U_a(t,\tau)c(\tau)\int_s^\tau U_a(\tau,\xi)e^{\int_\xi^\tau c(r)dr}g(\xi,\cdot,\tilde{u}(\xi;s,u_0,a,f))d\xi d\tau.$$

注意到, 当 $s \leqslant t \leqslant s+h$ 时,

$$\int_s^t U_a(t,\tau)\left(e^{\int_\tau^t c(r)dr}-1\right)g(\tau,\cdot,\tilde{u}(\tau;s,u_0,a,f))d\tau$$

$$- \int_s^t U_a(t,\tau)c(\tau)\int_s^\tau U_a(\tau,\xi)e^{\int_\xi^\tau c(r)dr}g(\xi,\cdot,\tilde{u}(\xi;s,u_0,a,f))d\xi d\tau$$

$$= \int_s^t U_a(t,\tau)\int_\tau^t c(\xi)e^{\int_\tau^\xi c(r)dr}d\xi\, g(\tau,\cdot,\tilde{u}(\tau;s,u_0,a,f))d\tau$$

$$- \int_s^t U_a(t,\tau)c(\tau)\int_s^\tau U_a(\tau,\xi)e^{\int_\xi^\tau c(r)dr}g(\xi,\cdot,\tilde{u}(\xi;s,u_0,a,f))d\xi d\tau$$

$$= \int_s^t \int_\xi^t U_a(t,\xi)c(\tau)e^{\int_\xi^\tau c(r)dr}g(\xi,\cdot,\tilde{u}(\xi;s,u_0,a,f))d\tau d\xi$$

$$- \int_s^t \int_s^\tau U_a(t,\xi)c(\tau)e^{\int_\xi^\tau c(r)dr}g(\xi,\cdot,\tilde{u}(\xi;s,u_0,a,f))d\xi d\tau$$

$$=0.$$

于是, 当 $s \leqslant t \leqslant s+h$ 时,

$$\tilde{u}(t;s,u_0,a,f) = U_a(t,s)u_0 + \int_s^t U_a(t,\tau)f(\tau,\cdot,\tilde{u}(\tau;s,u_0,a,f))d\tau,$$

这表明当 $s \leqslant t \leqslant s+h$ 时,

$$u(t;s,u_0,a,f) = \tilde{u}(t;s,u_0,a,f)$$

$$= U_a(t,s)e^{\int_s^t c(r)dr}u_0 + \int_s^t U_a(t,\tau)e^{\int_\tau^t c(r)dr}g(\tau,\cdot,u(\tau;s,u_0,a,f))d\tau. \quad \square$$

定理1.2.9 令 $a \in Y$, $u_1, u_2 \in L_q(D)$, $f_1, f_2 \in Z$ 使得 $u_1 \leqslant u_2$, 且当 $(t,x,u) \in R \times D \times R$ 时, $f_1(t,x,u) \leqslant f_2(t,x,u)$. 则当 $s \leqslant t$ 且 $u(t;s,u_1,a,f_1)$ 和 $u(t;s,u_2,a,f_2)$ 都存在时, $u(t;s,u_1,a,f_1) \leqslant u(t;s,u_2,a,f_2)$.

证明 首先, 由 (1.2.28) 可知, 只要证明当 $0 < t-s \ll 1$ 时结论成立即可. 由定理 1.2.7-(1) 可知, 只需证 $u_1, u_2 \in L_\infty(D)$ 的情形即可.

假设 $u_1, u_2 \in L_\infty(D)$, 令 $u^i(t) = u(t; s, u_i, a, f_i)$. 则有

$$\|u^i(t)\|_\infty \leqslant \|U_a(t,s)u_i\|_\infty + \int_s^t \|U_a(t,\tau)f_i(\tau, \cdot, u^i(\tau))\|_\infty d\tau$$

$$\leqslant \|U_a(t,s)u_i\|_\infty + M\int_s^t (t-\tau)^{-\frac{N}{2p}} e^{\gamma(t-\tau)} \|f(\tau, \cdot, u^i(\tau))\|_p d\tau.$$

于是, 存在 $h_1 > 0$ 和 $M_1 > 0$ 使得

$$\|u^i(t)\|_\infty \leqslant M_1, \quad 0 \leqslant t-s \leqslant h_1, \quad i = 1,2. \tag{1.2.30}$$

令 $\zeta(\cdot) \in C^\infty(R, R^+)$ 满足: 当 $|u| \leqslant M_1$ 时, $\zeta(u) = 1$, 当 $|u| \gg 1$ 时, $\zeta(u) = 0$. 再令当 $(t,x,u) \in R \times D \times R$ 时, $\tilde{f}_i(t,x,u) = \zeta(u)f_i(t,x,u)$. 则由 (1.2.30) 可得

$$u(t; s, u_i, a, \tilde{f}_i) = u(t; s, u_i, a, f_i), \quad s \leqslant t \leqslant s + h_1. \tag{1.2.31}$$

接下来, 由 (NL-2) 可知, 存在一个可测函数 $\tilde{C}(t,x) \geqslant 0$ $((t,x) \in R \times D)$, $[R \ni t \mapsto \tilde{C}(t,\cdot) \in L_{q_0}(D)]$ 连续, 当 $(t,x,u) \in R \times D \times R$, $i = 1, 2$ 时, 满足

$$\partial_u \tilde{f}_i(t,x,u) \geqslant -\tilde{C}(t,x).$$

令 $\tilde{C}_n(t,x)$ $(n = 1, 2, \cdots)$ 是简单函数, 当 $(t,x) \in R \times D$ 时,

$$0 \leqslant \tilde{C}_n(t,x) \leqslant \tilde{C}(t,x),$$

且在 $R \times D$ 上, 当 $n \to \infty$ 时, $\tilde{C}_n(t,x)$ 逐点收敛到 $\tilde{C}(t,x)$.

令

$$g_i^n(t,x,u) = \tilde{f}_i(t,x,u) + \tilde{C}(t,x)u - \tilde{C}_n(t,x)u.$$

则在 $R \times D$ 上, 当 $n \to \infty$ 时, $g_i^n(t,x,u)$ 逐点收敛到 $\tilde{f}_i(t,x,u)$.

注意到, 用 g_i^n 替换 f, 定理 1.2.6 成立. 用 g_i^n 替换 f_n 后, 定理 1.2.7 也成立, 于是, 当 $s \leqslant t \leqslant s + h_1$, $n \to \infty$ 时,

$$u(t; s, u_i, a, g_i^n) \to u(t; s, u_i, a, f_i).$$

对每个 $n \in N$, 都存在 $\tilde{c}_n \in R^+$ 满足

$$\tilde{C}_n(t,x) \leqslant \tilde{c}_n, \quad (t,x) \in R \times D.$$

令

$$\tilde{g}_i^n(t,x,u) = g_i^n(t,x,u) + \tilde{c}_n u.$$

则

$$g_i^n(t,x,u) = \tilde{g}_i^n(t,x,u) - \tilde{c}_n u.$$

注意到, 用 g_i^n 替换 g 后, 定理 1.2.8 仍然成立. 因此

$$
\begin{aligned}
u(t; s, u_i, a, g_i^n) = & U_a(t, s) e^{-\tilde{c}_n \cdot (t-s)} u_i \\
& + \int_s^t U_a(t, \tau) e^{-\tilde{c}_n \cdot (t-\tau)} \tilde{g}_i^n(\tau, \cdot, u(\tau; s, u_i, a, g_i^n)) d\tau. \quad (1.2.32)
\end{aligned}
$$

注意到, 对于 $(t, x, u) \in R \times D \times R$, $\partial_u \tilde{g}_i^n(t, x, u) \geqslant 0$, 且 $\tilde{g}_1^n(t, x, u) \leqslant \tilde{g}_2^n(t, x, u)$.

固定 $u \in C([s, s+h], L_q(D)]$ $(0 < h \leqslant h_1)$, 定义 $G_i^n(u)(\cdot)$ 如下:

$$
G_i^n(u)(t) = U_a(t, s) e^{-\tilde{c}_n \cdot (t-s)} u_i + \int_s^t U_a(t, \tau) e^{-\tilde{c}_n \cdot (\tau-s)} \tilde{g}_i^n(\tau, \cdot, u(\tau)) d\tau.
$$

则类似于定理 1.2.8 的讨论可知, 当 $0 < h \ll 1$ 时, $u(\cdot; s, u_i, a, g_i^n)$ 是 $G_i^n(\cdot)$ 在 $C([s, s+h], L_q(D))$ 中的不动点.

最后, 对任意的 $u^0(\cdot) \in C([s, s+h], L_q(D))$, 令 $u_i^{j,n}(\cdot) = G_i^n(u^{j-1,n})(\cdot)$, $j = 1, 2, \cdots$. 则由定理 1.2.4 可得, 当 $s \leqslant t \leqslant s + h$ 时, $u_1^{1,n}(t) \leqslant u_2^{1,n}(t)$.

由于 $\partial_u \tilde{g}_i^n \geqslant 0$, 再利用定理 1.2.4 可得 $G_1^n(u_1^{1,n})(t) \leqslant G_1^n(u_2^{1,n})(t) \leqslant G_2^n(u_2^{1,n})(t)$. 因此, 当 $s \leqslant t \leqslant s + h$ 时, $u_1^{2,n}(t) \leqslant u_2^{2,n}(t)$. 由数学归纳法可知, 当 $s \leqslant t \leqslant s + h$, $j = 1, 2, \cdots$ 时, $u_1^{j,n}(t) \leqslant u_2^{j,n}(t)$. 当 $s \leqslant t \leqslant s + h$ 时, 都有 $u(t; s, u_1, a, g_1^n) \leqslant u(t; s, u_2, a, g_2^n)$ 成立. 因此, 当 $0 \leqslant t - s \ll 1$ 时, $u(t; s, u_1, a, f_1) \leqslant u(t; s, u_2, a, f_2)$. 定理证毕. □

定理1.2.10 对任意的 $a \in Y$, $f \in Z$, $u_0 \in L_q(D)$, 则对所有 $t \geqslant s$, $u(t; s, u_0, a, f)$ 都存在.

证明 首先, 由 (NL-2) 可知, 存在 $c(\cdot) \in C(R, R)$, $C(t, x) \geqslant 0$ $((t, x) \in R \times D)$, $[R \ni t \mapsto C(t, \cdot) \in L_{q_0}(D)]$ 连续且满足

$$
\max\{f(t, x, u), 0\} \leqslant c(t)u + C(t, x), \quad (t, x) \in R \times D, \quad u \geqslant -2,
$$

$$
\min\{f(t, x, u), 0\} \geqslant c(t)u - C(t, x), \quad (t, x) \in R \times D, \quad u \leqslant 2.
$$

令 $\xi(\cdot), \eta(\cdot) \in C^\infty(R, [0, 1])$ 满足

$$
\xi(u) = 1, \quad u \geqslant 0, \quad \xi(u) = 0, \quad u \leqslant -1,
$$

$$
\eta(u) = 1, \quad u \leqslant 0, \quad \eta(u) = 0, \quad u \geqslant 1.
$$

当 $(t, x, u) \in R \times D \times R$ 时, 定义

$$
f^+(t, x, u) = (c(t)u + C(t, x))\xi(u+1) + f(t, x, u)\eta(u+1),
$$

$$
f^-(t, x, u) = (c(t)u - C(t, x))\eta(u-1) + f(t, x, u)\xi(u-1).
$$

则有

$$f^{+}(t,x,u) = c(t)u + C(t,x), \quad (t,x) \in R \times D, \quad u \geqslant 0,$$

$$f^{-}(t,x,u) = c(t)u - C(t,x), \quad (t,x) \in R \times D, \quad u \leqslant 0,$$

$$f^{-}(t,x,u) \leqslant f(t,x,u) \leqslant f^{+}(t,x,u), \quad (t,x,u) \in R \times D \times R.$$

注意到 $-|u_0| \leqslant u_0 \leqslant |u_0|$, 由定理 1.2.9 可得, 当 $t > s$ 且解都存在时,

$$u(t;s,-|u_0|,a,f) \leqslant u(t;s,u_0,a,f) \leqslant u(t;s,|u_0|,a,f).$$

令 $v^{\pm}(t;s,\pm|u_0|)$ 是方程 (1.2.17) 的解, 且 $v^{\pm}(s;s,\pm|u_0|) = \pm|u_0|$, 用 $c(t)u \pm C(t,x)$ 替换 $f(t,x,u)$ 后可得, 当 $t > s$ 时,

$$
\begin{aligned}
v^{-}(t;s,-|u_0|) &= -U_a(t,s)e^{\int_s^t c(r)dr}|u_0| - \int_s^t U_a(t,\tau)e^{\int_\tau^t c(r)dr}C(\tau,\cdot)d\tau \\
&= -U_a(t,s)|u_0| + \int_s^t U_a(t,\tau)\Big(c(\tau)v^{-}(\tau;s,-|u_0|) - C(\tau;\cdot)\Big)d\tau \\
&\leqslant -U_a(t,s)|u_0| + \int_s^t U_a(t,\tau)f(\tau,\cdot,v^{-}(\tau;s,-|u_0|))d\tau,
\end{aligned}
$$

$$
\begin{aligned}
v^{+}(t;s,|u_0|) &= U_a(t,s)e^{\int_s^t c(r)dr}|u_0| + \int_s^t U_a(t,\tau)e^{\int_\tau^t c(r)dr}C(\tau,\cdot)d\tau \\
&= U_a(t,s)|u_0| + \int_s^t U_a(t,\tau)\Big(c(\tau)v^{+}(\tau;s,|u_0|) + C(\tau,\cdot)\Big)d\tau \\
&\geqslant U_a(t,s)|u_0| + \int_s^t U_a(t,\tau)f(\tau,\cdot;v^{+}(\tau;s,|u_0|))d\tau.
\end{aligned}
$$

于是, $v^{\pm}(t;s,\pm|u_0|)$ 对所有的 $t > s$ 都存在, 且当 $t > s$ 且 $u(t;s,\pm|u_0|,a,f)$ 和 $u(t;s,u_0,a,f)$ 都存在时,

$$v^{-}(t;s,-|u_0|) \leqslant 0, \quad v^{+}(t;s,|u_0|) \geqslant 0,$$

$$
\begin{aligned}
v^{-}(t;s;-|u_0|) = u(t;s,-|u_0|,a,f^{-}) &\leqslant u(t;s,-|u_0|,a,f) \\
&\leqslant u(t;s,u_0,a,f) \leqslant u(t;s,|u_0|,a,f) \\
&\leqslant u(t;s,|u_0|,a,f^{+}) = v^{+}(t;s,|u_0|).
\end{aligned}
$$

这表明, $u(t;s,u_0,a,f)$ 对所有的 $t > s$ 都存在.   □

定理1.2.11 给定 $a \in Y$ 和 $f \in Z$, 令 $E \subset L_q(D)$ 是有界子集, 则有

(1) 对任意的 $s < T$, 都存在 $M_1 > 0$, 使得对任意的 $u_0 \in E$ 和 $t \in [s,T]$, $\|u(t;s,u_0,a,f)\|_q \leqslant M_1$;

(2) 对任意的 $0 < \delta$, $s + \delta < T < \infty$, 都存在 $M_2 > 0$ 使得对任意的 $u_0 \in E$, $t \in [s+\delta,T]$, $\|u(t;s,u_0,a,f)\|_\infty \leqslant M_2$.

证明 只证结论 (2). 结论 (1) 可类似于 (2) 进行证明.

(2) 由定理 1.2.10 的证明可知, 只需证明 $f(t,x,u) = c(t)u + C(t,x)$ 即可. 由定理 1.2.8 可得

$$u(t;s,u_0,a,f) = U_a(t,s)e^{\int_s^t c(r)dr}u_0 + \int_s^t U_a(t,\tau)e^{\int_s^\tau c(r)dr}C(\tau,\cdot)d\tau.$$

于是, 对于任意的 $\tilde{q} \geq q$,

$$\|u(t;s,u_0,a,f)\|_{\tilde{q}} \leq e^{\int_s^t c(r)dr}\|U_a(t,s)u_0\|_{\tilde{q}} + \int_s^t \|U_a(t,\tau)e^{\int_s^\tau c(r)dr}C(\tau,\cdot)\|_{\tilde{q}}d\tau$$

$$\leq M(t-s)^{-\frac{N}{2}(\frac{1}{q}-\frac{1}{\tilde{q}})}e^{\gamma(t-s)}e^{\int_s^\tau c(r)dr}\|u_0\|_q$$

$$+ M\int_s^t (t-\tau)^{-\frac{N}{2}(\frac{1}{p}-\frac{1}{\tilde{q}})}e^{\gamma(t-\tau)}e^{\int_s^\tau c(r)dr}\|C(\tau,\cdot)\|_p d\tau.$$

这表明对 $t \in [s+\delta, T]$, $u_0 \in E$ 和任意的 $q \leq \tilde{q} \leq \infty$, $\|u(t,\cdot;u_0,s,f)\|_{\tilde{q}}$ 是一致有界的. □

定理1.2.12 给定 $a\in Y$, $f\in Z$, $t>s$ 和有界子集 $E\subset L_q(D)$, 集合 $\{u(t;s,u_0,a,f)|u_0 \in E\}$ 在 $L_q(D)$ 中是相对紧的.

证明 注意到

$$u(t;s,u_0,a,f) = U_a(t,s)u_0 + \int_s^t U_a(t,\tau)f(\tau,\cdot,u(\tau;s,u_0,a,f))d\tau.$$

由定理 1.2.3 可知, $\{U_a(t,s)u_0|u_0 \in E\}$ 在 $L_q(D)$ 中是相对紧的. 因此, 只需证明集合

$$\tilde{E} = \left\{\int_s^t U_a(t,\tau)f(\tau,\cdot,u(\tau))d\tau|u_0 \in E\right\}$$

是相对紧的, 其中 $u(\tau) = u(\tau;s,u_0,a,f)$.

类似于文献 [24] 中定理 6.1.3 的证明可以得到 $\tilde{E}$ 的相对紧性, 为了完整起见, 这里给出该定理的证明. 由定理 1.2.11 可知, 当 t 在 $[s,\infty)$ 的有界子集上, $u_0 \in E$ 时, $\|u(t;s,u_0,a,f)\|_q$ 是有界的. 于是, $\delta \to 0$ 关于 $u_0 \in E$ 是一致的.

$$\int_{t-\delta}^t U_a(t,\tau)f(\tau,\cdot,u(\tau))d\tau \to 0.$$

因此, 只需证明, 当 $0 < \delta \ll 1$ 时, 集合

$$\tilde{E}_\delta := \left\{\int_s^{t-\delta} U_a(t,\tau)f(\tau,\cdot,u(\tau))d\tau|u_0 \in E\right\}$$

是相对紧的. 令 $v(\tau;u_0) = f(\tau,\cdot,u(\tau))$. 则 $\|v(\tau;u_0)\|_p$ 关于 $u_0 \in E$ 和 $\tau \in [s,t]$ 是有界的, 并假设这个界为 M_0. 则闭包 $\{U_a(t,\tau)v(\tau;u_0)|\tau \in [s,t-\delta], u_0 \in E\}$ 是紧的, 记为 $\bar{E}_\delta$. 显然

$$\tilde{E}_\delta \subset (t-\delta-s) \cdot \bar{C}o(\bar{E}_\delta),$$

其中, $\bar{C}o(\bar{E}_\delta)$ 是 $\bar{E}_\delta$ 的闭凸壳. 由文献 [33, 定理 3.25], $\bar{C}o(\bar{E}_\delta)$ 是紧的, 于是 $\tilde{E}_\delta$ 是相对紧的.　　　　　　　　　　　　　　　　　　　　　　　　　　　　　　□

1.2.3　非光滑区域上非自治抛物方程的拉回吸引子

下面研究在非光滑区域上非自治抛物方程的拉回吸引子.考虑非自治抛物方程

$$\begin{cases} \dfrac{\partial u}{\partial t} = \displaystyle\sum_{i=1}^{N} \dfrac{\partial}{\partial x_i}\Big(\sum_{j=1}^{N} a_{ij}(t,x)\dfrac{\partial u}{\partial x_j} + a_i(t,x)u\Big) \\ \qquad + \displaystyle\sum_{i=1}^{N} b_i(t,x)\dfrac{\partial u}{\partial x_i} + c_0(t,x)u + f(t,x,u), \quad x \in D, \\ \mathcal{B}(t)u = 0, \quad x \in \partial D, \end{cases} \tag{1.2.33}$$

其中 D 是 R^N 中的有界的 Lipschitz 区域. 算子 $\mathcal{B}$ 和式 (1.2.2) 相同. 在这一小节中, 假设

(NA-1) $a = (a_{ij}, a_i, b_i, c_0, d_0)$ 是 Y 中的元素, 其中 Y 是 $L_\infty(R \times D, R^{N^2+2N+1}) \times L_\infty(R \times \partial D, R)$ 的子集, 满足 (L-1) $\sim$ (L-5) (注意到 d_0 在 $\mathcal{B}(t)$ 中出现).

(NA-2) f 是 Z 中的元素, 其中 Z 是从 $R \times \bar{D} \times R$ 到 R 的满足 (NL-1) $\sim$ (NL-3) 的 Borel 可测函数集的子集.

(NA-3) 当 $p_0 = 2$ 时,

$$\limsup_{t-s\to\infty} \frac{1}{t-s} \int_s^t c_2(\tau)d\tau < -\lambda_a;$$

当 $p_0 > 2$ 时,

$$c_2(t) \leqslant 0, \quad \limsup_{t-s\to\infty} \frac{1}{t-s} \int_s^t c_2(\tau)d\tau < 0,$$

其中 p_0, $c_2(\cdot)$ 与 (NL-2) 中相同.

接下来, 假设 $1 < q < \infty$, 存在 $p > 1$, 使得 (1.2.22) 和 (1.2.23) 成立. 当 $u_0 \in L_q(D)$ 时, 令 $u(t;s,u_0,a,f) = u(t;s,u_0)$. 则 $\{U(t,s)\}_{t\geqslant s}$, $U(t,s)u_0 = u(t;s,u_0)$ 在 $L_q(D)$ 上是一个非自治动力系统. 给定 $E \subset L_q(D)$, 令

$$u(t;s,E) = \{u(t;s,u_0)|u_0 \in E\}.$$

定理1.2.13　存在 $L_q(D)$ 中的一簇有界子集 $\{B(\tau)|\tau \in R\}$, 使得对任意有界子集 $E \subset L_q(D)$, 对任意的 $\tau \in R$, 存在 $T(\tau, E) > 0$, 当 $t \geqslant T(\tau, E)$ 时,

$$u(\tau; \tau - t, E) \subset B(\tau).$$

证明　首先考虑 $p_0 = 2$ 的情形. 由 (NL-2) 和 (NA-3) 可知, 存在 $c(\cdot) \in C(R, R^+)$ 和 $C(t,x) \geqslant 0$, $[R \ni t \mapsto C(t,\cdot) \in L_{q_0}(D)]$ 连续, 当 $t \in R$, $x \in D$, $u \geqslant 0$ 时,

$$f(t,x,u) \leqslant c(t)u + C(t,x),$$

当 $t \in R$, $x \in D$, $u \leqslant 0$ 时,

$$f(t, x, u) \geqslant c(t)u - C(t, x).$$

而且

$$\lim_{t \to \pm\infty} \frac{c(t)}{t^{m_0}} \to 0, \quad \lim_{t \to \pm\infty} \frac{\|C(t, \cdot)\|_{q_0}}{t^{m_0}} \to 0, \quad \limsup_{t-s \to \infty} \frac{1}{t-s} \int_s^t c(r) dr < -\lambda_a.$$

定义 $\tilde{U}_a(t, s)$ 如下:

$$\tilde{U}_a(t, s) = U_a(t, s)e^{\int_s^t c(r)dr},$$

则存在 $\varepsilon > 0$, $M_0 > 0$, 当 $t > s$ 时,

$$\|\tilde{U}_a(t, s)\|_q \leqslant M_0 e^{-\varepsilon(t-s)}.$$

固定 $\tau \in R$, 令

$$\kappa(\tau) = 1 + M_0 \int_{-\infty}^0 e^{\varepsilon r} \|C(\tau + r, \cdot)\|_{q_0} dr.$$

类似于定理 1.2.9 证明可知, 当 $t > s$ 时,

$$-\tilde{U}_a(t, s)|u_0| - \int_s^t \tilde{U}_a(t, \tau)C(\tau, \cdot)d\tau \leqslant u(t; s, u_0) \leqslant \tilde{U}_a(t, s)|u_0| + \int_s^t \tilde{U}_a(t, \tau)C(\tau, \cdot)d\tau.$$

因此, 对 $L_q(D)$ 中的有界子集上的 u_0, 关于 $t \gg 1$ 一致地有

$$\|u(\tau; \tau - t, u_0)\|_q \leqslant \kappa(\tau).$$

因此, $B(\tau) = \{u \in L_q(D) \,|\, \|u\|_q \leqslant \kappa(\tau)\}$ 满足定理的条件.

接下来考虑 $p_0 > 2$ 的情形. 由 (NA-3) 可知, 存在 $c^* > 0$, $C(t, x) \geqslant 0$, $[R \ni t \mapsto C(t, \cdot) \in L_{q_0}(D)]$ 连续, 当 $t \in R$, $x \in D$, $u \geqslant 0$ 时,

$$f(t, x, u) \leqslant c_2(t)c^*u + C(t, x),$$

当 $t \in R$, $x \in D$, $u \leqslant 0$ 时,

$$c_2(t)c^*u - C(t, x) \leqslant f(t, x, u),$$

$$c^* \cdot \limsup_{t-s \to \infty} \frac{1}{t-s} \int_s^t c_2(r) dr < -\lambda_a.$$

由 $p_0 = 2$ 情形的讨论即可证明该定理. $\square$

注意到, 定理 1.2.13 的 $L_q(D)$ 中的子集簇 $\{B(\tau) | \tau \in R\}$ 称为拉回吸收子集簇.

定理1.2.14 非自治动力系统 $\{U(t,s)\}_{t\geqslant s}$ 存在一个拉回整体吸引子, 即对于任意的 $t\geqslant\tau$, 及任意有界子集 $E\subset L_q(D)$, 存在 $L_q(D)$ 的非空紧子集簇 $\{A_q(\tau)|\tau\in R\}$ 满足 $u(t;\tau,A_q(\tau))=A_q(t)$,

$$d_q(u(\tau;\tau-t,E),\quad A_q(\tau))\to 0,\quad t\to\infty.$$

证明 首先, 由文献 [8] 定理 1.1 可知, 只需证明 $\{U(t,s)\}_{t\geqslant s}$ 存在紧的拉回吸收子集簇即可.

设 $B(\tau)$ 如定理 1.2.13 中所定义的集合. 则对任意有界集合 $E\subset L_q(D)$,

$$u(\tau-1;\tau-t,E)=u(\tau-1;\tau-1-(t-1),E)\subset B(\tau-1),$$

且当 $t\gg 1$ 时,

$$u(\tau;\tau-t,E)=u(1;\tau-1,u(\tau-1;\tau-t;E))\subset u(1;\tau-1,B(\tau-1)).$$

于是, $\{K(\tau)|\tau\in R\}$ 也是 $\{U(t,s)\}_{t\geqslant s}$ 的拉回吸收子集簇, 其中

$$K(\tau)=u(1;\tau-1,B(\tau-1)).$$

由定理 1.2.12 可知, $u(1;\tau-1,B(\tau-1))$ 是相对紧的, $cl(K(\tau))|\tau\in R$ 是 $\{U(t,s)\}_{t\geqslant s}$ 的紧的拉回吸收集, 于是, 定理得证.   □

推论1.2.1 对任意的 $\tau\in R,q<\tilde{q}<\infty$, 及 $L_{\tilde{q}}(D)$ 中的任意有界集 E, $A_q(\tau)$ 是 $L_\infty(D)$ 中的有界子集, 并且当 $t\to\infty$ 时,

$$d_{\tilde{q}}(u(\tau;\tau-t,E),\quad A_q(\tau))\to 0.$$

证明 首先, 固定 $\tau\in R$. 由定理 1.2.11 可知, $A(\tau)$ 是 $L_\infty(D)$ 中的有界子集.

设 $K(\tau)$ 与定理 1.2.14 所定义相同. 再由定理 1.2.11 可知, $K(\tau)$ 也是 $L_\infty(D)$ 的有界子集.

现在对于任意的有界子集 $E\subset L_{\tilde{q}}(D)$, E 是 $L_q(D)$ 的有界子集, 则当 $t\gg 1$ 时, $u(\tau;\tau-t,E)\subset K(\tau)$. 于是, 存在 $M_0>0$, 当 $t\gg 1$, 对任意的 $u_0\in E$, 任意的 $v\in A(\tau)$, 都有

$$\|u(\tau;\tau-t,u_0)\|_{L_\infty(D)}\leqslant M_0,\quad \|v\|_{L_\infty(D)}\leqslant M_0.$$

这表明对任意的 $u_0\in E,v\in A(\tau)$, 当 $t\gg 1$ 时,

$$\|u(\tau;\tau-t,u_0)-v\|_{\tilde{q}}^{\tilde{q}}\leqslant M_0^{\tilde{q}-q}\int_D |u(\tau;\tau-t,u_0)-v|^q dx,$$

$$\|u(\tau;\tau-t,u_0)-v\|_{\tilde{q}}\leqslant M_0^{\frac{\tilde{q}-q}{\tilde{q}}}\left(\|u(\tau;\tau-t,u_0)-v\|_q\right)^{\frac{q}{\tilde{q}}}.$$

因此, 当 $t\to\infty$ 时,

$$d_{\tilde{q}}(u(\tau;\tau-t,E),A(\tau))\leqslant M_0^{\frac{\tilde{q}-q}{\tilde{q}}}\left(d_q(u(\tau;\tau-t,E),A(\tau))\right)^{\frac{q}{\tilde{q}}}\to 0.\qquad □$$

1.3 非光滑区域上随机抛物方程的拉回吸引子

这一节证明在非光滑区域上随机抛物方程的拉回随机吸引子的存在性. 令 D 是 R^N 中的有界开的 Lipschitz 区域, $(P, \{\theta_t\}_{t \in R})$ 是度量动力系统. 考虑下面的方程

$$
\begin{cases}
\dfrac{\partial u}{\partial t} = \displaystyle\sum_{i=1}^N \dfrac{\partial}{\partial x_i}\Big(\sum_{j=1}^N a_{ij}(\theta_t\omega, x)\dfrac{\partial u}{\partial x_j} + a_i(\theta_t\omega, x)u\Big) \\
\qquad + \displaystyle\sum_{i=1}^N b_i(\theta_t\omega, x)\dfrac{\partial u}{\partial x_i} + c_0(\theta_t\omega, x)u + f(\theta_t\omega, x, u), \quad x \in D, \\
\mathcal{B}(\theta_t\omega)u = 0, \quad x \in \partial D,
\end{cases}
\tag{1.3.1}
$$

其中 $\mathcal{B}(\theta_t\omega)$ 与方程 (1.2.3) 中的相同.

下面给出假设. 对每个 $\omega \in \Omega$, 令 $a_{ij}^\omega(t, x) := a_{ij}(\theta_t\omega, x)$, $a_i^\omega(t, x) := a_i(\theta_t\omega, x)$, $b_i^\omega(t, x) := b_i(\theta_t\omega, x)$, $c_0^\omega(t, x) := c_0(\theta_t\omega, x)$, $d_0^\omega(t, x) := d_0(\theta_t\omega, x)$ (注意到 $d_0(\cdot, \cdot)$ 出现在算子 $\mathcal{B}(\cdot)$ 中), 并记

$$
a^\omega := ((a_{ij}^\omega)_{i,j=1}^N, (a_i^\omega)_{i=1}^N, (b_i^\omega)_{i=1}^N, c_0^\omega, d_0^\omega).
$$

(RA-1) 函数 $a_{ij}(= a_{ji})$ $(i, j = 1, \cdots, N)$, a_i $(i = 1, \cdots, N)$, b_i $(i = 1, \cdots, N)$ 和 c_0 都是 $(\mathfrak{F} \times \mathfrak{B}(D), \mathfrak{B}(R))$ 可测的, 函数 d_0 是 $(\mathfrak{F} \times \mathfrak{B}(\partial D), \mathfrak{B}(R))$ 可测的, 而且 $Y(\Omega) := \{a^\omega \mid \omega \in \Omega\} \subset Y$ (Y 是 $L_\infty(R \times D, R^{N^2+2N+1}) \times L_\infty(R \times \partial D, R)$ 的子集, 满足 (L-1) $\sim$ (L-5)).

(RA-2) $f(\omega, x, u)$ 关于 u 可微, $f(\omega, x, u)$, $\partial_u f(\omega, x, u)$ 关于 (ω, x, u) 是 $(\mathfrak{F} \times \mathfrak{B}(D) \times \mathfrak{B}(R), \mathfrak{B}(R))$ 可测; 对每个 $\omega \in \Omega$, $f^\omega(t, x, u) := f(\theta_t\omega, x, u)$ 关于 $(t, x, u) \in R \times \bar{D} \times R$ 连续. 而且 $Z(\Omega) = \{f^\omega \mid \omega \in \Omega\}$ 是 Z 的可分离子集 Z (Z 是 $R \times \bar{D} \times R$ 到 R 的, 满足 (NL-1) $\sim$ (NL-3) 的 Borel 可测函数集), 存在 $c_i : \Omega \to R$ 和 $C_i : \Omega \to R$, 其中 $c_i^\omega(t) := c_i(\theta_t\omega)$, $C_i^\omega(t) := C_i(\theta_t\omega)$ 关于 t 连续, 且满足

$$
|f(\theta_t\omega, x, u)| \leqslant c_1(\theta_t\omega)|u|^{p_0-1} + C_1(\theta_t\omega), \tag{1.3.2}
$$

$$
f(\theta_t\omega, x, u)u \leqslant c_2(\theta_t\omega)|u|^{p_0} + C_2(\theta_t\omega), \tag{1.3.3}
$$

对每个 $\omega \in \Omega$, $(t, x, u) \in R \times D \times R$, 都有

$$
|\partial_u f(\theta_t\omega, x, u)| \leqslant c_3(\theta_t\omega)|u|^{p_0-2} + C_3(\theta_t\omega). \tag{1.3.4}
$$

对每个 $\omega \in \Omega$ 及某个 $m_0 \geqslant 1$, $i = 1, 2, 3$,

$$
\frac{c_i(\theta_t\omega)}{t^{m_0}} \to 0, \quad \frac{C_i(\theta_t\omega)}{t^{m_0}} \to 0, \quad |t| \to \infty, \tag{1.3.5}
$$

其中 p_0 与 (NL-2) 中相同, 而且当 $p_0 > 2$, 对每个 $\omega \in \Omega$, $c_2(\omega) \leqslant 0$.

(RA-3) 当 $p_0 = 2$ 时, 对任意的 $\omega \in \Omega$, 都有

$$\lim_{t-s \to \infty} \frac{1}{t-s} \int_s^t c_2(\theta_\tau \omega) d\tau < -\lambda_\omega := \lambda_{a^\omega}.$$

当 $p_0 > 2$ 时, 对任意的 $\omega \in \Omega$,

$$c_2(\omega) \leqslant 0, \qquad \lim_{t-s \to \infty} \frac{1}{t-s} \int_s^t c_2(\theta_\tau \omega) d\tau < 0.$$

引理1.3.1　(1) 映射 $[\Omega \ni \omega \mapsto a^\omega \in Y(\Omega)]$ 是可测的;

(2) 映射 $[\Omega \ni \omega \mapsto f^\omega \in Z(\Omega)]$ 是可测的.

证明　(1) 参阅文献 [24] 中引理 4.1.1.

(2) 首先注意到, $Z(\Omega)$ 的紧开拓扑可由度量

$$d(f, g) := \sum_{n=1}^{\infty} \frac{\sup_{|t| \leqslant n, x \in \bar{D}, |u| \leqslant n} |f(t, x, u) - g(t, x, u)|}{2^n}$$

确定. 由 $Z(\Omega)$ 的可分离性可知, 对任意 $g \in Z$ 及 $r > 0$, 只需证明

$$O(g, r) = \{\omega \in \Omega | d(f^\omega, g) < r\} \in \mathfrak{F}.$$

令

$$d_K(f, g) = \sum_{n=1}^{K} \frac{\sup_{|t| \leqslant n, x \in \bar{D}, |u| \leqslant n} |f(t, x, u) - g(t, x, u)|}{2^n}.$$

当 $K \geqslant 1$, $m \geqslant 1$ 时,

$$O_m(g, r) = \left\{\omega \in \Omega | d(f^\omega, g) \leqslant r - \frac{1}{m}\right\},$$

则有

$$O(g, r) = \cup_{m=1}^{\infty} O_m(g, r), \quad O_m(g, r) = \cap_{K=1}^{\infty} \left\{\omega | d_K(f^\omega, g) \leqslant r - \frac{1}{m}\right\}.$$

记 $\{(t_l, x_l, u_l) | l = 1, 2, \cdots\}$ 是 $R \times \bar{D} \times R$ 的稠密子集, 则有

$$
\begin{aligned}
O_{m,K}(g, r) &:= \left\{\omega \in \Omega | d_K(f^\omega, g) \leqslant r - \frac{1}{m}\right\} \\
&= \left\{\omega \in \Omega \left| \sum_{n=1}^{K} \frac{\sup_{|t_l| \leqslant n, |u_l| \leqslant n} |f^\omega(t_l, x_l, u_l) - g(t_l, x_l, u_l)|}{2^n} \leqslant r - \frac{1}{m}\right.\right\}.
\end{aligned}
$$

于是 $O_{m,K}(g, r) \in \mathfrak{F}$, 即 $O(g, r) \in \mathfrak{F}$.　　　　　　　　　□

引理1.3.2 *存在 $c^n(\cdot) \in C(R, R)$ 及 $C^n(\cdot) \in C(R, R)$ 满足*

$$\lim_{t \to \pm\infty} \frac{c^n(t)}{t^{m_0+1}} = 0, \quad \lim_{t \to \pm\infty} \frac{C^n(t)}{t^{m_0+1}} = 0,$$

其中 $n = 1, 2, \cdots$, 对任意的 $\omega \in \Omega$, 当 $(t, x, u) \in R \times D \times R$ 时, 存在 $n = n(\omega)$, 使得

$$|f^\omega(t, x, u)| \leqslant c^n(t)|u|^{p_0-1} + C^n(t),$$

而且 Ω_n 是可测的, 其中

$$\Omega_n = \{\omega \in \Omega \,|\, |f^\omega(t, x, u)| \leqslant c^n(t)|u|^{p_0-1} + C^n(t), (t, x, u) \in R \times D \times R\}.$$

证明 由 (RA-2) 可知, 对任意的 $\omega \in \Omega$, 存在正的有理数 m_1^ω, m_2^ω, M_1^ω, M_2^ω, 当 $(t, x, u) \in R \times D \times R$ 时, 都有

$$|f^\omega(t, x, u)| \leqslant (m_1^\omega + m_2^\omega|t|^{m_0})|u|^{p_0-1} + M_1^\omega + M_2^\omega|t|^{m_0}.$$

则由有理数的可数性可知, 存在 $c^n(\cdot) \in C(R, R)$ 及 $C^n(\cdot) \in C(R, R)$ (可以选择 $c^n(t)$ 和 $C^n(t)$ 是 $r_1 + r_2|t|^{m_0}$ 形式, 其中 r_1 和 r_2 为某个正有理数) 满足

$$\lim_{t \to \pm\infty} \frac{c^n(t)}{t^{m_0+1}} = 0, \quad \lim_{t \to \pm\infty} \frac{C^n(t)}{t^{m_0+1}} = 0,$$

其中 $n = 1, 2, \cdots$, 对任意的 $\omega \in \Omega$, 存在 $n = n(\omega)$, 当 $(t, x, u) \in R \times D \times R$ 时,

$$|f^\omega(t, x, u)| \leqslant c^n(t)|u|^{p_0-1} + C^n(t).$$

设 $\{(t_j, x_k, u_l) | j, k, l = 1, 2, \cdots\}$ 是 $R \times \bar{D} \times R$ 的稠密子集. 则有

$$\Omega_n = \cap_{j,k,l=1}^{\infty} \{\omega \in \Omega \,|\, |f^\omega(t_j, x_l, u_k)| \leqslant c^n(t_j)|u_k|^{p_0-1} + C^n(t_j)\}.$$

因此, Ω_n 是 Ω 的可测子集. $\qquad\qquad\qquad\qquad\qquad\qquad\qquad\qquad\qquad\qquad\square$

注意到 $\Omega = \cup_{n=1}^{\infty} \Omega_n$. 接下来, 记 $u(t; 0, u_0, a^\omega, f^\omega)$ 为 $u(t; u_0, \omega)$.

定理1.3.1 (1) 假设 $a(\omega, x) \equiv a(x)$ (即 $a(\omega, x)$ 不依赖于 x), $1 < q < \infty$, 存在 $p > 1$ 使得 (1.2.22) 和 (1.2.23) 成立, 则 $u(t; u_0, \omega)$ 分别关于 $t \geqslant 0$ 和 $u_0 \in L_q(D)$ 连续, 关于 $t > 0$ 和 $u_0 \in L_q(D)$ 联合连续 (即关于 $(t, u_0) \in (0, \infty) \times L_q(D)$ 连续), 关于 $(\omega, t, u_0) \in \Omega \times R^+ \times L_q(D)$ 可测;

(2) 假设 $q_0 > 2$ (q_0 与 (NL-2) 中相同), $q > 2$, 存在 $p \geqslant 2$ 使得 (1.2.22) 和 (1.2.23) 成立. 则 $u(t; u_0, \omega)$ 分别关于 $t \geqslant 0$ 和 $u_0 \in L_q(D)$ 连续, 关于 $t > 0$ 和 $u_0 \in L_q(D)$ 联合连续, 关于 $(\omega, t, u_0) \in \Omega \times R^+ \times L_q(D)$ 可测.

证明 只证明 (2). 结论 (1) 的证明可类似证明.

(2) 由定理 1.2.7 即可得到 $u(t; s, u_0, \omega)$ 关于 $t \geqslant s$ 和 $u_0 \in L_q(D)$ 分别连续, 以及 $u(t; s, u_0, \omega)$ 关于 $t > s$ 和 $u_0 \in L_q(D)$ 的联合连续性.

接下来证明可测性, 对任意给定的 $\delta > 0$, 令

$$u^\delta(t; u_0, \omega) = \begin{cases} u(t; u_0, \omega), & \delta \leqslant t, \\ u(\delta; u_0, \omega), & 0 \leqslant t < \delta. \end{cases}$$

对任意给定的 $n \in N$, 设 Ω_n 和引理 1.3.2 中的一致. 由定理 1.2.7、引理 1.3.1 和引理 1.3.2 可得, $[0, \infty) \times \Omega_n \times L_q(D) \ni (t, \omega, u_0) \mapsto u^\delta(t; u_0, \omega) \in L_q(D)$ 是可测的. 结合 $\Omega = \cup_{n=1}^{\infty} \Omega_n$ 可知, $[0, \infty) \times \Omega \times L_q(D) \ni (t, \omega, u_0) \mapsto u^\delta(t; u_0, \omega) \in L_q(D)]$ 是可测的.

注意到, 当 $\delta \to 0$ 时, 对任意的 $(t, u_0, \omega) \in R^+ \times L_q(D) \times \Omega$, $u^\delta(t; u_0, \omega)$ 逐点收敛到 $u(t; u_0, \omega)$. 因此 $u(t; u_0, \omega)$ 是可测的. $\square$

附注　在定理 1.3.1(1) 中, 假设 (1.3.1) 的线性项的系数不依赖于 $\omega \in \Omega$, 但不需要对 q_0 和 q 作进一步假设, 其中 q_0 与 (NL-2) 中相同, 即 $q_0 > \max\{\frac{N}{2}, 1\}$, 存在 $p > 1$, 使得 (1.2.22) 和 (1.2.23) 成立. 在定理 1.3.1(2) 中, 不需要对 (1.3.1) 中的线性项的系数做进一步的假设, 但是假设 $q_0 > 2$ (因此, 由 (NL-2) 可知, $q_0 > \max\{\frac{N}{2}, 2\}$), $q > 2$, 存在 $p \geqslant 2$ 使得 (1.2.22) $\sim$ (1.2.23) 成立.

定理 1.3.1(1) 和 (2) 的条件是 $u(t; u_0, \omega)$ 关于 ω 的可测性. 在非自治情况下, 不需要这些附加的条件, 这是因为不需要讨论可测性. $\square$

下面研究方程 (1.3.1)Mild 解的整体吸引子, 假设定理 1.3.1(1) 或者定理 1.3.1(2) 的假设中有一个条件成立.

由定理 1.3.1 可知, (1.3.1) 生成随机动力系统

$$\Pi : R^+ \times L_q(D) \times \Omega \to L_q(D) \times \Omega,$$

$$\Pi(t, u_0, \omega) = (u(t; u_0, \omega), \theta_t \omega). \tag{1.3.6}$$

定理1.3.2　存在 $L_q(D)$ 中的有界子集簇 $\{B(\omega) | \omega \in \Omega\}$, 使得对任意的有界集 $E \subset L_q(D)$ 及任意的 $\omega \in \Omega$, 都存在 $T(\omega, E) > 0$, 当 $t \geqslant T(\omega, E)$ 时,

$$u(t; E, \theta_{-t}\omega) \subset B(\omega)),$$

其中 $u(t; E, \theta_{-t}\omega) = \{u(t; u_0, \theta_{-t}\omega) | u_0 \in E\}$.

证明　证明过程类似于定理 1.2.13, 在此略. $\square$

定理1.3.3　Π 在 $L_q(D)$ 中存在拉回随机吸引子, 即存在 $L_q(D)$ 空间的非空紧子集簇, $A_q = \{A_q(\omega) | \omega \in \Omega\}$, 使得 $[\Omega \ni \omega \mapsto A_q(\omega) \subset L_q(D)]$ 关于 $\mathfrak{F}$ 的完备化是可测的, 对任意的 $t \geqslant 0$, $\omega \in \Omega$ $u(t; A_q(\omega), \omega) = A_q(\theta_t \omega)$. 并且对任意的有界集 $E \subset L_q(D)$, 及任意的 $\omega \in \Omega$,

$$d_q(u(t; E, \theta_{-t}\omega), A_q(\omega)) \to 0, \quad t \to \infty.$$

证明 先证 Π 的一簇紧的拉回吸收集的存在性. 固定 $\omega \in \Omega$, 令

$$\tilde{B}(\omega) = \{u(1; u_0, \theta_{-1}\omega) | u_0 \in B(\theta_{-1}\omega)\}.$$

则由定理 1.3.2 可知, $\{\tilde{B}(\omega)\}_{\omega \in \Omega}$ 和 $cl(\tilde{B}(\omega))\}_{\omega \in \Omega}$ 都是 Π 的一簇拉回吸收子. 由定理 1.2.12 可知, 对每个 $\omega \in \Omega$, $cl(\tilde{B}(\omega))$ 都是紧的拉回吸收集.

再由文献 [20] 中定理 B.1 可得, Π 存在一个拉回整体吸引子 $\{A_q(\omega) | \omega \in \Omega\}$. □

推论1.3.1 对任意 $\omega \in \Omega$, $q \leqslant \tilde{q} < \infty$, 及任意有界集 $E \subset L_{\tilde{q}}(D)$, $A_q(\omega)$ 是 $L_\infty(D)$ 的有界子集, 且

$$d_{\tilde{q}}(u(t; E, \theta_{-t}\omega), A_q(\omega)) \to 0, \quad t \to \infty.$$

证明 由推论 1.2.1 的证明即可得证. □

1.4 初值非光滑的随机抛物方程的随机吸引子

这一节研究随机抛物方程

$$\begin{cases} \dfrac{\partial u}{\partial t} = \displaystyle\sum_{i,j=1}^{N} \dfrac{\partial}{\partial x_i}\left(a_{ij}(\theta_t\omega, x)\dfrac{\partial u}{\partial x_j}\right) + f(\theta_t\omega, x, u), \quad x \in D, \\ u = 0, \quad x \in \partial D \end{cases} \tag{1.4.1}$$

的拉回吸引子. 其中, $D \subset R^n$ 是有界区域, $\omega \in \Omega$, $(\Omega, \mathcal{F}, P)$ 是概率空间, $((\Omega, \mathcal{F}, P),$ $\{\theta_t\}_{t \in R})$ 是遍历的度量动力系统, $f : \Omega \times D \times R \to R$ 满足下面的耗散条件:

(H1) $f : \Omega \times \bar{D} \times R \to R$ 是 $(\mathcal{F} \times B, B(R))$ 可测的, $f^\omega(t, x, u)$ 关于 $(t, x, u) \in R \times \bar{D}$ 连续, 关于 $u \in R$ 可微. 而且, 对每个 $\omega \in \Omega$, 存在一个正数 d_0 满足

$$g_u(\theta_t\omega, x, u) \leqslant -d_0.$$

(H2) 对任意的 $\omega \in \Omega, x \in \bar{D}, u \in R$ 和 $m \geqslant 1$, 存在 $p \geqslant 2$, 两个不依赖于 w 的正数 d_1, d_3 和两个正的具有连续轨道的可测函数 $d_2(\cdot), d_4(\cdot) : \Omega \to R$, 其中 $c_2(\theta_t\omega), c_4(\theta_t\omega)$ 关于 t 连续, 满足

$$d_3|u|^p - d_4(\theta_t\omega) \leqslant g(\theta_t\omega, x, u)u \leqslant d_1|u|^p + d_2(\theta_t\omega), \quad \omega \in \Omega,$$

对某个 $m \geqslant 1$, 当 $t \to \infty$ 时,

$$\frac{d_2(\theta_t\omega)}{t^m} \to 0, \quad \frac{d_4(\theta_t\omega)}{t^m} \to 0.$$

(H3) 存在正常数 d_6 和具有连续轨道的可测函数 $d_7(\cdot) : \Omega \to R$, 满足

$$|g_u(\theta_t\omega, x, u)| \leqslant d_6|u|^{p-2} + d_7(\theta_t\omega),$$

其中 $c_7(\theta_t\omega)$ 关于 t 连续并满足 (H2) 的性质.

注意到, 当 $a_{ij}(\theta_t\omega, x) \equiv a_{ij}(x)$ 时, $f(\theta_t\omega, x, u) \equiv f(x, u)$, (1.4.1) 退化为下面的自治抛物方程

$$
\begin{cases}
\dfrac{\partial u}{\partial t} = \displaystyle\sum_{i,j=1}^{N} \dfrac{\partial}{\partial x_i}\left(a_{ij}(x)\dfrac{\partial u}{\partial x_j}\right) + f(x, u), & x \in D, \\
u = 0, & x \in \partial D.
\end{cases}
\tag{1.4.2}
$$

方程 (1.4.2) 和相应的随机抛物方程 (1.4.1) 常用来描述许多物理模型和生物模型, 包括著名的生物种群中的 KPP 模型. 方程 (1.4.1) 也包含时间周期和时间概周期抛物方程这些特殊类型. 注意到一些随机抛物方程可以通过适当的变化转化成 (1.4.1) 形式的随机发展方程. 例如, 考虑下面加性噪声驱动的随机抛物方程

$$
\begin{cases}
dv = \displaystyle\sum_{i,j=1}^{N} \dfrac{\partial}{\partial x_i}\left(a_{ij}(x)\dfrac{\partial u}{\partial x_j}\right) dt + f(v)dt + dW(t), & x \in D, \\
\dfrac{\partial v}{\partial \nu} = 0, & x \in \partial D,
\end{cases}
\tag{1.4.3}
$$

其中 $W(t)$ 是双边布朗运动. 令

$$
\Omega = C_0(R, R) = \{\omega | \omega : R \to R \text{ 连续, 且 } \omega(0) = 0\},
$$

并赋以紧开拓扑, $\mathcal{F} = \mathcal{B}(\Omega)$ (Borel σ 代数), P 是 Wiener 测度, $\theta_t : \Omega \to \Omega$, $\theta_t\omega(\cdot) = \omega(\cdot + t) - \omega(t)$. 则 $((\Omega, \mathbb{F}, \mathbb{P}), (\theta_t)_{t \in R})$ 是遍历的度量动力系统.

令 $v^* : \Omega \to R$ 是 Ornstein-Uhlenbeck 方程的稳态解过程

$$
dv + Avdt = dW.
$$

令

$$
v = u + v^*,
$$

则 u 满足

$$
\begin{cases}
\dfrac{\partial u}{\partial t} = Au + f(u + v^*(\theta_t\omega)) + v^*(\theta_t\omega), & x \in \partial D, \\
\dfrac{\partial u}{\partial \nu} = 0, & x \in \partial D.
\end{cases}
$$

在区域 D 的适当的光滑条件下, 关于 (1.4.2) 的整体吸引子的研究很多 [25,28]. 可以证明, 当 D 具有某种光滑性时, 方程 (1.4.2) 的解在 $L^2(D)$ 中生成一个半流, 并在 $L^2(D)$ 有整体吸引子 [21,25,28]. 如果当 p 满足 $1 < p \leqslant \dfrac{2n}{n-2}$ 其中 n 是空间自变量的维数, 方程 (1.4.2) 在 $H_0^1(D)$ 中的解生成半流, 并在 H_0^1 中存在整体吸引子 [22,25].

由拟线性抛物方程的一般理论 [1,30] 和随机动力系统的一般理论可知, (1.4.1) 在 $L^2(D)$ 中生成一个随机动力系统

$$\Pi_t(u_0, \omega) = (u(t, \cdot; u_0, \omega), \theta_t\omega), \tag{1.4.4}$$

其中 $\theta_t\omega$ 是保测的遍历的变换. 当 D 是一个具有光滑边界的有界开集, $1 < p \leqslant \frac{2n-2}{n-2}$, 则 (1.4.1) 在 $H_0^1(D)$ 中也可以生成一个随机动力系统, 并且 $u(t, \cdot; u_0, \omega)$ 关于初值 $u_0 \in H_0^1(D)$ 按 $\|\cdot\|_{H_0^1}$ 是连续的.

为便于证明主要结论, 先给出重要的非紧性测度和 ω 极限紧的概念 [15,34].

定义1.4.1 设 M 是一个度量空间, A 是 M 的一个有界子集. 则 A 的非紧测度 $\gamma(A)$ 定义为

$$\gamma(A) = \inf\{\delta > 0 : A \text{ 可表示为有限个直径不超过 } \delta \text{ 子集的并}\}.$$

定义1.4.2 在完备空间 M 上的随机动力系统 $\{S(t, \omega)\}_{t \geqslant 0, \omega \in \Omega}$ 是 ω 极限紧, 如果对 M 中的每个有界子集 $B(\omega)$, 对任意的 $\varepsilon > 0$, 都存在 $t_0(\omega) > 0$ 使得

$$\gamma\left(\bigcup_{t \geqslant t_0(\omega)} S(t, \theta_{-t}\omega)B(\theta_{-t}\omega)\right) \leqslant \varepsilon.$$

引理1.4.1 [15] 设 M 是完备度量空间, γ 是非紧测度, 则有
(1) $\gamma(B) = 0$ 当且仅当 $\bar{B}$ 是紧的;
(2) 如果 M 是 Banach 空间, 则 $\gamma(B_1 + B_2) \leqslant \gamma(B_1) + \gamma(B_2)$;
(3) $\gamma(B_1) \leqslant \gamma(B_2)$, $B_1 \subset B_2$;
(4) $\gamma(B_1 \bigcup B_2) \leqslant \max\{\gamma(B_1), \gamma(B_2)\}$;
(5) $\gamma(B) = \gamma(\bar{B})$.

引理1.4.2 [15] 设 M 是无穷维 Banach 空间, $B(\varepsilon)$ 是半径为 ε 的小球, 则 $\gamma(B(\varepsilon)) = 2\varepsilon$.

引理1.4.3 [15] 设 X 是无穷维 Banach 空间, 且有下面分解

$$X = X_1 \oplus X_2, \quad \dim X_1 < \infty.$$

令 $P : X \to X_1$, $Q : X \to X_2$ 是典则投影, A 是 X 的有界子集. 如果 QA 的直径不超过 ε, 则有 $\gamma(A) < \varepsilon$.

引理1.4.4 [15] 设 M 是一个完备的度量空间, γ 是非紧测度. 假设 $\{F_n\}$ 是 M 上的有界闭子集序列, 且满足
(1) $F_n \neq \varnothing$;
(2) $F_{n+1} \subset F_n$;
(3) $\gamma(F_n) \to 0$, $n \to \infty$.

则 $F(\bigcap_{n=1}^{\infty} F_n)$ 是一个非空紧集.

下面的条件是一个技术性条件, 最早由 [23] 给出, 在本小节的主要结论证明中起着关键作用.

条件(C)　对任意有界随机集 $B(\omega) \subset H$, 及任意 $\varepsilon > 0$, 存在 $t_B(\omega) > 0$ 和 H 中的有限维子空间 X_1, 使得 $\{\|PS(t, \theta_{-t}\omega)B(\theta_{-t}(\omega))\}$ 是有界的, 且

$$\|(I - P)S(t, \theta_{-t}\omega)x\| < \varepsilon, \quad t \geqslant t_B(\omega), \quad x \in B(\theta_{-t}\omega),$$

其中 $P: H \to X_1$ 是有界投影算子.

定理1.4.1[8]　设 $\{S(t, \omega)\}_{t \geqslant s, \omega \in \Omega}$ 是 Polish 空间 H 上的随机动力系统, 如果存在一个随机紧集 $K(\omega)$, 吸引每个有界的确定性的集合 $B \subset H$, 则集合

$$\mathcal{A}(\omega) = \overline{\bigcup_{B \subset H} \Omega_B(\omega)}$$

是 $S(t, \omega)$ 的整体随机吸引子, 如果 T 是连续的, 则其关于 $\mathbb{F}$ 的 P 完备化是可测的.

定理1.4.2　设 $\{S(t, \omega)\}_{t \geqslant 0, \omega \in \Omega}$ 是连续的随机动力系统. 假设存在保测映射群 $(\theta_t)_{t \in R}$ 满足

(i) $S(t, \omega)$ 是 ω 极限紧;

(ii) 在 H 中存在有界吸收集 $K(\omega)$.

则 $K(\omega)$ 的 Ω 极限集 $\mathcal{A}_K(\omega) = \Omega(K(\omega))$ 是紧的随机吸引子, 吸引 H 中的所有有界子集.

证明　(1) 先证 $\mathcal{A}_k(\theta_t\omega)$ 是可测的. 对任意的 $x \in H$,

$$d\left(x, \overline{\bigcup_{t \geqslant 0} S(t, \theta_{-t}\omega)K(\theta_{-t}\omega)}\right) = d\left(x, \bigcup_{t \geqslant 0} S(t, \theta_{-t}\omega)K(\theta_{-t}\omega)\right)$$
$$= \inf_{t > 0} d(x, S(t, \theta_{-t}\omega)K(\theta_{-t}\omega)).$$

由 H 的可分性及 $S(t, \omega)$ 在 H 中的连续性假设可知, 当 $y \in H$ 时, $(t, \omega) \longmapsto d(x, S(t, \theta_{-t}\omega)y)$ 是可测的, 于是

$$(t, \omega) \longmapsto d(x, S(t, \theta_{-t}\omega K(\theta_{-t}\omega))$$

是可测的.

注意到, 当 $\alpha \in R$ 时,

$$\{\omega \in \Omega; \inf_{t > \tau} d(x, S(t, \theta_{-t}\omega)K(\theta_{-t}\omega)) < \alpha\}$$
$$= \Pi_\omega\{(s, \omega) \in (-\infty, T) \times \omega : d(x, S(t, \theta_{-t}\omega)K(\theta_{-t}\omega)) < \alpha\},$$

其中, Π_ω 是从 $R^+ \times \Omega$ 到 Ω 的典则映射. 于是, 由投影定理可知, $\{\omega \in \Omega; \inf_{t > \tau} d(x, S(t, \theta_{-t}\omega)K(\theta_{-t}\omega)) < \alpha\}$ 关于 $\mathcal{F}$ 的 P 完备化是可测的.

由于 $K(\omega)$ 是有界子集, $S(t,\omega)$ 是 Ω 极限紧的, 因此, 对任意的 $\varepsilon > 0$, 都存在某个 $t_k(\omega) > 0$, 满足

$$\gamma\left(\bigcup_{t \geqslant t_K(\omega)} S(t, \theta_{-t}\omega)K(\theta_t\omega)\right) < \varepsilon.$$

令 $\varepsilon = \frac{1}{n}, n = 1, 2, \cdots$, 则可找到序列 $\{t_n\}$, $t_1 < t_2 < \cdots < t_n < \cdots$ 满足

$$\gamma\left(\bigcup_{t \geqslant t_n} S(t, \theta_{-t}\omega)K(\theta_t\omega)\right) < \frac{1}{n}, \quad n = 1, 2, \cdots.$$

由非紧测度的性质可得

$$\overline{\gamma(\bigcup_{t \geqslant t_n} S(t, \theta_{-t}\omega)K(\theta_t\omega))} < \frac{1}{n}, \quad n = 1, 2, \cdots.$$

根据非紧测度的定义, 有 $\overline{\bigcup_{t \geqslant t_n} S(t, \theta_{-t}\omega)K(\theta_t\omega)}$ 是紧的随机集. 再利用引理 1.4.4 可知, $\overline{\bigcup_{t \geqslant t_n} S(t, \theta_{-t}\omega)K(\theta_t\omega)}$ 是非空紧集, 并且是 $K(\omega)$ 的 Ω 极限集, 即

$$\mathcal{A}_k(\omega) = \Omega(K(\omega)) = \bigcap_{s \geqslant 0} \overline{\bigcup_{t \geqslant s} S(t, \theta_{-t}\omega)K(\theta_t\omega)} = \bigcap_{n=1}^{\infty} \overline{\bigcup_{t \geqslant t_n} S(t, \theta_{-t}\omega)K(\theta_t\omega)}.$$

(2) 接下来证明不变性. 假设 $\psi \in \mathcal{A}_K(\theta_s\omega)$, 利用 Ω 极限集的 θ 平移的定义可知, 存在序列 $t_n \to \infty$, $\phi_n \in K(\theta_{-t_n+s}\omega)$ 使得

$$S(t_n, \theta_{-t_n+s}\omega)\phi_n \to \psi, \quad n \to \infty.$$

由随机动力系统的余环性质可知

$$\psi = \lim_{n \to \infty} S(s, \omega) \cdot S(t_n - s, \theta_{-t_n+s}\omega)\phi_n.$$

令 n 充分大, 使得 $t_n - s \geqslant t_K(\omega)$, 这表明 $p_n \triangleq S(t_n - s, \theta_{-t_n+s}\omega)\phi_n \in K(\omega)$.

断言: $\{p_n\}$ 存在收敛的子序列 $\{p_{n_j}\}_{j \in Z}$ 满足 $\lim_{j \to +\infty} p_{n_j} = \bar\phi \in \Omega_k(\omega)$.

事实上, 对任意的 $\varepsilon > 0$ 及任意的 $\omega \in \Omega$, 存在 $t_n(\omega)$ 满足

$$\gamma\left(\bigcup_{t' \geqslant t_\varepsilon(\omega)} S(t', \theta_{-t'}\omega)K(\theta_{-t'}\omega)\right) \leqslant \varepsilon,$$

这表明

$$\gamma\left(\bigcup_{t' \geqslant t_\varepsilon(\omega)+s} S(t'-s, \theta_{-t'+s}\omega)K(\theta_{-t'+s}\omega)\right) \leqslant \varepsilon,$$

因此, 存在 N 满足

$$\bigcup_{n \geqslant N} S(t_n - s, \theta_{-t_n+s}\omega)\phi_n \subset \bigcup_{t' \geqslant t_\varepsilon(\omega)+s} S(t' - s, \theta_{-t'+s}\omega)K(\theta_{-t'+s}\omega).$$

由于 $\bigcup_{n=N_0}^{N} S(t_n - s, \theta_{-t_n+s}\omega)\phi_n$ 包含了有限个点, 其中 N_0 是固定的, 当 $n \geqslant N_0$ 时, $t_n - s \geqslant 0$. 由非紧测度的性质可知

$$\gamma\left(\bigcup_{n \geqslant N_0} S(t_n - s, \theta_{-t_n+s}\omega)\phi_n\right) = \gamma\left(\bigcup_{n \geqslant N} S(t_n - s, \theta_{-t_n+s}\omega)\phi_n\right) < \varepsilon,$$

这表明

$$\gamma\left(\bigcup_{n \geqslant N} S(t_n - s, \theta_{-t_n+s}\omega)\phi_n\right) = 0,$$

即 $\{S(t_n - s, \theta_{-t_n+s}\omega)\phi_n\}$ 是相对紧的. 因此, 存在一个序列 $t_{n_j} \to +\infty$, 及 $\psi \in H$ 满足

$$S(t_{n_j} - s, \theta_{t_{n_j}+s}\omega)\phi_{n_j} \to \phi, \quad t_{n_j} \to +\infty.$$

由 Ω 极限集的定义可知, $\phi \in \Omega(K(\omega))$, 且

$$\begin{aligned}
\psi &= \lim_{n \to \infty} S(s, \omega) \cdot S(t_{n_j} - s, \theta_{-t_{n_j}+s}\omega)\phi_{n_j}\\
&= S(t, \omega) \cdot \lim_{n \to \infty} S(t_{n_j} - s, \theta_{-t_{n_j}+s}\omega)\phi_{n_j}\\
&= S(s, \omega)\phi \subset S(s, \omega)\Omega(K(\omega)),
\end{aligned}$$

即

$$\mathcal{A}_K(\theta_s(\omega)) \subset S(s, \omega)\Omega(K(\omega)). \tag{1.4.5}$$

反之, 令 $\psi \in S(s, \omega)\Omega(K(\omega))$, 则存在某个 $\phi \in \Omega(K(\omega))$ 满足 $\psi = S(s, \omega)$. 由 ω 极限集的定义可知, 存在序列 $t_n \to \infty$ 及 $\phi_n \in K(\theta_{-t_n}\omega)$ 满足 $\psi = \lim_{n\to\infty} S(t_n, \theta_{-t_n}\omega)\phi_n$. 当 $t > 0$ 时, $S(t, \theta_{-t}\omega), t \geqslant 0$, $\omega \in \Omega$ 的连续性蕴涵着

$$\begin{aligned}
S(s, \omega)\psi &= S(s, \omega)\lim_{n \to \infty} S(t_n, \theta_{t_n}\omega)\phi_n = \lim_{n \to \infty} S(s, \omega) \cdot S(t_n, \theta_{t_n}\omega)\phi_n\\
&= \lim_{n \to \infty} S(t_n + s, \theta_{-t_n}\omega)\phi_n = \lim_{n \to \infty} S(t_n + s, \theta_{-t_n-s} \cdot \theta_s\omega)\phi_n\\
&= \lim_{n \to \infty} S(t'_n, \theta_{-t'_n} \cdot \theta_s\omega)\phi_n,
\end{aligned}$$

其中, $t'_n = t_n + s \to \infty$, $\phi_n \in K(\theta_{-t'_n}\omega) = K(\theta_{-t'_n}\theta_s\omega)$. 于是 $S(s, \omega)\psi \in \Omega(K(\theta_s\omega))$, 不变性即可得证.

(3) 最后证明吸引性. 如果结论不成立, 则 $\Omega_K(\omega)$ 不吸引某个有界集 $B(\omega)$, 于是, 存在某个 $\delta > 0$, 序列 $t_n \to \infty$ 及序列 $b_n \in B(\theta_{-t_n}\omega)$ 使得对所有的 $n \in N$,

$$d(S(t_n, \theta_{-t_n}\omega)b_n, \Omega_K(\omega)) \geqslant \delta > 0.$$

由于 $B(\omega)$ 是有界吸收集, 因此 $(S(t_n, \theta_{t_n}\omega)b_n)_{n\in N}$ 存在收敛的子列 $\{b_{n_j}\}$ 满足

$$S(t_{n_j}, \theta_{-t_{n_j}}\omega)b_{n_j} \to \bar{\phi} \in \Omega_K(\omega). \tag{1.4.6}$$

再由 $\{S(t,\omega)\}_{t\geqslant 0, \omega\in\Omega}$ 的连续性可得

$$d(S(t_{n_j}, \theta_{-t_{n_j}}\omega)b_{n_j}, \Omega_K(\omega)) < \varepsilon,$$

这与式 (1.4.6) 矛盾, 从而定理证毕. □

　　定理1.4.3　设 $\{S(t,\omega)\}_{t\geqslant 0, \omega\in\Omega}$ 是 $(\Omega, \mathcal{F}, \mathbb{P}, (\theta_t)_{t\in R})$ 上的连续随机动力系统, 则 $\{S(t,\omega)\}_{t\geqslant 0, \omega\in\Omega}$ 在 H 中存在随机吸引子 $\mathcal{A}(\omega)$ 当且仅当

　　(i) $\{S(t,\omega)\}_{t\geqslant 0, \omega\in\Omega}$ 是 ω 极限紧;

　　(ii) 存在一个有界的吸收集 $K(\omega) \subset H$.

　　证明　由定理 1.4.2 可知, 只需证明必要性. 因为 $\mathcal{A}_K(\omega)$ 是随机吸引子, 则 $\mathcal{A}_K(\omega)$ 的 ε 邻域是一个吸收集. 下面只需证明随机动力系统 $\{S(t,\omega)\}_{t\geqslant 0, \omega\in\Omega}$ 是 ω 极限紧的.

　　为此, 对任意的 $\varepsilon > 0$ 及 H 中任意的有界子集 $B(\omega)$, 存在 $t_B(\omega, \varepsilon) \geqslant 0$ 满足

$$\bigcup_{t\geqslant t_B(\omega,\varepsilon)} S(t, \theta_{-t}\omega) \subset N_{\frac{\varepsilon}{4}}(\mathcal{A}_K(\omega)) = \left\{x \in H : d(x, \mathcal{A}_K(\omega)) < \frac{\varepsilon}{4}\right\}.$$

由于 $\mathcal{A}_K(\omega)$ 是非紧的, 则存在 H 中的有限个元素 $x_1, x_2, \cdots, x_n \in H$ 满足

$$\mathcal{A}_K(\omega) \subset \bigcup_{i=1}^{n} N\left(x_i, \frac{\varepsilon}{4}\right).$$

于是

$$N_{\frac{\varepsilon}{4}}(\mathcal{A}_K(\omega)) \subset \bigcup_{i=1}^{n} N\left(x_i, \frac{\varepsilon}{2}\right),$$

这表明

$$\gamma\left(\bigcup_{t\geqslant t_B(\omega,\varepsilon)} S(t, \theta_{-t}\omega)B(\theta_{-t}\omega)\right) \leqslant \gamma(N_{\frac{\varepsilon}{4}}(\mathcal{A}_K(\omega))) \leqslant \varepsilon,$$

即 $\{S(t,\omega)\}$ 是 ω 极限紧, 从而定理得证. □

　　定理1.4.4　设 H 是 Banach 空间, $\{S(t,\omega)\}_{t\geqslant 0, \omega\in\Omega}$ 是 $(\Omega, \mathcal{F}, \mathbb{P}, (\theta_t)_{t\in R})$ 上的连续随机动力系统. 则

　　(1) 如果条件 (C) 成立, 则 $\{S(t,\omega)\}_{t\geqslant 0, \omega\in\Omega}$ 是 ω 极限紧的;

　　(2) 设 H 是一致凸的 Banach 空间, 则 $\{S(t,\omega)\}_{t\geqslant 0, \omega\in\Omega}$ 是 ω 极限紧当且仅当条件 (C) 成立.

证明　(1) 由引理 1.4.1～引理 1.4.4 可知

$$\gamma\left(\bigcup_{t\geqslant t_B(\omega)} S(t,\theta_{-t}\omega)K(\theta_{-t}\omega)\right)$$

$$=\gamma\left(P\left(\bigcup_{t\geqslant t_B(\omega)} S(t,\theta_{-t}\omega)K(\theta_{-t}\omega)\right)+\left((I-P)\bigcup_{t\geqslant t_B(\omega)} S(t,\theta_{-t}\omega)K(\theta_{-t}\omega)\right)\right)$$

$$\leqslant\gamma\left(P\left(\bigcup_{t\geqslant t_B(\omega)} S(t,\theta_{-t}\omega)K(\theta_{-t}\omega)\right)\right)+\gamma\left((I-P)\bigcup_{t\geqslant t_B(\omega)} S(t,\theta_{-t}\omega)K(\theta_{-t}\omega)\right)$$

$$\leqslant\gamma(N(0,\varepsilon))=2\varepsilon.$$

因此, $\{S(t,\omega)\}_{t\geqslant0,\omega\in\Omega}$ 是 ω 极限紧的.

(2) 设 H 是一致凸的 Banach 空间, $\{S(t,\omega)\}_{t\geqslant0,\omega\in\Omega}$ 是 ω 极限紧的. 则对 H 中的任意有界子集 $B(\Omega)$, 及任意的 $\varepsilon>0$, 存在某个 $t_B(\omega)>0$ 满足

$$\gamma\left(\bigcup_{t\geqslant t_B(\omega)} S(t,\theta_{-t}\omega)B(\theta_{-t}\omega)\right)<\frac{\varepsilon}{2}.$$

由非紧测度的性质可知, 存在有限个子集 $A_1(\omega),A_2(\omega),\cdots,A_m(\omega)$ (其中每个子集的直径不超过 $\frac{\varepsilon}{2}$)满足

$$\bigcup_{t\geqslant t_B(\omega)} S(t,\theta_{-t}\omega)B(\theta_{-t}\omega)\subset\bigcup_{i=1}^m A_i(\omega).$$

令 $x_i\in A_i(\omega),i=1,\cdots,m$, 则

$$\bigcup_{t\geqslant t_B(\omega)} S(t,\theta_{-t}\omega)B(\theta_{-t}\omega)\subset\bigcup_{i=1}^m N\left(x_i,\frac{\varepsilon}{2}\right).$$

记 $X_1=\mathrm{span}\{x_1,x_2,\cdots,x_m\}$. 由于 H 是一致凸的, 于是, 存在投影 $P:X\longmapsto X_1$, 使得对任意的 $x\in H$, $\|x-Px\|=\mathrm{dist}(x,X_1)$. 因此

$$\|(I-P)S(t,\theta_{-t}\omega)x\|\leqslant\frac{\varepsilon}{2}<\varepsilon,$$

这表明条件 (C) 成立, 即该定理得证.　　□

综合定理 1.4.2、定理 1.4.3 和定理 1.4.4 可得

定理1.4.5　设 H 是 Banach 空间, $\{S(t,\omega)\}_{t\geqslant0,\theta\in\Omega}$ 是Polish空间 H 上 $(\Omega,\mathcal{F},\mathbb{P},(\theta_t)_{t\in R})$ 的连续随机动力系统. 如果下面的条件成立:

(i) $\{S(t,\omega)\}_{t\geqslant0,\theta\in\Omega}$ 满足条件 (C);

(ii) 存在一个有界吸收集 $K(\omega) \subset H$.

则随机动力系统在 H 中存在随机吸引子 $\mathcal{A}_K(\omega) = \bigcap_{s \geqslant 0} \overline{\bigcup_{t \geqslant s} S(t, \theta_{-t}\omega)K(\theta_{-t}\omega)}$.

定理1.4.6 设 H 是 Banach 空间，$\{S(t,\omega)\}_{t \geqslant 0, \theta \in \Omega}$ 是 Polish 空间 H 上 $(\Omega, \mathcal{F}, \mathbb{P}, (\theta_t)_{t \in R})$ 的强弱连续随机动力系统. 如果下面条件成立：

(i) $\{S(t, \omega)\}_{t \geqslant 0, \theta \in \Omega}$ 满足条件 (C)；

(ii) 存在一个有界吸收集 $K(\omega) \subset H$.

则随机动力系统在 H 中存在随机吸引子 $\mathcal{A}_K(\omega) = \bigcap_{s \geqslant 0} \overline{\bigcup_{t \geqslant s} S(t, \theta_{-t}\omega)K(\theta_{-t}\omega)}$.

证明 必要性的证明与定理 1.4.3 的证明相类似, 在此略. 在充分性的证明中, $\mathcal{A}_K(\omega)$ 可测性和紧性的证明与定理 1.4.3 相同, 详见文献 [21]. 这里只给出不变性的证明.

假设 $\psi \in \mathcal{A}_K(\theta_s\omega)$, 由 Ω 极限集的 θ 平移性的定义, 注意到 $S(t,\omega)$ 是强弱连续的, 则存在序列 $t_n \to \infty$ 和 $\phi_n \in K(\theta_{-t_n+s}\omega)$, 当 $n \to \infty$ 时,

$$S(t_n, \theta_{-t_n+s}\omega)\phi_n \rightharpoonup \psi.$$

随机动力系统的余环性质蕴涵着

$$\psi = \lim_{n \to \infty} S(s, \omega) \cdot S(t_n - s, \theta_{-t_n+s}\omega)\phi_n.$$

令 n 充分大, 使得 $t_n - s \geqslant t_K(\omega)$, 这表明 $p_n \triangleq S(t_n - s, \theta_{-t_n+s}\omega)\phi_n \in K(\omega)$.

类似于定理 1.4.3 可证明序列 $\{p_n\}$ 存在收敛的子列 $\{p_{n_j}\}_{j \in Z}$ 满足 $\lim_{j \to +\infty} p_{n_j} = \bar{\phi} \in \Omega_k(\omega)$. 因此, 存在序列 $t_{n_j} \to +\infty$ 及 $\psi \in H$ 满足

$$S(t_{n_j} - s, \theta_{t_{n_j}+s}\omega)\phi_{n_j} \to \phi, \quad t_{n_j} \to +\infty.$$

由 Ω 极限集的定义可得 $\phi \in \Omega(K(\omega))$, 且

$$\begin{aligned}
\psi &= \lim_{n \to \infty} S(s, \omega) \cdot S(t_{n_j} - s, \theta_{-t_{n_j}+s}\omega)\phi_{n_j} \\
&= S(t, \omega) \cdot \lim_{n \to \infty} S(t_{n_j} - s, \theta_{-t_{n_j}+s}\omega)\phi_{n_j} \\
&= S(s, \omega)\phi \subset S(s, \omega)\Omega(K(\omega)),
\end{aligned}$$

即

$$\mathcal{A}_K(\theta_s(\omega)) \subset S(s, \omega)\Omega(K(\omega)).$$

反之, 令 $\psi \in S(s, \omega)\Omega(K(\omega))$, 则存在某个 $\phi \in \Omega(K(\omega))$ 使得 $\psi = S(s, \omega)$. 由 ω 极限集的定义, 以及 $S(t, \omega)$ 的强弱连续性可知, 存在序列 $t_n \to \infty$ 及 $\phi_n \in K(\theta_{-t_n}\omega)$ 满足

$$S(t_n, \theta_{-t_n}\omega)\phi_n \rightharpoonup \psi, \quad n \to \infty, \quad t > 0.$$

由 $S(t, \theta_{-t}\omega), t \geqslant 0, \omega \in \Omega$ 的强弱连续性可知

$$
\begin{aligned}
S(s, \omega)\psi &= S(s, \omega)\lim_{n \to \infty} S(t_n, \theta_{t_n}\omega)\phi_n = \lim_{n \to \infty} S(s, \omega) \cdot S(t_n, \theta_{t_n}\omega)\phi_n \\
&= \lim_{n \to \infty} S(t_n + s, \theta_{-t_n}\omega)\phi_n = \lim_{n \to \infty} S(t_n + s, \theta_{-t_n - s} \cdot \theta_s \omega)\phi_n \\
&= \lim_{n \to \infty} S(t'_n, \theta_{-t'_n} \cdot \theta_s \omega)\phi_n,
\end{aligned}
$$

其中, $t'_n = t_n + s \to \infty$, $\phi_n \in K(\theta_{-t'_n}\omega) = K(\theta_{-t'_n}\theta_s\omega)$, 于是 $S(s, \omega)\psi \in \Omega(K(\theta_s\omega))$, 即可得到不变性.　□

下面给出随机动力系统强弱连续性的判定方法.

定理1.4.7　设 X, Y 是两个 Banach 空间, X^*, Y^* 分别是其对偶空间, X 在 Y 中稠密, 映射 $i: X \to Y$ 是连续的, 它的伴随算子 $i^*: Y^* \to X^*$ 是稠密的, 且 $S(t, \omega)$ 在 Y 上是强弱连续的, 则 $S(t, \omega)$ 在 X 上强弱连续的充要条件是对每个 $\omega \in \Omega, t \in R^+$, $S(t, \omega)$ 将 X 中的紧随机集映到 Y 中的有界随机集.

证明　该定理的证明类似于 [28] 中定理 2.4 的证明, 只需要作适当的修改即可. 在此略.　□

1.4.1　L^2 空间中的随机吸引子

研究非自治抛物方程和随机抛物方程特殊形式的解主要有两种方法: 一是 Galerkin 近似方法, 二是半群方法. 例如 Langa[31] 研究了非自治反应扩散方程

$$
\begin{cases}
u_t - \Delta u + f(t, u) = h(t), & \text{在 } D \text{ 内}, \quad t > s, \\
u = 0, & \text{在 } \partial D \text{ 上}, \\
u(s) = u_s,
\end{cases}
\tag{1.4.7}
$$

其中 $f \in C^1(R^2, R), h(\cdot) \in L^2_{\text{loc}}(R, L^2(D))$, D 是 R^n 中的有界开集, 存在 $r \geqslant 0, p \geqslant 2, c_i > 0, i = 1, \cdots, 5$ 满足:

(D1) $c_1|u|^p - c_2 \leqslant f(t, u)u \leqslant c_3|u|^p - c_4$;

(D2) $f_u(t, u) \geqslant -c_5$;

(D3) 对任意的 $t \in R$, 存在非减函数 $\eta(t) > 0$, 使得对所有的 $\tau \leqslant t, u, v \in R$, $|f(\tau, u) - f(\tau, v)| \leqslant \eta(t)|u - v|$.

并证明了在 $L^2(D)$ 中存在拉回吸引子 $K(t)$. 文献 [28] 利用强弱连续的余环性质和非紧测度技术证明了当 $f(t, u) = f(u) \in C(R, R), g(\cdot) \in L^2_{\text{loc}}(D)$, 且 (D1) $\sim$ (D2) 成立时, 系统 (1.4.7) 在 $H^1_0(D)$ 中存在拉回吸引子. 文献 [26] 研究了下面的非自治抛物方程

$$
\begin{cases}
\dfrac{\partial u}{\partial t} = \Delta u + g(t, x, u), & x \in D, \\
u = 0, & x \in \partial D.
\end{cases}
\tag{1.4.8}
$$

当 f 满足适当的光滑性, 对所有的 $u \in R$,

$$f(t,x,u)u \leqslant c(t,x)|u|^2 + D(t,x)|u|,$$

文献 [28] 利用半群方法证明了当初值 $u_0 \in C(\bar{D})$ 时, (1.4.8) 存在唯一的 Mild 解 $u(t;s,u_0)$, 且 $u(s;s,u_0) = u_0$, 并且系统 (1.4.8) 在 $C_0(\bar{D})$ 中存在拉回吸引子. 文献 [8] 研究了高斯噪声驱动的反应扩散方程

$$\begin{cases} du = \Delta u dt + f(u)dt + \sum_{j=1}^{m} \phi_j(x)dw_j(t), \\ u = 0, \quad \text{在} \partial D \text{上}, \\ u(t_0,x) = u_0(x) \in L^2(D), \end{cases} \quad (*0)$$

其中, f 为如下形式的多项式:

$$f(u) = \sum_{k=0}^{2p-1} a_k u^k, \quad a_{2p-1} < 0,$$

并证明了方程 $(*)$ 的解在 L^2 上生成一个随机动力系统, 并存在紧的拉回吸引子.

这一节先研究一般的随机抛物方程

$$\begin{cases} \dfrac{\partial u}{\partial t} - \Delta u + g(\theta_t \omega, x, u) = 0, \quad x \in D, \\ u(t_0, x) = u_0(x), \quad x \in D, \\ u = 0, \quad x \in \partial D, \end{cases} \quad (1.4.9)$$

其中, $\omega \in \Omega, g : \Omega \times \bar{D} \times R \to R$ 是可测的. D 是 R^n 中的具有光滑边界 ∂D 的有界开集. 对每个给定的 $\omega \in \Omega$, 记 $g^\omega(t,x,u) = g(\theta_t \omega, x, u)$. 并且满足假设 (H1) $\sim$ (H3).

记 $H = L^2(D)$, 其内积和范数分别为 $(\cdot, \cdot), \| \cdot \|$, $V = H_0^1(D)$ 的内积和相应的范数分别为 $(\cdot, \cdot)_V, \| \cdot \|_V$, $L^p(D)$ 的内积为 $\| \cdot \|_{L^p}$.

对任意初值 $u_0(x) \in L^2(D)$, 由文献 [6] 的定理 3.1 和 Faedo-Galerkin 近似方法可证得下面结论:

定理1.4.8 假设 (H1) $\sim$ (H3) 成立, 则对每个 $\omega \in \Omega$, 及任意的 $T \in R^+, u_0 \in L^2(D)$, 存在唯一的弱解 $u(\cdot, \cdot, u_0, \omega) \in C([0,T], L^2(D)) \bigcap L^2(0, T, H_0^1(D)) \bigcap L^p(0, T, L^p(D)) \bigcap L^\infty(0, T, L^2(D))$, 且在空间 $V'(0, T; H^{-1}(D))$ 上按分布意义满足方程 (1.4.9), $u(0, u_0, \omega) = u_0$. 而且, 对所有 $u_0, v_0 \in L^2(D)$,

$$|u(t, u_0, \omega) - v(t, v_0, \omega)| \leqslant \exp(c_5(t - \tau))|u_0 - v_0|. \quad (1.4.10)$$

证明 对每个 $\omega \in \Omega$, 方程 (1.4.9) 在某个纤维上是确定方程. 由于 (H1) $\sim$ (H3) 成立, 注意到 (H2) 表明 $g^\omega(t, x, u)$ 关于 t 是多项式增长速度. 类似于文献 [6] 中定

理 3.1 的 Faedo-Galerkin 近似方法可以证明, 对每个 $\omega \in \Omega$, 及任意给定的初值函数 $u_0(x) \in L^2(D)$, 对任意的 $T > 0$, (1.4.9) 在 $V'(0, T, H^{-1}(D))$ 上在分布意义下存在一个弱解 $u(t, x, t_0, \omega, u_0)$, 且 $\partial_t u \in L^p(0, T, H^{-1}(D))$, 并且 $u(x, s)$ 满足

$$u(\cdot) \in L^2(0, T, H_0^1(D)) \bigcap L^p(0, T, L^p(D)) \bigcap L^\infty(0, T, L^2(D)),$$

$u(\cdot) \in C([0, T], L^2(D))$. 类似于文献 [6] 的定理 1.1 和文献 [22] 的定理 3.3, 可以用弱解的连续性得到唯一性.   □

附注   引理 (1.4.8) 表明 $S(t, \omega)u_0$ 关于 $t \geqslant 0$ 和 u_0 是连续的.

令

$$Y = \Big\{ g: \; g(t, x, u) \in C(R \times D \times R, R) \text{ 满足假设(H1)} \sim \text{(H3)}$$

且具有有限的加权范数, 其中 $\|g\|_{\mathcal{M}} = \sup\limits_{s \in [\tau, t]} \sup\limits_{x \in \bar{D}, v \in R} \left(\dfrac{|g(t, x, v)|}{1 + |v|^{p-1}} \right) < \infty \Big\}.$

由文献 [6] 的附注 2.1 可知, $(Y, \| \cdot \|_{\mathcal{M}})$ 是一个 Banach 空间.

对每个 $g \in Y$, 考虑下面的方程

$$\begin{cases} \dfrac{\partial u}{\partial t} - \Delta u + g(t, x, u) = 0, \\ u(t, x)|_{\partial D} = 0, \quad u(t_0, x) = u_0(x). \end{cases} \tag{1.4.11}$$

记 $u(t, x, u_0, g)$ 是方程 (1.4.11) 的解. 如果每个 $\omega \in \Omega$, $g(t, x, g) = g(\theta_t\omega, x, u) = g^\omega(t, x, u)$, 则 $u(t, x, u_0, \omega) = u(t, x, u_0, g^\omega)$ 是方程 (1.4.11) 的解.

引理1.4.5 $S(t, \omega)u_0$ 关于 ω 可测.

引理1.4.6   对每个 $g \in Y$, 方程 (1.4.11) 的解 $u(t, \cdot, t_0, u_0, g)$ 关于 g 是连续的.

证明   设 $u_i(t, x, u_{i0}, g_i), i = 1, 2$ 是下面方程的解

$$\begin{cases} \dfrac{\partial u_i}{\partial t} - \Delta u_i + g_i^\omega(t, x, u_i) = 0, \quad i = 1, 2, \\ u_i(t, x, u_{i0}, g_i) = 0, \quad x \in \partial D, \\ u_i(t_0, x, \omega) = u_{i0}(x), \end{cases}$$

则 $u_1 - u_2$ 满足方程

$$\begin{cases} \dfrac{\partial(u_1 - u_2)}{\partial t} - \Delta(u_1 - u_2) + g_1^\omega(t, x, u_1) - g_2^\omega(t, x, u_2) = 0, \\ u_1(t_0, x) - u_2(t_0, x) = u_{10}(x) - u_{20}(x). \end{cases} \tag{1.4.12}$$

用 $u_1 - u_2$ 与方程 (1.4.12) 作 L^2 内积, 直接计算可得

$$\frac{1}{2}\frac{d}{dt}\|u_1 - u_2\|^2 + \|u_1 - u_2\|_V^2 = -\Big(g_1^\omega(t, x, u_1) - g_2^\omega(t, x, u_1), u_1 - u_2 \Big)$$

$$- \Big(g_2^\omega(t,x,u_1) - g_2^\omega(t,x,u_2), u_1 - u_2 \Big). \quad (1.4.13)$$

由 (H1) 可得

$$-\Big(g_2^\omega(t,x,u_1) - g_2^\omega(t,x,u_2), u_1 - u_2 \Big) \leqslant d_0 ||u_1 - u_2||^2.$$

根据 $||\cdot||_{\mathcal{M}}$ 的定义可知, 对所有的 $v \in R$, $x \in \bar{D}$, $s \in [\tau, t]$,

$$|g_1(s,x,u_1) - g_2(s,x,u_1)| \leqslant ||g_1 - g_2||_{\mathcal{M}}\big(1 + |u_1|^{p-1}\big).$$

再由 Young 不等式得到

$$\Big| \big(g_1(t,x,u_1) - g_2(t,x,u_1), u_1 - u_2 \big) \Big| \leqslant ||g_1 - g_2||_{\mathcal{M}} \int_D \big(1 + |v_1|^{p-1}\big)|u_1 - u_2| dx$$
$$\leqslant ||g_1 - g_2||_{\mathcal{M}} d_5 \Big(1 + ||u_1||_{L^p}^p + ||u_2||_{L^p}^q \Big).$$

于是

$$\frac{d}{dt}||u_1 - u_2||^2 \leqslant 2d_0 ||u_1 - u_2||^2 + a(t)||g_1 - g_2||_{\mathcal{M}}. \quad (1.4.14)$$

其中, $a(t) = 2d_5 \Big(1 + ||u_1||_{L^p}^p + ||u_2||_{L^p}^q + 1 \Big)$. 由估计式 (1.4.14) 可得

$$||u_1 - u_2||^2 \leqslant \Big(||u_{1\tau} - u_{2\tau}||^2 + ||g_1 - g_2||_{\mathcal{M}} \int_\tau^t a(s)ds \Big) e^{2d_0(t-\tau)}.$$

因此, 对任意固定的 t 和 τ, $t \geqslant \tau$, 如果 $||u_{1\tau} - u_{2\tau}|| \to 0$, $||g_1 - g_2||_M \to 0$, 则 $||u_1(t) - u_2(t)|| \to 0$. 从而引理 1.4.6 证毕. □

引理1.4.7 假设 (H1)$\sim$(H3) 成立, 则映射 $E : \Omega \ni \omega \to g^\omega \in Y$ 关于 ω 是可测的.

证明 由于 $g^\omega(t,x,u)$ 关于 $\omega \in \Omega$ 是可测的, $[\tau, t]$ 是不可数的, 因此可以选取有理数 $\tau_1, \tau_2, \cdots, \tau_n \in [\tau, t]$, 使得对任意的 (t_n, x_n, u_n) ($\{(t_n, x_n, u_n)\}$ 在 $[\tau, t] \times \bar{D} \times \mathcal{M}_1$ 中稠密),

$$\Big\{ \omega : |g^\omega(t_n, x_n, u_n) - g_0^\omega(t_n, x_n, u_n)| < \delta - \frac{1}{k} \Big\}$$

是一个可测集. 同理

$$\bigcap_k \bigcap_n \Big\{ \omega : \frac{|g^\omega(t_n, x_n, u_n) - g_0^\omega(t_n, x_n, u_n)|}{1 + |u_n|^{p-1}} < \delta - \frac{1}{k} \Big\}$$

也是一个可测集. 注意到范数 $||\cdot||_{\mathcal{M}_1}$ 的定义, 则有

$$\bigcap_k \bigcap_n \Big\{ \omega : ||g^\omega(t_n, x_n, u_n) - g_0(t_n, x_n, u_n)||_{\mathcal{M}_1} < \delta - \frac{1}{k} \Big\}$$

$$= \bigcap_k \bigcap_n \left\{ \omega : \sup_{(t_n, x_n, u_n) \in [\tau, t] \times \bar{D} \times \mathcal{M}_1} \frac{|g^\omega(t_n, x_n, u_n) - g_0(t_n, x_n, u_n)|}{1 + |u_n|^{p-1}} < \delta - \frac{1}{k} \right\}$$

$$\subset \bigcap_k \bigcap_n \left\{ \omega : \sup_{(t_n, x_n, u_n) \in [\tau, t] \times \bar{D} \times \mathcal{M}_1} |g^\omega(t_n, x_n, u_n) - g_0(t_n, x_n, u_n)| < \delta - \frac{1}{k} \right\}$$

$$= \left\{ \omega : \sup_{(t_n, x_n, u_n) \in [\tau, t] \times \bar{D} \times \mathcal{M}_1} |g^\omega(t_n, x_n, u_n) - g_0(t_n, x_n, u_n)| < \delta \right\}.$$

于是

$$\{ \omega : \|g^\omega(t, x, u) - g_0(t, x, u)\|_{\mathcal{M}_1} < \delta \}$$

是一个可测集. 从而引理 1.4.7 得证. □

引理 1.4.7 和引理 1.4.6 蕴涵着下面的结论:

引理1.4.8 对每个 $\omega \in \Omega$, 方程 (1.4.11) 的解 $u(t, x, u_0, \omega) = u(t, x, u_0, g^\omega)$ 关于 ω 是可测的.

因此, 对每个 $\omega \in \Omega$ 和初始函数 $u_0(x) \in L^2(D)$, $\{S(t, \omega)\}_{t \in R, \omega \in \Omega}$ 是从 $L^2(D)$ 到 $L^2(D)$ 上的随机动力系统.

接下来证明在 $H_0^1(D)$ 中的有界吸收集的存在性和 ω 极限渐近紧性.

引理1.4.9 随机动力系统 $S(t, \theta_{-t}\omega)$ 在 $L^2(D)$ 中存在一个吸收集 $K(\omega)$, $A(\omega) = \bigcup_\omega K(\omega)$ 中按照 $\|\cdot\|_{L^2}$ 范数吸引 $L^2(D)$ 中的有界轨道.

证明 固定 $\omega \in \Omega$ (下面的结论对 Polish a.s. $\omega \in \Omega$ 都成立). 设 $t_0 < -1$, 则存在 $t_2^* = -1 - \frac{1}{2}\ln\|u_0\|$, 当 $t_0 \leqslant t_2^*$ 时, $e^{-2(1-t_0)}\|u_0\|^2 \leqslant 1$.

用 u 与方程 (1.4.9) 的第一个方程相乘, 并在 D 积分后可得

$$\frac{1}{2}\frac{d}{dt}\|u\|^2 + \|u\|_V^2 + \int_D u g(\theta_t \omega, x, u) dx = 0. \tag{1.4.15}$$

由 (H1) 和 Poincaré 不等式及 (1.4.15) 可得

$$\frac{d}{dt}\|u\|^2 + \lambda_1\|u\|^2 + 2d_3 \int_D |u|^p dx \leqslant 2d_4(\theta_t \omega)|D|. \tag{1.4.16}$$

利用 Gronwall 不等式得到

$$\|u(-1)\|^2 \leqslant e^{-\lambda_1(-1-t_0)}\|u_0\|^2 + \int_{t_0}^{-1} e^{-\lambda_1(-1-t_0)}\Big(2d_4(\theta_s \omega)|D|\Big) ds$$

$$\leqslant e^{-\lambda_1(-1-t_0)}\|u_0\|^2 + \int_{-\infty}^{-1} e^{-\lambda_1(-1-t_0)}\Big(2d_4(\theta_s \omega)|D|\Big) ds.$$

条件 (H2) 表明当 t_0 和 s 分别趋于 $-\infty$ 时, $d_4(\theta_s \omega)$ 至多是多项式增长, 因此, 存在一个有界函数 $\gamma_1(\omega)$ 满足

$$\int_{-\infty}^{-1} e^{-\lambda_1(-1-t_0)}\Big(2d_4(\theta_s \omega)|D|\Big) ds \leqslant \gamma_0(\omega),$$

给定 $\rho > 0$ 满足 $\|u_0(x)\| \leqslant \rho$, 选取 $\bar{t} = -1 - \frac{1}{\lambda_1} \ln \rho^2$, 使得当 $t_0 \leqslant \bar{t}$ 时,

$$e^{-\lambda_1(-1-t_0)}\rho^2 \leqslant 1,$$

令

$$\gamma_1^2(\omega) = 1 + 2|D| \int_{-\infty}^{-1} e^{-\lambda_1(-1-t_0)} \Big(d_4(\theta_s\omega) \Big) ds.$$

记 $B(\omega) = \{u : \|u\| \leqslant \gamma_1(\omega)\}$, 则由有界吸收集的定义可知, 集合 $B(\omega)$ 是随机动力系统 $\{S(t, \theta_{-t}\omega)\}_{t \geqslant 0, \omega \in \Omega}$ 的一个有界吸收集. □

引理1.4.10 存在随机变量 $\gamma_2(\omega) > 0$, 使得对所有的 $\rho > 0$, 存在 $t_2^* \leqslant -1$, 对 P.a.s $\omega \in \Omega$, $t_0 \leqslant t_2^*$, $u_0(x) \in L^2(D)$ 且 $\|u_0(x)\| \leqslant \rho$, 方程 (1.4.9) 的解 $u(t, \omega, t_0, u_0)$ 在 $[t_0, \infty)$ 满足

$$\int_{-1}^0 \|u(s)\|_V^2 ds \leqslant \gamma_2(\omega).$$

证明 类似于引理 1.4.9 的讨论, 将方程 (1.4.15) 在 $[-1, 0]$ 上积分, 当 $t_0 \leqslant t_2^*$ 时,

$$\frac{1}{2}\|u(0)\|^2 + \int_{-1}^0 \|u\|_V^2 ds + d_3 \int_{-1}^0 |u|_{L^p}^p dx \leqslant \frac{1}{2}\|u(-1)\|^2 + \int_{-1}^0 d_4(\theta_s\omega) ds.$$

注意到引理 1.4.9 中关于 $\|u(-1)\|$ 的估计, 有

$$\int_{-1}^0 \|u\|_V^2 ds \leqslant \int_{-1}^0 d_4(\theta_s\omega) ds + \frac{1}{2}\gamma_1(\omega) = \gamma_2(\omega),$$

从而引理 1.4.10 即可得证. □

定理1.4.9 假设 (H1) ~ (H3) 成立, 则随机动力系统 $S(t, \omega)$ 在 $L^2(D)$ 中存在拉回吸引子 $\mathcal{A}(\omega)$, 按照 $\|\cdot\|_{L^2}$ 范数吸引 $L^2(D)$ 中的有界集, 而且 $\mathcal{A}(\omega)$ 在 $L^2(D)$ 中按 $L^2(D)$ 范数可测.

证明 用 $-\Delta u$ 乘方程 (1.4.9) 两边, 并在 D 上积分后得到

$$\frac{1}{2}\frac{d}{dt}\|u\|_V^2 + \|\Delta u\|_V^2 = \int_D \Delta u g(\theta_t\omega, x, u) dx \leqslant \int_D -\sum_{i=1}^n g_u(\theta_t\omega, x, u)\Big(\frac{\partial u}{\partial x_i}\Big)^2 dx. \tag{1.4.17}$$

由 (H1) 和 (1.4.17) 可得

$$\frac{d}{dt}\|u\|_V^2 + \|\Delta u\|_V^2 \leqslant 2d_0\|u\|_V^2. \tag{1.4.18}$$

在任意区间 $[s, 0]$ 积分 (1.4.18) 后得到

$$\|u(0)\|_V^2 \leqslant \|u(s)\|_V^2 + 2d_0\int_s^0 \|u(s)\|_V^2 ds. \tag{1.4.19}$$

由 Poincaré 不等式, 存在常数 $c_0 = c_0(D)$ 使得当 $u_0(x) \in H_0^1(D)$ 时,

$$||u_0|| \leqslant c_0 ||u_0||_V.$$

在 $[-1, 0]$ 上对 (1.4.19) 关于 s 积分, 再由引理 1.4.10 得到

$$||u(0)||_V^2 \leqslant \int_{-1}^{0} ||u(s)||_V^2 ds + 2d_0 \int_{-1}^{0} ||u(s)||_V^2 ds \leqslant (1 + 2d_0)\gamma_2(\omega).$$

给定 $\rho > 0$ 满足 $||u_0(x)||_V \leqslant \rho$, 选取 $\bar{t} = -1 - \frac{1}{2} \ln \frac{2}{c_0^2 \rho^2}$, 当 $t_0 \leqslant \bar{t}$ 时,

$$\frac{1}{2} e^{-2(-1-t_0)} c_0^2 ||u_0||_V^2 \leqslant 1.$$

记 $\gamma(\omega)^2 = (1 + 2d_0)\gamma_2(\omega)$, $B(\omega) = \{u \in H_0^1(D) : ||u||_V \leqslant \gamma(\omega)\}$. 由有界吸收集的定义可得, $B = \{B(\omega)\}_{\omega \in \Omega}$ 是随机动力系统 $\{S(t, \theta_{-t}\omega)\}_{t \geqslant 0, \omega \in \Omega}$ 在 $H_0^1(D)$ 中的有界吸收集, 从而完成了引理 1.4.16 的证明. 由于 $H_0^1(D) \subset L^2(D)$, 可以得到 $S(t, \theta_{-t}\omega)$ 的高正则性, 即对 $L^2(D)$ 中的任意有界集 B, $||u(t, B, \omega)||_{H_0^1} \leqslant M$, 这表明 $S(t, \theta_{-t}\omega)$ 是紧的. 因此, 随机动力系统 $S(t, \theta_{-t}\omega)$ 在 $L^2(D)$ 中存在随机吸引子.   □

1.4.2 H_0^1 中的弱吸引子

这一节研究一般随机抛物方程在 H_0^1 上的弱随机吸引子的存在性, 即研究

$$\begin{cases} \dfrac{\partial u}{\partial t} - \Delta u + g(\theta_t\omega, x, u) = 0, & x \in D, \\ u(t_0, x) = u_0(x) \in u_0(x) \in H_0^1, & x \in D, \\ u = 0, & x \in \partial D, \end{cases} \tag{1.4.20}$$

其中对每个 $\omega \in \Omega$, $g : \Omega \times \bar{D} \times R \to R$ 是可测的, $u_0(x) \in H_0^1$.

设 D 是 R^n 中具有光滑边界的 ∂D 的有界开集, $A = -\Delta$ 是线性闭的无界正自伴算子, $D(A) \subset H$, 存在特征值 λ_j 及相应的特征函数 $\phi_j(x)$, 其构成 H 的一组正交基, 即

$$A\phi_j(x) = \lambda_j\, \phi_j(x), \quad j = 1, 2, \cdots, \quad 0 < \lambda_1 \leqslant \lambda_2 \leqslant \cdots, \quad \lambda_j \to \infty, \quad j \to \infty.$$

对每个 $g \in Y$, 考虑下面的方程

$$\begin{cases} \dfrac{\partial u}{\partial t} - \Delta u + g(t, x, u) = 0, \\ u(t, x)|_{\partial D} = 0, \quad u(t_0, x) = u_0(x). \end{cases} \tag{1.4.21}$$

记 $u(t, x, u_0, g)$ 是方程 (1.4.21) 的解. 如果对每个 $\omega \in \Omega$, $g(t, x, g) = g(\theta_t\omega, x, u) = g^\omega(t, x, u)$, 则 $u(t, x, u_0, \omega) = u(t, x, u_0, g^\omega)$ 是方程 (1.4.20) 的解.

对于确定型自治方程 (1.4.21), 即 $g(\theta_t\omega, x, u) = g(x, u)$, 有很多人研究其渐近性态, 证明整体吸引子及其 Hausdorff 维数估计. 对于具有拟周期、概周期、渐近概周期非自治方程, 利用双参数过程和斜积流技巧来研究一致吸引子及其 Haussdorff 维数 [26,29]. 需要指出的是, 这些工作主要集中在相平面为 $L^2(D)$ 上, 而不是 $H_0^1(D)$, 在相平面 $H_0^1(D)$ 上, 初值函数 $u_0(x) \in H_0^1(D)$ 情况下方程 (1.4.20) 的渐近性态的结论不多. 需要指出的是, 文献 [23] 在 $H_0^1(D)$ 中利用非紧测度技术研究了自治抛物方程 (1.4.21) 的整体吸引子的存在性. 这一节在 H_0^1 中研究一般的随机抛物方程 (1.4.20) 的拉回吸引子.

引理1.4.11 假设 (H1)~(H3) 成立, 则对每个 $\omega \in \Omega$, 对任意的 $T \in R^+$, $u_{t_0} \in H_0^1(D)$, 方程 (1.4.20) 存在唯一的弱解 $u(\cdot, \cdot, u_0, \omega) \in C([0,T], L^2(D)) \bigcap L^2(0, T, H_0^1(D)) \bigcap L^p(0, T, L^p(D))$, 在空间 $V'(0, T; H^{-1}(D))$ 上按分布意义下满足该方程, $u(0, \cdot, u_0, \omega) = u_0$. 而且对所有的 $u_0, v_0 \in L^2(D)$,

$$|u(t, \cdot, u_0, \omega) - v(t, \cdot, u_0, \omega)| \leqslant \exp(c_5(t - \tau))|u_0 - v_0|. \tag{1.4.22}$$

证明 对每个 $\omega \in \Omega$, 在某个纤维上, 方程 (1.4.20) 是一个确定型方程. 由于 (H1)~(H3) 成立, 条件 (H2) 表明 $g^\omega(t, x, u)$ 关于 t 是多项式增长的. 类似于文献 [6] 中定理 3.1 的 Faedo-Galerkin 近似方法的讨论, 可以证明, 对每个 $\omega \in \Omega$ 及任给定的初值函数 $u_0(x) \in H_0^1(D)$, 对任意的 $T > 0$, 方程 (1.4.20) 存在一个弱解 $u(t, x, t_0, \omega, u_0)$, 在空间 $V'(0, T, H^{-1}(D))$ 上分布意义下满足方程, $\partial_t u \in L^p(0, T, H^{-1}(D))$, 且解 $u(x, s)$ 满足

$$u(\cdot) \in L^2(0, T, H_0^1(D)) \bigcap L^p(0, T, L^p(D)) \bigcap L^\infty(0, T, L^2(D)),$$

$u(\cdot) \in C([0, T], L^2(D))$. 类似于文献 [22] 的定理 1.1 的讨论, 可以得到弱解的唯一性. 引理证毕. $\quad\square$

引理1.4.12 假设 (H1)~(H3) 成立, 则对每个 $\omega \in \Omega$, 当 $t \geqslant 0$ 时, 弱解 $u(t, x, \omega, u_0)$ 从 $L^2(D)$ 映到 $L^2(D)$ 是连续的.

证明 对每个 $\omega \in \Omega$, 方程 (1.4.20) 在每个纤维上是确定型方程, 由引理 1.4.11 知, $u(\cdot) \in C(0, T, L^2(D))$. 为证明弱解 $u(\cdot)$ 关于 t 是连续的, 即 $u(t) \in C(0, T, H_0^1(D))$. 由于 $u_0(x) \in H_0^1(D) \hookrightarrow L^2(D)$, 易证当 $t \geqslant 0$ 时, $u_0(x) \mapsto u(t, x, \omega, u_0)$ 从 $L^2(D)$ 映到 $L^2(D)$ 是连续的. $\quad\square$

引理1.4.13 对每个 $g \in Y$, 方程 (1.4.21) 的解 $u(t, \cdot, t_0, u_0, g)$ 关于 g 连续.

证明 该引理的证明类似于引理 1.4.6, 在此略. $\quad\square$

引理1.4.14 假设 (H1)~(H3) 成立, 则映射 $E : \Omega \ni \omega \to g^\omega \in Y$ 关于 ω 是可测的.

证明 该引理的证明类似于引理 1.4.7 的讨论, 在此略. $\quad\square$

引理1.4.15　对每个初值函数 $u_0(x) \in H_0^1(D)$, 方程 (1.4.20) 的解 $u(t,\cdot,u_0,\omega)$ 在 $H_0^1(D)$ 中关于 u_0 是弱连续的.

证明　当 $n=1$, $n=2$ 时, 如果条件 (H1)~(H3) 成立, 则由文献 [25] 可知, $u(t,\cdot, u_0,\omega)$ 关于 $u_0 \in H_0^1(D)$ 是连续的, 不需要对增长速度 p 增加任何限制. 当 $n=3$ 时, $u(t,\cdot,u_0,\omega)$ 关于 $u_0 \in H_0^1(D)$ 也是连续的, 且在 $H_0^1(D)$ 中, $2 \leqslant p \leqslant \frac{2n}{n-2}$. 当 $n>3$, 可以证明解 $u(t,\cdot,u_0,\omega)$ 在 H_0^1 上弱连续到 u_0. □

注意到, 对任意的 $\omega \in \Omega$, 引理 1.4.11 和引理 1.4.12 表明方程 (1.4.20) 的解确定了一个随机动力系统 $S(t,\omega)$:

$$S(t,\omega): H_0^1(D) \to H_0^1(D): S(t,\omega)u_0 = u(t,x,\omega,u_0).$$

引理1.4.16　随机动力系统 $\{S(t,\theta_{-t}\omega)\}_{t\geqslant 0,\omega\in\Omega}$ 在 $H_0^1(D)$ 中存在有界的吸收集.

证明　固定 $\omega \in \Omega$ (下面的讨论对 P. a.s. $\omega \in \Omega$ 都成立). 令 $t_0 \leqslant -1$, $u_0(x) \in H_0^1(D)$. 由引理 1.4.11 可知, $u \in H^2$ 在弱的意义下定义, $-\Delta u$ 在弱的意义下有意义.

用 $-\Delta u$ 乘方程 (1.4.20) 两边, 在 D 上积分可得

$$\frac{1}{2}\frac{d}{dt}\|u\|_V^2 + \|\Delta u\|_V^2 = \int_D \Delta u g(\theta_t\omega,x,u)dx \leqslant \int_D -\sum_{i=1}^n g_u(\theta_t\omega,x,u)\Big(\frac{\partial u}{\partial x_i}\Big)^2 dx. \tag{1.4.23}$$

利用 (H2) 和 Hölder 不等式, 由 (1.4.23) 可知

$$\frac{d}{dt}\|u\|_V^2 + \|\Delta u\|_V^2 \leqslant 2d_5\|u\|_V^2. \tag{1.4.24}$$

在任意区间 $[s,0]$ 上关于方程 (1.4.24) 积分可得

$$\|u(0)\|_V^2 \leqslant \|u(s)\|_V^2 + 2d_5\int_s^0 \|u\|(s)\|_V^2 ds. \tag{1.4.25}$$

在利用 Poincaré 不等式可知, 存在一个常数 $c_0 = c_0(D)$ 使得 $\|u_0\| \leqslant c_0\|u_0\|_V$, 当 $u_0(x) \in H_0^1(D)$ 时, 在 $[-1,0]$ 上 (1.4.25) 关于 s 积分, 由引理 1.4.10 可知

$$\|u(0)\|_V^2 \leqslant \int_{-1}^0 \|u(s)\|_V^2 ds + 2d_5\int_{-1}^0 \|u(s)\|_V^2 ds$$

$$\leqslant (1+2d_5)\int_{-1}^0 \|u(s)\|_V^2 ds$$

$$\leqslant (1+2d_5)\Big[\int_{-1}^0 d_4(\theta_s\omega)ds + \frac{1}{2}\gamma_1(\omega)\Big] = \gamma^2(\omega).$$

给定 $\rho > 0$ 使得 $\|u_0(x)\|_V \leqslant \rho$, 选取 $\bar t = -1 - \frac{1}{2}\ln\frac{2}{c_0^2\rho^2}$ 使得对任何 $\|u_0(x)\|_V \leqslant \rho$, 当 $t_0 \leqslant \bar t$ 时,

$$\frac{1}{2}e^{-2(-1-t_0)}c_0^2\|u_0\|_V^2 \leqslant 1.$$

令 $B(\omega) = \{u \in H_0^1(D) : \|u\|_V \leqslant \gamma(\omega)\}$. 由有界吸收集的定义可知, 集合 $B = \{B(\omega)\}_{\omega \in \Omega}$ 是随机动力系统 $\{S(t, \theta_{-t}\omega)\}_{t \geqslant 0, \omega \in \Omega}$ 在 $H_0^1(D)$ 中的一个有界吸收集, 从而引理 1.4.16 得证.   □

引理1.4.17 假设 (H1)$\sim$(H3) 成立, 则当 $n \leqslant 2$, $2 \leqslant p < +\infty$, 或 $n \geqslant 3$, $2 \leqslant p \leqslant \frac{2n-2}{n-2}$ 时, 随机动力系统 $\{S(t, \theta_{-t}\omega)\}_{t \geqslant 0, \omega \in \Omega}$ 在 $H_0^1(D)$ 中是 ω 极限紧的.

证明 由定理 1.4.4 可知, 只需在 $H_0^1(D)$ 中验证条件 (C) 成立即可. 由引理 1.4.16, 存在 $t_B(\omega) > 0$, 当 $t \geqslant t_B(\omega)$, $S(t, \theta_{-t}\omega)B(\theta_{-t}\omega) \subset B(\omega)$. 令 λ_i 和 e_i 分别是 $-\Delta$ 在 $H_0^1(D)$ 中的特征值与特征函数, 其构成了 $L^2(D)$ 的正交基. 令 $X_1 = \mathrm{span}\{e_1, e_2, \cdots, e_N\}$, $P : L^2 \to X_1$ 是投影算子, $Q = Id - P$. 记 $\|\cdot\|$ 和 $\|\cdot\|_V$ 分别是 L^2 范数和 $H_0^1(D)$ 范数.

任取初值 $u_0(x) \in B(\omega)$, 用 $-\Delta u_2 = -\Delta Qu$ 乘以系统 (1.4.20) 的第一个方程, 并在 D 上积分后得到

$$\frac{d}{dt}\|u_2\|_V^2 + 2\|\Delta u_2\|^2 + 2\int_D \Delta u_2 g(\theta_t\omega, x, u)dx = 0.$$

由 Hölder 不等式可得

$$\frac{d}{dt}\|u_2\|_V^2 + \|\Delta u_2\|^2 \leqslant \int_D g^2(\theta_t\omega, x, u)dx. \tag{1.4.26}$$

注意到 $u_2 \in X_2 = L^2(D) - X_1$, 再利用 Poincaré 不等式得到

$$\|\Delta u_2\|^2 \geqslant \lambda_{N+1}\|u_2\|_V^2. \tag{1.4.27}$$

由假设 (H2) 可知, 存在正常数 d_9 和正的连续函数和 $d_{10}(\theta_t\omega)$ 满足

$$|g(\theta_t, x, \omega)| \leqslant d_9|u|^{p-1} + d_{10}(\theta_t\omega). \tag{1.4.28}$$

由 (1.4.26) $\sim$ (1.4.28) 可得

$$\begin{aligned}\frac{d}{dt}\|u_2\|_V^2 + \lambda_{N+1}\|u_2\|_V^2 &\leqslant \int_D |g(\theta_t\omega, x, u)|^2 dx \leqslant \int_D [d_9|u|^{p-1} + d_{10}(\theta_t\omega)]^2 dx \\ &\leqslant \int_D \left[d_{11}|u|^{2p-2}dx + d_{12}d_{10}^2(\theta_t\omega)\right]dx.\end{aligned}$$

于是

$$\frac{d}{dt}\|u_2\|_V^2 + \lambda_{N+1}\|u_2\|_V^2 \leqslant d_{11}\int_D |u|^{2p-2}dx + d_{12}|D|d_{10}^2(\theta_t\omega). \tag{1.4.29}$$

当 $2 \leqslant p < +\infty$, $n \leqslant 2$, 或 $2 \leqslant p \leqslant \frac{2n}{n-2}$, $n \geqslant 3$ 时, 由 Sobolev 嵌入定理, 存在正常数 d 满足

$$\int_D |u|^{2p-2}dx \leqslant d(\|u\|_V^2)^{p-1}.$$

注意到 $B(\omega)$ 是一个吸收集, 因而存在一个有界正数 $M(\omega)$, 当 $t \geqslant t_B(\omega)$ 时,

$$\int_D |u_2|^{2p-2}dx \leqslant \int_D |u|^{2p-2}dx \leqslant d(\|u\|_V^2)^{p-1} \leqslant M(\omega) < \infty. \tag{1.4.30}$$

由 (1.4.29) 和 (1.4.30) 可知

$$\frac{d}{dt}\|u_2\|_V^2 + \lambda_{N+1}\|u_2\|_V^2 \leqslant d_{11}M(\omega) + d_{12}|D|d_{10}^2(\theta_t\omega).$$

利用 Gronwall 不等式得到

$$\|u_2(t)\|_V^2 \leqslant e^{-\lambda_{N+1}(t-t_0)}\|u(t_0)\|_V^2 + \int_{t_0}^t e^{-\lambda_{N+1}(s-t_0)}[d_{11}M(\omega) + d_{12}|D|d_{10}^2(\theta_s\omega)]ds$$

$$\leqslant e^{-\lambda_{N+1}(t-t_0)}\|u(t_0)\|_V^2 + \frac{d_{11}M(\omega)}{\lambda_{N+1}}[1 - e^{-\lambda_{N+1}(t-t_0)}]$$

$$+ d_{12}|D|e^{-\lambda_{N+1}t_0}\int_{-\infty}^t d_{10}^2(\theta_s\omega)e^{-\lambda_{N+1}s}ds.$$

对任意的 $\varepsilon > 0$, 记

$$\lambda_{N+1} \geqslant \frac{8d_{11}M(\omega)}{\varepsilon^2}, \quad t^*(\omega) = t_0 + \frac{1}{\lambda_{N+1}}\ln\frac{8\gamma_4^2(\omega)}{\varepsilon^2},$$

则当 $t \geqslant t^*(\omega)$ 时,

$$e^{-\lambda_{N+1}(t-t_0)}\gamma_4^2(\omega) \leqslant \frac{\varepsilon^2}{8}, \quad \frac{M(\omega)}{\lambda_{N+1}^2} \leqslant \frac{\varepsilon^2}{8}, \quad d_{12}|D|\int_{-\infty}^t d_{10}^2(\theta_s\omega)e^{-\lambda_{N+1}s}ds \leqslant \frac{3\varepsilon^2}{4},$$

$$\|Qu\|_V^2 = \|u_2(t)\|_V^2 \leqslant \frac{\varepsilon^2}{8} + \frac{\varepsilon^2}{8} + \frac{3\varepsilon^2}{4} = \varepsilon^2,$$

因此, 对任意的 $\varepsilon > 0$, 存在 $L^2(D)$ 的有限维的子空间 X_1 和某个 $t^*(\omega)$ 使得当 $t \geqslant t^*(\omega)$ 时,

$$\gamma(I-P)S(t, \theta_{-t}\omega)B(\theta_{-t}\omega) \leqslant \varepsilon,$$

于是, 引理 1.4.17 得证. □

定理1.4.10　假设 (H1)$\sim$(H3) 成立, 则方程 (1.4.20) 的解生成的强弱随机动力系统 $\{S(t, \omega)\}_{t \geqslant 0, \omega \in \Omega}$ 在 $H_0^1(D)$ 中存在弱的随机吸引子.

证明　由引理 1.4.9 和引理 1.4.17 可知, 随机动力系统 $\{S(t, \omega)\}_{t \geqslant 0, \omega \in \Omega}$ 是 ω 极限紧的, 并在 H_0^1 中存在一个有界的吸收集. 根据定理 1.4.6 的假设, 下面只需证明随机动力系统是强弱连续的即可. 由强弱连续随机动力系统的定义及引理 1.4.15 即可知道 $\{S(t, \omega)\}_{t \geqslant 0, \omega \in \Omega}$ 是强弱连续的随机动力系统. □

附注　(1) 当 $n = 1, 2$ 时, 对任意的 $p \geqslant 2$, 随机动力系统 $\{S(t, \omega)\}_{t \geqslant 0, \omega \in \Omega}$ 关于初值 u_0 是连续的. 此时弱吸引子和正常的随机吸引子是一致的.

(2) 当 $n = 3$ 时, 对任意的 $2 \leqslant p \leqslant \frac{2n}{n-2}$, 随机动力系统 $\{S(t,\omega)\}_{t\geqslant 0, \omega\in\Omega}$ 关于初值 u_0 是连续的. $\qquad\qquad\square$

下面的定理揭示了 $L^2(D)$ 中随机吸引子 $\mathcal{A}(\omega)$ 和 $H_0^1(D)$ 中随机吸引子 $\tilde{\mathcal{A}}(\omega)$ 的关系.

定理1.4.11 $\mathcal{A}(\omega) = \tilde{\mathcal{A}}(\omega)$ 和 $\mathcal{A}(\omega)$ 都按照 $H_0^1(D)$ 范数吸引 $L^2(D)$ 中的有界集.

证明 由定理 1.4.10 可知, 在 H_0^1 的随机吸引子 $\tilde{\mathcal{A}}(\omega)$ 是一个紧的随机集, 由 Sobolev 嵌入定理可知, 随机吸引子 $\tilde{\mathcal{A}}(\omega)$ 在 $L^2(D)$ 中也是一个有界随机集, 因此, 随机吸引子 $\mathcal{A}(\omega)$ 按照 $\|\cdot\|_{L^2}$ 范数吸引 $L^2(D)$ 中的有界集 $\tilde{\mathcal{A}}(\omega)$. 再由随机吸引子的定义可知

$$\mathcal{A}(\omega) = \bigcap_{s\geqslant 0} \overline{\bigcup_{t\geqslant s} S(t, \theta_{-t}\omega)\tilde{\mathcal{A}}(\theta_{-t}\omega)} = \tilde{\mathcal{A}}(\omega).$$

从而定理 1.4.11 得证. $\qquad\qquad\qquad\qquad\qquad\qquad\qquad\qquad\square$

1.5 具有动力学边界非牛顿-Boussinesq 修正方程的随机吸引子

关于具有动力学边界条件的随机抛物方程的动力学性态的研究的文献较多, 可参阅文献 [2–4] 及其参考文献等.

关于地球覆盖物流的研究着重于研究高黏性流体的热对流, 对于热效应起本质作用的不可压缩流体中流的动力学描述中, 非牛顿-Boussinesq 修正方程是一个合理的模型 [13]. 这一节研究具有动力学边界的非牛顿-Boussinesq 修正方程

$$\begin{cases} \dfrac{\partial u}{\partial t} + (u\cdot\nabla)u + \nabla p = \nabla\cdot\tau(e(u)) + e_2\theta + f + \dot{w}_1(t), & (x,t)\in D\times R_+, \\ \nabla\cdot u = 0, & (x,t)\in D\times R_+, \\ u = 0, & (x,t)\in\Gamma\times, \\ \dfrac{\partial\theta}{\partial t} + (u\cdot\nabla)\theta - k\Delta\theta = g + \dot{w}_2(t), & (x,t)\in D\times R_+, \\ \gamma\theta = \theta_\Gamma, \\ \dfrac{\partial\theta_\Gamma}{\partial t} = \dfrac{\left(-\dfrac{\partial\theta_\Gamma}{\partial n} - c\theta_\Gamma + h(x)\right)}{\varepsilon} + \dot{w}_3(t), & (x,t)\in\Gamma\times R_+, \\ u(0) = u_0, \quad \theta(0) = \theta_0, \end{cases} \tag{1.5.1}$$

其中函数 $u = u(x,t) = (u^1, u^2)$ 表示不可压缩双极黏性流体的流动相关的速度, 纯量函数 p 表示压强, θ 为温度, 非线性本构关系 $\tau(e(u)) = -2\mu_1\Delta e(u) + 2\mu_0(\varepsilon +$

$|e(u)|^2)^{-\frac{\alpha}{2}}, i, j = 1, 2, \ e_{ij} = e_{ij}(u) = \frac{1}{2}\left(\frac{\partial u_i}{\partial x_j} + \frac{\partial u_j}{\partial x_j}\right).$ $\mu_0, \mu_1, \alpha, \varepsilon$ 都是依赖于温度和压强的参数, 总假设 $\mu_0 > 0, \mu_1 > 0, \varepsilon > 0, \ \alpha \in (0, 1).$

先定义函数空间. 令 $\mathbb{L}^2(D) = (L^2(D))^2 \times L^2(D)$, 其上的内积和范数分别为

$$(\cdot, \cdot) = (\cdot, \cdot)_{(L^2(D))^2} + \frac{1}{k}(\cdot, \cdot)_{L^2(D)} + (\cdot, \cdot)_{L^2(\Gamma)}, \quad \|U\|^2 = (U, U), \quad \forall U = (u, \theta, \theta_\Gamma).$$

再定义一个包含边界条件和自由散度条件的函数空间

$$\mathcal{V} = \{(u, \theta, \theta_\Gamma) \in (C^\infty(D))^2 \times C^\infty(D) \times C^\infty(D) : \operatorname{div} u = 0\}.$$

类似于文献 [2], 定义

$$H_s^1 = \{(u, \theta, \theta_\Gamma) \in (H_0^1(D))^2 \times H^1(D) \times H^{\frac{1}{2}}(\Gamma)\},$$

其中 $H^{\frac{1}{2}}(\Gamma) = \Gamma(H^1(D))$, 并赋以范数 $\|\phi\|_{H^{\frac{1}{2}}} = \inf_{\gamma u = \phi} \|u\|_{H^1(D)}$. 关于边界算子 γ 的性质可参阅文献 [28]. 令 H 为 $\mathcal{V}$ 关于 L^2 范数的闭包, $\mathbb{V}$ 为 $\mathcal{V}$ 关于 H_s^1 范数的闭包, $\mathbb{V}'$ 为 $\mathbb{V}$ 的对偶空间. 定义

$$a(u, v) = \sum_{i,j,k}^2 \left(\frac{\partial e_{ij}(u)}{\partial x_k}, \frac{\partial e_{ij}(v)}{\partial x_k}\right) = \sum_{i,j,k}^2 \int_D \frac{\partial e_{ij}(u)}{\partial x_k} \frac{\partial e_{ij}(v)}{\partial x_k} dx, \quad u, v \in V.$$

由 Lax-Milgram 引理可知, $A \in \mathcal{L}(V.V')$ 是一个等距算子, 且

$$(Au, v) = a(u, v), \quad \forall u, v \in V, \quad A = P\Delta^2.$$

令 $< \cdot, \cdot >$ 为 $\mathbb{V}' \times \mathbb{V} \to R$ 的对偶映射, 定义三线性算子 $b(u, v, w) = < B(u, v),\ w >$, 并且

$$b_1(u, v, w) = \sum_{i,j=1}^2 \int_D u_i \frac{\partial v_j}{\partial x_i} w_j dx, \quad b_2(u, \theta, \rho) = \int_D \sigma_{i=1}^2 u_i \frac{\partial V}{\partial x_i} \rho dx.$$

对于任意的 $u \in V$, 定义连续泛函 $N(u)$ 为

$$< N(u), v > = \sum_{i,j=1}^2 \int_D 2\mu_0(\varepsilon + |e(u)|^2)^{-\alpha/2} e_{ij}(u) e_{ij}(v) dx, \quad v \in V.$$

为便于讨论, 对于适当光滑的 u, θ, θ_Γ, 定义

$$\tilde{A}\phi = \begin{pmatrix} A_1 u, \\ A_2(\theta, \theta_\gamma) \end{pmatrix}, \quad A_1 u = -2\nu_1 Au, \quad A_2(\theta, \theta_\gamma) = \begin{pmatrix} -k\Delta\theta \\ \dfrac{\partial_n \theta_\gamma + c\theta_\gamma}{\varepsilon} \end{pmatrix},$$

$$\tilde{B}(\phi, \psi) = \begin{pmatrix} B_1(u, v) \\ B_2(u, \theta_1) \\ 0 \end{pmatrix} = \begin{pmatrix} (u \cdot \nabla)v \\ (u \cdot \nabla)\theta_1 \\ 0 \end{pmatrix},$$

则具有动力学边界的随机非牛顿-Boussinesq 修正方程 (1.5.1) 可写成抽象发展方程

$$\begin{cases} du = [-2\mu_1 Au - B(u,u) - N(u) + e_2\theta]dt + \dot{w}_1(t), \\ d\theta = -u \cdot \nabla\theta + k\Delta\theta + \dot{w}_2(t), \\ d\theta_\Gamma = -\partial_n\theta_\Gamma - c\theta_\Gamma + h + \dot{w}_3(t), \\ u(0) = u_0, \quad \theta(0) = \theta_0. \end{cases} \tag{1.5.2}$$

令

$$\phi = \begin{pmatrix} u \\ \theta \\ \theta_\Gamma \end{pmatrix}, \qquad \psi = \begin{pmatrix} v \\ \theta_1 \\ \theta_{1\Gamma} \end{pmatrix}, \qquad W = \begin{pmatrix} w^1 \\ w^2 \\ w^3 \end{pmatrix},$$

$$F(\phi) = \begin{pmatrix} \theta e_2 \\ 0 \\ h \end{pmatrix}, \qquad R(\phi) = \begin{pmatrix} N(u), \\ 0 \\ 0 \end{pmatrix}, \quad \phi(0) = \phi_0 = \begin{pmatrix} u_0, \\ \theta_0 \\ 0 \end{pmatrix},$$

则方程组 (1.5.2) 可写成下面的发展方程

$$\begin{cases} dU + AUdt + B(U,U)dt + R(U)dt = F(U)dt + dW, \\ U(0) = U_0 \in H. \end{cases} \tag{1.5.3}$$

由文献 [2] 的引理 2.2 可知, 算子 A_1 和 A_2 都是正的自伴算子, A 也是正的自伴算子, $D(A) = D(A_1) \times D(A_2)$, 且

$$(\tilde{A}\phi, \phi) \geqslant \lambda||\phi||^2, \quad \lambda = \min(\mu_1, \mu_2).$$

记 Ornstein-Uhlenbeck 方程

$$dZ + \tilde{A}Zdt = dW \tag{1.5.4}$$

的稳态解为 $\hat{Z} = (z, z_\theta, z_\Gamma)$. 由文献 [2] 的引理 4.1 可知

$$\text{tr}_H(K\tilde{A}^{2s-1+\varepsilon}) = \text{tr}_H(\tilde{A}^{s-1/2+\varepsilon/2}K\tilde{A}^{s-1/2+\varepsilon/2}) < \infty,$$

且

$$E||\hat{Z}||^2_{D(\tilde{A}^s)} = 1/2\text{tr}_H(\tilde{A}^{s-1/2}K\tilde{A}^{s-1/2}) < \infty, \quad E\sup_{[0,T]}||\hat{Z}(\theta_t\omega)||^2_{D(\tilde{A})} < \infty.$$

作变换 $V = U - \hat{Z}(\theta_t\omega)$, 则方程组 (1.5.3) 变成

$$\begin{cases} dV + \tilde{A}Vdt + \tilde{B}(V + \hat{Z}(\theta_t\omega), V + \hat{Z}(\theta_t\omega))dt + R(V + \hat{Z}(\theta_t\omega))dt \\ \qquad = F(V + \hat{Z}(\theta_t\omega))dt, \\ V(0) = v_0 \in H. \end{cases} \tag{1.5.5}$$

引理1.5.1　随机非牛顿-Bousinesq 修正方程 (1.5.5) 的解生成一个连续的随机动力系统 Φ.

证明　可以利用经典的 Galerkin 近似方法证明解的存在性, 这里只给出证明思路. 设算子 $\tilde{A}$ 在 $\mathbb{H}$ 上的特征函数 $\{e_i\}_{i=1}^{\infty}$ 组成的正交基, $H_n = \mathrm{span}\{e_1, \cdots, e_n\}$, P_n 是相应的投影算子, 考虑 Galerkin 近似方程

$$dV_n + \tilde{A}V_n dt + \tilde{B}(V_n + P_n Z(\theta_t\omega), V_n + P_n Z(\theta_t\omega))dt + R(V_n + P_n Z(\theta_t\omega))dt$$
$$= F(V_n + P_n Z(\theta_t\omega))dt,$$
$$V_n(0) = v_{n0} \in H.$$

该近似方程存在唯一的整体解 $V_n(t, t_0, \omega)$, 其轨线在连续函数空间 $C([0, T], H_n)$ 中. 注意到 Galerkin 近似方程的解的集合 $\{V_n\}_{n \in N}$ 在 $L^2(0, T, H) \bigcap C([0, T]); \mathbb{V}')$ 中相对紧, 于是, 其极限函数 $V(t, t_0, V_0, \omega)$ 满足方程 (1.5.5). 进一步, 可以证明 $V(t, t_0, V_0, \omega) \in L^{\infty}(0, T; H) \bigcap L^2(0, T, V)$.

注意到 Galerkin 近似方程的解 $V_n(t, t_0, \omega)$ 是可测的, 因此, 方程 (1.5.5) 的解 $V(t, t_0, V_0, \omega)$ 也是可测的, 并且关于初值 V_0 连续. 因此, 随机非牛顿-Boussinesq 修正方程的解确定了一个随机动力系统 $\Phi : R \times \Omega \times H \to H$. 证毕.　　□

引理1.5.2　非牛顿-Boussinesq 修正方程 (1.5.5) 定义的随机动力系统 Φ 在 $\mathbb{H}$ 中存在一个随机吸收集 $C(\omega) = B_H(0, \rho(\omega))$, 其中

$$\rho(\omega) = K^{\varepsilon} \int_{-\infty}^{0} e^{\int_{\tau}^{0}[[K^{\varepsilon}\|z(\theta_{\tau}\omega)\|_{H^1}^2 - \lambda]]ds}[G_1(\theta_{\tau}\omega) + G_2(\theta_{\tau}\omega)]d\tau.$$

证明　设 $V = (v, \vartheta, \vartheta_{\Gamma})$ 是方程 (1.5.5) 的解, $Z = (z, z_{\theta}, z_{\Gamma})$ 是 O-U 变换的稳态解. 用 $V = (v, \vartheta, \vartheta_{\Gamma})$ 与方程 (1.5.5) 作 $\mathcal{L}^2$ 内积, 写成分量形式

$$\frac{d\|v\|^2}{dt} + 2(A_1 v, v) + 2(B_1(v + z(\theta_t\omega)), v + z(\theta_t\omega)), v) + 2N(v + z(\theta_t\omega), v)$$
$$= 2((\vartheta + Z_{\vartheta}(\theta_t\omega))e_2, v), \tag{1.5.6}$$

及

$$\frac{d\|(\vartheta, \vartheta_{\Gamma})\|^2}{dt} + 2(A_2\vartheta, \vartheta) = -2(B_2(v + z(\theta_t\omega), \vartheta + Z_{\vartheta}(\theta_t\omega)), \vartheta) + 2(f, \vartheta_{\Gamma}). \tag{1.5.7}$$

先考虑第一个方程 (1.5.6). 由 $N(\cdot)$ 的定义及文献 [36] 可知

$$(N(u), u) \geqslant 0, \quad -(Nu, Av) \leqslant \frac{\mu_1}{4}\|Av\|_V^2 + c\|u\|_V^2, \tag{1.5.8}$$

$$(N(u), z) \leqslant 4\mu_0 e^{-\frac{\alpha}{2}}\|u\|_V \cdot \|z\|_V, \tag{1.5.9}$$

于是

$$-2N(v + z(\theta_t\omega), v) = -2N(v + z(\theta_t\omega), v + z(\theta_t\omega)) + 2N(v + z(\theta_t\omega), z(\theta_t\omega))$$

$$\leqslant 8\mu_0 \varepsilon^{-\frac{\alpha}{2}} \|v + z(\theta_t\omega)\| \cdot \|z(\theta_t\omega)\|$$
$$\leqslant 8\mu_0 \varepsilon^{-\frac{\alpha}{2}} \|v\| \|z(\theta_t\omega)\| + 8\mu_0 \varepsilon^{-\frac{\alpha}{2}} \|z(\theta_t\omega)\|^2.$$

因此

$$\frac{d\|v\|^2}{dt} + 2(A_1 v, v)$$
$$\leqslant 2\|\vartheta + z_\vartheta(\theta_t\omega)\| \|v\| + 2|b_1(z(\theta_t\omega), z(\theta_t\omega), v)| + 2|b_1(v, z(\theta_t\omega), v)|$$
$$\quad + 2|(N(v + z(\theta_t\omega), z(\theta_t\omega))|$$
$$\leqslant K^\varepsilon \|\vartheta\|^2 + \frac{3\varepsilon}{4} \|v\|^2 + K^\varepsilon \|z_\varepsilon(\theta_t\omega)\|^2 + K^\varepsilon \|z(\theta_t\omega)\|_{H^1}^2 \|v\|^2 + \frac{\varepsilon}{2} \|v\|_{H^1}^2$$
$$\quad + K_1^\varepsilon \|z(\theta)_t\omega)\|_{H^1}^2 + 8\mu_0 \varepsilon_0^{-\frac{\alpha}{2}} \|z(\theta_t\omega)\|_{H^1}^2.$$

令 $G_1(\theta_t\omega) = K^\varepsilon \|\vartheta\|^2 + K^\varepsilon \|z_\varepsilon(\theta_t\omega)\|^2 + \frac{\varepsilon}{2} \|v\|_{H^1}^2 + K_1^\varepsilon \|z(\theta)_t\omega)\|_{H^1}^2 + 8\mu_0 \varepsilon_0^{-\frac{\alpha}{2}} \|z(\theta_t\omega)\|_{H^1}^2$.
则当 ε 充分小时,

$$\frac{d\|v\|^2}{dt} - [K^\varepsilon \|z(\theta_t\omega)\|_{H^1}^2 - \lambda] \|v\|^2 \leqslant K^\varepsilon \|\vartheta\|^2 + G_1(\theta_t\omega). \tag{1.5.10}$$

由 Gronwall 引理得到

$$\|v(t)\|^2 \leqslant e^{\int_0^t [K^\varepsilon \|z(\theta_s\omega)\|_{H^1}^2 - \lambda]ds} \|v(0)\|^2 + \int_0^t G_1(\theta_s\omega) e^{\int_s^t [K^\varepsilon \|z(\theta_\tau\omega)\|_{H^1}^2 - \lambda]d\tau} ds$$
$$\quad + 2\int_0^t K^\varepsilon \|\vartheta\|^2 e^{\int_s^t [K^\varepsilon \|z(\theta_\tau\omega)\|_{H^1}^2 - \lambda]d\tau} ds$$

接下来讨论方程 (1.5.7). 对于充分小的 $\varepsilon > 0$, 直接计算可得

$$\frac{d\|(\vartheta, \vartheta_\Gamma)\|^2}{dt} + 2(A_2\vartheta, \vartheta)$$
$$\leqslant 2|(f, \vartheta)| + 2|b_2(v + z(\theta_t\omega), z_\vartheta(\theta_t\omega), \vartheta)| K^\varepsilon + K^\varepsilon (\|v\| \|z_\vartheta(\theta_t\omega)_{H^2})^2$$
$$\quad + K^\varepsilon (\|z_\vartheta(\theta_t\omega)_{H^2})^2 \|z(\theta_t\omega))^2 + \varepsilon \|\vartheta\|_{H^1}^2.$$

令 $G_2(\theta_t\omega) = K^\varepsilon + K^\varepsilon (\|z_\vartheta(\theta_t\omega)_{H^2})^2 \|z(\theta_t\omega))^2$, 则有

$$\frac{d\|(\vartheta, \vartheta_\Gamma)\|^2}{dt} + \lambda \|(\vartheta, \vartheta_\Gamma)\|^2 + K\|\vartheta\|^2 \leqslant K^\varepsilon + K^\varepsilon (\|v\| \|z_\vartheta(\theta_t\omega)_{H^2})^2 + G_2(\theta_t\omega). \tag{1.5.11}$$

利用 Gronwall 引理可得

$$\|(\vartheta, \vartheta_\Gamma)\|^2 + K \int_0^t e^{-\lambda(t-s)} \|\vartheta\|_{H^1}^2 ds$$
$$\leqslant K^\varepsilon \int_0^t e^{-\lambda(t-s)} \|v\|^2 \|z_\vartheta(\theta_s\omega)\|_{H^2}^2 ds + \int_0^t e^{-\lambda(t-s)} G_2(\theta_s\omega) ds + e^{-\lambda t} \|(\vartheta, \vartheta_\gamma)\|_{H^2}^2 ds$$
$$\quad + e^{-\lambda t} (\vartheta, \vartheta_\gamma)(0)\|^2.$$

注意到, $||U||^2 = ||v||^2 + ||(\vartheta, \vartheta_\Gamma)||^2$, 因此, 当 ε 充分小时,

$$\frac{d||U||^2}{dt} - [K^\varepsilon||z(\theta_t\omega)||^2_{H^1} - \lambda]||U||^2 + K||U||^2_{H^1}$$
$$\leqslant K^\varepsilon(||v||||z_\vartheta(\theta_t\omega)||^2_{H^2} + (G_1(\theta_t\omega) + G_2(\theta_t\omega)).$$

由 Gronwall 不等式可得

$$||U(t)||^2 \leqslant e^{\int_0^t [K^\varepsilon||z(\theta_t\omega)||^2_{H^1} - \lambda]d\tau}\Big(K^\varepsilon||U(0)||^2$$
$$+ \int_0^t K^\varepsilon e^{-\int_0^t [K^\varepsilon||z(\theta_t\omega)||^2_{H^1} - \lambda]d\tau}[G_1(\theta_\tau\omega) + G_2(\theta_\tau\omega)]d\tau\Big).$$

类似于文献 [2] 的引理 5.2, 由 Birkhoff 遍历性定理可得

$$e^{[K^\varepsilon||z(\theta_t\omega)||^2_{H^1} - \lambda]d\tau} \approx e^{E[K^\varepsilon||z(\theta_\tau\omega)||^2_{H^1} - \lambda]t} < \infty, \quad t \to \pm\infty.$$

因此

$$\rho(\omega) = K^\varepsilon \int_{-\infty}^0 e^{\int_\tau^0 [[K^\varepsilon||z(\theta_\tau\omega)||^2_{H^1} - \lambda]]ds}[G_1(\theta_\tau\omega) + G_2(\theta_\tau\omega)]d\tau < \infty.$$

则 $C(\omega) = B_H(0, \rho(\omega))$ 是随机动力系统的一个吸收集. $\qquad\square$

引理1.5.3　设 $C(\omega)$ 是随机动力系统 Φ 在 H 中的是一个吸收集, 则 $B(\omega) = \Phi(1, \theta_{-1}\omega, C(\theta_{-1}\omega))$ 是 H 中紧的吸收集.

证明　只需证明系统的解 V 在 $\mathbb{V}$ 的 H^1 范数有界, 再利用 $\mathbb{V}$ 紧嵌入到 $\mathbb{L}^2$ 中即可得到紧性. 为此, 用 $\tilde{A}V$ 与方程 (1.5.5) 作 $\mathbb{L}^2$ 内积后得到

$$\left(\frac{dV}{dt}, \tilde{A}V\right) + (\tilde{A}V, \tilde{A}V)$$
$$\leqslant |b_1(v + z(\theta_t\omega), v + z(\theta_t\omega), A_1v)| + |b_2(\rho + Z_\rho(\theta_t\omega), v + z(\theta_t\omega), A_2\rho)|$$
$$+ N(v + z(\theta_t\omega), A_1v) + |(\rho + Z_\rho(\theta_t\omega)e_2, A_1v)| + |(f, A_2Z_\gamma)|.$$

由不等式 (1.5.10) 可知

$$-N(v + z(\theta_t\omega), A_1v) \leqslant \frac{\mu_1}{4}||A_1v||^2_{H^1} + c||v + z(\theta_t\omega)||^2_{H^1}.$$

由文献 [2] 的引理 5.5 可得

$$\frac{d||U||^2_V}{dt} + (\tilde{A}U, \tilde{A}U)$$
$$\leqslant K^\varepsilon||v + z(\theta_t\omega)||^2 \cdot ||v + z(\theta_t\omega)||^2_{H^1} + \varepsilon||A_1v||^2 + \frac{\mu_1}{4}||A_1v||^2_{H^1}$$
$$+ c_B||\vartheta + Z_\vartheta(\theta_t\omega)|| \cdot ||v + z(\theta_t\omega)||^2_{H^2} \cdot ||A_2\theta||_{H^1} + c||v + z(\theta_t\omega)||^2_{H^1}$$
$$+ ||\vartheta + Z_\vartheta(\theta_t\omega)|| \cdot ||A_1v|| + ||f|| \cdot ||A_2Z_\gamma(\theta_t\omega)||.$$

由 Poincaré 不等式可得

$$\frac{d\|U\|_V^2}{dt} \leqslant (H_1(\theta_t\omega) + K_2^\varepsilon\|v\|^2\|v\|_{H^1}^2)\|U\|_V^2 + K_3^\varepsilon\|U\|^2 + H_2(\theta_t\omega),$$

其中

$$\begin{aligned} H_1(\theta_t\omega) =& K_1^\varepsilon\|z(\theta_t\omega)\|_{H^2}^2 + K_2^\varepsilon\|z_\vartheta(\theta_t\omega)\|_{H^2}^2 \\ &+ K_3^\varepsilon\|z(\theta_t\omega)\|^2 \cdot \|z(\theta_t\omega)\|_{H^1}^2 + K_4^\varepsilon\|Z_\Gamma(\theta_t\omega)\|_{H^1}^2, \\ H_2(\theta_t\omega) =& K_1^\varepsilon + K_2^\varepsilon\|z(\theta_t\omega)\|_{H^1}^2 \cdot \|z_\vartheta(\theta_t\omega)\|_{H^2}^2 \\ &+ K_3^\varepsilon\|z_\vartheta(\theta_t\omega)\|^2 + K_4^\varepsilon\|z(\theta_t\omega)\|_{H^1}^2 \cdot \|z(\theta_t\omega)\|_{H^2}^2. \end{aligned}$$

类似于引理 1.5.2 的讨论可以证明, 当初值 $U_0 = (u_0, \theta_0, \theta_\Gamma^0)$ 取值于有界集时, 由文献 [2] 的附注 5.3 和附注 5.4 可知, $U \in L^\infty(0, T; H)$, 并且 $U \in L^2(0, T; \mathbb{V})$. 因此 $\int_0^1 \|v\|^2 \cdot \|v\|_{H^1}^2 < \infty$. 由一致 Gronwall 不等式可知, 当 $U(0) \in C(\theta_{-1}\omega)$ 时, $B(\omega) = \overline{\Phi(1, \theta_{-1}\omega)}$, $C(\theta_{-1}\omega)$ 是 H 中紧的吸收集. 引理 1.5.3 证毕. □

由引理 1.5.2、引理 1.5.3 和定理 1.5.1 可得到下面结论:

定理1.5.1 随机非牛顿-Boussinesq 修正方程 (1.5.5) 在 $\mathbb{H}$ 中存在唯一的随机吸引子.

参 考 文 献

[1] Babin A and Vishik M. *Attractors for Evolution Equations*. Amsterdam: North-Holland, 1992.

[2] Brune P, Duan J and Schmalfuss B. Random dynamics of the Boussinesq with dynamical boundary conditions. *Stochastic Anal. Appl.*, 2009, **27**: 1096–1116.

[3] Caraballo T, Lukaszewicz G and Real J. Pullback attractors for asymptotically compact non-autonomous dynamical systems. *Nonlinear Analysis*, 2006, **64**: 484–498.

[4] Cheushov I, Schmalfuss B. Parabolic stochastic partial differential equations with dynamical boundary conditions. *Differential Integral Equations*, 2004, **17**(7-8): 751–780.

[5] Cheushov I, Schmalfuss B. Qualitative behavior of a class of stochastic parabolic PDEs with dynamical boundary conditions. *Discrete Contin. Dyn. Syst.*, 2007, **18**(2-3): 315–338.

[6] Chepyzhov V, Vishik M. *Attractors for Equations of Mathematical Physics*. Providence, Rhode Island: American Mathematical Society, 2002.

[7] Chueshov I, Scheutzow M. On the strucure of attractors and invariant measures for a class of monotone random systems. *Dynamical Systems*, 2004, **19**: 127–144.

[8] Crauel H, Debussche A and Flandoli F. Random attractors. *J. Dynam. Differential Equations*, 1997, **9**: 307–341

[9] Crauel H, Flandoli F. Attractors for random dynamical systems. *Probability Theory and Related Fields*, 1994, **100**: 365–393

[10]   Daners D. Heat kernel estimates for operators with boundary conditions. *Math. Nachr.*, 2000, **217**: 13–41.

[11]   Daners D. Perturbation of semilinear evolution equations under weak assumptions at initial time. *J. Differential Equations*, 2005, **210**: 352–382.

[12]   Daners D. Domain perturbation for linear and nonlinear parabolic equations. *J. Differential Equations*, 1996, **129**: 358–402.

[13]   Debussche A. On the finite dimensionality of random attractors. *Stochastic Anal. Appl.*, 1997, **15**: 473–491.

[14]   郭柏灵, 林国广, 尚亚东. 非牛顿流动力系统. 北京: 国防工业出版社, 2006.

[15]   郭柏灵, 蒲学科. 随机无穷维动力系统. 北京: 北京航空航天大学出版社, 2009.

[16]   郭大钧. 非线性泛函分析. 济南: 山东科学技术出版社, 2002.

[17]   Húska J. Harnack inequality and exponential separation for oblique derivative problems on Lipschitz domains. *J. Differential Equations*, 2006, **226**: 541–557.

[18]   Húska J, Poláčik P. The principal Floquet bundle and exponential separation for linear parabolic equations. *J. Dynam. Differential Equations*, 2004, **16**: 347–375.

[19]   Húska J, Poláčik P and Safonov M V. Harnack inequality, exponential separation, and perturbations of principal Floquet bundles for linear parabolic equations. *Ann. Inst. H. Poincaré Anal. Non Linéaire*, 2007, **24**: 711–739.

[20]   Huang J, Shen W. Pullback Attractors for Nonautonomous and Random Parabolic Equations on Non-Smooth Domains. *Discrete and Continuous Dynamical Systems*, 2009, **16**: 587–614.

[21]   Huang J. Pullback Attractors for Random Parabolic Equations With Nonsmooth Initial Data. Preprint, 2008.

[22]   Marion M. Attractors for reaction-diffusion equations, existence and estimate of their dimension. *Applicable Analysis*, 1987, **25**: 101–147.

[23]   Ma Q, Wang S and Zhong C. Necessary and sufficient conditions for the existence of global attractors for semigroups and applications. *Indiana University Mathematics Journal*, 2002, **6**: 1541–1559.

[24]   Mierczynski J, Shen W. Exponential separation and principal Lyapunov exponent/spectrum for random/nonautonomous parabolic equations. *J. Differential Equations*, 2003, **191**: 175–205.

[25]   Mierczynski J, Shen W. Spectral Theory for Random and Nonautonomous Parabolic Equations and Applications. Chapman & Hall/CRC Monogr. *Surv. Pure Appl. Math.*. Chapman & Hall/CRC, Boca Raton, FL, in press.

[26]   Robinson J. *Infinite-Dimensional Dynamical Systems, an Introduction to Dissipative Parabolic PDEs and the Theory of Global Attractors*. Cambridge: Cambridge University Press, 2001.

[27]   Robinson J, Rodríguez-Bernal A and Vidal-López A. Pullback attractors and extremal complete trajectories for non-autonomous reaction-diffusion problem. *J. Differential Equations*, 2007, **238**: 289–337.

[28] Song H, Wu H. Pullback attractors of nonautonomous reaction-diffusion equations. *J. Math. Anal. Appl.*, 2007, **325**: 1200–1215.

[29] Teman R. *Infinite-Dimensional Dynamical Systems in Mechanics and Physics.* NewYork: Springer-Verlag, 1988.

[30] Wang Y, Zhong C and Zhou S. Pullback attractors of nonautonomous dynamical systems. *Discrete and Continuous Dynamical Systems*, 2006, **16**: 587–614.

[31] Ladyzenskaja O, Solonnikov V and Uralceva N. *Linear and Quasilinear Equations of Parabolic Type.* Translations of Mathematical Monographs 23, Providence, RI: American Mathematical Society, 1968.

[32] Langa J. Asymptotically finite dimensional pullback behavior of nonautonomous PDEs. *Arch. Math.*, 2003, **80**: 525–535.

[33] Prato G. Zabczyk J. *Stochastic Equation in Infinite Dimensions, Encyclopedia of Mathematics and its Applications.* Cmbridge: Cambridge University Press, 1992.

[34] Rudin W. *Functional Analysis.* McGraw-Hill Book Company, 1973.

[35] Zhong C K, Yang M H and Sun C Y. The existence of global attractors for the norm-to-weak continuous semigroup and application to the nonlinear reaction-diffusion equations. *J. Diff. Equations*, 2006, 223: 367–399.

[36] Zhou S, Yin F and Ouyang Z. Random attractor for damped nonlinear wave equations with white noise. *SIAM, J. Appled Dynamical System*, 2005, **4**: 883–903.

[37] Caidi Zhao and Jinqiao Duan, Random attractor for the Ladyzhenskaya model with additive noise. *J. Math. Anal. Appl.*, 2010, **362**: 241–251.

第 2 章　随机部分耗散系统的随机吸引子与不变测度

这一章研究随机部分耗散系统在高斯白噪声驱动下的动力学性质, 主要研究其在有界区域上的随机吸引子的存在性和 Hausdorff 维数估计以及遍历性, 然后研究其在无穷格点上的随机吸引子的存在性和随机稳定性. 关于无界区域上随机部分耗散 FitzHugh-Nagumo 方程的随机吸引子, 读者可参阅文献 [34].

2.1　随机部分耗散系统

随机部分耗散系统的一个典型例子就是随机 FitzHugh-Nagumo 系统

$$\begin{cases} du(t) = (\Delta u + h(u) - \alpha v)dt + \phi(x)dW_1(t), & x \in D, \\ dv(t) = (\beta u - \sigma v)dt + \psi(x)dW_2(t), & x \in D, \\ u = 0, & x \in \partial D, \end{cases} \tag{2.1.1}$$

其中 $D \subset R^n$ 是一个有界的光滑区域, h 是一个形如

$$h(u) = \sum_{k=0}^{2p-1} a_k u^k$$

的多项式, $a_{2p-1} < 0$, $p > 1$, α, $\beta \geqslant 0$, $\sigma > 0$, $W_1(t)$ 和 $W_2(t)$ 是相互独立的双边布朗运动, $\phi(x)$ 和 $\psi(x)$ 都是给定的扰动函数.

系统 (2.1.1) 是研究沿着神经元电脉冲传输的 Hodgkin-Huxley 模型的简化方程, 其中, 状态变量 $u(t,x)$ 表示电势能, 状态变量 $v(t,x)$ 常被作为恢复变量. 具有部分零扩散系数的系统 (2.1.1) 称为随机部分耗散反应扩散方程.

关于随机 FitzHugh-Nagumo 系统, 文献 [18] 研究了系统 (2.1.1) 初值问题弱解的存在性, 但没有研究解的正则性以及随机吸引子等问题. 这一章研究随机 FitzHugh-Nagumo 方程 (2.1.1), 也研究更一般的随机部分耗散系统

$$\begin{cases} \dfrac{\partial u}{\partial t} = \Delta u + h(\theta_t \omega, x, u) + f(\theta_t \omega, x, u, v), & x \in D, \\ \dfrac{\partial v}{\partial t} = -\sigma v + g(\theta_t \omega, x, u), & x \in D, \\ u = 0, & x \in \partial D, \end{cases} \tag{2.1.2}$$

其中, $D \subset R^n$ 是一个光滑的有界区域, $\omega \in \Omega$, $(\Omega, \mathcal{F}, \mathbb{P}, (\theta_t)_{t \in R})$ 是一个度量动力系统, $h : \Omega \times \bar{D} \times R \to R$, $f : \Omega \times \bar{D} \times R^2 \to R$, $g : \Omega \times \bar{D} \times R \to R$ 是可测的, 关于 h, f 和 g 的假设稍后给出.

附注 (1) 系统 (2.1.1) 可以通过随机 O-U 变换化成系统 (2.1.2). 因此, 先研究随机系统 (2.1.2) 的渐近性态. 由于该系统是部分耗散的, 给研究带来一些困难, 解算子缺乏紧性 (确定性系统也存在这一困难), 随机系统的解算子的可测性的证明等. □

(2) 需要指出, 把本章研究的 (2.1.1) 和 (2.1.2) 的 Dirichlet 边值条件换成 Neumann 边值条件, 结论也是可以类似证明, 读者可自己证明. □

(3) 如果 $f(\theta_t\omega, x, u, v) \equiv 0$, 那么系统 (2.1.2) 的第一个方程可以从第二个方程中解耦, 因此, 这一章给出的方法对下面的随机反应扩散方程也是成立的:

$$\begin{cases} \dfrac{\partial u}{\partial t} = \Delta u + h(\theta_t\omega, x, u), & x \in D, \\ u = 0, & x \in \partial D, \end{cases} \tag{2.1.3}$$

其中 h 满足系统 (2.1.2) 的同样的假设条件. 系统 (2.1.3) 在 $L_2(D)$ 中生成一个随机动力系统, 并且存在随机吸引子. 可参考文献 [11] 关于系统 (2.1.3) 的随机吸引子的研究, 此时的区域 D 是非光滑的. □

称一个可测函数 $C : \Omega \to R$ 有连续轨道, 如果对每个 $\omega \in \Omega$, $C^\omega(t) := C(\theta_t\omega)$ 关于 $t \in R$ 是连续的.

2.2 随机部分耗散系统的随机吸引子

这一节先研究随机部分耗散反应扩散方程

$$\begin{cases} \dfrac{\partial u}{\partial t} = \Delta u + h(\theta_t\omega, x, u) + f(\theta_t\omega, x, u, v), & x \in D, \\ \dfrac{\partial v}{\partial t} = -\sigma v + g(\theta_t\omega, x, u), & x \in D, \\ u = 0, & x \in \partial D \end{cases} \tag{2.2.1}$$

随机吸引子的存在性, 其中 $D \subset R^n$ 是一个光滑的有界区域, $\omega \in \Omega$, $(\Omega, \mathcal{F}, \mathbb{P}, (\theta)_{t \in R})$ 是一个度量动力系统, $h : \Omega \times \bar{D} \times R \to R$, $f : \Omega \times \bar{D} \times R \times R \to R$, $g : \Omega \times \bar{D} \times R \to R$ 都是 Borel 可测的, 并且满足下面的假设:

(HR-0) 对每个 $\omega \in \Omega$, $h^\omega(t, x, u) := h(\theta_t\omega, x, u)$ 关于 $(t, x) \in R \times \bar{D}$ 连续, 关于 $u \in R$ 可微, $f^\omega(t, x, u, v) := f(\theta_t\omega, x, u, v)$ 关于 $(t, x) \in R \times \bar{D}$ 连续, 关于 $u, v \in R$ 可微, $g^\omega(t, x, u) := g(\theta_t\omega, x, u)$ 关于 $(t, x) \in R \times \bar{D}$ 连续, 关于 $u \in R$ 可微.

(HR-1)存在正常数 $c_1, \bar{c}_1, p_1, p_1 > 2$ 和具有连续轨道的 $(\mathcal{F}, \mathcal{B}(R))$ 可测函数 $C_1(\cdot)$: $\Omega \to R$, 使得

$$h(\omega, x, u)u \leqslant -c_1|u|^{p_1} + C_1(\omega), \quad \forall \omega \in \Omega, \quad x \in D, \quad u \in R,$$

$$h_u(\omega, x, u) \leqslant \bar{c}_1, \quad \forall \omega \in \Omega, \quad x \in D, \quad u \in R, \tag{2.2.2}$$

及对某个 $m_1 \geqslant 1$ 和每个 $\omega \in \Omega$, 当 $|t| \to \infty$ 时,

$$\frac{C_1(\theta_t \omega)}{t^{m_1}} \to 0.$$

(HR-2) 存在正常数 $c_2, \bar{c}_2, p_2, 0 < p_2 < p_1 - 1$ 且 $2p_2 < p_1$ 和一个具有连续轨道的 $(\mathcal{F}, \mathcal{B}(R))$ 可测函数 $C_2(\cdot) : \Omega \to R$ 使得

$$|f(\omega, x, u, v)| \leqslant c_2(|u|^{p_2} + |v|) + C_2(\omega), \quad \forall \omega \in \Omega, \quad x \in D, \quad u, v \in R,$$

$$(h_u(\omega, x, u) + f_u(\omega, x, u, v))\xi_1^2 + f_v(\omega, x, u, v)\xi_1\xi_2 \leqslant \bar{c}_2(\xi_1^2 + \xi_2^2) \tag{2.2.3}$$

对每个 $\omega \in \Omega$, 对 $x \in D$, $u, v \in R$, $(\xi_1, \xi_2) \in R^2$ 及对某个 $m_2 \geqslant 1$ 和每个 $\omega \in \Omega$, 当 $|t| \to \infty$ 时,

$$\frac{C_2(\theta_t \omega)}{t^{m_2}} \to 0.$$

(HR-3) 存在正常数 $c_3, \bar{c}_3$ 和一个具有连续轨道的 $(\mathcal{F}, \mathcal{B}(R))$ 可测函数 $C_3(\cdot)$: $\Omega \to R$ 满足

$$|g_u(\omega, x, u)| \leqslant c_3, \qquad |g_{x_i}(\omega, x, u)| \leqslant \bar{c}_3|u| + C_3(\omega), \quad \forall \omega \in \Omega, \quad x \in D, \quad u \in R,$$

及对某个 $m_3 \geqslant 1$ 和每个 $\omega \in \Omega$, 当 $|t| \to \infty$ 时,

$$\frac{C_3(\theta_t \omega)}{t^{m_3}} \to 0.$$

附注　(1) 令 $m = \max\{m_1, m_2, m_3\}$. 则对于 $i = 1, 2, 3, \omega \in \Omega$, 当 $|t| \to \infty$ 时,

$$\frac{C_i(\theta_t \omega)}{t^m} \to 0. \tag{2.2.4}$$

不失一般性, 总假设 $m_1 = m_2 = m_3$.

(2) 由假设 (HR-1) 可知, 存在一个正常数 $\check{c}_1$ 和一个具有连续轨道的 $(\mathcal{F}, \mathcal{B}(R))$ 可测函数 $\check{C}_1(\cdot) : \Omega \to R$ 满足

$$|h(\omega, x, u)| \leqslant \check{c}_1|u|^{p_1-1} + \check{C}_1(\omega), \quad \forall \omega \in \Omega, \quad x \in D, \quad u \in R, \tag{2.2.5}$$

及

$$\frac{\check{C}_1(\theta_t \omega)}{t^m} \to 0, \qquad |t| \to \infty, \quad \forall \omega \in \Omega.$$

(3) 如果 $f_u(\omega, x, u, v)$ 是上有界的, $f_v(\omega, x, u, v)$ 是有界的, 则由条件 (2.2.2) 可导出条件 (2.2.3) 成立, 而条件 (2.2.3) 在实际中是很自然的条件. $\quad\square$

下面先利用一般随机动力系统的随机吸引子存在的定理证明系统 (2.2.1) 存在随机吸引子. 先证明系统 (2.2.1) 在 $L_2(D) \times L_2(D)$ 上关于 $(\Omega, \mathcal{F}, \mathbb{P}, \{\theta_t\}_{t \in R})$ 生成随机动力系统 $\{S(t, \omega)\}$, 然后再证明 $\{S(t, \omega)\}$ 存在随机吸引子, 为此, 需要克服系统 (2.2.1) 的解算子的可测性和渐近紧性的困难.

为了证明系统 (2.2.1) 的解关于 $\omega \in \Omega$ 的可测性, 先在集合 $\mathcal{Y}$ 中考虑由函数 $(\tilde{h}, \tilde{f}, \tilde{g})$ 表示的一簇部分耗散反应扩散系统

$$
\begin{cases}
\dfrac{\partial u}{\partial t} = \Delta u + \tilde{h}(t, x, u) + \tilde{f}(t, x, u, v), \quad x \in D, \\[2mm]
\dfrac{\partial v}{\partial t} = -\sigma v + \tilde{g}(t, x, u), \quad x \in D, \\[2mm]
u = 0, \quad x \in \partial D,
\end{cases}
\tag{2.2.6}
$$

其中 D 和 σ 与系统 (2.2.1) 中的假设一致. 假设 $\mathcal{Y}$ 是所有满足下面条件 (HR-0)$'$ $\sim$ (HR-3)$'$ 的函数的 $(\tilde{h}, \tilde{f}, \tilde{h})$ 的集合, 其中

(HR-0)$'$ 对每个 $(\tilde{h}, \tilde{f}, \tilde{g}) \in \mathcal{Y}$, $\tilde{h}(t, x, u)$ 关于 $(t, x) \in R \times \bar{D}$ 是连续的, 关于 $u \in R$ 是可微的, $\tilde{f}(t, x, u, v)$ 关于 $(t, x) \in R \times \bar{D}$ 是连续的, 关于 $u, v \in R$ 是可微的, $\tilde{g}(t, x, u)$ 关于 $(t, x) \in R \times \bar{D}$ 连续, 关于 $u \in R$ 是可微的.

(HR-1)$'$ 对每个 $(\tilde{h}, \tilde{f}, \tilde{g}) \in \mathcal{Y}$, 都存在一个连续函数 $\tilde{C}_1(\cdot) : R \to R$ 满足

$$
\tilde{h}(t, x, u)u \leqslant -c_1|u|^{p_1} + \tilde{C}_1(t), \quad \forall t \in R, \quad x \in D, \quad u \in R,
$$

$$
\tilde{h}_u(t, x, u) \leqslant \bar{c}_1, \quad \forall t \in R, \quad x \in D, \quad u \in R,
$$

及

$$
\frac{\tilde{C}_1(t)}{t^{m_1}} \to 0, \quad |t| \to \infty,
$$

其中 c_1, $\bar{c}_1$ 和 m_1 与 (HR-1) 假设相同.

(HR-2)$'$ 对每个 $(\tilde{h}, \tilde{f}, \tilde{g}) \in \mathcal{Y}$, 都存在一个连续函数 $\tilde{C}_2(\cdot) : R \to R$, 对每个 $t \in R$, $x \in D$, $u, v \in R$, $(\xi_1, \xi_2) \in R^2$ 都满足

$$
|\tilde{f}(t, x, u, v)| \leqslant c_2(|u|^{p_2} + |v|) + \tilde{C}_2(t), \quad \forall t \in R, \quad x \in D, \quad u, v \in R,
$$

$$
(\tilde{h}_u(t, x, u) + \tilde{f}_u(t, x, u, v))\xi_1^2 + \tilde{f}_v(t, x, u, v)\xi_1 \xi_2 \leqslant \bar{c}_2(\xi_1^2 + \xi_2^2),
$$

$$
\frac{\tilde{C}_2(t)}{t^{m_2}} \to 0, \quad |t| \to \infty,
$$

其中 c_2, $\bar{c}_2$ 和 m_2 与 (HR-2) 假设相同.

(HR-3)$'$ 对每个 $(\tilde{h}, \tilde{f}, \tilde{g}) \in \mathcal{Y}$, 都存在一个连续函数 $\tilde{C}_3(\cdot) : R \to R$ 满足

$$
|\tilde{g}_u(t, x, u)| \leqslant c_3, \quad |g_{x_i}(t, x, u)| \leqslant \bar{c}_3|u| + \tilde{C}_3(t), \quad \forall t \in R, \quad x \in D, \quad u \in R
$$

及

$$\frac{\tilde{C}_3(t)}{t^{m_3}} \to 0, \qquad |t| \to \infty,$$

其中 c_3, $\bar{c}_3$ 和 m_3 与 (HR-3) 假设相同.

显然, 对每个 $\omega \in \Omega$, $(h^\omega, f^\omega, g^\omega) \in \mathcal{Y}$.

定理2.2.1　对每个 $F := (\tilde{h}, \tilde{f}, \tilde{g}) \in \mathcal{Y}$, 对任意的 $(u_0, v_0) \in L_2(D) \times L_2(D)$, 任意的 $t_0, T \in R$, $T > t_0$, 方程 (2.2.6) 都存在唯一的弱解 $(u(t; t_0, F, u_0, v_0), v(t; t_0, F, u_0, v_0))$, $(u(t_0; t_0, F, u_0, v_0), v(t_0; t_0, F, u_0, v_0)) = (u_0, v_0)$, $u(\cdot; t_0, F, u_0, v_0) \in (C([t_0, T], L_2(D)) \bigcap L_2((t_0, T], H_0^1(D)) \bigcap L_{p_1}((t_0, T], L_{p_1}(D)))$, $v(\cdot; t_0, F, u_0, v_0) \in C([t_0, T], L_2(D))$, 且对所有的 $t \geqslant t_0$ $F \in \mathcal{Y}$, 映射 $[L_2(D) \times L_2(D) \ni (u_0, v_0) \mapsto (u(t; t_0, F, u_0, v_0), v(t; t_0, F, u_0, v_0)) \in L_2(D) \times L_2(D)]$ 是连续的.

证明　用类似于文献 [19, 命题 1.1] 和 [21, 定理 3.1] 中关于自治反应扩散系统的证明方法得到弱解的存在性.　　　　　　　　　　　　　　　　□

接下来证明解 $(u(t; t_0, F, u_0, v_0), v(t; t_0, F, u_0, v_0))$ 关于 F 的连续性, 为此, 需要引进下面的 Banach 空间. 对任意给定的 $T > 0$,

$$\mathcal{M}_1(T) = \left\{ \tilde{h}(\cdot, \cdot, \cdot) \in C([0, T] \times \bar{D} \times R, R) : \right.$$
$$\left. \|\tilde{h}\|_{\mathcal{M}_1(T)} := \sup_{t \in [0,T], x \in D, v \in R} \left(\frac{|\tilde{h}(t, x, u)|}{1 + |u|^{p_1 - 1}} \right) < \infty \right\}, \qquad (2.2.7)$$

$$\mathcal{M}_2(T) = \left\{ \tilde{f}(\cdot, \cdot, \cdot, \cdot) \in C([0, T] \times \bar{D} \times R \times R, R) : \right.$$
$$\left. \|\tilde{f}\|_{\mathcal{M}_2(T)} := \sup_{t \in [0,T], x \in D, u, v \in R} \left(\frac{|\tilde{f}(t, x, u, v)|}{1 + |u|^{p_2} + |v|} \right) < \infty \right\}, \qquad (2.2.8)$$

$$\mathcal{M}_3(T) = \left\{ \tilde{g}(\cdot, \cdot, \cdot) \in C([0, T] \times \bar{D} \times R, R) : \right.$$
$$\left. \|\tilde{g}\|_{\mathcal{M}_3(T)} := \sup_{t \in [0,T], x \in D, v \in R} \left(\frac{|\tilde{g}(t, x, v)|}{1 + |v|} \right) < \infty \right\}, \qquad (2.2.9)$$

其中 p_1 与 p_2 分别与 (HR-1) 和 (HR-2) 相同.

接下来, $< \cdot, \cdot >$ 表示 $L_2(D)$ 空间的内积, $\|\cdot\|$ 是 $L_2(D)$ 中的范数. 对于给定的 $u \in H^1(D)$, $\|u\|_V := \left(\sum_{i=1}^n \|\frac{\partial u}{\partial x_i}\|^2 \right)^{1/2}$. c_i, $\bar{c}_i$, $C_i(\cdot) : \Omega \to R \, (i = 1, 2, 3)$, 其中 p_1, p_2 与 (HR-1)~(HR-3) 的假设一致. $\|\cdot\|_{L_p(D)} \, (p \geqslant 1)$ 表示 $L_p(D)$ 中的范数. 于是有

定理2.2.2　给定 $T > 0$, $(u_0, v_0) \in L_2(D) \times L_2(D)$. $(u(T; 0, F, u_0, v_0), v(T; 0, F, u_0, v_0)) \in L_2(D) \times L_2(D)$ 关于 $F := (\tilde{h}, \tilde{f}, \tilde{g})$ 中按 $\mathcal{M}_1(T) \times \mathcal{M}_2(T) \times \mathcal{M}_3(T)$ 的拓扑连续.

证明 给定 $T > 0$, $F_1 = (\tilde{h}_1, \tilde{f}_1, \tilde{g}_1) \in \mathcal{M}_1(T) \times \mathcal{M}_2(T) \times \mathcal{M}_3(T)$, $(u_0, v_0) \in L_2(D) \times L_2(D)$. 则有如下断言:

断言 1 当 $t \in [0, T]$, $F = (\tilde{h}, \tilde{f}, \tilde{g}) \in \mathcal{M}_1(T) \times \mathcal{M}_2(T) \times \mathcal{M}_3(T)$, 且 $\|F - F_1\|_{\mathcal{M}_1(T) \times \mathcal{M}_2(T) \times \mathcal{M}_3(T)} \leqslant \frac{c_1}{2}$ 时, $\|u(t; 0, F, u_0, v_0)\| + \|v(t; 0, F, u_0, v_0)\|$ 有界.

事实上, 令 $(u, v) := (u(t), v(t)) := (u(t; F), v(t; F)) := (u(t; 0, F, u_0, v_0), v(t; 0, F, u_0, v_0))$, $t \in (0, T]$, 则有

$$\frac{1}{2}\frac{d}{dt}(\|u\|^2 + \|v\|^2) + \|u\|_V^2 + \sigma\|v\|^2$$
$$= <\tilde{h}(t, x, u), u> + <\tilde{f}(t, x, u, v), u> + <\tilde{g}(t, x, u), v>$$
$$= <\tilde{h}_1(t, x, u), u> + <\tilde{f}_1(t, x, u, v), u> + <\tilde{g}_1(t, x, u), v>$$
$$+ <\tilde{h}(t, x, u) - \tilde{h}_1(t, x, u), u> + <\tilde{f}(t, x, u, v) - \tilde{f}_1(t, x, u, v), u>$$
$$+ <\tilde{g}(t, x, u) - \tilde{g}_1(t, x, u), v> . \tag{2.2.10}$$

由条件 (HR-1)$'$ $\sim$ (HR-3)$'$ 可知, 存在依赖于 F_1 的 $\tilde{C}_i(\cdot)$ $(i = 1, 2, 3)$, 使得对任意的 $\delta > 0$,

$$<\tilde{h}_1(t, x, u), u> \leqslant -c_1 \int_D |u|^{p_1} dx + \tilde{C}_1(t) \int_D |u| dx,$$

$$|<\tilde{f}_1(t, x, u, v), u>| \leqslant c_2 \int_D (|u|^{p_2+1} + |u| \cdot |v|) dx + \tilde{C}_2(t) \int_D |u| dx$$
$$\leqslant c_2 \int_D |u|^{p_2+1} dx + \frac{c_2^2}{\delta} \int_D u^2 dx + \frac{\delta}{4} \int_D v^2 dx + \tilde{C}_2(t) \int_D |u| dx,$$

$$|<\tilde{g}_1(t, x, u), v>, v>| \leqslant c_3 \int_D (|u| \cdot |v|) dx + \tilde{C}_3(t) \int_D |v| dx$$
$$\leqslant \frac{c_3^2}{\delta} \int_D u^2 dx + \frac{\delta}{4} \int_D v^2 dx + \frac{\delta}{4} \int_D v^2 dx + \frac{\tilde{C}_3^2(t)}{\delta}|D|.$$

由 $\|F - F_1\|_{\mathcal{M}_1(T) \times \mathcal{M}_2(T) \times \mathcal{M}_3(T)} \leqslant c_1/2$ 可得

$$|<\tilde{h}(t, x, u) - \tilde{h}_1(t, x, u), u>| \leqslant \frac{c_1}{2} \int_D |u|(1 + |u|^{p_1-1}) dx$$
$$= \frac{c_1}{2} \int_D |u| dx + \frac{c_1}{2} \int_D |u|^{p_1} dx,$$

$$|<\tilde{f}(t, x, u, v) - \tilde{f}_1(t, x, u, v), u>| \leqslant \frac{c_1}{2} \int_D |u|(1 + |u|^{p_2} + |v|) dx$$
$$\leqslant \frac{c_1}{2} \int_D |u| dx + \frac{c_1}{2} \int_D |u|^{p_2+1} dx$$
$$+ \frac{c_1^2}{4\delta} \int_D u^2 dx + \frac{\delta}{4} \int_D v^2 dx,$$

$$|<\tilde{g}(t, x, u) - \tilde{g}_1(t, x, u), v>| \leqslant \frac{c_1}{2} \int_D |v|(1 + |u|) dx$$

$$\leqslant \frac{\delta}{4} \int_D v^2 dx + \frac{c_1^2}{4\delta} |D| + \frac{c_1^2}{4\delta} \int_D u^2 dx + \frac{\delta}{4} \int_D v^2 dx.$$

于是

$$\frac{1}{2} \frac{d}{dt} (\|u\|^2 + \|v\|^2) + \|u\|_V^2 + \sigma \|v\|^2$$

$$\leqslant -\frac{c_1}{2} \int_D |u|^{p_1} dx + (\tilde{C}_1(t) + \tilde{C}_2(t) + c_1) \int_D |u| dx + \left(\frac{c_2^2 + c_3^2}{\delta} + \frac{c_1^2}{2\delta} \right) \int_D u^2 dx$$

$$+ \left(c_2 + \frac{c_1}{2} \right) \int_D |u|^{p_2+1} dx + \frac{6\delta}{4} \int_D v^2 dx + \left(\frac{c_1^2}{4\delta} + \frac{\tilde{C}_3^2(t)}{\delta} \right) |D|. \tag{2.2.11}$$

令 $q_1,\, q_2,\, q_3 \geqslant 1$ 分别满足 $\frac{1}{p_1} + \frac{1}{q_1} = 1$, $\frac{2}{p_1} + \frac{1}{q_2} = 1$, $\frac{p_2+1}{p_1} + \frac{1}{q_3} = 1$. 再由广义 Young 不等式得到

$$(\tilde{C}_1(t) + \tilde{C}_2(t) + c_1) \int_D |u| dx \leqslant \frac{\delta}{p_1} \int_D |u|^{p_1} dx + \frac{(\tilde{C}_1(t) + \tilde{C}_2(t) + c_1)^{q_1}}{q_1 \delta^{q_1/p_1}} |D|,$$

$$\left(\frac{c_2^2 + c_3^2}{\delta} + \frac{c_1^2}{2\delta} \right) \int_D u^2 dx \leqslant \frac{2\delta}{p_1} \int_D |u|^{p_1} dx + \frac{(c_1^2 + c_2^2 + c_3^2)^{q_2}}{q_2 \delta^{(2+p_1)q_2/p_1}} |D|,$$

$$\left(c_2 + \frac{c_1}{2} \right) \int_D |u|^{p_2+1} dx \leqslant \frac{(p_2+1)\delta}{p_1} \int_D |u|^{p_1} dx + \frac{(c_2 + c_1)^{q_3}}{q_3 \delta^{(p_2+1)q_3/p_1}} |D|.$$

于是

$$\frac{1}{2} \frac{d}{dt} (\|u\|^2 + \|v\|^2) + \|u\|_V^2 + \sigma \|v\|^2$$

$$\leqslant \left(-\frac{c_1}{2} + \frac{4\delta + p_2 \delta}{p_1} \right) \int_D |u|^{p_1} dx + \frac{6\delta}{4} \int_D v^2 dx + C_1^*(t, \delta), \tag{2.2.12}$$

其中

$$C_1^*(t, \delta)$$

$$= \left(\frac{c_1^2}{4\delta} + \frac{\tilde{C}_3^2(t)}{\delta} + \frac{(\tilde{C}_1(t) + \tilde{C}_2(t) + c_1)^{q_1}}{q_1 \delta^{q_1/p_1}} + \frac{(c_1^2 + c_2^2 + c_3^2)^{q_2}}{q_2 \delta^{(2+p_1)q_2/p_1}} + \frac{(c_2 + c_1)^{q_3}}{q_3 \delta^{(p_2+1)q_3/p_1}} \right) |D|.$$

取 $\delta > 0$ 充分小使得

$$-\frac{c_1}{2} + \frac{4\delta + p_2 \delta}{p_1} < 0, \quad \frac{6\delta}{4} < \sigma$$

成立. 则有

$$\frac{1}{2} \frac{d}{dt} (\|u\|^2 + \|v\|^2) \leqslant C_1^*(t, \delta).$$

于是, 对于 $t \in [0, T]$, 及任意的 $F = (\tilde{h}, \tilde{f}, \tilde{g}) \in \mathcal{M}(T) := \mathcal{M}_1(T) \times \mathcal{M}_2(T) \times \mathcal{M}_3(T)$, $\|F - F_1\|_{\mathcal{M}(T)} \leqslant \frac{c_1}{2}$, 都有

$$\|u(t; F)\|^2 + \|v(t; F)\|^2 \leqslant \|u_0\|^2 + \|v_0\|^2 + 2 \int_0^t C_1^*(t, \delta) dt.$$

因此断言 1 成立.

由断言 1 的证明直接可得到下面的断言 2 成立:

断言2 对于给定的 $(u_0, v_0) \in L_2(D) \times L_2(D)$, $F_1 = (\tilde{h}_1, \tilde{f}_1, \tilde{g}_1) \in \mathcal{M}_1(T) \times \mathcal{M}_2(T) \times \mathcal{M}_3(T)$, 当 $t \in [0, T]$, $F = (\tilde{h}, \tilde{f}, \tilde{g}) \in \mathcal{M}_1(T) \times \mathcal{M}_2(T) \times \mathcal{M}_3(T)$, 且满足 $\|F - F_1\|_{\mathcal{M}_1(T) \times \mathcal{M}_2(T) \times \mathcal{M}_3(T)} \leqslant \frac{c_1}{2}$ 时, $\int_0^t \int_D |u(t; 0, F, u_0, v_0)|^{p_1} dx dt$, $\int_0^t \int_D |v(t; 0, F, u_0, v_0)|^2 dx dt$ 都有界.

接下来, 对于给定的 $T > 0$, $(u_0, v_0) \in L_2(D) \times L_2(D)$, $F_1 = (\tilde{h}_1, \tilde{f}_1, \tilde{g}_1)$, $F_2 = (\tilde{h}_2, \tilde{f}_2, \tilde{g}_2) \in \mathcal{M}_1(T) \times \mathcal{M}_2(T) \times \mathcal{M}_3(T)$, $\|F_1 - F_2\|_{\mathcal{M}_1(T) \times \mathcal{M}_2(T) \times \mathcal{M}_3(T)} < \frac{c_1}{2}$, 令 $(u_i, v_i) := (u_i(t), v_i(t)) := (u_i(t; F_i), v_i(t; F_i)) := (u(t; 0, F_i, u_0, v_0), v(t; 0, F_i, u_0, v_0))$, $i = 1, 2$, $t \in (0, T]$. 则 $(u_1 - u_2, v_1 - v_2)$ 满足下面的方程

$$
\begin{cases}
\dfrac{\partial(u_1 - u_2)}{\partial t} = \Delta(u_1 - u_2) + (\tilde{h}_1(t, x, u_1) - \tilde{h}_2(t, x, u_2)) \\
\qquad\qquad + (\tilde{f}_1(t, x, u_1, v_1) - \tilde{f}_2(t, x, u_2, v_2)), \\
\dfrac{\partial(v_1 - v_2)}{\partial t} = -\sigma(v_1 - v_2) + (\tilde{g}_1(t, x, u_1) - \tilde{g}_2(t, x, u_2)).
\end{cases}
\tag{2.2.13}
$$

因此可得

$$
\begin{cases}
\dfrac{1}{2}\dfrac{d}{dt}\|u_1 - u_2\|^2 + \|u_1 - u_2\|_V^2 = <\tilde{h}_1(t, x, u_1) - \tilde{h}_2(t, x, u_1), u_1 - u_2> \\
\qquad\qquad + <\tilde{h}_2(t, x, u_1) - \tilde{h}_2(t, x, u_2), u_1 - u_2> \\
\qquad\qquad + <\tilde{f}_1(t, x, u_1, v_1) - \tilde{f}_2(t, x, u_1, v_1), u_1 - u_2> \\
\qquad\qquad + <\tilde{f}_2(t, x, u_1, v_1) - \tilde{f}_2(t, x, u_2, v_2), u_1 - u_2>, \\
\dfrac{1}{2}\dfrac{d}{dt}\|v_1 - v_2\|^2 + \sigma\|v_1 - v_2\|^2 = <\tilde{g}_1(t, x, u_1) - \tilde{g}_2(t, x, u_1), v_1 - v_2> \\
\qquad\qquad + <\tilde{g}_2(t, x, u_1) - \tilde{g}_2(t, x, u_2), v_1 - v_2>.
\end{cases}
$$

注意到

$$
|<\tilde{h}_1(t, x, u_1) - \tilde{h}_2(t, x, u_1), u_1 - u_2>| \leqslant \|\tilde{h}_1 - \tilde{h}_2\|_{\mathcal{M}_1(T)} \int_D (1 + |u_1|^{p_1 - 1})(|u_1 - u_2|) dx,
$$

$$
|<\tilde{f}_1(t, x, u_1, v_1) - \tilde{f}_2(t, x, u_1, v_1), u_1 - u_2>|
$$
$$
\leqslant \|\tilde{f}_1 - \tilde{f}_2\|_{\mathcal{M}_2(T)} \int_D (1 + |u_1|^{p_2} + |v_1|)(|u_1 - u_2|) dx,
$$

及

$$
|<\tilde{g}_1(t, x, u_1) - \tilde{g}_2(t, x, u_1), v_1 - v_2>| \leqslant \|\tilde{g}_1 - \tilde{g}_2\|_{\mathcal{M}_3(T)} \int_D (1 + |u_1|)(|v_1 - v_2|) dx.
$$

由假设 (HR-1)$'$ $\sim$(HR-3)$'$ 可得

$$
<\tilde{h}_2(t, x, u_1) - \tilde{h}_2(t, x, u_2) + \tilde{f}_2(t, x, u_1, v_1) - \tilde{f}_2(t, x, u_2, v_2), u_1 - u_2>
$$

$$\leqslant \bar{c}_2 \int \big((u_1 - u_2)^2 + (v_1 - v_2)^2 \big) dx,$$

$$|< \tilde{g}_2(t,x,u_1) - \tilde{g}_2(t,x,u_2), v_1 - v_2 >| \leqslant c_3 \int (|u_1 - u_2|)(|v_1 - v_2|) dx.$$

固定 F_1, 由断言 1 和断言 2 可知, 存在依赖 F_1 的 $c_2^* > 0$ 和 $C_2^*(\cdot) \in C([0,T], R^+)$ 使得对于 $t \in (0,T]$, 都有

$$\frac{d}{dt}(\|u_1 - u_2\|^2 + \|v_1 - v_2\|^2)$$
$$\leqslant c_2^*(\|u_1 - u_2\|^2 + \|v_1 - v_2\|^2) + C_2^*(t)\|F_1 - F_2\|_{\mathcal{M}_1(T) \times \mathcal{M}_2(T) \times \mathcal{M}_3(T)}.$$

这表明

$$\|u_1(t) - u_2(t)\|^2 + \|v_1(t) - v_2(t)\|^2 \leqslant \|F_1 - F_2\|_{\mathcal{M}_1(T) \times \mathcal{M}_2(T) \times \mathcal{M}_3(T)} \int_0^t e^{c_2^*(t-s)} C_2^*(s) ds.$$

因此, 当 $\|F_1 - F_2\|_{\mathcal{M}_1(T) \times \mathcal{M}_2(T) \times \mathcal{M}_3(T)} \to 0$ 时,

$$\|u_1(T; F_1) - u_2(T; F_2)\|^2 + \|v_1(T; F_1) - v_2(T; F_2)\|^2 \to 0.$$

定理证毕.   □

现在考虑原来的方程 (2.2.1). 对任意给定的 $\omega \in \Omega$, $F^\omega := (h^\omega, f^\omega, g^\omega) \in \mathcal{Y}$. 因此, 对任意的 $(u_0, v_0) \in L_2(D) \times L_2(D)$, $(u(t; t_0, F^\omega, u_0, v_0), v(t; t_0, F^\omega, u_0, v_0))$ 是方程 (2.2.1) 的唯一弱解, 并满足初值条件 $(u(t_0; t_0, F^\omega, u_0, v_0), v(t_0; t_0, F^\omega, u_0, v_0)) = (u_0, v_0)$, 记为 $(u(t; t_0, \omega, u_0, v_0), v(t; t_0, \omega, u_0, v_0))$. 当 $t_0 \in R$, $t \geqslant t_0$, $\omega \in \Omega$, $(u_0, v_0) \in L_2(D) \times L_2(D)$, 令

$$U_\omega(t, t_0)(u_0, v_0) = (u(t; t_0, \omega, u_0, v_0), v(t; t_0, \omega, u_0, v_0)).$$

注意到

$$U_\omega(t, t_0)(u_0, v_0) = U_{\omega \cdot t_0}(t - t_0, 0)(u_0, v_0), \tag{2.2.14}$$

$$U_\omega(t, t_2) \circ U_\omega(t_2, t_1)(u_0, v_0) = U_\omega(t, t_1)(u_0, v_0). \tag{2.2.15}$$

令

$$S(t, \omega)(u_0, v_0) = U_\omega(t, 0)(u_0, v_0), \quad t \geqslant 0, \quad \omega \in \Omega.$$

由假设条件 (HR-0) $\sim$ (HR-3) 可知, 对任意的 $\omega \in \Omega$, $T > 0$, 有

$$h^\omega(\cdot, \cdot, \cdot) \in \mathcal{M}_1(T), \quad f^\omega(\cdot, \cdot, \cdot, \cdot) \in \mathcal{M}_2(T), \quad g^\omega(\cdot, \cdot, \cdot) \in \mathcal{M}_3(T).$$

下面进一步假设

(HR-4) 对于任意给定的 $T > 0$, $\mathcal{M}_1(T,h) = \{h^\omega(\cdot,\cdot,\cdot) : \omega \in \Omega\}$, $\mathcal{M}_2(T,f) = \{f^\omega(\cdot,\cdot,\cdot,\cdot) : \omega \in \Omega\}$, 并且 $\mathcal{M}_3(T,g) = \{g^\omega(\cdot,\cdot,\cdot) : \omega \in \Omega\}$ 分别是 $\mathcal{M}_1(T)$, $\mathcal{M}_2(T)$ 和 $\mathcal{M}_3(T)$ 的可分离子集.

定理2.2.3 假设条件 (HR-0)～(HR-4) 成立. 对于任意给定的 $t \geqslant 0$, $(u_0, v_0) \in L_2(D) \times L_2(D)$, $S(t,\omega)(u_0,v_0)$ 关于 ω 可测, 并且 $\{S(t,\omega)\}$ 在 $L_2(D) \times L_2(D)$ 中在 $(\Omega, \mathcal{F}, \mathbb{P}, (\theta_t)_{t\in R})$ 上的随机动力系统.

证明 首先证明对任意给定的 $T > 0$, 映射 $[\Omega \ni \omega \mapsto h^\omega(\cdot,\cdot,\cdot) \in \mathcal{M}_1(T)]$, $[\Omega \ni \omega \mapsto f^\omega(\cdot,\cdot,\cdot,\cdot) \in \mathcal{M}_2(T)]$, $[\Omega \ni \omega \mapsto g^\omega(\cdot,\cdot,\cdot) \in \mathcal{M}_3(T)]$ 都是可测的. 只证明 $[\Omega \ni \omega \mapsto h^\omega(\cdot,\cdot,\cdot) \in \mathcal{M}_1(T)]$ 是可测的, 其余类似证明.

由条件 (HR-4) 可知, 存在序列 $\{h_k\} \subset \mathcal{M}_1(T,h)$ 使得 $\{h_k\}$ 在 $\mathcal{M}_1(T,h)$ 中是稠密的. 对于任意的 $r > 0$, $k \geqslant 1$, 记

$$O(h_k, r) = \{\omega : \|h^\omega - h_k\|_{\mathcal{M}_1(T)} < r\},$$

$$\bar{O}(h_k, r) = \{\omega : \|h^\omega - h_k\|_{\mathcal{M}_1(T)} \leqslant r\}.$$

只需证明 $O(h_k, r) \in \mathcal{F}$ 即可.

注意到

$$O(h_k, r) = \cup_{j=1}^\infty \bar{O}(h_k, r - 1/j).$$

令 $\{t_i\}$, $\{x_i\}$, $\{u_i\}$ 分别是 $[0,T]$, D 和 R 的稠密子集. 于是

$$\bar{O}(h_k, r - 1/j) = \cap_{i_1,i_2,i_3=1}^\infty \left\{\omega : \frac{|h^\omega(t_{i_1}, x_{i_2}, u_{i_3})|}{1 + |u_{i_3}|^{p_1-1}} \leqslant r - 1/j\right\}.$$

于是, 对于每个 $j \geqslant 1$, $\bar{O}(h_k, r - 1/j) \in \mathcal{F}$, $h(\omega, x, u)$ 关于 $\omega \in \Omega$ 是可测的, 于是, $O(h_k, r) \in \mathcal{F}$. 因此 $[\Omega \ni \omega \mapsto h^\omega(\cdot,\cdot,\cdot) \in \mathcal{M}_1(T)]$ 是可测的.

接下来, 由定理 2.2.2 可知, 对于给定的 $T > 0$ 及初值 $(u_0, v_0) \in L_2(D) \times L_2(D)$, 映射 $[\mathcal{M}_1(T) \times \mathcal{M}_2(T) \times \mathcal{M}_3(T) \ni F = (\tilde{h}, \tilde{f}, \tilde{g}) \mapsto (u(t; 0, F, u_0, v_0), v(t; 0, F, u_0, v_0)) \in L_2(D) \times L_2(D)]$ 是连续的, 因此, 由 $[\Omega \ni \omega \mapsto (H^\omega, f^\omega, g^\omega) \in \mathcal{M}_1(T) \times \mathcal{M}_2(T) \times \mathcal{M}_3(T)]$ 的可测性可知, 映射 $[\Omega \ni \omega \mapsto U_\omega(t, 0)(u_0, v_0) \in L_2(D) \times L_2(D)]$ 是可测的.

由定理 2.2.1 及 $S(t,\omega)(u_0, v_0)$ 关于 $\omega \in \Omega$ 的可测性可知, 映射 $[R^+ \times \Omega \times L_2(D) \times L_2(D) \ni (t, \omega, u_0, v_0) \mapsto S(t,\omega)(u_0, v_0) \in L_2(D) \times L_2(D)]$ 是 $(\mathcal{B}(R^+) \times \mathcal{F} \times \mathcal{B}(L_2(D) \times L_2(D))$ 上关于 $\mathcal{B}(L_2(D) \times L_2(D))$ 可测的. 因此, (2.2.1) 在 $L_2(D) \times L_2(D)$ 关于 $(\Omega, \mathcal{F}, \mathbb{P}, (\theta_t)_{t\in R})$ 生成随机动力系统 $S(\cdot, \cdot)$:

$$S(t, \omega) : L_2(D) \times L_2(D) \to L_2(D) \times L_2(D),$$

$$S(t, \omega)(u_0, v_0) = U_\omega(t, 0)(u_0, v_0).$$

因此, 定理得证. $\square$

定理2.2.4　假设 (HR-0)~(HR-4) 成立, 则由方程 (2.2.1) 生成的随机动力系统 $\{S(t, \omega)\}$ 在 $L_2(D) \times L_2(D)$ 中存在有界的回拉吸收集.

证明　首先, 类似于定理 2.2.2 的证明, 令 $q_2 > 0$ 满足 $\frac{2}{p_1} + \frac{1}{q_2} = 1$. 对于给定的 $\tau \in R^+$, $\omega \in \Omega$, 及 $(u_0, v_0) \in L_2(D) \times L_2(D)$, 记 $(u, v) := (u(t), v(t)) := (u(t; \theta_{-\tau}\omega, u_0, v_0), v(t; \theta_{-\tau}\omega, u_0, v_0))$.

由 Young 不等式可知, 对于给定的 $\delta > 0$, 有

$$\int_D |u|^2 dx \leqslant \frac{2\delta}{p_1} \int_D |u|^{p_1} dx + \frac{1}{q_2 \delta^{2q_2/p_1}} |D|.$$

由定理 2.2.2 的证明可知, 存在正常数 $0 < c^* < \frac{\sigma}{2}$, $0 < \bar{c}^* < \frac{\sigma}{2}$ 及具有连续轨道的可测函数 $C^* : \Omega \to R$, 对某个 $m^* \geqslant 1$, 都有

$$\frac{1}{2}\frac{d}{dt}(\|u\|^2 + \|v\|^2) + \|u\|_V^2 + \bar{c}^* \int_D |u|^{p_1} dx + c^*(\|u\|^2 + \|v\|^2) \leqslant C^*(\theta_{t-\tau}\omega), \quad (2.2.16)$$

及

$$\frac{C^*(\theta_t \omega)}{t^{m^*}} \to 0, \quad |t| \to \infty$$

成立.

由不等式 (2.2.16) 可得

$$\|u(t)\|^2 + \|v(t)\|^2 + 2\int_0^t e^{-2c^*(t-s)}\|u(s)\|_V^2 ds + 2\bar{c}^* \int_0^t e^{-2c^*(t-s)} \int_D |u(s)|^{p_1} dx ds$$

$$\leqslant e^{-2c^* t}(\|u_0\|^2 + \|v_0\|^2) + 2\int_0^t e^{-2c^*(t-s)} C^*(\theta_{s-\tau}\omega) ds$$

$$\leqslant e^{-2c^* t}(\|u_0\|^2 + \|v_0\|^2) + 2\int_{-\tau}^{t-\tau} e^{-2c^*(t-\tau-s)} C^*(\theta_s \omega) ds$$

$$\leqslant e^{-2c^* t}(\|u_0\|^2 + \|v_0\|^2) + 2e^{-2c^*(t-\tau)} \int_{-\infty}^{t-\tau} e^{2c^* s} C^*(\theta_s \omega) ds. \quad (2.2.17)$$

对于给定的 $\omega \in \Omega$, 令

$$r^*(\omega) = 1 + 2e^{2c^*} \int_{-\infty}^0 e^{2c^* s} C^*(\theta_s \omega) ds. \quad (2.2.18)$$

对任意给定 $\rho > 0$, $\omega \in \Omega$, 令 $\tau_0(\omega, \rho) > 0$ 满足

$$e^{-2c^* \tau_0(\omega, \rho)} \rho < 1.$$

令

$$B(\rho) = \{(u, v) \in L_2(D) \times L_2(D) : \|u\|^2 + \|v\|^2 \leqslant \rho^2\}.$$

则由 (2.2.17) 可得

$$U_{\theta_{-\tau}\omega}(\tau, 0) B(\rho) \subset B(r^*(\omega)), \quad \forall \tau \geqslant \tau_0(\omega, \rho).$$

因此, 随机动力系统 $\{S(t, \omega)\}$ 存在一个有界的拉回吸收集 $\{B(r^*(\omega))\}$. □

推论2.2.1 (1) 存在 $m^* > 0$ 使得对每个 $\omega \in \Omega$, 都有

$$\frac{r^*(\theta_t \omega)}{t^{m^*}} \to 0, \quad |t| \to \infty;$$

(2) 对每个 $\omega \in \Omega$, 存在 $\tau^*(\omega)$, 当 $t \in [\tau - 1, \tau]$, $\tau \geqslant \tau^*(\omega)$ 时, 有

$$e^{-2c^* t} r^*(\theta_{-\tau}\omega) \leqslant 1,$$

且

$$U_{\theta_{-\tau}\omega}(t, 0) B(r^*(\theta_{-\tau}\omega)) \subset B(r^*(\omega)), \quad \forall t \in [\tau - 1, \tau], \quad \tau \geqslant \tau^*(\omega);$$

(3) 对每个 $\omega \in \Omega$, $(u_0, v_0) \in B(r^*(\theta_{-\tau}\omega))$, $t \in [\tau - 1, \tau]$, $\tau \geqslant \tau^*(\omega)$, $\tau^*(\omega)$ 与 (2) 中相同,

$$\begin{cases} \int_0^t e^{-2c^*(t-s)} \|u(s)\|_V^2 ds \leqslant \dfrac{r^*(\omega)}{2}, \\ \int_0^t e^{-2c^*(t-s)} \|u(s)\|_{L_{p_1}(D)}^{p_1} ds \leqslant \dfrac{r^*(\omega)}{2\bar{c}^*}, \\ \int_0^t e^{-2c^*(t-s)} \|u(s)\|^2 ds \leqslant \dfrac{r^*(\omega)}{p_1 \bar{c}^*} + \dfrac{|D|}{2c^* q_2}, \end{cases}$$

其中 $(u(t), v(t)) := (u(t; \theta_{-\tau}\omega, u_0, v_0), v(t; \theta_{-\tau}\omega, u_0, v_0))$, $q_2 > 0$ 满足 $\frac{2}{p_1} + \frac{1}{q_2} = 1$;

(4) 对每个 $\omega \in \Omega$, 存在 $\tilde{r}^*(\omega)$ 使得对 $\tau \geqslant \tau^*(\omega)$, $\tau^*(\cdot)$ 与(2)中相同, $(u_0, v_0) \in B(r^*(\theta_{-\tau}\omega))$,

$$\begin{cases} \int_{\tau-1}^\tau \|u(s; \theta_{-\tau}\omega, u_0, v_0)\|_V^2 ds \leqslant \tilde{r}^*(\omega), \\ \int_{\tau-1}^\tau (\|u(s; \theta_{-\tau}\omega, u_0, v_0)\|^2 + \|v(s; \theta_{-\tau}\omega, u_0, v_0)\|^2) ds \leqslant \tilde{r}^*(\omega), \\ \int_{\tau-1}^\tau \|u(s; \theta_{-\tau}\omega, u_0, v_0)\|_{L_{p_1}(D)}^{p_1} \leqslant \tilde{r}^*(\omega). \end{cases}$$

证明 (1) 由 (2.2.18) 即可得证 (1). 事实上, 对某个 $m^* \geqslant 1$,

$$\frac{C^*(\theta_t \omega)}{t^{m^*}} \to 0, \quad |t| \to \infty.$$

(2) 由结论 (1) 和 (2.2.17) 即可得证结论 (2).

(3) 对于给定的 $\omega \in \Omega$, $(u_0, v_0) \in B(r^*(\theta_{-\tau}\omega))$, 令 $(u(t), v(t)) := (u(t; \theta_{-\tau}\omega, u_0, v_0), v(t; \theta_{-\tau}\omega, u_0, v_0))$. 假设 $\tau \geqslant \tau^*(\omega)$ 及 $t \in [\tau - 1, \tau]$. 则由 (2.2.17) 可得

$$2 \int_0^t e^{-2c^*(t-s)} \|u(s)\|_V^2 ds \leqslant e^{-2c^* t}(\|u_0\|^2 + \|v_0\|^2) + 2e^{-2c^*(t-\tau)} \int_{-\infty}^{t-\tau} e^{2c^* s} C^*(\theta_s \omega) ds.$$

由 (2) 可得

$$\int_0^t e^{-2c^*(t-s)}\|u(s)\|_V^2 ds \leqslant \frac{r^*(\omega)}{2}.$$

类似地, 由不等式 (2.2.17) 可得

$$2\bar{c}^* \int_0^t e^{-2c^*(t-s)}\|u(s)\|_{p_1}^{p_1} ds \leqslant e^{-2c^* t}(\|u_0\|^2+\|v_0\|^2)+2e^{-2c^*(t-\tau)}\int_{-\infty}^{t-\tau} e^{2c^* s}C^*(\theta_s\omega)ds.$$

于是

$$\int_0^t e^{-2c^*(t-s)}\|u(s)\|_{p_1}^{p_1} ds \leqslant \frac{r^*(\omega)}{2\bar{c}^*}.$$

再由不等式 (2.2.17) 及重要不等式可得

$$\int_0^s e^{-2c^*(t-s)}\|u(s)\|^2 ds \leqslant \frac{2}{p_1}\int_0^s e^{-2c^*(t-s)}\|u(s)\|_{p_1}^{p_1} ds + \frac{1}{q_2}|D|\int_0^s e^{-2c^*(t-s)}ds$$

$$\leqslant \frac{r^*(\omega)}{p_1\bar{c}^*} + \frac{|D|}{2c^* q_2}.$$

(4) 由结论 (3) 及不等式 (2.2.16) 即可得证结论 (4). □

下面给出随机部分耗散反应扩散系统 (2.2.1) 的随机吸引子存在性.

定理2.2.5 假设 (HR-0)～(HR-4) 成立. 则由系统 (2.2.1) 生成的随机动力系统 $\{S(t,\omega)\}$ 在 $L_2(D)\times L_2(D)$ 中存在随机吸引子.

证明 令 $K(\omega)=B(r^*(\omega))$, 其中 $r^*(\omega)$ 与式 (2.2.18) 一致. 由定理 2.2.4 可知, $\{K(\omega)\}_{w\in\Omega}$ 是拉回吸引的. 下面证明 $\{K(\omega)\}_{w\in\Omega}$ 是渐近紧的.

注意到 $\omega\in\Omega$, $(u_0,v_0)\in L_2(D)\times L_2(D)$,

$$v(t;\omega,u_0,v_0) = v_0 e^{-\sigma\cdot t} + \int_0^t g(\theta_s\omega,x,u)e^{-\sigma\cdot(t-s)}ds,$$

其中 $u:=u(t;\omega,u_0,v_0)$. 令

$$v_1(t;\omega,u_0,v_0) = \int_0^t g(\theta_s\omega,x,u)e^{-\sigma\cdot(t-s)}ds,$$

$$v_2(t;\omega,u_0,v_0) = v_0(x)e^{-\sigma\cdot t}.$$

则 $S(t,\omega)$ 可分解成

$$S(t,\omega)(u_0,v_0) = S_1(t,\omega)(u_0,v_0) + S_2(t,\omega)(u_0,v_0),$$

其中

$$S_1(t,\omega)(u_0,v_0) = (u(t;\omega,u_0,v_0), v_1(t;\omega,u_0,v_0)),$$

$$S_2(t,\omega)(u_0,v_0) = (0, v_2(t;\omega,u_0,v_0)).$$

显然, 对任意的 $\varepsilon > 0$, 都存在 $\tau^{**} > 0$, 使得对任意的 $\tau \geqslant \tau^{**}$, $\omega \in \Omega$, $(u_0, v_0) \in K(\theta_{-\tau}\omega)$, 都有下面结论成立:

$$\|S_2(\tau, \theta_{-\tau}\omega)(u_0, v_0)\| < \varepsilon. \tag{2.2.19}$$

为证明 $\{K(\omega)\}$ 是渐近紧的, 只需证明对每个 $\omega \in \Omega$, 都存在 $H_0^1(D) \times H_0^1(D)$ 中的有界集 $B^*(\omega)$ 使得当 $\tau \gg 1$ 时,有

$$S_1(\tau, \theta_{-\tau}\omega)K(\theta_{-\tau}\omega) \subset B^*(\omega).$$

注意到

$$v_1(t; \theta_{-\tau}\omega, u_0, v_0) = \int_0^t g(\theta_{s-\tau}\omega, x, u(s; \theta_{-\tau}\omega, u_0, v_0))e^{-\sigma(t-s)}ds.$$

断言3 对每个 $\omega \in \Omega$,都存在 $\tilde{r}^{**}(\omega)$, 使得对任意的 $\tau \geqslant \tau^*(\omega)$, $\tau^*(\omega)$ 与推论 2.2.1 中的一致, $(u_0, v_0) \in K(\theta_{-\tau}\omega)$, 都有

$$\int_{\tau-1}^{\tau} \|v_1(s; \theta_{-\tau}\omega, u_0, v_0)\|_V^2 ds \leqslant \tilde{r}^{**}(\omega), \tag{2.2.20}$$

$$\int_{\tau-1}^{\tau} \|u(s; \theta_{-\tau}\omega, u_0, v_0)\|_{L_{2p_1-2}(D)}^{2p_1-2} ds \leqslant \tilde{r}^{**}(\omega). \tag{2.2.21}$$

断言 3 可用类似于文献 [19, 定理 2.2] 中的证明方法证明, 这里只对不等式 (2.2.20) 给出证明.

令 $v_1 := v_1(t) := v_1(t; \theta_{-\tau}\omega, u_0, v_0)$, $w_j := w_j(t) := \frac{\partial v_1(t)}{\partial x_j}$, $j = 1, 2, \cdots, n$. 记 $u := u(t) := u(t; \theta_{-\tau}\omega, u_0, v_0)$. 则 w_j 满足下面的方程

$$\begin{cases} \dfrac{\partial w_j}{\partial t} + \sigma w_j = g_{x_i}(\theta_{t-\tau}\omega, x, u) + g_u(\theta_{t-\tau}\omega, x, u)\dfrac{\partial u}{\partial x_j}, \\ w_j(0) = 0. \end{cases} \tag{2.2.22}$$

由 (HR-3) 可得

$$\left| g_{x_i}(\theta_{t-\tau}\omega, x, u) + g_u(\theta_{t-\tau}\omega, x, u)\frac{\partial u}{\partial x_j} \right| \leqslant c_3 \left| \frac{\partial u}{\partial x_j} \right| + \bar{c}_3|u| + C_3(\theta_{t-\tau}\omega),$$

即存在 c_3^* 使得

$$\frac{1}{2}\frac{d}{dt}\|w_j\|^2 + \sigma\|w_j\|^2 \leqslant \frac{\sigma}{2}\|w_j\|^2 + c_3^*\left(\int_D \left| \frac{\partial u}{\partial x_i} \right|^2 dx + \int_D |u|^2 dx + C_3^2(\theta_{t-\tau}\omega) \right). \tag{2.2.23}$$

将不等式 (2.2.23) 从 $j = 1$ 到 n 相加后得到

$$\frac{d}{dt}\|v_1\|_V^2 + \sigma\|v_1\|_V^2 \leqslant 2nc_3^*(\|u\|_V^2 + \|u\|^2 + C_3^2(\theta_t\omega)). \tag{2.2.24}$$

于是, 对 $t \in [\tau - 1, \tau], \tau \geqslant \tau^*(\omega)$, 有

$$\|v_1(t)\|_V^2 \leqslant 2nc_3^* \int_0^t e^{-\sigma(t-s)} (\|u(s)\|_V^2 + \|u(s)\|^2 + C_3^2(\theta_{s-\tau}\omega)) ds.$$

再利用推论 2.2.1 可知, 存在 $\tilde{r}^{**}(\omega)$, 使得当 $\tau \geqslant \tau^*(\omega)$ 时, 有

$$\int_{\tau-1}^\tau \|v_1(s)\|_V^2 ds \leqslant \tilde{r}^{**}(\omega).$$

因此不等式 (2.2.20) 得证.

断言 4   对每个 $\omega \in \Omega$, 都存在一个 $r^{**}(\omega)$, 使得对每个 $\tau \geqslant \tau^*(\omega)$ ($\tau^*(\omega)$ 与推论 2.2.1 的相同), 都有 $\|u(\tau)\|_V^2 + \|v_1(\tau)\|_V^2 \leqslant r^{**}(\omega)$.

事实上, 用 $-\Delta u$ 乘以系统 (2.2.1) 第一个方程两边, 并在 D 上积分后可得

$$\frac{1}{2}\frac{d}{dt}\|u\|_V^2 + \|\Delta u\|^2 = \int_D h(\theta_t\omega, x, u)\Delta u dx + \int_D f(\theta_t\omega, x, u, v)\Delta u dx.$$

根据假设 (HR-1) $\sim$ (HR-3) 及 2.2 节附注 (2) 可得

$$\begin{aligned}
\frac{1}{2}\frac{d}{dt}&\|u\|_V^2 + \|\Delta u\|^2 \\
\leqslant& \int_D |h(\theta_t\omega, x, u)| \cdot |\Delta u| dx + \int_D |f(\theta_t\omega, x, u, v)| \cdot |\Delta u| dx \\
\leqslant& \frac{1}{2}\int_D |\Delta u|^2 dx + \frac{1}{2}\int (\check{c}_1 |u|^{p_1-1} + \check{C}_1(\theta_t\omega))^2 dx \\
&+ \frac{1}{2}\int_D |\Delta u|^2 dx + \frac{1}{2}\int_D (c_2|u|^{p_2} + c_2|v| + C_2(\theta_t\omega))^2 dx \\
\leqslant& \|\Delta u\|^2 + \frac{1}{2}\int_D (\check{c}_1|u|^{p_1-1} + \check{C}_1(\theta_t\omega))^2 dx + \frac{1}{2}\int_D (c_2|u|^{p_2} + c_2|v| + C_2(\theta_t\omega))^2 dx.
\end{aligned}$$

由于 $2p_2 \leqslant p_1$, 则存在正常数 c_4^* 和具有连续轨道的随机变量 $C_4^*(\cdot): \Omega \to R$, 满足

$$\frac{d}{dt}\|u\|_V^2 \leqslant c_4^* \int_D (|u|^{2p_1-2} + |u|^{p_1}) dx + c_4^* \int_D |v|^2 dx + C_4^*(\theta_t\omega). \quad (2.2.25)$$

结合 (2.2.24) 和 (2.2.25) 可得

$$\begin{aligned}
\frac{d}{dt}(\|u\|_V^2 + \|v_1\|_V^2) \leqslant & c_4^*(\|u\|_{L_{p_1}(D)}^{p_1} + \|u\|_{L_{2p_1-2}(D)}^{2p_1-2}) + 2c_3^*\|u\|_V^2 + 2c_3^*\|u\|^2 \\
& + c_4^*\|v\|^2 + (2c_3^* C_3^2(\theta_{t-\tau}\omega) + C_4^*(\theta_{t-\tau}\omega)]. \quad (2.2.26)
\end{aligned}$$

在任意区间 $[t, \tau]$ 上积分不等式 (2.2.26) 得到

$$\begin{aligned}
\|u(\tau)\|_V^2 &+ \|v_1(\tau)\|_V^2 \\
&\leqslant \|u(t)\|_V^2 + \|v_1(t)\|_V^2 + c_4^* \int_t^\tau (\|u(s)\|_{L_{p_1}}^{p_1} + \|u\|_{L_{2p_1-2}(D)}^{2p_1-2}) ds
\end{aligned}$$

$$+ 2c_3^* \int_t^\tau ||u(s)||_V^2 ds + 2c_3^* \int_t^\tau ||u(s)||^2 ds + c_4^* \int_t^\tau ||v(s)||^2 ds$$

$$+ 2c_3^* \int_t^\tau C_3^2(\theta_{s-\tau}\omega)ds + \int_t^\tau C_4^*(\theta_{s-\tau}\omega)ds. \qquad (2.2.27)$$

再在区间 $[\tau - 1, \tau]$ 上对不等式 (2.2.27) 关于 t 积分后, 由推论 2.2.1 及断言 3 可得, 存在 $r^{**}(\omega)$ 满足

$$||u(\tau)||_V^2 + ||v_1(\tau)||_V^2 \leqslant r^{**}(\omega).$$

从而断言 4 得证.

于是, $\bigcup_{\tau \geqslant \tau^*(\omega)} S_1(\tau, \theta_{-\tau}\omega)K(\theta_{-\tau}\omega)$ 是 $H_0^1(D) \times H^1(D)$ 中的有界集, 因此, 它是 $L_2\ (D) \times L_2(D)$ 的预紧集. 再由 (2.2.19) 可知, $\{K(\omega)_{w\in\Omega}\}$ 是渐近紧的.

由命题 1.1.2 可知, $\{\Omega_{K(\cdot)}(\omega)\}$ 是紧的拉回吸引集, 再由命题 1.1.3 可知, $\{S(t,\omega)\}$ 存在一个拉回吸引子. $\qquad \square$

2.3 随机 FitzHugh-Nagumo 系统的随机吸引子

这一节研究加性噪声驱动的 FitzHugh-Nagumo 系统

$$\begin{cases} du(t) = (\Delta u + h(u) - \alpha v)dt + \phi(x)dW_1(t), & x \in D, \\ dv(t) = (\beta u - \sigma v)dt + \psi(x)dW_2(t), & x \in D, \\ u = 0, & x \in \partial D \end{cases} \qquad (2.3.1)$$

的随机吸引子及其 Hausdorff 维数估计, 其中 $D \subset R^n$ 是光滑的有界区域, $\alpha, \beta \geqslant 0$, $\sigma > 0$, $W_1(t)$ 和 $W_2(t)$ 是独立的布朗运动, h, ϕ, ψ 满足:

(HS-0) h 形如下面的多项式

$$h(u) = \sum_{k=0}^{2p-1} a_k u^k, \qquad (2.3.2)$$

其中 $a_{2p-1} < 0$, $p > 1$; $\phi(x)$ 和 $\psi(x)$ 是 $\bar{D}$ 上 C^2 函数, 且 $\phi|_{\partial D} = 0$.

先证明 (2.3.1) 能通过随机变换化成随机部分耗散系统 (2.2.1) 的形式. 为此, 令

$$\Omega_j = \Omega_0 = C_0(R, R) = \{\omega_0 : \omega_0 \in C(R, R), \omega_0(0) = 0\},$$

并赋以紧开拓扑, $\mathcal{F}_j = \mathcal{B}(\Omega_0)$ (Borel σ 代数), $\mathbb{P}_j$ 是 Wiener 测度 $(j = 1, 2)$. 令

$$\tilde{\Omega} = \Omega_1 \times \Omega_2,$$

$\tilde{\mathcal{F}}$ 是诱导的乘积 σ 代数 $\tilde{\Omega}$, $\mathbb{P}$ 是诱导的乘积 Wiener 测度, $\theta_t : \tilde{\Omega} \to \tilde{\Omega}$, $\theta_t \omega(\cdot) = \omega(\cdot + t) - \omega(t)$. 则 $(\tilde{\Omega}, \tilde{\mathcal{F}}, \mathbb{P}, (\theta_t)_{t \in R})$ 是遍历度量动力系统.

令 $(u^*(\cdot), v^*(\cdot)) : \Omega \to R^2$ 是下面解耦系统的唯一的稳态解过程

$$\begin{cases} du = -udt + dW_1(t), \\ dv = -\sigma v dt + dW_2(t). \end{cases} \tag{2.3.3}$$

由文献 [5] 可知

定理2.3.1 存在一个 θ_t 不变子集 $\Omega \subset \tilde{\Omega}$, 即对于 $t \in R$, 有 $\theta_t \Omega = \Omega$, $P(\Omega) = 1$, 使得对任意的 $\omega \in \Omega$, 下面结论成立:

(1) $u^{*,\omega}(t) := u^*(\theta_t \omega)$ 和 $v^{*,\omega}(t) := v^*(\theta_t \omega)$ 关于 $t \in R$ 连续;

(2) $\lim_{t \to \pm\infty} \frac{u^{*,\omega}(t)}{t} = 0$, $\lim_{t \to \pm\infty} \frac{v^{*,\omega}(t)}{t} = 0$;

(3) $\lim_{t \to \pm\infty} \frac{1}{t} \int_0^t u^{*,\omega}(s) ds = 0$, $\lim_{t \to \pm\infty} \frac{1}{t} \int_0^t v^{*,\omega}(s) ds = 0$.

令 $\Omega \subset \tilde{\Omega}$ 与定理 2.3.1 中的相同, $\mathcal{F} = \tilde{\mathcal{F}} \cap \Omega \equiv \{F \cap \Omega | F \in \tilde{\mathcal{F}}\}$. 则 $(\Omega, \mathcal{F}, \mathbb{P}, (\theta_t)_{t \in R})$ 也是一个遍历的度量动力系统.

记

$$\tilde{u}(t) = u(t) - \phi(\cdot) u^*(\theta_t \omega), \quad \tilde{v}(t) = v(t) - \psi(\cdot) v^*(\theta_t \omega), \tag{2.3.4}$$

则系统 (2.3.1) 可变成

$$\begin{cases} \dfrac{d\tilde{u}}{dt} = \Delta \tilde{u} + \tilde{h}(\theta_t \omega, x, \tilde{u}) + \tilde{f}(\theta_t \omega, x, \tilde{u}, \tilde{v}), \quad x \in D, \\ \dfrac{d\tilde{v}}{dt} = -\sigma \tilde{u} + \tilde{g}(\theta_t \omega, x, \tilde{u}), \quad x \in D, \\ \tilde{u} = 0, \quad x \in \partial D, \end{cases} \tag{2.3.5}$$

其中

$$\tilde{h}(\theta_t \omega, x, \tilde{u}) = \sum_{k=0}^{2p-1} a_k (\tilde{u} + \phi(x) u^*(\theta_t \omega))^k,$$

$$\tilde{f}(\theta_t \omega, x, \tilde{u}, \tilde{v}) = (\Delta \phi(x)) u^*(\theta_t \omega) + \phi(x) u^*(\theta_t \omega) - \alpha \tilde{v} - \alpha \psi(x) v^*(\theta_t \omega),$$

$$\tilde{g}(\theta_t \omega, x, \tilde{u}) = \beta \tilde{u} + \beta \phi(x) u^*(\theta_t \omega).$$

因此, 研究随机系统 (2.3.1) 的渐近性态, 可转而探究系统 (2.3.5) 的渐近性态.

需要指出的是, 条件 $\phi|_{\partial D} = 0$ 可以去掉. 例如, 如果 $\phi(x) \equiv 1$, 那么, 在像空间的真子空间中, $\tilde{u}^* : \Omega \to R$ 是下面系统唯一的稳态解过程

$$\begin{cases} du = \Delta u + dW_1(t), \quad x \in D, \\ u = 0, \quad x \in \partial D. \end{cases}$$

则 (2.3.1) 可以通过变换

$$\tilde{u}(t) = u(t) - \tilde{u}^*(\theta_t\omega), \quad \tilde{v}(t) = v(t) - \psi(\cdot)v^*(\theta_t\omega)$$

化成形如 (2.3.5) 的随机偏微分方程组. 为简单起见, 仍假设 (HS-0) 成立.

显然 (2.3.5) 与系统 (2.2.1) 的形式相同. 对于系统 (2.2.1), 由上一节定理可得

定理2.3.2 (1) 系统 (2.3.5) 关于 $(\Omega, \mathcal{F}, \mathbb{P}, (\theta_t)_{t\in R})$ 在空间 $L_2(D) \times L_2(D)$ 上生成随机动力系统 $\{\tilde{S}(t,\omega)\}$;

(2) $\{\tilde{S}(t,\omega)\}$ 在空间 $L_2(D) \times L_2(D)$ 中存在随机吸引子 $\{\tilde{A}(\omega)\}_{\omega\in\Omega}$.

证明 只需证明系统 (2.3.5) 满足上一节的条件 (HR-0) ~ (HR-4) 即可. 由假设 (HS-0) 和定理 2.3.1 即可得知条件 (HR-0) ~ (HR-3) 成立. 由定理 2.3.1 可知, 对任意的 $T > 0$, $\{u^{*,\omega}(\cdot) : \omega \in \Omega\} \cup \{v^{*,\omega}(\cdot) : \omega \in \Omega\} \subset C([0,T],R)$, 因此它是 $C([0,T],R)$ 的可分离子集, 这表明对任意的 $T > 0$, $\mathcal{M}_1(T,\tilde{h}) = \{\tilde{h}^\omega(\cdot,\cdot,\cdot) : \omega \in \Omega\}$, $\mathcal{M}_2(T,\tilde{f}) = \{\tilde{f}^\omega(\cdot, \cdot, \cdot, \cdot) : \omega \in \Omega\}$, $\mathcal{M}_3(T, \tilde{g}) = \{\tilde{g}^\omega(\cdot, \cdot, \cdot) : \omega \in \Omega\}$ 分别是 $\mathcal{M}_1(T)$, $\mathcal{M}_2(T)$ 和 $\mathcal{M}_3(T)$ 的可分离子集, 其中 $\mathcal{M}_1(T)$, $\mathcal{M}_2(T)$, 和 $\mathcal{M}_3(T)$ 分别和 (2.2.7), (2.2.8), (2.2.9) 相同. 因此, 条件 (HR-4) 也满足. □

接下来研究白噪声对系统 (2.3.5) 的随机吸引子的 Hausdorff 维数的影响. 为此, 记 $\tilde{S}(\omega) = \tilde{S}(1,\omega)$. 先研究随机映射 $\tilde{S}(\cdot)$ 在随机吸引子 $\tilde{A}(\cdot)$ 上的一致可微性.

定理2.3.3 随机映射 $\tilde{S}(\cdot)$ 在随机吸引子 $\{\tilde{A}(\omega)\}$ 中是一致可微的.

证明 由文献 [6, 引理 4.4] 的证明方法即可得证, 为完整起见, 这里给出证明的主要步骤.

首先, 对于给定的 $\omega \in \Omega$, 任取 $(u,v)^{\mathrm{T}} \in \tilde{A}(\omega)$, $(u+\xi, v+\eta)^{\mathrm{T}} \in \tilde{A}(\omega)$. 令

$$(\tilde{u}, \tilde{v}) := (\tilde{u}(t), \tilde{v}(t)) := \tilde{S}(t,\omega)(u,v),$$

$$(\hat{u}, \hat{v}) := (\hat{u}(t), \hat{v}(t)) := \tilde{S}(t,\omega)(u+\xi, v+\eta),$$

考虑系统 (2.3.5) 在 $(\tilde{u}, \tilde{v})$ 处的线性化方程

$$\begin{cases} \dfrac{\partial \bar{u}(t)}{\partial t} = \Delta \bar{u} + h'(\tilde{u} + \phi(x)u^*(\theta_t\omega))\bar{u} - \alpha\bar{v}, & x \in D, \\[2mm] \dfrac{\partial \bar{v}(t)}{\partial t} = \beta\bar{u} - \sigma\bar{v}, & x \in D, \\[2mm] \bar{u} = 0, & x \in \partial D. \end{cases} \qquad (2.3.6)$$

令 $(\bar{u}, \bar{v}) := (\bar{u}(t), \bar{v}(t)) := (\bar{u}(t; (\xi,\eta), (u,v), \omega), \bar{v}(t; (\xi,\eta), (u,v), \omega))$ 是系统 (2.3.6) 满足初值条件 $(\bar{u}(0; (\xi,\eta), (u,v), \omega), \bar{v}(0; (\xi,\eta), (u,v), \omega)) = (\xi, \eta)$ 的解. 令 $U := U(t) :=$

$\hat{u}(t) - \tilde{u}(t) - \bar{u}(t)$, $V := V(t) := \hat{v}(t) - \tilde{v}(t) - \bar{v}(t)$. 则

$$\begin{cases} \dfrac{\partial U(t)}{\partial t} = \Delta U + h(\hat{u} + \phi(x)u^*(\theta_t\omega)) - h(\tilde{u} + \phi(x)u^*(\theta_t\omega)) \\ \qquad\qquad -h'(\tilde{u} + \phi(x)u^*(\theta_t\omega))\bar{u} - \alpha V, \quad x \in D, \\ \dfrac{\partial V(t)}{\partial t} = \beta U - \sigma V, \quad x \in D, \\ U = 0, \quad x \in \partial D, \end{cases} \tag{2.3.7}$$

且 $(U(0), V(0)) = (0, 0)$.

接下来令 c_1 与 (HR-1) 中的假设相同, 只需用 $\tilde{h}$ 替换 h (即用定理 2.3.2 的讨论可证, $\tilde{h}$ 满足假设 (HR-1)).

令

$$\hat{u}^* := \hat{u}^*(t) := \hat{u}(t) + \phi(\cdot)u^*(\theta_t\omega),$$

$$\tilde{u}^* := \tilde{u}^*(t) := \tilde{u}(t) + \phi(\cdot)u^*(\theta_t\omega).$$

在 $L_2(D) \times L_2(D)$ 上用 (U, V) 与 (2.3.7) 作内积后可得

$$\begin{aligned} & \frac{d}{dt}\left(\|U\|^2 + \|V\|^2\right) \\ =\, & 2 < \Delta U, U > + 2 < h(\hat{u}^*), U > -2 < h(\tilde{u}^*), U > \\ & - 2 < h'(\tilde{u})\bar{u}^*)\bar{u}, U > -2(\alpha - \beta) < U, V > -2\sigma < V, V > \\ =\, & -2\|U\|_V^2 - 2\sigma\|V\|^2 - 2(\alpha - \beta) < U, V > + 2 < h'(\tilde{u}^*)U, U > \\ & + 2 < h(\hat{u}^*) - h(\tilde{u}^*) - h'(\tilde{u}^*)(\hat{u} - \tilde{u}), U > \\ \leqslant\, & -2\|U\|_V^2 - 2\sigma\|V\|^2 + (|\alpha - \beta|)(\|U\|^2 + \|V\|^2) + 2c_1\|U\|^2 \\ & + 2 < h(\hat{u}^*) - h(\tilde{u}^*) - h'(\tilde{u}^*)(\hat{u} - \tilde{u}), U > . \end{aligned} \tag{2.3.8}$$

由 Sobolev 嵌入定理可得, 存在 $p^* > 2$ 使得 $H_0^1(D) \subset L_{p^*}(D)$. 因此存在一个正常数 $\tilde{c}_1^*$ 满足

$$\|U\|_{L_{p^*}(D)} \leqslant \tilde{c}_1^*\|U\|_V, \quad \forall\, U \in L_{p^*}(D),$$

令 $q^* > 1$ 满足 $\frac{1}{p^*} + \frac{1}{q^*} = 1$. 由 Hölder 不等式得

$$\begin{aligned} & < h(\hat{u}^*) - h(\tilde{u}^*) - h'(\tilde{u}^*)(\hat{u} - \tilde{u}), U > \\ \leqslant\, & \|h(\hat{u}^*) - h(\tilde{u}^*) - h'(\tilde{u}^*)(\hat{u} - \tilde{u})\|_{L_{q^*}(D)} \cdot \|U\|_{L_{p^*}(D)} \\ \leqslant\, & \tilde{c}_1^*\|h(\hat{u}^*) - h(\tilde{u}^*) - h'(\tilde{u}^*)(\hat{u} - \tilde{u})\|_{L_{q^*}(D)} \cdot \|U\|_V \\ \leqslant\, & \frac{\tilde{c}_1^2}{4}\|h(\hat{u}^*) - h(\tilde{u}^*) - h'(\tilde{u}^*)(\hat{u} - \tilde{u})\|_{L_{q^*}(D)}^2 + \|U\|_V^2. \end{aligned} \tag{2.3.9}$$

由条件 (HS-0) 可得, 存在 $\tilde{c}_2^* > 0$ 使得对任意的 $y_1, y_2 \in R$,

$$|h(y_1) - h(y_2) - h'(y_1)(y_1 - y_2)| \leqslant \tilde{c}_2^*\big(1 + |y_1|^{2p-2} + |y_2|^{2p-2}\big) \cdot |y_1 - y_2|^2.$$

这表明存在 $\tilde{c}_3^* > 0$, 使得对任意的 $q \geqslant 1$, $u_1, u_2 \in L_q(D)$, 都有

$$\|h(u_1) - h(u_2) - h'(u_1)(u_1 - u_2)\|_{L_{q^*}(D)}$$
$$\leqslant \tilde{c}_3^*(1 + \|u_1\|_{L_{q_1}(D)} + \|u_2\|_{L_{q_1}(D)})^{r_1}\|u_1 - u_2\|^{1+\delta}, \tag{2.3.10}$$

其中 $q_1 = \frac{2}{\varepsilon}(2pq^* - 2 + \varepsilon)$, $r_1 = \frac{\varepsilon}{2q^*}$, $\delta \in (0, \frac{2-q^*}{q^*})$, $\varepsilon = 2 - q^*(1+\delta)$. 由 $(2.3.8) \sim (2.3.10)$ 可知, 存在 $\tilde{c}_4^*$, $\tilde{c}_5^* > 0$ 使得

$$\frac{d}{dt}(\|U\|^2 + \|V\|^2)$$
$$\leqslant \tilde{c}_4^*(1 + \|\tilde{u}^*\|_{L_{q_1}(D)} + \|\hat{u}^*\|_{L_{q_1}(D)})^{2r_1}\|\hat{u} - \tilde{u}\|^{2(1+\delta)} + \tilde{c}_5^*(\|U\|^2 + \|V\|^2) \tag{2.3.11}$$

成立.

注意到 $U(0) = 0$, $V(0) = 0$. 因此, 有

$$\|U(1)\|^2 + \|V(1)\|^2$$
$$\leqslant \tilde{c}_4^* \int_0^1 e^{\tilde{c}_5^*(1-s)}(\|\tilde{u}(s)^*\|_{L_{q_1}(D)} + \|\hat{u}(s)^*\|_{L_{q_1}(D)})^{2\gamma_1}\|\hat{u}(s) - \tilde{u}(s)\|^{2(1+\delta)}ds. \tag{2.3.12}$$

下面估计 $\|\hat{u}(t) - \tilde{u}(t)\|$. 由 $(\hat{u}, \hat{v})$ 和 $(\tilde{u}, \tilde{v})$ 的定义可得

$$\begin{cases} \dfrac{\partial(\hat{u} - \tilde{u})}{\partial t} = \Delta(\hat{u} - \tilde{u}) + h(\hat{u}^*) - h(\tilde{u}^*) - \alpha(\hat{v} - \tilde{v}), & x \in D, \\ \dfrac{\partial(\hat{v} - \tilde{v})}{\partial t} = \beta(\hat{u} - \tilde{u}) - \sigma(\hat{v} - \tilde{v}), & x \in D, \\ \hat{u} - \tilde{u} = 0, & x \in \partial D, \\ (\hat{u}(0) - \tilde{u}(0), \hat{v}(0) - \tilde{v}(0)) = (\xi, \eta). \end{cases} \tag{2.3.13}$$

用 $(\hat{u} - \tilde{u}, \hat{v} - \tilde{v})$ 与系统 $(2.3.13)$ 作内积后可得, 对于某个 $\tilde{c}_6^* > 0$,

$$\frac{d}{dt}(\|\hat{u} - \tilde{u}\|^2 + \|\hat{v} - \tilde{v}\|^2) \leqslant 2 < \Delta(\hat{u} - \tilde{u}), \hat{u} - \tilde{u} > + 2 < h(\hat{u}^*) - h(\tilde{u}^*), \hat{u} - \tilde{u} >$$
$$- 2(\alpha - \beta) < \hat{v} - \tilde{v}, \hat{u} - \tilde{u} > - 2\sigma\|\hat{v} - \tilde{v}\|^2$$
$$\leqslant \tilde{c}_6^*(\|\hat{u} - \tilde{u}\|^2 + \|\hat{v} - \tilde{v}\|^2),$$

于是可得

$$\|\hat{u}(t) - \tilde{u}(t)\|^2 + \|\hat{v}(t) - \tilde{v}(t)\|^2 \leqslant e^{\tilde{c}_6^* t}(\|\xi\|^2 + \|\eta\|^2). \tag{2.3.14}$$

由 $(2.3.12)$ 和 $(2.3.14)$ 可得

$$\|U(1)\|^2 + \|V(1)\|^2$$
$$\leqslant \tilde{c}_4^* e^{\tilde{c}_5^* + \tilde{c}_6^*} \int_0^1 (1 + \|\tilde{u}^*(s)\|_{L_{q_1}(D)} + \|\hat{u}(s)\|_{L_{q_1}(D)}^*)^{2\gamma_1}ds \cdot (\|\xi\|^2 + \|\eta\|^2)^{1+\delta}. \tag{2.3.15}$$

最后, 类似于文献 [6, 引理 4.4] 的讨论可知, 存在一个随机变量 $\bar{K}:\Omega\to R^+$ 满足

$$\bar{K}(\omega)\geqslant 1,\quad \mathbb{E}(\ln\bar{K}(\omega))<\infty,$$

$$\tilde{c}_4^* e^{\tilde{c}_5^*+\tilde{c}_6^*}\int_0^1 (1+\|\tilde{u}^*(s)\|_{L_{q_1}(D)}+\|\hat{u}(s)\|_{L_{q_1}(D)}^*)^{2\gamma_1}ds\leqslant\bar{K}(\omega).$$

令

$$\tilde{L}((u,v),\omega)(\xi,\eta)=(\bar{u}(1;(\xi,\eta),(u,v),\omega),\bar{v}(1;(\xi,\eta),(u,v),\omega)). \qquad (2.3.16)$$

则有

$$\|\tilde{S}(\omega)(u+\xi,v+\eta)-\tilde{S}(\omega)(u,v)-\tilde{L}((u,v),\omega)(\xi,\eta)\|$$
$$\leqslant\bar{K}(\omega)\big(\|\xi\|^2+\|\eta\|^2\big)^{1+\delta},$$

这表明随机映射 $\tilde{S}(\omega)(=\tilde{S}(1,\omega))$ 是一致可微的.   □

由定理 1.1.2 可得

定理2.3.4   假设 (HS-0) 成立. 则有

$$d_H(\tilde{A}(\omega))\leqslant\frac{4}{\sigma(n+2)}\Big(\frac{4n}{M_1(n+2)}\Big)^{\frac{n}{2}}\Big(\frac{\sigma}{2}+\frac{M_2}{L_2}+c_1+\frac{(\beta-\alpha)^2}{2\sigma}\Big)^{1+\frac{n}{2}}|D|, \quad (2.3.17)$$

其中 M_1 和 M_2 都依赖于空间维数 n、区域 D 的形状和直径 L.

证明   首先, 对给定的 $\omega\in\Omega,(u,v)\in\tilde{A}(\omega)$, 令 $\tilde{L}((u,v),\omega)$ 与 (2.3.16) 中的一致, $\lambda_n(\tilde{L}((u,v),\omega)), \alpha_n(\tilde{L}((u,v),\omega))$ 分别与 (1.1.2) 和 (1.1.3) 定义相同.

容易证明, 存在一个随机变量 $\bar{\lambda}_1:\Omega\to R^+$ 满足

$$\begin{cases}\lambda_1(\tilde{L}((u,v),\omega)\leqslant\bar{\lambda}_1(\omega),\quad \omega\in\Omega,\\ \bar{\lambda}_1(\omega)\geqslant 1,\quad \omega\in\Omega,\\ \mathbb{E}(\ln\bar{\lambda}_1)<\infty.\end{cases}$$

接下来, 对 $(\xi,\eta)\in H^2(D)\times L_2(D)$, 令

$$\mathcal{M}(t,u,v,\omega)(\xi,\eta)=(\Delta\xi+h'(u)\xi-\alpha\eta,\beta\xi-\sigma\eta).$$

注意到, 对任意的 $n\geqslant 1$,

$$\gamma_n(\tilde{L}((u,v),\omega)$$
$$=\sup_{\Psi_i\in L_2(D)\times L_2(D),\|\Psi_i\|\leqslant 1,i=1,2,\cdots,n}\exp\Big(\int_0^1\mathrm{tr}\mathcal{M}(\tau,u(\tau),v(\tau),\omega)\circ Q_n(\tau)d\tau\Big)$$

其中 $Q_n(\tau)$ 是从 $L_2(D)\times L_2(D)$ 到由 $\Phi_1(\tau),\cdots,\Phi_n(\tau)$ 张成空间上的正交算子, $\Phi_1(t),\cdots,\Phi_n(t)$ 是系统 (2.3.6) 分别满足初值条件 $\Psi_1,\cdots,\Psi_n$ 的解.

固定 $L_2(D) \times L_2(D)$ 的一个正交基 $(\Psi_1, \cdots, \Psi_m)$. 令 $(\phi_i, \psi_i), i = 1, \cdots, m$ 是 $Q(\tau)H$ 的一个正交基, 其中 $Q(\tau)$ 是从 $L_2(D) \times L_2(D)$ 到由 $\Phi_1(\tau), \Phi_2(\tau), \cdots, \Phi_m(\tau)$ 张成空间上的正交投影算子, Φ_j 是线性化系统 (2.3.6) 满足初值条件 $\Phi_j(0) = \Psi_j$, $j = 1, 2, \cdots, m$ 的 m 个解. 则有

$$\text{tr}(\mathcal{M}(\tau, u, v, \omega) \circ Q_m(\tau)) = \sum_{i=1}^{m} < \mathcal{M}(\tau, u, v, \omega)(\phi_i, \psi_i), (\phi_i, \psi_i) >$$

$$= \sum_{i=1}^{m} \Big(-\|\phi_i\|_V^2 + (\beta - \alpha) < \phi_i, \psi_i > -\sigma\|\psi_i\|^2 + < h'(\tilde{u}^*(\tau))\phi_i, \phi_i > \Big)$$

$$\leqslant \sum_{i=1}^{m} \Big(-\|\phi_i\|_V^2 + (\beta - \alpha)(\phi_i, \psi_i) - \sigma\|\psi_i\|^2 + c_1\|\phi_i\|^2 \Big)$$

$$\leqslant -\sum_{i=1}^{m} \|\phi_i\|_V^2 + \frac{(\beta - \alpha)^2}{2\sigma} \sum_{i=1}^{m} \|\phi_i(x)\|^2 - \frac{\sigma}{2} \sum_{i=1}^{m} \|\psi_i(x)\|^2 + c_1 \sum_{i=1}^{m} \|\phi_i\|^2.$$

由推广的 Lieb-Thirring 不等式 [9] 到 $\{(\phi_i(\cdot), \psi_i(\cdot))\}_{i=1}^{m}$ 可知, 存在两个依赖于空间维数 n 和区域 D 的直径 L 的常数 M_1 和 M_2 使得

$$\sum_{i=1}^{m} \|\phi_i(x)\|_V^2 \geqslant M_1 \int_D \Big(\sum_{i=1}^{m} \phi_i^2(x) \Big)^{1+\frac{2}{n}} dx - \frac{M_2}{L_2} \int_D \Big(\sum_{i=1}^{m} \phi_i^2(x) \Big) dx \qquad (2.3.18)$$

成立. 注意到

$$\int_D \Big(\frac{\sigma}{2} + \frac{M_2}{L_2} + c_1 + \frac{(\beta - \alpha)^2}{2\sigma} \Big) \Big(\sum_{i=1}^{m} \phi_i^2(x) \Big) dx$$

$$\leqslant \frac{M_1}{2} \int_D \Big(\sum_{i=1}^{m} \phi_i^2(x) \Big)^{1+\frac{2}{n}} dx$$

$$+ \frac{2}{n+2} \Big(\frac{4n}{K_1(n+2)} \Big)^{\frac{n}{2}} \Big(\frac{\sigma}{2} + \frac{K_2}{L_2} + c_1 + \frac{(\beta - \alpha)^2}{2\sigma} \Big)^{1+\frac{n}{2}} |D|. \qquad (2.3.19)$$

由于函数簇 $\{(\phi_i(x), \psi_i(x))\}_{i=1}^{m}$ 是正交的, 于是有

$$\sum_{i=1}^{m} \Big(\|\phi_i(x)\|^2 + \|\psi(x)\|^2 \Big) = m.$$

因此

$$\text{tr}(\mathcal{M}(\tau, u, v, \omega) \circ Q_m(\tau))$$

$$\leqslant -M_1 \int_D \Big(\sum_{i=1}^{m} \phi_i^2(x) \Big)^{1+\frac{2}{n}} dx + \Big(\frac{(\beta - \alpha)^2}{2\sigma} + \frac{\sigma}{2} + c_1 + \frac{K_2}{L_2} \Big) \sum_{i=1}^{m} \|\phi_i(x)\|^2 - \frac{\sigma}{2} m$$

$$\leqslant -\frac{M_1}{2} \int_D \Big(\sum_{i=1}^{m} \phi_i^2(x) \Big)^{1+\frac{2}{n}} dx$$

$$+ \frac{2}{n+2} \left(\frac{4n}{M_1(n+2)} \right)^{\frac{n}{2}} \left(\frac{\sigma}{2} + \frac{K_2}{L_2} + c_1 + \frac{(\beta-\alpha)^2}{2\sigma} \right)^{1+\frac{n}{2}} |D| - \frac{\sigma}{2} m$$

$$\leqslant \frac{2}{n+2} \left(\frac{4n}{M_1(n+2)} \right)^{\frac{n}{2}} \left(\frac{\sigma}{2} + \frac{K_2}{L_2} + c_1 + \frac{(\beta-\alpha)^2}{2\sigma} \right)^{1+\frac{n}{2}} |D| - \frac{\sigma}{2} m.$$

由此可得

$$\gamma_m(\tilde{L}(u,v,\omega)) \leqslant \exp\left(\frac{2}{n+2} \left(\frac{4n}{K_1(n+2)} \right)^{\frac{n}{2}} \left(\frac{\sigma}{2} + \frac{K_2}{L_2} + c_1 + \frac{(\beta-\alpha)^2}{2\sigma} \right)^{1+\frac{n}{2}} |D| - \frac{\sigma}{2} m \right).$$

令 $\bar{\gamma}_m$ 是下面的常值随机变量

$$\bar{\gamma}_m = \exp\left(\frac{2}{n+2} \left(\frac{4n}{K_1(n+2)} \right)^{\frac{n}{2}} \left(\frac{\sigma}{2} + \frac{K_2}{L_2} + c_1 + \frac{(\beta-\alpha)^2}{2\sigma} \right)^{1+\frac{n}{2}} |D| - \frac{\sigma}{2} m \right).$$

则有

$$\gamma_m(\tilde{L}(u,v,\omega)) \leqslant \bar{\gamma}_m.$$

当

$$m > \frac{4}{\sigma(n+2)} \left(\frac{4n}{K_1(n+2)} \right)^{\frac{n}{2}} \left(\frac{\sigma}{2} + \frac{K_2}{L_2} + c_1 + \frac{(\beta-\alpha)^2}{2\sigma} \right)^{1+\frac{n}{2}} |D|$$

时, 都有

$$\mathbb{E}(\ln(\bar{\gamma}_m)) < 0.$$

该定理由定理 1.1.2 即可得证.   □

2.4   随机 FitzHugh-Nagumo 系统的不变测度

这一节研究白噪声驱动的随机 FitzHugh-Nagumo 方程

$$\begin{cases} du(t) = (\Delta u + h(u) - \alpha v)dt + \phi(z)\ d\overline{W}_1(t), \\ dv(t) = (\beta u - \sigma v)dt + \psi(z)d\overline{W}_2(t), & z \in D, \\ u = 0, & z \in \partial D, \\ u(s) = x, \\ v(s) = y \end{cases} \tag{2.4.1}$$

的不变测度的存在唯一性, 并研究不变测度族的渐近行为. 其中 $t \geqslant s \in \mathbb{R}$, $D \subset \mathbb{R}^n$, $n = 1, 2, 3$ 是具有光滑边界的有界区域, α, $\beta > 0$, $\sigma > 0$, $\overline{W}_i(t)$ 是两两独立的一维双边布朗运动, ϕ 和 ψ 是满足 $\phi|_{\partial D} = 0, \psi|_{\partial D} = 0$ 的 C^2 函数, 且 h 满足:

$$h(u) = \sum_{k=0}^{2p-1} a_k u^k, \quad a_{2p-1} < 0.$$

下面用耗散方法研究随机 FitzHugh-Nagumo 系统的动力学. 该方法类似于文献 [27], 但得到的结果与文献 [28] 不同. 我们在消除耦合项可能带来的负效用的基础上考虑了 u 和 v 的一致耗散作用.

对于 $t \geqslant s \in \mathbb{R}$, 令 $S(t)$ 是算子 Δ 的连续半群并定义

$$\int_s^t S(t-s)\phi(x)d\overline{W}_1(s) = W_{\Delta,s}(t)$$

和

$$\int_s^t \exp(-\sigma(t-s))\psi(x)d\overline{W}_2(s) = W_{\sigma,s}(t),$$

$W_{\Delta,0}(t)$ 和 $W_{\sigma,0}(t)$ 分别简记为 $W_\Delta(t)$ 和 $W_\sigma(t)$. 由文献 [10, 引理 3.1] 知, 方程 (2.4.1) 存在一个唯一的弱解, $(u(t,s,x),v(t,s,x))$, $t \geqslant s$, 这表明 $U(t,s,x) = u(t,s,x) - W_{\Delta,s}(t)$ 和 $V(t,s,y) = v(t,s,y) - W_{\sigma,s}(t)$ 是下面方程的唯一弱解:

$$\begin{cases} \dot{U} = \Delta U + h(U + W_{\Delta,s}) - \alpha(V + W_{\sigma,s}), \\ \dot{V} = \beta(U + W_{\Delta,s}) - \sigma V, & z \in D, \\ U = 0, & z \in \partial D, \\ U(s) = x, \\ V(s) = y. \end{cases} \tag{2.4.2}$$

令 H 表示 Hilbert 空间 $L^2(D) \times L^2(D)$. $(\cdot,\cdot)$ 指代 H 中的内积, 用 $(\cdot,\cdot)_K$ 表示空间 $K = L^2(D)$ 中的内积. $|\cdot|$ 和 $|\cdot|_H$ 分别表示空间 $L^2(D)$ 和 $H = L^2(D) \times L^2(D)$ 中的范数.

令

$$\gamma_\Delta = \sup\{\gamma > 0;\ (\Delta u, u)_K \leqslant -\gamma|u|^2,\ \forall u \in D(\Delta)\},$$

其中 $D(\Delta)$ 表示满足 Dirichlet 边界条件的 Δ 的定义域. 由 Poincaré 不等式知, 这样的 γ_Δ 确实存在.

令

$$\gamma_h = \inf\{\gamma \in \mathbb{R}; (h(u) - h(v), u - v)_K \leqslant \gamma|u-v|^2,\ \forall u,\ v \in D(h)\},$$

其中 $D(h)$ 是 h 的定义域. 由 h 的定义知总可以找到这样的 γ_h.

引理2.4.1 假设 $-\gamma_\Delta + \gamma_h < 0$, 则存在常数 $C, \omega > 0$ 使得

$$|(U(t,s,x), V(t,s,y))|_H$$
$$\leqslant C\left(e^{-\omega(t-s)}|(x,y)|_H + \int_s^t e^{-\omega(t-s)}(|h(W_{\Delta,s})| + |W_{\sigma,s}| + |W_{\Delta,s}|)(s)ds\right).$$

证明 在 H 上引入新的范数 $\|\cdot\|$, 使得对任意的 $(u,v) \in H$, $\|(u,v)\|^2 = \frac{1}{\alpha}|u|^2 + \frac{1}{\beta}|v|^2$.

用 (U, V) 与方程 (2.4.2) 两边作内积后得到

$$\frac{1}{2\alpha}\frac{d|U|^2}{dt} + \frac{1}{2\beta}\frac{d|V|^2}{dt} = \frac{1}{\alpha}\left((\Delta U, U)_K + (h(U + W_{\Delta,s}), U)_K - (\alpha(V + W_{\sigma,s}), U)_K\right)$$
$$+ \frac{1}{\beta}\left((-\sigma V, V)_K + (\beta(U + W_{\Delta,s}), V)_K\right).$$

因此

$$\frac{1}{2}\frac{d\|(U,V)\|^2}{dt} = \frac{1}{\alpha}(\Delta U, U)_K - \frac{\sigma}{\beta}(V, V)_K + \frac{1}{\alpha}\left(h(U + W_{\Delta,s}), U\right)_K$$
$$- (W_{\sigma,s}, U)_K + (W_{\Delta,s}, V)_K. \tag{2.4.3}$$

由 γ_Δ 的定义, 有

$$\frac{1}{2}\frac{d\|(U,V)\|^2}{dt} \leqslant -\frac{\gamma_\Delta}{\alpha}|U|^2 - \frac{\sigma}{\beta}|V|^2 + \frac{1}{\alpha}\left(h(U + W_{\Delta,s}), U\right)_K - (W_{\sigma,s}, U)_K + (W_{\Delta,s}, V)_K.$$

再由 γ_h 的定义可得

$$(h(U + W_{\Delta,s}), U)_K = (h(U + W_{\Delta,s}) - h(W_{\Delta,s}), U)_K + (h(W_{\Delta,s}), U)_K$$
$$\leqslant \gamma_h|U|^2 + |h(W_{\Delta,s})||U|.$$

因此

$$\frac{1}{2}\frac{d\|(U,V)\|^2}{dt} \leqslant -\frac{\gamma_\Delta}{\alpha}|U|^2 - \frac{\sigma}{\beta}|V|^2 + \frac{\gamma_h}{\alpha}|U|^2 + \frac{1}{\alpha}|h(W_{\Delta,s})||U| + |W_{\sigma,s}||U| + |W_{\Delta,s}||V|.$$

由于范数的等价性, 存在常数 $\Omega, C_1 > 0$, 使得

$$\frac{1}{2}\frac{d\|(U,V)\|^2}{dt} \leqslant -\Omega\|(U,V)\|^2 + C_1\left(|h(W_{\Delta,s})| + |W_{\sigma,s}| + |W_{\Delta,s}|\right)\|(U,V)\|.$$

因此由 Gronwall 引理知

$$\|(U,V)\| \leqslant e^{-2\Omega(t-s)}\|(x,y)\| + \int_s^t e^{-2\Omega(t-s)}2C_1(|h(W_{\Delta,s})| + |W_{\sigma,s}| + |W_{\Delta,s}|)(s)ds.$$

由范数的等价性可知, 存在仅依赖于光滑区域 D 的常数 $\omega, C > 0$ 满足

$$|(U(t,s,x), V(t,s,y))|_H \leqslant C\left(e^{-\omega(t-s)}|(x,y)|_H\right.$$
$$\left. + \int_s^t e^{-\omega(t-s)}\left(|h(W_{\Delta,s})| + |W_{\sigma,s}| + |W_{\Delta,s}|\right)(s)ds\right). \qquad \square$$

引理2.4.2　$\displaystyle\sup_{t \geqslant s}\mathbb{E}(|h(W_{\Delta,s}(t))| + |W_{\sigma,s}(t)| + |W_{\Delta,s}(t)|) < \infty.$

证明　由 $\overline{W}_i(t)$ 的定义知, 只需要对 $t \geqslant s = 0$ 的情形证明该引理. 事实上, 只需要证明 $\displaystyle\sup_{t \geqslant 0}|W_{\Delta,0}(t)| < \infty$, 其余两项的估计完全类似.

由于 $(\Delta u, u)_K \leqslant -\gamma_\Delta |u|^2$, 所以易得 $\|S(t)\| \leqslant e^{-\gamma_\Delta t}$, 则当 $t \geqslant 0$ 时,

$$|W_{\Delta,0}(t)| = \left| \int_0^t S(t-s)\phi(x)d\overline{W}_1(s) \right| \leqslant |\phi|_{C(D)} \left| \int_0^t e^{-\gamma_\Delta(t-s)}d\overline{W}_1(s) \right|.$$

注意到

$$\mathbb{E}\left[\int_0^t e^{-\gamma_\Delta(t-s)}d\overline{W}_1(s) \right]^2 = \int_0^t e^{-2\gamma_\Delta s}ds < \frac{1}{2\gamma_\Delta},$$

由 Cauchy-Schwarz 不等式即可得证. □

命题2.4.1 假设 $-\gamma_\Delta + \gamma_h < 0$, 则存在一个随机变量 η, 使得对任意的 $(x,y) \in H, r > 0$, 有

$$\mathbb{E}|(u(0,-r,x),v(0,-r,y)) - \eta|_H \leqslant De^{-\omega r}(|(x,y)|_H + 1),$$

对某个常数 $D > 0$ 成立.

证明 首先断言对 $r > r_1 > 0$, 成立

$$|(u(0,-r,x),v(0,-r,y)) - (u(0,-r_1,x),v(0,-r_1,y))|_H$$
$$\leqslant Ce^{-\omega r_1}|(u(-r_1,-r,x),v(-r_1,-r,y)) - (x,y)|_H.$$

事实上, 令 $(\overline{u}(t),\overline{v}(t)) = (u(t,-r,x),v(t,-r,y)) - (u(t,-r_1,x),v(t,-r_1,y))$, 则

$$\begin{cases} \dot{\overline{u}} = \Delta\overline{u} + h(u(t,-r,x)) - h(u(t,-r_1,x)) - \alpha\overline{v}, \\ \dot{\overline{v}} = \beta\overline{u} - \sigma\overline{v}, \\ \overline{u} = 0, & z \in D, \\ \overline{u}(-r_1) = u(-r_1,-r,x) - x, & z \in \partial D, \\ \overline{v}(-r_1) = v(-r_1,-r,y) - y. \end{cases} \tag{2.4.4}$$

类似于引理 2.4.1 的计算可以得到

$$\frac{1}{2}\frac{d\|(\overline{u},\overline{v})\|^2}{dt} \leqslant -2\Omega\|(\overline{u},\overline{v})\|^2.$$

只要应用 Gronwall 引理, 再令 $t = 0$, 即可证明断言成立.

进一步地, 由引理 2.4.1, 有

$$|(U(-r_1,-r,x),V(-r_1,-r,y))|_H$$
$$\leqslant C\Bigg(e^{-\omega(r-r_1)}|(x,y)|_H + \int_{-r}^{-r_1} e^{-\omega(-r_1-s)}(|h(W_{\Delta,-r})| $$
$$+ |W_{\sigma,-r}| + |W_{\Delta,-r}|)(s)ds \Bigg).$$

因此

$$|(u(-r_1,-r,x),v(-r_1,-r,y))|_H$$

$$\leqslant C\left(e^{-\omega(r-r_1)}|(x,y)|_H + \int_{-r}^{-r_1} e^{-\omega(-r_1-s)}(|h(W_{\Delta,-r})|\right.$$

$$\left. + |W_{\sigma,-r}| + |W_{\Delta,-r}|)(s)ds\right) + |W_{\sigma,-r}(-r_1)| + |W_{\Delta,-r}(-r_1)|.$$

两边取期望, 得

$$\mathbb{E}|(u(0,-r,x),v(0,-r,y)) - (u(0,-r_1,x),v(0,-r_1,y))|_H$$

$$\leqslant Ce^{-\omega r_1}\mathbb{E}|(u(-r_1,-r,x),v(-r_1,-r,y)) - (x,y)|_H$$

$$\leqslant Ce^{-\omega r_1}\left((C+1)|(x,y)|_H\right.$$

$$\left. + \mathbb{E}\sup_{-r\leqslant t\leqslant -r_1}\left(\frac{1}{\omega}|h(W_{\Delta,-r})(t)| + \frac{1+\omega}{\omega}(|W_{\sigma,-r}(t)| + |W_{\Delta,-r}(t)|)\right)\right).$$

由引理 2.4.2, 得

$$\mathbb{E}|(u(0,-r,x),v(0,-r,y)) - (u(0,-r_1,x),v(0,-r_1,y))|_H \leqslant e^{-\omega r_1}(C(C+1)|(x,y)|_H + C_2),$$

对某个常数 $C_2 > 0$ 成立.

因此有

$$\mathbb{E}|(u(0,-r,x),v(0,-r,y)) - (u(0,-r_1,x),v(0,-r_1,y))|_H \leqslant De^{-\omega r_1}(|(x,y)|_H + 1),$$

对某个常数 $D > 0$ 成立.

通过上面的估计易见当 $r \to +\infty$ 时, $(u(0,-r,x),v(0,-r,y)$ 在空间 $L^1(\Omega,\mathcal{F},\mathbb{P};H)$ 中收敛于某个 $\eta_{(x,y)}$, 且

$$\mathbb{E}|(u(0,-r,x),v(0,-r,y)) - \eta_{(x,y)}|_H \leqslant De^{-\omega r}(|(x,y)|_H + 1).$$

最后, 将证明 $\eta_{(x,y)}$ 是不依赖于 (x,y) 的. 这点是可以类似证明的. 对某个 $(x',y') \in H$ 令 $(\hat{u}(t),\hat{v}(t)) = (u(t,-r,x),v(t,-r,y)) - (u(t,-r,x'),v(t,-r,y'))$, 则

$$\begin{cases} \dot{\hat{u}} = \Delta\hat{u} + h(u(t,-r,x)) - h(u(t,-r,x')) - \alpha\hat{v}, \\ \dot{\hat{v}} = \beta\hat{u} - \sigma\hat{v}, & z \in D, \\ \hat{u} = 0, & z \in \partial D, \\ \hat{u}(-r) = x - x', \\ \hat{v}(-r) = y - y'. \end{cases} \tag{2.4.5}$$

类似于上面的讨论可得

$$|(u(t,-r,x),v(t,-r,y)) - (u(t,-r,x'),v(t,-r,y'))|_H \leqslant Ce^{-\omega(t+r)}|(x-x',y-y')|_H, \tag{2.4.6}$$

只要先令 $t = 0$, 再令 $r \to +\infty$ 即可得证. $\square$

2.4.1 随机 FitzHugh-Nagumo 系统的遍历性

下面的定理描述了随机 FitzHugh-Nagumo 系统的不变测度的性态.

定理2.4.1 假设 $-\gamma_\Delta + \gamma_h < 0$, 则系统 (2.4.1) 存在一个唯一的不变测度 μ, 且它是指数混合的. 对于任意的 Borel 概率测度 ν, 当 $t \to +\infty$ 时, $P_t^* \nu$ 弱收敛于 μ.

证明 首先证明不变测度 μ 恰是命题 2.4.1 中 η 的分布. 事实上, 令 φ 是 H 上的一个有界连续函数, 则由命题 2.4.1 知, 对于任意的 $t, s > 0$, 当 $t \to +\infty$ 时,

$$\left| \int_H P_{t+s}\varphi(h)d\mu(h) - \int_H P_s\varphi(h)d\mu(h) \right|$$

$$= \left| \int_H P_t P_s \varphi d\mu - \int_H P_s \varphi d\mu \right|$$

$$= \left| \int_H \mathbb{E}[P_s\varphi(u(t,0,x), v(t,0,y))]d\mu - \int_H \mathbb{E}[P_s\varphi(\eta)]d\mu \right|$$

$$= \left| \int_H (\mathbb{E}[P_s\varphi(u(0,-t,x), v(0,-t,y))] - \mathbb{E}[P_s\varphi(\eta)])d\mu \right| \longrightarrow 0, \quad (2.4.7)$$

由不等式 (2.4.6) 知, (P_s) 是一个 Feller 转移半群.

类似地, 当 $t \to +\infty$ 时.

$$\left| \int_H P_{t+s}\varphi(h)d\mu(h) - \int_H \varphi(h)d\mu(h) \right|$$

$$= \left| \int_H \mathbb{E}[\varphi(u(t+s,0,x), v(t+s,0,y))]d\mu - \int_H \mathbb{E}[\varphi(\eta)]d\mu \right|$$

$$= \left| \int_H (\mathbb{E}[\varphi(u(t+s,0,x), v(t+s,0,y))] - \mathbb{E}[\varphi(\eta)])d\mu \right|$$

$$= \left| \int_H (\mathbb{E}[\varphi(u(0,-t-s,x), v(0,-t-s,y))] - \mathbb{E}[\varphi(\eta)])d\mu \right| \longrightarrow 0, \quad (2.4.8)$$

因此由 (2.4.7) 和 (2.4.8) 知

$$\int_H P_s\varphi(h)d\mu(h) = \int_H \varphi(h)d\mu(h),$$

即 μ 是一个不变测度.

假设存在 (P_t) 的另一个不变测度 λ, 则对于 H 上的任何一个有界连续函数 φ 及 $t > 0$, 有

$$\int_H P_t\varphi(h)d\lambda(h) = \int_H \varphi(h)d\lambda(h). \quad (2.4.9)$$

然而, 当 $t \to +\infty$ 时,

$$\left| P_t\varphi - \int_H \varphi(h)d\mu(h) \right| = |\mathbb{E}[\varphi(u(t,0,x), v(t,0,y))] - \mathbb{E}[\varphi(\eta)]|$$

$$= |\mathbb{E}[\varphi(u(0,-t,x), v(0,-t,y))] - \mathbb{E}[\varphi(\eta)]| \longrightarrow 0, \quad (2.4.10)$$

因此, 如果令 (2.4.9) 中的 $t \to +\infty$, 则有

$$\int_H \varphi(h)d\mu(h) = \int_H \varphi(h)d\lambda(h),$$

由 φ 的任意性可知, $\mu = \lambda$.

令 χ 是 H 上的一个有界 Lipschitz 函数, 则由命题 2.4.1 知

$$\begin{aligned}
\left| P_t\chi(x,y) - \int_H \chi(h)d\mu(h) \right| &= |\mathbb{E}[\chi(u(t,0,x),v(t,0,y))] - \mathbb{E}[\chi(\eta)]| \\
&= |\mathbb{E}[\chi(u(0,-t,x),v(0,-t,y))] - \mathbb{E}[\chi(\eta)]| \\
&\leqslant D\|\chi\|_{\mathrm{Lip}}e^{-\omega r}(|(x,y)|_H + 1),
\end{aligned}$$

其中 $\|\cdot\|_{\mathrm{Lip}}$ 是 H 上的 Lipschitz 范数.

最后由 (2.4.10) 知, 对于任意的 Borel 概率测度 ν 和任意有界连续函数 φ, 当 $t \to +\infty$ 时, 有

$$(P_t^*\nu, \varphi) = \int_H P_t\varphi(h)d\nu(h) \longrightarrow \int_H \int_H \varphi(h)d\mu(h)d\nu(h) = \int_H \varphi(h)d\mu(h) = (\mu, \varphi).$$

$\square$

下面研究系统 (2.4.1) 的随机稳定性.

引入如下的 FitzHugh-Nagumo 系统

$$\begin{cases}
du(t) = (\Delta u + h(u) - \alpha v)dt, & \\
dv(t) = (\beta u - \sigma v)dt, & z \in D, \\
u = 0, & z \in \partial D, \\
u(s) = x, & \\
v(s) = y, &
\end{cases} \tag{2.4.11}$$

其中 $t \geqslant s \in \mathbb{R}$. 记 $(u^0(t,s,x), v^0(t,s,y))$ 为 (2.4.11) 的弱解.

接下来引入一族随机 FitzHugh-Nagumo 系统以描述随机扰动. 对于充分小的 $\varepsilon > 0$, 考虑如下的模型

$$\begin{cases}
du(t) = (\Delta u + h(u) - \alpha v)dt + \phi^\varepsilon(z)d\overline{W}_1(t), & \\
dv(t) = (\beta u - \sigma v)dt + \psi^\varepsilon(z)d\overline{W}_2(t), & z \in D, \\
u = 0, & z \in \partial D, \\
u(s) = x, & \\
v(s) = y, &
\end{cases} \tag{2.4.12}$$

其中 $t \geqslant s \in \mathbb{R}$, $\|\phi^\varepsilon\|_{C(D)} \leqslant \tilde{C}\varepsilon$ 以及 $\|\psi^\varepsilon\|_{C(D)} \leqslant \tilde{C}\varepsilon$ 对某个常数 $\tilde{C} > 0$ 成立. ε 用来控制噪声的大小.

由文献 [10, 引理 3.1] 知, 对于不同的 ε, 方程 (2.4.12) 存在唯一的弱解 $(u^\varepsilon(t,s,x),$ $v^\varepsilon(t,s,y))$, 因此有相应的转移半群 (P^ε). 进一步地, 由命题 2.4.1 和定理 2.4.1 知, 可以得到一族相应的随机变量 η^ε 和不变测度 μ^ε.

作为引理 2.4.1 的特殊情形, 有下面结论:

引理2.4.3 假设 $-\gamma_\Delta + \gamma_h < 0$, 则存在常数 $C, \omega > 0$ 使得

$$|(u^0(t,s,x), v^0(t,s,y))|_H \leqslant Ce^{-\omega(t-s)}|(x,y)|_H.$$

显然, 由上面的引理知 $\delta_0 = \delta_{(0,0)}$ 是方程 (2.4.11) 的不变测度. 下面证明本节的重要定理.

定理2.4.2 假设 $-\gamma_\Delta + \gamma_h < 0$, 则 μ^ε 弱收敛于 δ_0, 即当 ε 趋于 0 时, 确定 Fitz-Hugh-Nagumo 系统 (2.4.11) 是随机稳定的.

证明 固定某个 $(x,y) \in H$, 令

$$(\tilde{u}(t), \tilde{v}(t)) = (u^\varepsilon(t,-r,x), v^\varepsilon(t,-r,y)) - (u^0(t,-r,x), v^0(t,-r,y)),$$

对 $t, r > 0$, 则有

$$\begin{cases} \dot{\tilde{u}} = \Delta\tilde{u} + h(u^\varepsilon(t,-r,x)) - h\left(u^0(t,-r,x)\right) - \alpha\tilde{v} + \phi^\varepsilon(z)d\overline{W}_1(t), \\ \dot{\tilde{v}} = \beta\tilde{u} - \sigma\tilde{v} + \psi^\varepsilon(z)d\overline{W}_2(t), \quad z \in D, \\ \tilde{u} = 0, \qquad\qquad\qquad\qquad\qquad\quad z \in \partial D, \\ \tilde{u}(-r) = 0, \\ \tilde{v}(-r) = 0. \end{cases} \tag{2.4.13}$$

定义

$$\int_{-r}^t S(t-s)\phi^\varepsilon(x)d\overline{W}_1(s) = W^\varepsilon_{\Delta,-r}(t)$$

和

$$\int_{-r}^t \exp(-\sigma(t-s))\phi^\varepsilon(x)d\overline{W}_2(s) = W^\varepsilon_{\sigma,-r}(t),$$

则类似于命题 2.4.1 和文献 [10, 引理 3.1], 可以证明 $\tilde{U}(t,-r,x) = \tilde{u}(t,-r,x) - W^\varepsilon_{\Delta,-r}(t)$ 和 $\tilde{V}(t,-r,y) = \tilde{v}(t,-r,y) - W^\varepsilon_{\sigma,-r}(t)$ 是下面方程的唯一弱解:

$$\begin{cases} \dot{\tilde{U}} = \Delta\tilde{U} + h(u^\varepsilon(t,-r,x)) - h(u^0(t,-r,x)) - \alpha(\tilde{V} + W^\varepsilon_{\sigma,-r}), \\ \dot{\tilde{V}} = \beta(\tilde{U} + W^\varepsilon_{\Delta,-r}) - \sigma\tilde{V}, \quad z \in D, \\ \tilde{U} = 0, \quad z \in \partial D, \\ \tilde{U}(-r) = x, \\ \tilde{V}(-r) = y. \end{cases} \tag{2.4.14}$$

用 $(\tilde{U}, \tilde{V})$ 与方程 (2.4.14) 作内积, 类似于命题 2.4.1 的估计可得

$$
\begin{aligned}
|(\tilde{U}(t, -r, x), \tilde{V}(t, -r, y))|_H \leqslant C \Big(& e^{-\omega(t+r)}|(x, y)|_H \\
& + \int_{-r}^{t} e^{-\omega(t-s)}(|h(W^\varepsilon_{\Delta, -r})| + |W^\varepsilon_{\sigma, -r}| + |W^\varepsilon_{\Delta, -r}|)(s)ds \Big).
\end{aligned}
$$

因此

$$
\begin{aligned}
& |(\tilde{u}(0, -r, x), \tilde{v}(0, -r, y))|_H \\
& \leqslant C \Big(e^{-\omega r}|(x, y)|_H + \int_{-r}^{0} e^{\omega s}(|h(W^\varepsilon_{\Delta, -r})| + |W^\varepsilon_{\sigma, -r}| + |W^\varepsilon_{\Delta, -r}|)(s)ds \Big) \\
& \quad + |W^\varepsilon_{\sigma, -r}(0)| + |W^\varepsilon_{\Delta, -r}(0)|.
\end{aligned}
$$

令 $r \to +\infty$, 则有

$$
\begin{aligned}
|\eta^\varepsilon - (0, 0)|_H \leqslant & C \int_{-\infty}^{0} e^{\omega s}(|h(W^\varepsilon_{\Delta, -\infty})| + |W^\varepsilon_{\sigma, -\infty}| + |W^\varepsilon_{\Delta, -\infty}|)(s)ds \\
& + |W^\varepsilon_{\sigma, -\infty}(0)| + |W^\varepsilon_{\Delta, -\infty}(0)| \\
\leqslant & \frac{C}{\omega} \sup_{t \leqslant 0} |h(W^\varepsilon_{\Delta, -\infty})(t)| + \frac{C+\omega}{\omega} \sup_{t \leqslant 0} |W^\varepsilon_{\Delta, -\infty}(t)| \\
& + \frac{C+\omega}{\omega} \sup_{t \leqslant 0} |W^\varepsilon_{\sigma, -\infty}(t)|.
\end{aligned} \tag{2.4.15}
$$

由 ψ^ε 和 ϕ^ε 的假设可知

$$
|W^\varepsilon_{\Delta, -\infty}(t)| \leqslant \tilde{C}\varepsilon \left| \int_{-\infty}^{t} S(t-s)d\overline{W}_1(s) \right|, \tag{2.4.16}
$$

$$
|W^\varepsilon_{\sigma, -\infty}(t)| \leqslant \tilde{C}\varepsilon \left| \int_{-\infty}^{t} \exp(-\sigma(t-s))d\overline{W}_2(s) \right|. \tag{2.4.17}
$$

类似于引理 2.4.2 的证明, 易证

$$
\sup_{t \in \mathbb{R}} \mathbb{E} \left[\left| \int_{-\infty}^{t} S(t-s)d\overline{W}_1(s) \right| + \left| \int_{-\infty}^{t} \exp(-\sigma(t-s))d\overline{W}_2(s) \right| \right] < \infty. \tag{2.4.18}
$$

因此综合 (2.4.15) 和 (2.4.16)∼(2.4.18) 可得

$$
\lim_{\varepsilon \to 0} \mathbb{E}|\eta^\varepsilon - (0, 0)|_H = 0. \tag{2.4.19}
$$

注意到 η^ε 的分布是 μ^ε, 因而定理 2.4.2 得证.   □

2.5 无穷格点上部分耗散系统的随机吸引子

近十几年来, 格点动力系统得到广泛的关注, 关于格点上的发展方程的行波解和整体吸引子的文献很多, 例如文献 [2,3,17,22,23]. 对于随机 FitzHugh-Nagumo 方程, 文献 [15] 研究了下面的 FitzHugh-Nagumo 神经元白噪声系统

$$\begin{cases} \dfrac{dx_i}{dt} = c\left(x_i - \dfrac{1}{3}x_i^3 + y_i\right) + h\sum_{k\in Z}\delta(t - 2k\pi/\omega) - \dfrac{d}{N-1}\sum_{j=1}^{N}(x_i - x_j) + D_i\eta_i(t), \\ \dfrac{dy_i}{dt} = -\dfrac{1}{c}(x_i + by_i + a), \quad i = 1, 2, \cdots, N, \end{cases}$$
(2.5.1)

其中 $\eta_i(t)$ 是高斯白噪声. 文献 [15] 还通过数值模拟方法研究了噪声对受外部脉冲作用的神经元的尖峰活动的同步作用的影响. 这一节研究格点上的随机部分耗散系统

$$\begin{cases} \dfrac{du_i}{dt} = u_{i+1} - 2u_i + u_{i-1} + h(u_i) - v_i + a_i\dfrac{dw_i^1(t)}{dt}, \\ \dfrac{dv_i}{dt} = \sigma u_i - \delta v_i + b_i\dfrac{dw_i^2(t)}{dt} \end{cases}$$
(2.5.2)

的随机吸引子, 其中 $i \in Z, u = (u_i)_{i\in Z} \in l^2$, $v = (v_i)_{i\in Z} \in l^2$, σ, δ 都是正常数, $\{w_i | i \in Z\}$ 相互独立的布朗运动.

定理2.5.1[2] 假设 $K(\omega) \subset H$ 是连续随机动力系统 $\phi(t, \theta_{-t}\omega)_{t\geqslant 0, \omega\in\Omega}$ 的一个闭的吸收集, 并且对 a.e.$\omega \in \Omega$, 满足渐近紧条件, 则余环 $\{\phi(t, \theta_{-t}\omega)\}_{t\geqslant 0, \omega\in\Omega}$ 存在唯一的随机吸引子

$$\mathcal{A}(\omega) = \bigcap_{t\geqslant t_K(\omega)} \overline{\bigcup_{t\geqslant\tau}\phi(t, \theta_{-t}\omega)K(\theta_{-t}\omega)}.$$

先考虑无穷格点上的随机 FitzHugh-Nagumo 系统

$$\begin{cases} \dfrac{du_i}{dt} = (u_{i+1} - 2u_i + u_{i-1}) + f(u_i) - v_i + a_i\dfrac{dw_i^1}{dt}, \\ \dfrac{dv_i}{dt} = \sigma u_i - \delta v_i + b_i\dfrac{dw_i^2}{dt}, \end{cases} \quad i \in Z,$$
(2.5.3)

其中 $u = (u_i)_{i\in Z}$, $v = (v_i)_{i\in Z}$ 是 l^2 中的两个序列,

$$f(u) = -\lambda u + h(u),$$

$h(u)$ 是光滑的非线性函数, 满足

$$h(0) = 0, \quad h_i(u)u \leqslant -\alpha u^2 + \beta_i, \quad h'(u) \leqslant k, \quad u \in R$$
(2.5.4)

及多项式增长条件

$$|h(u)| \leqslant c_h(|u|^{2p+1} + 1), \quad \forall\, u \in R, \tag{2.5.5}$$

α, β_i 和 μ 是两个正常数, $\beta = (\beta_1, \cdots, \beta_n, \cdots) \in l^2$, p 是正整数.

一个典型例子是三次函数 $f(u) = u(1-u)(u-a) = [-u^3 + (a+1)u^2 - \frac{a}{2}u] - \frac{a}{2}u = h(u) - \lambda u, 0 < a < 1, \lambda = a/2$ 并满足 (2.5.4),

$$\alpha = \frac{a}{2}, \quad \beta = \frac{27}{256}, \quad k = \frac{2a^2 + a + 2}{6}.$$

另一个典型例子是 $f(v) = H(v-a) - v, 0 < a < 1$,

$$H(x) = \begin{cases} 0, & x < 0, \\ [0,1], & x = 0, \\ 1, & x > 0, \end{cases}$$

其中 $\lambda = 1$.

对于 $u = (u_i)_{i \in Z}$, 定义从 l^2 到 l^2 的线性算子 A, B 和 B^* 如下:

$$(Bu)_i = u_{i+1} - u_i, \quad (B^*u)_i = u_{i-1} - u_i,$$

$$(Au)_i = -u_{i+1} + 2u_i - u_{i-1}, \quad i \in Z.$$

容易验证, $A = BB^* = B^*B$, 且对于任意的 $u, v \in l^2$, $(B^*u, v) = (u, Bv)$, 这表明 $(Au, u) \geqslant 0$.

令 $e^i \in l^2$ 表示在位置 i 为 1, 其余元素均为 0 的向量,

$$w^1(t, \omega) = \sum_{i \in Z} a_i w_i^1(t) e^i, \quad w^2(t, \omega) = \sum_{i \in Z} b_i \bar{w}_i^2(t) e^i, \quad (a_i)_{i \in Z}, (b_i)_{i \in Z} \in l^2 \tag{2.5.6}$$

是定义在概率空间 (Ω, F, P) 上取值于 l^2 的白噪声,

$$\Omega = \{\omega \in C(R, l^2): \ \omega(0) = 0\}.$$

将系统 (2.5.3) 及初值条件 $(u_0 = (u_{0,i})_{i \in Z}, \ v_0 = (v_{0,i})_{i \in Z})$ 写成 $l^2 \times l^2$ 中的积分方程:

$$\begin{cases} u(t) = u_0 + \int_0^t \Big[-Au(s) + f(u(s)) - v(s) \Big] ds + W^1(t), \\ v(t) = v_0 + \int_0^t \Big[\sigma u(s) - \delta v(s) \Big] ds + W^2(t), \end{cases} \quad t \geqslant 0, \ \omega \in \Omega. \tag{2.5.7}$$

为了研究系统 (2.5.7) 整体解的存在性, 先把 (2.5.7) 转化成带参数的确定性系统. 令

$$\tilde{u}(t) = u(t) - W^1(t), \qquad \tilde{v}(t) = v(t) - W^1(t).$$

则方程 (2.5.7) 可转化为下面的方程

$$\begin{cases} \tilde{u}(t) = u_0 + \int_0^t \Big[-A(\tilde{u}(s) + W^1(s)) + f(\tilde{u}(s)) + W^1(s)) - \tilde{v}(s) - W^2(s) \Big] ds, \\ \tilde{v}(t) = v_0 + \int_0^t \Big[\sigma \tilde{u}(s) + \sigma W^1 - \delta \tilde{v}(s) - \delta W^2 \Big] ds, \end{cases}$$

(2.5.8)

对每个固定的 $\omega \in \Omega$, 方程 (2.5.8) 是确定性的方程. 于是有

引理2.5.1 假设 (2.5.4) 和 (2.5.5) 成立, 则对任意的初值 (u_0, v_0) 及某个 $T > 0$, 方程 (2.5.7) 都存在唯一的解 $(u(t), v(t)) \in L^2(\Omega, C[0,T], l^2 \times l^2)$, 且满足

$$\sup_{t \in [0,T]} \Big[\|u(t)\|^2 + \frac{1}{\sigma} \|v(t)\|^2 \Big]$$

$$\leqslant 2 \Big(\|u_0\|^2 + \frac{1}{\sigma} \|v_0\|^2 \Big) + 2 \sup_{t \in [0,T]} \Big[\|w^1(t)\|^2 + \frac{1}{\sigma} \|w^2(t)\|^2 \Big]$$

$$+ 2C_0^* \int_0^T \Big(\|w^1(s)\|^2 + \|w^2(s)\|^{4p+2} + \|w^2(s)\|^2 \Big) ds.$$

证明 由于 $f(u)$ 是一个连续函数, 则假设条件 (2.5.4) 和 (2.5.5) 都成立. 由常微分方程的解的存在性定理可知, 方程 (2.5.8) 存在一个局部解 $(\tilde{u}(t), \tilde{v}(t) \in C([0, T^*), l^2 \times l^2)$, 其中 $[0, T^*)$ 是方程 (2.5.8) 解的最大存在区间. 下面证明这个局部解实际上是整体存在的.

对于固定的 $\omega \in \Omega$, 用 $(\tilde{u}, \tilde{v})$ 分别与方程 (2.5.8) 作 $l^2 \times l^2$ 内积后得到

$$\|\tilde{u}(t)\|^2 + \frac{1}{\sigma} \|\tilde{v}(t)\|^2$$

$$\leqslant \|u_0\|^2 + \frac{1}{\sigma} \|v_0\|^2 + 2 \int_0^t (-A\tilde{u}(s), \tilde{u}(s)) ds + 2 \int_0^t (f(\tilde{u} + W^1(s)), \tilde{u}) ds$$

$$+ 2 \int_0^t (-AW^1(s)), \tilde{u}(s)) ds - 2 \int_0^t (W^2(s), \tilde{u}) ds + 2 \int_0^t (W^1(s), \tilde{v}(s)) ds$$

$$- \frac{2\delta}{\sigma} \int_0^t \|\tilde{v}(s)\|^2 ds - \frac{2\delta}{\sigma} \int_0^t (W^2(s), \tilde{v}(s)) ds.$$

由 (2.5.4) 和 (2.5.5) 可得

$$2(f(\tilde{u} + W^1(s)), \tilde{u})$$

$$= 2(f(\tilde{u} + W^1(s)), \tilde{u} + W^1(s)) - 2(f(\tilde{u} + W^1(s)), W^1(s))$$

$$\leqslant -\lambda \|\tilde{u}\|^2 + 14\lambda \|W^1\|^2 - \alpha \|\tilde{u} + W^1(s)\|^2 + \beta + |f(\tilde{u} + W^1)| \cdot |W^1(s)|$$

$$\leqslant -\lambda \|\tilde{u}\|^2 + 14\lambda \|W^1\|^2 - \alpha + \|\tilde{u} + W^1(s)\|^2 + \beta + \frac{1}{2} c_h^2$$

$$+ \frac{1}{2} \|W^1\|^2 + \frac{1}{2} c_h^2 \|\tilde{u} + W^1\|^{4p+2} + c_h^2 \|\tilde{u} + W^1\|^{2p+1}$$

$$\leqslant -\lambda||\tilde{u}||^2 + C_0\Big(||W^1(s)||^{4p+2} + ||W^1(s)||^2 + 1\Big),$$

其中 C_0 是依赖于 λ, α, c_h 和 p 的正常数.

利用 Young 不等式, 直接计算可得

$$2(-AW^1, \tilde{u}) \leqslant \frac{1}{4}\lambda||\tilde{u}||^2 + \frac{4}{\lambda}||A||^2 \cdot ||W^1||^2,$$
$$2(W^2, \tilde{u}) \leqslant \frac{1}{4}\lambda||\tilde{u}||^2 + \frac{4}{\lambda}||W^2||^2,$$
$$2(W^1, \tilde{v}) \leqslant \frac{\delta}{2\sigma}||\tilde{v}||^2 + \frac{2\sigma}{\delta}||W^1||^2,$$
$$\frac{2\delta}{\sigma}(W^2, \tilde{v}) \leqslant \frac{\delta}{2\sigma}||\tilde{v}||^2 + \frac{8\delta}{\sigma}||W^2||^2.$$

令 $\mu_1 = \max\{\frac{\lambda}{2}, \delta\}$, 则有

$$||\tilde{u}(t)||^2 + \frac{1}{\sigma}||\tilde{v}(t)||^2$$
$$\leqslant ||u_0||^2 + \frac{1}{\sigma}||v_0||^2 - \mu_1 \int_0^t \Big[||\tilde{u}(s)||^2 + \frac{1}{\sigma}||\tilde{v}(s)||^2\Big]ds$$
$$+ C_0^* \int_0^t \Big(||W^1(s)||^{4p+2} + ||W^1(s)||^2 + ||W^2(s)||^2 + 1\Big)ds$$
$$\leqslant ||u_0||^2 + \frac{1}{\sigma}||v_0||^2 + C_0^* \int_0^t \Big(||W^1(s)||^{4p+2} + ||W^1(s)||^2 + ||W^2(s)||^2 + 1\Big)ds, \quad (2.5.9)$$

其中 C_0^* 是依赖于 $\lambda, \alpha, c_h, p, \beta$ 和 A 的正常数. 因此, 由 (2.5.9) 可知, $||\tilde{u}(t)||^2 + \frac{1}{\sigma}||\tilde{v}(t)||^2$ 被一个连续函数控制, 这表明方程的解在区间 $[0, T]$ 是整体存在的.

由于 $W^1(t), W^2(t)$ 是白噪声, 它们的数学期望是有限的, 于是, $(\tilde{u}(t), \tilde{v}(t)) \in L^2(\Omega, C([0, T]), l^2 \times l^2)$. 所以, 系统 (2.5.8) 有整体解.

因此, 对所有的 $\omega \in \Omega$, 都有

$$\sup_{t\in[0,T]} \Big[||u(t)||^2 + \frac{1}{\sigma}||v(t)||^2\Big]$$
$$= \sup_{t\in[0,T]} \Big[||\tilde{u}(t) + W^1(t)||^2 + \frac{1}{\sigma}||\tilde{v}(t) + W^2(t)||^2\Big]$$
$$\leqslant 2(||u_0||^2 + \frac{1}{\sigma}||v_0||^2) + 2\sup_{t\in[0,T]} \Big[||W^1(t)||^2 + \frac{1}{\sigma}||W^1(t)||^2\Big]$$
$$+ 2C_0^* \int_0^T \Big(||W^1(s)||^{4p+2} + ||W^1(s)||^2 + ||W^2(s)||^2 + 1\Big)ds.$$

从而引理 (2.5.1) 得证. □

由于 $f(u)$ 是连续函数, 容易证明系统 (2.5.7) 解的唯一性和解对初值的连续依赖性.

类似于文献 [2] 中定理 3.2 的证明方法可以证明, 系统 (2.5.8) 的解 $(\tilde{u}(t,\omega,\tilde{u}_0,\tilde{v}_0), \tilde{v}(t,\omega,\tilde{u}_0,\tilde{v}_0))$ 可以生成随机动力系统, 记为 $S_1(t,\theta_{-t}\omega)$.

下面在 l^2 中定义 Ornstein-Uhlenbeck 过程:

$$z_1(\theta_t\omega) = -\lambda\int_{-\infty}^{0} e^{\lambda s}\theta_t\omega ds, \quad t\in R,$$

$$z_2(\theta_t\omega) = -\delta\int_{-\infty}^{0} e^{\delta s}\theta_t\omega ds, \quad t\in R,$$

其中 δ 和 λ 是正常数. 对任意具有次指数增长速度的轨道 ω 的意义下, 上面的积分有意义, z_1, z_2 分别可解下面的 Itô 方程

$$dz_1 + \lambda z_1 dt = dw^1, \quad dz_2 + \delta z_1 dt = dw^2, \quad t > 0,$$

而且, 存在一个 θ_t 不变集 $\Omega' \subset \Omega$ 满足:

(1) 对每个 $\omega \in \Omega'$, 映射 $s \to y_i(\theta_s\omega), i = 1, 2$ 都是连续的;

(2) 随机变量 $\|y_i(\theta_t\omega)\|, i = 1, 2$ 都是缓变的.

令

$$\tilde{u}(t) = u(t) - y_1(\theta_t\omega), \qquad \tilde{v}(t) = v(t) - y_2(\theta_t\omega),$$

则有

$$\begin{cases} \dfrac{d\tilde{u}}{dt} = -A\tilde{u} - \lambda\tilde{u} + h(\tilde{u} + y_1(\theta_t\omega)) - \tilde{v} + y_2(\theta_t\omega) - Ay_1(\theta_t\omega), \\ \dfrac{d\tilde{v}}{dt} = \sigma\tilde{u} - \delta\tilde{v} + \sigma y_1(\theta_t\omega), \end{cases} \tag{2.5.10}$$

满足初值条件

$$\tilde{u}(0,\omega,\tilde{u}_0,\tilde{v}_0) = \tilde{u}_0(\omega) = u_0 - y_1(\omega), \quad \tilde{v}(0,\omega,\tilde{u}_0,\tilde{v}_0) = \tilde{v}_0(\omega) = v_0 - y_2(\omega). \tag{2.5.11}$$

引理2.5.2 随机动力系统 $S(t,\theta_{-t}\omega)$ 存在 θ_t 不变集 $\Omega' \subset \Omega$ 和一个随机吸收集 $K(\omega), \omega\in\Omega'$.

证明 用 $\tilde{u}$ 和 $\tilde{v}$ 分别对方程 (2.5.8) 作 l^2 内积后可得

$$\begin{cases} \dfrac{d}{dt}\|\tilde{u}\|^2 = -2(A\tilde{u},\tilde{u}) - 2\lambda\|\tilde{u}\|^2 + 2(h(\tilde{u} + 2y_1(\theta_t\omega)),\tilde{u}) - 2(\tilde{u},\tilde{v}) \\ \qquad\qquad -2(Ay_1(\theta_1\omega),\tilde{u}) - 2(y_2(\theta_t\omega),\tilde{u}), \\ \dfrac{1}{\sigma}\dfrac{d}{dt}\|\tilde{v}\|^2 = 2(\tilde{u},\tilde{v}) - \dfrac{2\delta}{\sigma}\|\tilde{v}\|^2 + 2(\tilde{v}, y_1(\theta_t\omega)), \quad i\in Z, \end{cases} \tag{2.5.12}$$

把 (2.5.12) 中的两个方程相加后得到

$$\dfrac{d}{dt}[\|\tilde{u}\|^2 + \dfrac{1}{\sigma}\|\tilde{v}\|^2] + 2(A\tilde{u},\tilde{u}) + 2\lambda\|\tilde{u}\|^2 + \dfrac{2\delta}{\sigma}\|\tilde{v}\|^2$$

$$=2(h(\tilde{u}+y_1(\theta_t\omega)),\tilde{u})-2(Ay_1(\theta_t\omega),\tilde{u})-2(\tilde{u},y_2(\theta_t\omega))+2(y_1(\theta_t\omega),\tilde{v}),$$

注意到 $(A\tilde{u},\tilde{u})=||B\tilde{u}||^2\geqslant 0$, 利用 (2.5.4)$\sim$(2.5.5) 和 Young 不等式可得

$$
\begin{aligned}
2(h(\tilde{u}+y_1(\theta_t\omega)),\tilde{u})=&(h(\tilde{u}+y_1(\theta_t\omega)),y_1(\theta_t\omega)+\tilde{u})-(h(\tilde{u}+y_1(\theta_t\omega)),y_1(\theta_t\omega))\\
\leqslant&\sum_{i\in Z}-2\alpha|\tilde{u}_i+y_1^i|^2+2\sum_{i\in Z}|\beta_i|^2\\
&+\sum_{i\in Z}2c_h|\tilde{u}_i+y_i|^{2p+1}|y_1^i|+\sum_{i\in Z}2c_h|\tilde{u}_i+y_i||y_1^i|\\
\leqslant&\frac{1}{2}\lambda||\tilde{u}||^2+C(1+||y_1(\theta_t\omega)||^{2p+2}+||y(\theta_t\omega)||^2),
\end{aligned}
$$

其中 C 是依赖于 p,α,c_h,λ 和 β_i 的正常数.

直接计算可得

$$
\begin{aligned}
-2(Ay_1(\theta_t\omega),\tilde{u})\leqslant&\frac{1}{4}\lambda||\tilde{u}||^2+\frac{4}{\lambda}||A||^2\cdot||y_1(\theta_t\omega)||^2,\\
-2(y_2(\theta_t\omega),\tilde{u})\leqslant&\frac{1}{4}\lambda||\tilde{u}||^2+\frac{4}{\lambda}||y_2(\theta_t\omega)||^2,\\
2(y_1(\theta_t\omega),\tilde{v})\leqslant&\frac{\delta}{\sigma}||\tilde{v}||^2+\frac{\sigma}{\delta}||y_1(\theta_t\omega)||^2,
\end{aligned}
$$

因此

$$
\begin{aligned}
&\frac{d}{dt}\left(||\tilde{u}||^2+\frac{1}{\sigma}||\tilde{v}||^2\right)+\lambda||\tilde{u}||^2+\frac{\delta}{\sigma}||\tilde{v}||^2\\
\leqslant&C[1+||y_1(\theta_t\omega)||^{2p+2}+||y_1(\theta_t\omega)||^2]+\left(\frac{4}{\lambda}||A||^2+\frac{\sigma}{\delta}\right)||y_1(\theta_t\omega)||^2+\frac{4}{\lambda}||y_2(\theta_t\omega)||^2.
\end{aligned}
$$

令 $\mu=\min\{\lambda,\delta\}$, 则有

$$
\begin{aligned}
&\frac{d}{dt}\left(||\tilde{u}||^2+\frac{1}{\sigma}||\tilde{v}||^2\right)+\mu\left(||\tilde{u}||^2+\frac{1}{\sigma}||\tilde{v}||^2\right)\\
\leqslant&C+C||y_1(\theta_t\omega)||^{2p+2}+\left(C+\frac{4}{\lambda}||A||^2+\frac{\sigma}{\delta}\right)||y_1(\theta_t\omega)||^2+\frac{4}{\lambda}||y_2(\theta_t\omega)||^2.
\end{aligned}
$$

由 Gronwall 引理可得

$$
\begin{aligned}
&||\tilde{u}(t,\omega,\tilde{u}_0,\tilde{v}_0)||^2+\frac{1}{\sigma}||\tilde{v}(t,\omega,\tilde{u}_0,\tilde{v}_0)||^2\\
\leqslant&\left(\tilde{u}_0(\omega)||^2+\frac{1}{\sigma}||\tilde{v}_0(\omega)||^2\right)e^{-\mu t}+\frac{C}{\lambda}\\
&+C^*\int_0^t e^{\mu(s-t)}(||y_1(\theta_s\omega)||^{2p+2}+||y_1(\theta_s\omega)||^2+||y_2(\theta_s\omega)||^2)ds,\quad(2.5.13)
\end{aligned}
$$

其中 $C^*=\max\{C+\frac{4}{\lambda}||A||^2+\frac{\sigma}{\delta},\frac{4}{\lambda}\}$.

根据文献 [1] 的命题 4.3.3 可知, $||y_1(\theta_s\omega)||^2$ 和 $||y_2(\theta_s\omega)||^2$ 都是缓变, $y_i(\theta_t\omega), i = 1, 2$ 关于 t 连续, 并且存在一个缓变随机变量 $r(\omega) > 0$ 满足下面性质:

$$||y_1(\theta_s\omega)||^{2p+2} + ||y_1(\theta_s\omega)||^2 + ||y_2(\theta_s\omega)||^2 \leqslant r(\theta_t\omega) \leqslant r(\omega)e^{\frac{\mu}{2}|t|}. \qquad (2.5.14)$$

因此

$$||\tilde{u}(t, \theta_{-t}\omega, \tilde{u}_0(\theta_{-t}\omega), \tilde{v}_0(\theta_{-t}\omega))||^2 + \frac{1}{\sigma}||\tilde{v}(t, \omega, \tilde{u}_0(\theta_{-t}\omega), \tilde{v}_0(\theta_{-t}\omega))||^2$$

$$\leqslant \left(||\tilde{u}_0(\theta_{-t}\omega)||^2 + \frac{1}{\sigma}||\tilde{v}_0(\theta_{-t}\omega)||^2\right)e^{-\mu t}$$

$$+ \frac{C}{\lambda} + C^* \int_0^t e^{\mu(s-t)}(||y_1(\theta_{s-t}\omega)||^{2p+2} + ||y_1(\theta_{s-t}\omega)||^2 + ||y_2(\theta_{s-t}\omega)||^2)]ds$$

$$\leqslant \left(||\tilde{u}_0(\theta_{-t}\omega)||^2 + \frac{1}{\sigma}||\tilde{v}_0(\theta_{-t}\omega)||^2\right)e^{-\mu t} + \frac{C}{\lambda}$$

$$+ C^* \int_{-t}^0 e^{\mu\tau}(||y_1(\theta_\tau\omega)||^{2p+2} + ||y_1(\theta_\tau\omega)||^2 + ||y_2(\theta_\tau\omega)||^2)]ds$$

$$\leqslant \left(||\tilde{u}_0(\theta_{-t}\omega)||^2 + \frac{1}{\sigma}||\tilde{v}_0(\theta_{-t}\omega)||^2\right)e^{-\mu t} + \left(\frac{C}{\lambda} + \frac{2C^*}{\lambda}r(\omega)\right).$$

记 $R(\omega) = \frac{C}{\lambda} + \frac{2C^*}{\lambda}r(\omega)$, 容易证明 $R(\omega)$ 也是缓变的.

定义

$$\tilde{K}(\omega) = \left\{(\tilde{u}, \tilde{v}) \in l^2 \times l^2, ||\tilde{u}||^2 + \frac{1}{\sigma}||\tilde{v}||^2 \leqslant R^2(\omega)\right\}.$$

则 $\tilde{K}(\omega)$ 是随机动力系统 $S(t, \theta_{-t}\omega)$ 的一个吸收集, 即对每个 $B \in D$ 和每个 $\omega \in \Omega'$, 都存在 $T_B(\omega)$, 使得当 $t \geqslant T_B(\omega)$ 时,

$$S_1(t, \theta_{-t}\omega, B(\theta_{-t}\omega)) \subset \tilde{K}(\omega).$$

令

$$K(\omega) = \left\{(u, v) \in l^2 \times l^2, ||u||^2 + \frac{1}{\sigma}||v||^2 \leqslant R_1^2(\omega)\right\},$$

其中

$$R_1^2(\omega) = 2R^2(\omega) + 2||y_1(\theta_t\omega)||^2 + \frac{2}{\sigma}||y_2(\theta_t\omega)||^2.$$

于是, $K(\omega)$ 是随机动力系统的 $S(t, \theta_{-t}\omega) = S_1(t, \theta_{-t}\omega) - (y_1(\theta_t\omega), y_2(\theta_t\omega))$ 一个随机吸收集, 因此, 引理 2.5.2 得证. $\qquad \square$

引理2.5.3 如果 $(u_0(\omega), v_0(\omega)) \in K(\omega)$, 其中 $K(\omega)$ 是引理 2.5.2 的随机吸收集. 那么, 对每个 $\varepsilon > 0$, 都存在 $T(\varepsilon, \omega) > 0$ 和 $N(\varepsilon, \omega) > 0$, 使得对每个 $t \geqslant T(\varepsilon, \omega) > 0$, 系统 (2.5.3) 的解 $(u(t, \omega, u_0(\omega), v_0(\omega)), v(t, \omega, u_0(\omega), v_0(\omega)))$ 都满足

$$\sum_{|i| \geqslant N(\varepsilon, \omega)} \left[||u(t, \theta_{-t}\omega, u_0(\theta_{-t}\omega), v_0(\theta_{-t}\omega))||^2 + \frac{1}{\sigma}||v(t, \theta_{-t}\omega, u_0(\theta_{-t}\omega), v_0(\theta_{-t}\omega))||^2\right] \leqslant \varepsilon.$$

证明 令 ρ 是光滑的截断函数, 当 $s \in R^+$ 时, $0 \leqslant \rho(s) \leqslant 1$, 当 $0 \leqslant s \leqslant 1$ 时, $\rho(s) = 0$; 当 $s \geqslant 2$ 时, $\rho(s) = 1$. 则存在一个常数 C 使得对所有的 $s \in R^+$, 都有 $|\rho'(s)| \leqslant C$ 成立.

用 $\rho\left(\frac{|i|}{k}\right)\tilde{u}$ 和 $\rho\left(\frac{|i|}{k}\right)\tilde{v}$ 分别与系统 (2.5.8) 作内积后得到

$$\frac{d}{dt}\left(\sum_{i \in Z}\rho\left(\frac{|i|}{k}\right)|\tilde{u}_i|^2\right) + 2\sum_{i \in Z}(A\tilde{u})_i\rho\left(\frac{|i|}{k}\right)\tilde{u}_i + 2\lambda\sum_{i \in Z}\rho\left(\frac{|i|}{k}\right)|\tilde{u}_i|^2$$

$$=2\sum_{i \in Z}\rho\left(\frac{|i|}{k}\right)h(\tilde{u}_i + y_1(\theta_t\omega))\tilde{u}_i - 2\sum_{i \in Z}\rho\left(\frac{|i|}{k}\right)\tilde{u}_i\tilde{v}_i + 2\sum_{i \in Z}\rho\left(\frac{|i|}{k}\right)y_2(\theta_t\omega))\tilde{u}_i$$

$$- 2\sum_{i \in Z}\rho\left(\frac{|i|}{k}\right)(A\tilde{u}_i + y_1(\theta_t\omega))_i\tilde{u}_i,$$

$$\frac{1}{\sigma}\frac{d}{dt}\left(\sum_{i \in Z}\rho\left(\frac{|i|}{k}\right)|\tilde{u}_i|^2\right)$$

$$=2\sum_{i \in Z}\rho\left(\frac{|i|}{k}\right)\tilde{u}_i\tilde{v}_i - \frac{\delta}{\sigma}\sum_{i \in Z}\rho\left(\frac{|i|}{k}\right)|\tilde{v}_i|^2 + 2\frac{d}{dt}\sum_{i \in Z}\rho\left(\frac{|i|}{k}\right)\tilde{v}_iy_1^i(\theta_t\omega)$$

$$\leqslant 2\sum_{i \in Z}\rho\left(\frac{|i|}{k}\right)\tilde{u}_i\tilde{v}_i - \frac{\delta}{\sigma}\sum_{i \in Z}\rho\left(\frac{|i|}{k}\right)|\tilde{v}_i|^2 + \frac{\sigma}{\delta}\sum_{i \in Z}|y_1^i(\tilde{\theta}_t\omega)|^2.$$

注意到 $|\rho'(s)| \leqslant C$ 及假设 (2.5.4) 和 (2.5.5), 直接计算可得

$$2\sum_{i \in Z}(A\tilde{u})_i\rho\left(\frac{|i|}{k}\right)\tilde{u}_i = 2\sum_{i \in Z}(\tilde{u}_{i+1} - \tilde{u}_i)\left[\rho\left(\frac{|i+1|}{k}\right) - \rho\left(\frac{|i|}{k}\right)\right]\tilde{u}_{i+1}$$

$$+ \rho\left(\frac{|i|}{k}\right)(\tilde{u}_{i+1} - \tilde{u}_i)$$

$$=2\sum_{i \in Z}\left[\rho\left(\frac{|i+1|}{k}\right) - \rho\left(\frac{|i|}{k}\right)\right](\tilde{u}_{i+1} - \tilde{u}_i)\tilde{u}_{i+1} + 2\sum_{i \in Z}\rho\left(\frac{|i|}{k}\right)(\tilde{u}_{i+1} - \tilde{u}_i)^2$$

$$\geqslant 2\sum_{i \in Z}\left[\rho\left(\frac{|i+1|}{k}\right) - \rho\left(\frac{|i|}{k}\right)\right](\tilde{u}_{i+1} - \tilde{u}_i)\tilde{u}_{i+1}$$

$$\geqslant -2\sum_{i \in Z}\frac{\rho'(\xi_i)}{k}|\tilde{u}_{i+1} - \tilde{u}_i||\tilde{u}_{i+1}|$$

$$\geqslant -2\sum_{i \in Z}\frac{C}{k}|\tilde{u}_{i+1} - \tilde{u}_i||\tilde{u}_{i+1}|$$

$$\geqslant -\sum_{i \in Z}\frac{4C}{k}\|\tilde{u}\|^2|\tilde{u}_{i+1}|, \tag{2.5.15}$$

$$2\sum_{i \in Z}\rho\left(\frac{|i|}{k}\right)h(\tilde{u}_i + y_1(\theta_t\omega))\tilde{u}_i$$

$$\leqslant -2\alpha \sum_{i\in Z}\rho\left(\frac{|i|}{k}\right)|\tilde{u}_i+y_1(\theta_t\omega)|^2+2\sum_{i\in Z}\rho\left(\frac{|i|}{k}\right)\beta_i$$

$$+2c_h\sum_{i\in Z}\rho\left(\frac{|i|}{k}\right)|\tilde{u}_i+y_1^i(\theta_t\omega)|^{2p+2}|y_1^i(\theta_t\omega)|$$

$$+2c_h\sum_{i\in Z}\rho\left(\frac{|i|}{k}\right)|\tilde{u}_i+y_1^i(\theta_t\omega)||y_1^i(\theta_t\omega)|$$

$$\leqslant \frac{1}{2}\lambda \sum_{i\in Z}\rho\left(\frac{|i|}{k}\right)|\tilde{u}_i|^2+2\sum_{i\in Z}\rho\left(\frac{|i|}{k}\right)\beta_i$$

$$+C_1^*\sum_{i\in Z}\rho\left(\frac{|i|}{k}\right)\left(|y_1^i(\theta_t\omega)|^{2p+2}+|y_1^i(\theta_t\omega)|^2\right), \tag{2.5.16}$$

其中 C_1^* 是只依赖于 α,β,λ,p 和 c_h 的正常数.

$$-2\sum_{i\in Z}\rho\left(\frac{|i|}{k}\right)(A\tilde{u}_i+y_1(\theta_t\omega))_i\tilde{u}_i\leqslant \frac{1}{4}\lambda\sum_{|i|\geqslant k}\rho(\frac{|i|}{k})|\tilde{u}_i|^2+C_2^*\sum_{|i|\geqslant k-1}|y_1^i(\theta_t\omega)|^2, \tag{2.5.17}$$

其中 C_2^* 是一个正常数,

$$2\sum_{i\in Z}\rho\left(\frac{|i|}{k}\right)y_2^i(\theta_t\omega))_i\tilde{u}_i\leqslant \frac{1}{4}\lambda\sum_{|i|\geqslant k}\rho\left(\frac{|i|}{k}\right)|\tilde{u}_i|^2+\frac{4}{\lambda}\sum_{|i|\geqslant k}|y_2^i(\theta_t\omega)|^2. \tag{2.5.18}$$

把 (2.5.15), (2.5.16), (2.5.17) 和 (2.5.18) 加起来可得

$$\frac{d}{dt}\Big[\sum_{i\in Z}\left(\rho\left(\frac{|i|}{k}\right)|\tilde{u}_i|^2+\frac{1}{\sigma}\frac{d}{dt}\left(\sum_{i\in Z}\left(\rho\left(\frac{|i|}{k}\right)|\tilde{v}_i|^2\right)\right.$$

$$+\lambda\left(\sum_{i\in Z}\left(\rho\left(\frac{|i|}{k}\right)|\tilde{u}_i|^2\right)+\frac{\delta}{\sigma}\left(\sum_{i\in Z}\left(\rho\left(\frac{|i|}{k}\right)|\tilde{u}_i|^2\right)\right.$$

$$\leqslant \frac{4C}{K}||\tilde{u}||^2+2\sum_{i\in Z}\rho\left(\frac{|i|}{k}\right)\beta_i+C_1^*\sum_{i\in Z}\rho\left(\frac{|i|}{k}\right)(|y_1^i(\theta_t\omega)|^{2p+2}+|y_1^i(\theta_t\omega)|^2)$$

$$+\frac{4}{\lambda}\sum_{|i|\geqslant k}|y_1^i(\theta_t\omega))|^2+C_2^*\sum_{|i|\geqslant k-1}|y_1^i(\theta_t\omega)|^2+\frac{\sigma}{\delta}\sum_{i\in Z}|y_1^i(\theta_t\omega))|^2.$$

令 $\mu=\min\{\lambda,\delta\}$, 则有

$$\frac{d}{dt}\Big[\sum_{i\in Z}(\rho\left(\frac{|i|}{k}\right)|\tilde{u}_i|^2+\frac{1}{\sigma}\left(\sum_{i\in Z}\left(\rho\left(\frac{|i|}{k}\right)|\tilde{v}_i|^2\right)\right.$$

$$+\mu\Big[\sum_{i\in Z}\left(\rho\left(\frac{|i|}{k}\right)|\tilde{u}_i|^2+\frac{1}{\sigma}\frac{d}{dt}\left(\sum_{i\in Z}\rho\left(\frac{|i|}{k}\right)|\tilde{v}_i|^2\right)\right.$$

$$\leqslant \frac{4C}{k}||\tilde{u}||^2++2\sum_{i\in Z}\rho\left(\frac{|i|}{k}\right)\beta_i+C_1^*\sum_{i\in Z}\rho\left(\frac{|i|}{k}\right)(|y_1^i(\theta_t\omega)|^{2p+2}+|y_1^i(\theta_t\omega)|^2)$$

$$+ \frac{4}{\lambda} \sum_{|i| \geqslant k} |y_1^i(\theta_t \omega)|^2 + \left(C_2^* + \frac{\sigma}{\delta} \right) \sum_{|i| \geqslant k-1} |y_1^i(\theta_t \omega)|^2.$$

由 Gronwall 不等式可知, 对 $t \geqslant T_K(\omega)$,

$$\sum_{i \in Z} \rho \left(\frac{|i|}{k} \right) |\tilde{u}_i(t, \omega, u_0(\omega), v_0(\omega))|^2$$

$$+ \frac{1}{\sigma} \Big(\sum_{i \in Z} \rho \left(\frac{|i|}{k} \right) |\tilde{v}_i(t, \omega, u_0(\omega), v_0(\omega))|^2$$

$$\leqslant e^{\mu(t-T_K)} \Big[\sum_{i \in Z} \rho \left(\frac{|i|}{k} \right) |\tilde{u}_i(T_k, \omega, u_0(\omega), v_0(\omega))|^2$$

$$+ \frac{1}{\sigma} \frac{d}{dt} \Big(\sum_{i \in Z} \rho \left(\frac{|i|}{k} \right) |\tilde{v}_i(T_K, \omega, u_0(\omega), v_0(\omega))|^2 \Big]$$

$$+ \frac{4C}{k} \int_{T_K}^t ||\tilde{u}||^2 e^{\mu(\tau-t)} d\tau + \frac{2}{\mu} \sum_{i \in Z} \rho \left(\frac{|i|}{k} \right) \beta_i$$

$$+ \int_{T_K}^t e^{-\mu(\tau-t)} \Big[C_1^* \sum_{i \in Z} \rho \left(\frac{|i|}{k} \right) (|y_1^i(\theta_\tau \omega)|^{2p+2} + |y_1^i(\theta_t \omega)|^2)$$

$$+ \frac{4}{\lambda} \sum_{|i| \geqslant k} |y_1^i(\theta_\tau \omega))|^2 + \left(C_2^* + \frac{\sigma}{\delta} \right)_{|i| \geqslant k-1} |y_1^i(\theta_\tau \omega)|^2 \Big] d\tau. \tag{2.5.19}$$

接下来估计 (2.5.19) 的每一项. 用 $\theta_{-t}\omega$ 代替 ω, 由 (2.5.13) 和 (2.5.14) 可得

$$e^{\mu(t-T_K)} \Big[\sum_{i \in Z} \rho \left(\frac{|i|}{k} \right) |\tilde{u}_i(T_k, \theta_{-t}\omega, u_0(\theta_{-t}\omega), v_0(\theta_{-t}\omega))|^2$$

$$+ \frac{1}{\sigma} \Big(\sum_{i \in Z} \rho \left(\frac{|i|}{k} \right) |\tilde{v}_i(T_K, \theta_{-t}\omega, u_0(\theta_{-t}\omega), v_0(\theta_{-t}\omega))|^2 \Big]$$

$$\leqslant \Big[||\tilde{u}_0(\theta_{-t}\omega)||^2 + \frac{1}{\sigma} ||\tilde{v}_0(\theta_{-t}\omega)||^2 e^{-\mu t} + \frac{C}{\lambda} e^{\mu(t-T_K)} + \frac{2}{\mu} C^* \cdot r(\omega) e^{-\frac{\mu}{2}(t-T_K)} \Big].$$

因此, 存在 $T_1(\varepsilon, \omega) > T_K(\omega)$, 当 $t > T_1(\varepsilon, \omega)$ 时,

$$e^{\mu(t-T_K)} \Big[\sum_{i \in Z} \rho \left(\frac{|i|}{k} \right) |\tilde{u}_i(T_k, \theta_{-t}\omega, u_0(\theta_{-t}\omega), v_0(\theta_{-t}\omega))|^2$$

$$+ \frac{1}{\sigma} \Big(\sum_{i \in Z} \rho \left(\frac{|i|}{k} \right) |\tilde{v}_i(T_K, \theta_{-t}\omega, u_0(\theta_{-t}\omega), v_0(\theta_{-t}\omega))|^2 \Big] \leqslant \frac{1}{4} \varepsilon.$$

接下来估计第二项:

$$\frac{4C}{K} \int_{T_K}^t e^{\mu(t-\tau)} ||\tilde{u}(\tau, \theta_{-t}\omega, \tilde{u}_0(\theta_{-t}\omega), \tilde{v}_0(\theta_{-t}\omega))||^2 d\tau$$

$$= \frac{4C}{K} \int_{T_K}^t e^{\mu(t-\tau)} \Big[\Big(||\tilde{u}_0(\theta_{-t}\omega)||^2 + \frac{1}{\sigma} ||\tilde{v}_0(\theta_{-t}\omega)||^2 \Big) e^{\mu\tau} + \frac{C}{\lambda}$$

$$+ C^* \int_0^\tau e^{\mu(s-t)} \left(||y_1(\theta_{s-t}\omega)||^{2p+2} + ||y_1(\theta_{s-t}\omega)||^2 + ||y_2(\theta_{s-t}\omega)||^{2p+2} \right) d\tau \Big]$$

$$\leqslant \frac{4C}{K} \left(||\tilde{u}_0(\theta_{-t}\omega)||^2 + \frac{1}{\sigma} ||\tilde{v}_0(\theta_{-t}\omega)||^2 \right) (t - T_K)e^{-\mu t} + \frac{C}{\mu\lambda} + \frac{4}{\mu} C^* r(\omega).$$

注意到 $(\tilde{u}_0(\theta_{-t}\omega), \tilde{v}_0(\theta_{-t}\omega)) \in K(\theta_{-t}\omega)$, 这表明 $||\tilde{u}_0(\theta_{-t}\omega)||^2 + \frac{1}{\sigma}||\tilde{v}_0(\theta_{-t}\omega)||^2 \leqslant R(\theta_{-t}\omega)$ 是缓变, 因此, 存在 $T_2(\varepsilon, \omega) > T_K(\omega)$ 及 $N_1(\varepsilon, \omega)$, 当 $t > T_2(\varepsilon, \omega), k > N_1(\varepsilon, \omega)$ 时, 有

$$\frac{4C}{K} \int_{T_K}^t e^{\mu(t-\tau)} ||\tilde{u}(\tau, \theta_{-t}(\omega), \tilde{u}_0(\theta_{-t}\omega), \tilde{v}_0(\theta_{-t}\omega)||^2 d\tau \leqslant \frac{1}{4}\varepsilon. \tag{2.5.20}$$

下面估计第三项. 由假设 $\beta \in l^2$ 可知, 存在 $N_2(\varepsilon, \omega) > 0$, 当 $k > N_2(\varepsilon, \omega)$ 时, 有

$$\sum_{|i|>k} \rho\left(\frac{|i|}{k}\right) \beta_i < \frac{\varepsilon}{4}. \tag{2.5.21}$$

最后估计第四项. 直接计算可知

$$\int_{T_k}^t e^{\mu(s-t)} \Big[C_1^* \sum_{|i|\geqslant k} \rho\left(\frac{|i|}{k}\right) \left[|y_1^i(\theta_{s-t}\omega)|^{2p+2} + |y_1^i(\theta_{s-t}\omega)|^2 \right]$$

$$+ \frac{4}{\lambda} \sum_{|i|\geqslant K} |y_2^i(\theta_{s-t}\omega)|^2 + \left(C_2^* + \frac{\sigma}{\delta} \right) \sum_{|i|\geqslant k-1} |y_1^i(\theta_{s-t}\omega)|^2 \Big]$$

$$= \int_{T_k-t}^0 e^{\mu\tau} \Big[C_1^* \sum_{|i|\geqslant k} \rho\left(\frac{|i|}{k}\right) \left[|y_1^i(\theta_\tau\omega)|^{2p+2} + |y_1^i(\theta_\tau\omega)|^2 \right]$$

$$+ \frac{4}{\lambda} \sum_{|i|\geqslant k} |y_2^i(\theta_\tau\omega)|^2 + \left(C_2^* + \frac{\sigma}{\delta} \right) \sum_{|i|\geqslant k-1} |y_1^i(\theta_{s-t}\omega)|^2 \Big]$$

$$= \int_{-T^*}^0 e^{\mu\tau} \Big[C_1^* \sum_{|i|\geqslant k} \rho\left(\frac{|i|}{k}\right) \left[|y_1^i(\theta_\tau\omega)|^{2p+2} + |y_1^i(\theta_\tau\omega)|^2 \right]$$

$$+ \frac{4}{\lambda} \sum_{|i|\geqslant k} |y_2^i(\theta_\tau\omega)|^2 + \left(C_2^* + \frac{\sigma}{\delta} \right) \sum_{|i|\geqslant k-1} |y_1^i(\theta_{s-t}\omega)|^2 \Big]$$

$$+ \int_{T_K-\tau}^{-T^*} \Big[e^{\mu\tau} \Big[C_1^* \sum_{|i|\geqslant k} \rho\left(\frac{|i|}{k}\right) \left[|y_1^i(\theta_\tau\omega)|^{2p+2} + |y_1^i(\theta_\tau\omega)|^2 \right] + \frac{4}{\lambda} \sum_{|i|\geqslant k} |y_2^i(\theta_\tau\omega)|^2$$

$$+ \left(C_2^* + \frac{\sigma}{\delta} \right) \sum_{|i|\geqslant k-1} |y_1^i(\theta_{s-t}\omega)|^2 \Big].$$

由截断函数的定义可知

$$\int_{T_K-t}^{-T^*} e^{\mu\tau} \Big[C_1^* \sum_{|i|\geqslant k} \rho\left(\frac{|i|}{k}\right) \left[|y_1^i(\theta_\tau)|^{2p+2} + |y_1^i(\theta_\tau\omega)|^2 \right] d\tau$$

$$\leqslant \int_{T_K-t}^{-T^*} e^{\mu\tau}r(\omega)C_1^* e^{-\frac{\mu\tau}{2}}d\tau = \int_{T_K-t}^{-T^*} e^{\frac{\mu\tau}{2}}r(\omega)C_1^*d\tau = C_1^*r(\omega)\frac{2}{\mu}e^{-\frac{\mu}{2}T^*},$$

$$\int_{T_k}^{-T^*} e^{\mu t}\Big[\frac{4}{\lambda}\sum_{|i|\geqslant k}|y_2^i(\theta_\tau\omega)|^2 + \Big(C_2^* + \frac{\sigma}{\delta}\sum_{|i|\geqslant k-1}|y_1^i(\theta_\tau\omega)|^2\Big)\Big]d\tau$$

$$\leqslant \Big(\frac{4}{\lambda} + C_2^* + \frac{\sigma}{\delta}\Big)\int_{T_K-t}^{-T^*} e^{\mu\tau}r(\omega)e^{-\frac{\mu}{2}\tau}d\tau$$

$$\leqslant \Big(\frac{4}{\lambda} + C_2^* + \frac{\sigma}{\delta}\Big)r(\omega)\frac{2}{\mu}e^{-\frac{\mu}{2}T^*}.$$

选取 $T^* > \frac{2}{\mu}\ln\frac{16(\frac{4}{\lambda}C_1^* + C_2^* + \frac{\sigma}{\delta})r(\omega)}{\mu\varepsilon}$, 使得当 $t > T^* + T_K$ 时,

$$\int_{T_k}^{-T^*} e^{\mu t}\Big[\frac{4}{\lambda}\sum_{|i|\geqslant k}|y_2^i(\theta_\tau\omega)|^2 + \Big(C_2^* + \frac{\sigma}{\delta}\sum_{|i|\geqslant k-1}|y_1^i(\theta_\tau\omega)|^2\Big)\Big]d\tau < \frac{\varepsilon}{8}. \quad (2.5.22)$$

固定 T^*, 由 Lebesgue 控制收敛定理可知

$$\int_{-T^*}^{0} e^{\mu\tau}d\tau\Big[C_1^*\sum_{|i|\geqslant k}\rho\Big(\frac{|i|}{k}\Big)\Big[|y_1^i(\theta_\tau\omega)|^{2p+2} + |y_1^i(\theta_\tau\omega)|^2\Big]$$

$$+ \frac{4}{\lambda}\sum_{|i|\geqslant k}|y_2^i(\theta_\tau\omega)|^2 + \Big(C_2^* + \frac{\sigma}{\delta}\Big)\sum_{|i|\geqslant k-1}|y_1^i(\theta_{s-t}\omega)|^2\Big]d\tau$$

$$\leqslant \Big[\frac{4}{\lambda} + C_1^* + C_2^* + \frac{\sigma}{\delta}\Big]\int_{-T^*}^{0} e^{\frac{\mu}{2}\tau}d\tau$$

$$\leqslant \frac{2(\frac{4}{\lambda} + C_1^* + C_2^* + \frac{\sigma}{\delta})r(\omega)}{\mu}(1 - e^{-\frac{\mu}{2}T^*}),$$

因此, 存在 $T_3(\varepsilon,\omega) > 0$, 当 $k > N_3(\varepsilon,\omega)$ 时,

$$\int_{-T^*}^{0} e^{\mu\tau}\Big[C_1^*\sum_{|i|\geqslant k}\rho\Big(\frac{|i|}{k}\Big)\Big[|y_1^i(\theta_\tau\omega)|^{2p+2} + |y_1^i(\theta_\tau\omega)|^2\Big]$$

$$+ \frac{4}{\lambda}\sum_{|i|\geqslant k}|y_2^i(\theta_\tau\omega)|^2 + \Big(C_2^* + \frac{\sigma}{\delta}\Big)\sum_{|i|\geqslant k-1}|y_1^i(\theta_{s-t}\omega)|^2\Big]d\tau < \frac{\varepsilon}{8}. \quad (2.5.23)$$

当 $t > T(\varepsilon,\omega)$, $N > N^*(\varepsilon,\omega)$ 选取 $T(\varepsilon,\omega) = \max\{T_1(\varepsilon,\omega), T_2(\varepsilon,\omega), T^*(\varepsilon,\omega) + T_K(\omega)\}$, $N^* = \max\{N_1(\varepsilon,\omega), N_2(\varepsilon,\omega), N_3(\varepsilon,\omega)\}$, 结合 (2.5.20), (2.5.21), (2.5.22) 和 (2.5.23) 可得

$$\sum_{|i|>2k}\Big(|\tilde{u}(t,\theta_{-t}\omega,\tilde{u}_0(\theta_{-t}\omega),\tilde{v}_0(\theta_{-t}\omega))|^2 + \frac{1}{\sigma}|\tilde{v}(t,\theta_{-t}\omega,\tilde{u}_0(\theta_{-t}\omega),\tilde{v}_0(\theta_{-t}\omega))|^2\Big) < \varepsilon.$$

$$(2.5.24)$$

因此

$$
\begin{aligned}
||u(t)||^2 + \frac{1}{\sigma}||v(t)||^2 =& ||\tilde{u}(t) + y_1(\theta_t\omega)||^2 + \frac{1}{\sigma}||\tilde{v}(t) + y_1(\theta_t\omega)||^2 \\
\leqslant& 2||\tilde{u}(t)||^2 + \frac{2}{\sigma}||\tilde{v}(t)||^2 + 2||y_1(\theta_t\omega)||^2 + \frac{2}{\sigma}||y_2(\theta_t\omega)||^2 \\
\leqslant& 2\varepsilon + 2\Big(||y_1(\theta_t\omega)||^2 + \frac{1}{\sigma}||y_2(\theta_t\omega)||^2\Big).
\end{aligned}
$$

于是, 有

$$
\sum_{|i|\geqslant N(\varepsilon,\omega)} \Big[|u_i(t,\theta_{-t}\omega,u_0(\theta_{-t}\omega),v_0(\theta_{-t}\omega))|^2 + \frac{1}{\sigma}|v_i(t,\theta_{-t}\omega,u_0(\theta_{-t}\omega),v_0(\theta_{-t}\omega))|^2 \leqslant 4\varepsilon.
$$

因此, 引理 (2.5.3) 得证. $\qquad\square$

引理2.5.4 对每个 $w \in \Omega'$, 随机集 $K(\omega)$ 是渐近紧的, 即对 $l^2 \times l^2$ 中的每个序列 $(u_n, v_n) \in S(t_n, \theta_{-t_n}\omega)K(\theta_{-t_n}\omega))$, 当 $t_n \to \infty$ 时, 都在 $l^2 \times l^2$ 中存在收敛的子列.

证明 采用文献 [2] 的证明方法. 令 $\omega \in \Omega'$, 对每个序列 $\{t_n\}_{n=1}^{\infty}: t_1, t_2, \cdots, t_n \to \infty$, 当 $n \to \infty$ 时, $(u_n(t_n,\theta_{-t_n}\omega,x_n,y_n), v_n(t_n,\theta_{-t_n}\omega,x_n,y_n)) \in S(t_n,\theta_{-t_n}\omega,K(\theta_{t_n}\omega))$, 这表明存在 $(x_n, y_n) \in K(\theta_{-t}\omega)$ 满足

$$
(u_n(t_n,\theta_{-t_n}\omega,x_n,y_n), v_n(t_n,\theta_{-t_n}\omega,x_n,y_n)) = S(t_n,\theta_{-t_n}\omega)(x_n,y_n),
$$

由于 $K(\omega)$ 是有界吸收集, 那么, 当 n 足够大时, $(u_n, v_n) = S(t_n,\theta_{-t_n}\omega,x_n,y_n) \in K(\omega)$, 存在 $(u,v) \in l^2 \times l^2$, 及子列 $(u'_n, v'_n) = S(t_n,\theta_{-t_n}\omega,x'_n,y'_n)$ 使得

$$
(u'_n(t_n,\theta_{-t_n}\omega,x_n,y_n), v'_n(t_n,\theta_{-t_n}\omega,x_n,y_n)) \to (u,v), \tag{2.5.25}
$$

在 $l^2 \times l^2$ 中弱收敛. 接下来证明 (u'_n, v'_n) 在 $l^2 \times l^2$ 中按照范数强收敛. 实际上, 由引理 2.5.3 可知, 对任意的 $\varepsilon > 0$, 存在 $N^*(\varepsilon,\omega)$ 和 $K_1(\varepsilon,\omega)$, 当 $n \geqslant N^*(\varepsilon,\omega)$ 时,

$$
\sum_{|i|\geqslant K_1(\varepsilon,\omega)} \Big(|u'_{ni}(t_n,\theta_{-t_n}\omega,x_n,y_n)|^2 + \frac{1}{\sigma}|v'_{ni}(t_n,\theta_{-t_n}\omega,x_n,y_n)|^2\Big) \leqslant \frac{1}{8}\varepsilon^2, \tag{2.5.26}
$$

注意到 $(u,v) \in l^2 \times l^2$, 因此, 存在 $K_2(\varepsilon) > 0$ 使得

$$
\sum_{|i|\geqslant K_2(\omega)} \Big(|u_i|^2 + \frac{1}{\sigma}|v_i|^2\Big) \leqslant \frac{\varepsilon^2}{8}. \tag{2.5.27}
$$

令 $K(\varepsilon,\omega) = \max\{K_1(\varepsilon,\omega), K_2(\varepsilon)\}$. 当 $|i| \leqslant K(\varepsilon,\omega)$ 时, 由 (2.5.25) 可知, 存在 $N_2^*(\varepsilon, \omega) > 0$, 当 $n \geqslant N_2^*(\varepsilon,\omega)$ 时,

$$
\sum_{|i|\leqslant K(\varepsilon,\omega)} \Big(|u'_{ni}(t_n,\theta_{-t_n}\omega,x_n,y_n) - u_i|^2 + \frac{1}{\sigma}|v'_{ni}(t_n,\theta_{-t_n}\omega,x_n,y_n) - v_i|^2\Big) \leqslant \frac{1}{2}\varepsilon^2.
$$
$$\tag{2.5.28}$$

结合 (2.5.26), (2.5.27) 和 (2.5.28) 可知, 当 $n \geqslant N^*(\varepsilon, \omega)$ 时,

$$
||u_n'(t_n, \theta_{-t_n}\omega, x_n, y_n) - u||^2 + \frac{1}{\sigma}||v_n'(t_n, \theta_{-t_n}\omega, x_n, y_n) - v||^2
$$

$$
= \sum_{|i| \leqslant K(\varepsilon, \omega)} \left(|u_{ni}'(t_n, \theta_{-t_n}\omega, x_n, y_n) - u_i|^2 + \frac{1}{\sigma}|v_{ni}'(t_n, \theta_{-t_n}\omega, x_n, y_n) - v_i|^2 \right)
$$

$$
+ \sum_{|i| \geqslant K(\varepsilon, \omega)} \left(|u_{ni}'(t_n, \theta_{-t_n}\omega, x_n, y_n) - u_i|^2 + \frac{1}{\sigma}|v_{ni}'(t_n, \theta_{-t_n}\omega, x_n, y_n) - v_i|^2 \right)
$$

$$
\leqslant \frac{1}{2}\varepsilon^2 + 2 \sum_{|i| \geqslant K(\varepsilon, \omega)} \left(|u_{ni}'(t_n, \theta_{-t_n}\omega, x_n, y_n)|^2 + \frac{1}{\sigma}|v_{ni}'(t_n, \theta_{-t_n}\omega, x_n, y_n)|^2 \right)
$$

$$
+ 2 \sum_{|i| \geqslant K(\varepsilon, \omega)} \left(|u_i|^2 + \frac{1}{\sigma}|v_i|^2 \right)
$$

$$
\leqslant \frac{1}{2}\varepsilon^2 + \frac{1}{4}\varepsilon^2 + \frac{1}{4}\varepsilon^2 = \varepsilon^2.
$$

因此, 引理 2.5.4 得证.　　　　　　　　　　　　　　　　　　　　　　　□

由引理 2.5.2、引理 2.5.3、引理 2.5.4 及定理 2.5.1 即可得到

定理2.5.2　随机动力系统 $\{S(t, \theta_{-t}\omega)\}_{t \geqslant 0, \omega \in \Omega}$ 在 $l^2 \times l^2$ 中存在随机吸引子.

2.6　无穷格点上 FitzHugh-Nagumo 系统的随机稳定性

这一节研究无穷格点上 FitzHugh-Nagumo 系统 (2.5.3) 不变测度的存在唯一性及不变测度的渐近行为. 但是, 对 h 施加的条件由 (2.5.4) 改为

$$
(h(u_1) - h(u_2), u_1 - u_2) \leqslant 0, \quad \forall u_1, u_2 \in R, \tag{2.6.1}
$$

仍保留条件 (2.5.5).

将初值为 $u_s = x = (x_i)_{i \in Z}$, $v_s = y = (y_i)_{i \in Z}$ 的系统 (2.5.3) 改写为如下的 $l^2 \times l^2$ 中的积分方程:

$$
\begin{cases}
u(t) = u_s + \int_s^t \left[-Au(s) + f(u(s))) - v(s) \right] ds + W_1(t), \\
v(t) = v_s + \int_s^t \left[\sigma u(s) - \delta v(s) \right] ds + W_2(t),
\end{cases} \tag{2.6.2}
$$

其中 $t \geqslant s \in \mathbb{R}$, $f(u) = (f(u_i))_{i \in Z}$, σu 和 δv 以类似的方式定义.

只需对文献 [10, 引理 3.1] 稍作改动, 即可得到

引理2.6.1　假设 (2.6.1) 和 (2.5.5) 成立, 则对于任意初值 (u_s, v_s) 及某个 $T > 0$, 方程 (2.6.2) 存在唯一解 $(u(t, s, x), v(t, s, y)) \in L^2(\Omega, C[0, T], l^2 \times l^2)$.

引入如下的 l^2 中的 Ornstein-Uhlenbeck 过程：

$$W_{\lambda,s}(t) = \int_s^t \exp(-\lambda(t-s))dW_1(s),$$

$$W_{\delta,s}(t) = \int_s^t \exp(-\delta(t-s))dW_2(s),$$

其中 $t \geqslant s \in \mathbb{R}$.

令

$$\tilde{u}(t,s,x) = u(t,s,x) - W_{\lambda,s}(t), \qquad \tilde{v}(t,s,y) = v(t,s,y) - W_{\delta,s}(t).$$

则有

$$\begin{cases} \dfrac{d\tilde{u}}{dt} = -A\tilde{u} - \lambda\tilde{u} + h(\tilde{u} + W_{\lambda,s}(t)) - \tilde{v} - W_{\delta,s}(t) - AW_{\lambda,s}(t), \\ \dfrac{d\tilde{v}}{dt} = \sigma\tilde{u} - \delta\tilde{v} + \sigma W_{\lambda,s}(t), \end{cases} \tag{2.6.3}$$

以及初值

$$\tilde{u}_s = u_s = x, \quad \tilde{v}_s = v_s = y. \tag{2.6.4}$$

用 $|\cdot|$ (相应地 $\|\cdot\|$) 来表示 $l^2 \times l^2$ (相应地, l^2) 中的范数, 令 $H = l^2 \times l^2$.

引理2.6.2 假设 (2.6.1) 和 (2.5.5) 成立, 则存在常数 $C, \omega > 0$ 使得

$$|(\tilde{u}(t,s,x), \tilde{v}(t,s,y))|$$
$$\leqslant C\left(e^{-\omega(t-s)}|(x,y)| + \int_s^t e^{-\omega(t-s)}(\|h(W_{\lambda,s})\| + \|W_{\lambda,s}\| + \|W_{\delta,s}\|)(s)ds\right).$$

证明 用 $\tilde{u}$ 及 $\tilde{v}$ 与方程 (2.6.3) 作 l^2 内积后得

$$\begin{cases} \dfrac{d}{dt}\|\tilde{u}\|^2 = -2(A\tilde{u}, \tilde{u}) - 2\lambda\|\tilde{u}\|^2 + 2(h(\tilde{u} + W_{\lambda,s}(t)), \tilde{u}) - 2(\tilde{u}, \tilde{v}) \\ \qquad\qquad -2(AW_{\lambda,s}(t), \tilde{u}) - 2(W_{\delta,s}(t), \tilde{u}), \\ \dfrac{1}{\sigma}\dfrac{d}{dt}\|\tilde{v}\|^2 = 2(\tilde{u}, \tilde{v}) - \dfrac{2\delta}{\sigma}\|\tilde{v}\|^2 + 2(\tilde{v}, W_{\lambda,s}(t)). \end{cases} \tag{2.6.5}$$

将方程 (2.6.5) 的两个方程相加可得

$$\frac{d}{dt}\left[\|\tilde{u}\|^2 + \frac{1}{\sigma}\|\tilde{v}\|^2\right] + 2(A\tilde{u}, \tilde{u}) + 2\lambda\|\tilde{u}\|^2 + \frac{2\delta}{\sigma}\|\tilde{v}\|^2$$
$$= 2(h(\tilde{u} + W_{\lambda,s}(t)), \tilde{u}) - 2(AW_{\lambda,s}(t), \tilde{u}) - 2(\tilde{u}, W_{\delta,s}(t)) + 2(\tilde{v}, W_{\lambda,s}(t)).$$

由 (2.6.1) 和 (2.5.5) 可得

$$2(h(\tilde{u} + W_{\lambda,s}(t)), \tilde{u}) = 2(h(\tilde{u} + W_{\lambda,s}(t)) - h(W_{\lambda,s}(t)), \tilde{u}) + 2(h(W_{\lambda,s}(t)), \tilde{u})$$

$$\leqslant 2|(h(W_{\lambda,s}(t)),\tilde{u})| \leqslant 2\|h(W_{\lambda,s}(t))\| \cdot \|\tilde{u}\|.$$

直接的计算可得

$$-2(AW_{\lambda,s}(t),\tilde{u}) \leqslant 2\|A\| \cdot \|W_{\lambda,s}(t)\| \cdot \|\tilde{u}\|,$$
$$-2(W_{\delta,s}(t),\tilde{u}) \leqslant 2\|W_{\delta,s}(t)\| \cdot \|\tilde{u}\|,$$
$$2(W_{\lambda,s}(t),\tilde{v}) \leqslant 2\|W_{\lambda,s}(t)\| \cdot \|\tilde{v}\|.$$

由于 $(A\tilde{u},\tilde{u}) = \|B\tilde{u}\|^2 \geqslant 0$, 因此,

$$\frac{d}{dt}\left(\|\tilde{u}\|^2 + \frac{1}{\sigma}\|\tilde{v}\|^2\right) + 2\lambda\|\tilde{u}\|^2 + \frac{2\delta}{\sigma}\|\tilde{v}\|^2$$
$$\leqslant 2\|h(W_{\lambda,s}(t))\| \cdot \|\tilde{u}\| + 2\|A\| \cdot \|W_{\lambda,s}(t)\| \cdot \|\tilde{u}\| + 2\|W_{\delta,s}(t)\| \cdot \|\tilde{u}\| + 2\|W_{\lambda,s}(t)\| \cdot \|\tilde{v}\|.$$

令 $\omega = \min\{\lambda,\,\delta\}$, 则由范数的等价性知

$$\frac{d}{dt}\left(\|\tilde{u}\|^2 + \frac{1}{\sigma}\|\tilde{v}\|^2\right) + 2\omega\left(\|\tilde{u}\|^2 + \frac{1}{\sigma}\|\tilde{v}\|^2\right)$$
$$\leqslant C_1(\|h(W_{\lambda,s}(t))\| + \|W_{\lambda,s}(t)\| + \|W_{\delta,s}(t)\|)(\|\tilde{u}\|^2 + \frac{1}{\sigma}\|\tilde{v}\|^2)^{\frac{1}{2}},$$

对某个常数 $C_1 > 0$ 成立.

由 Gronwall 引理, 有

$$\left(\|\tilde{u}(t)\|^2 + \frac{1}{\sigma}\|\tilde{v}(t)\|^2\right)^{\frac{1}{2}}$$
$$\leqslant e^{-2\omega(t-s)}\left(\|\tilde{u}(s)\|^2 + \frac{1}{\sigma}\|\tilde{v}(s)\|^2\right)^{\frac{1}{2}}$$
$$+ C_1\int_s^t e^{-2\omega(t-s)}(\|h(W_{\lambda,s})\| + \|W_{\lambda,s}\| + \|W_{\delta,s}\|)ds. \tag{2.6.6}$$

再由范数的等价性可得

$$|(\tilde{u}(t,s,u_s),\tilde{v}(t,s,v_s))|$$
$$\leqslant C\left(e^{-\omega(t-s)}|(x,y)| + \int_s^t e^{-\omega(t-s)}(\|h(W_{\lambda,s})\| + \|W_{\lambda,s}\| + \|W_{\delta,s}\|)ds\right),$$

对某个常数 $C > 0$ 成立.　　　　　　　　　　　　　　　　　　　　　□

由 (2.5.5) 及文献 [27, 第 11 章] 即可证明下面引理

引理 2.6.3　$\sup\limits_{t \geqslant s}\mathbb{E}(\|h(W_{\lambda,s}(t))\| + \|W_{\lambda,s}(t)\| + \|W_{\delta,s}(t)\|) < \infty.$

下面的命题在证明定理 2.6.1 中至关重要.

命题2.6.1 假设 (2.6.1) 和 (2.5.5) 成立, 则存在随机变量 η, 使得对任意的 $(x, y) \in l^2 \times l^2$, $r > 0$, 有

$$\mathbb{E}|(u(0, -r, x), v(0, -r, y)) - \eta| \leqslant De^{-\omega r}(|(x, y)| + 1),$$

对某个常数 $D > 0$ 成立.

证明 首先断言当 $r > r_1 > 0$ 时,

$$|(u(0, -r, x), v(0, -r, y)) - (u(0, -r_1, x), v(0, -r_1, y))|$$
$$\leqslant Ce^{-\omega r_1}|(u(-r_1, -r, x), v(-r_1, -r, y)) - (x, y)|.$$

令 $(\overline{u}(t), \overline{v}(t)) = (u(t, -r, x), v(t, -r, y)) - (u(t, -r_1, x), v(t, -r_1, y))$, 则有

$$\begin{cases} \dfrac{d\overline{u}}{dt} = -A\overline{u} - \lambda\overline{u} + h(u(t, -r, x)) - h(u(t, -r_1, x)) - \overline{v}, \\ \dfrac{d\overline{v}}{dt} = \sigma\overline{u} - \delta\overline{v}, \end{cases} \quad (2.6.7)$$

及初值条件

$$\overline{u}(-r_1) = u(-r_1, -r, x) - x, \quad \overline{v}(-r_1) = v(-r_1, -r, y) - y. \quad (2.6.8)$$

用 $\overline{u}$ 与 $\overline{v}$ 分别与方程 (2.6.7) 作 l^2 内积得到

$$\frac{d}{dt}[\|\overline{u}\|^2 + \frac{1}{\sigma}\|\overline{v}\|^2] + 2(A\overline{u}, \overline{u}) + 2\lambda\|\overline{u}\|^2 + \frac{2\delta}{\sigma}\|\overline{v}\|^2$$
$$=(h(u(t, -r, x)) - h(u(t, -r_1, x)), u(t, -r, x) - u(t, -r_1, x)) \leqslant 0,$$

利用 Gronwall 引理, 再令 $t = 0$ 即可证明断言成立.

进一步地, 由引理 2.6.2 可得

$$|(\tilde{u}(-r_1, -r, x), \tilde{v}(-r_1, -r, y))|$$
$$\leqslant C\left(e^{-\omega(r-r_1)}|(x, y)| + \int_{-r}^{-r_1} e^{-\omega(-r_1-s)}(\|h(W_{\lambda, -r})\| + \|W_{\lambda, -r}\| + \|W_{\delta, -r}\|)(s)ds\right).$$

因此

$$|(u(-r_1, -r, x), v(-r_1, -r, y))|$$
$$\leqslant C\left(e^{-\omega(r-r_1)}|(x, y)| + \int_{-r}^{-r_1} e^{-\omega(-r_1-s)}(\|h(W_{\lambda, -r})\| + \|W_{\lambda, -r}\| + \|W_{\delta, -r}\|)(s)ds\right)$$
$$+ |(W_{\lambda, -r}(-r_1), W_{\delta, -r}(-r_1))|.$$

两边取期望可得

$$\mathbb{E}|(u(0, -r, x), v(0, -r, y)) - (u(0, -r_1, x), v(0, -r_1, y))|$$

$$\leqslant Ce^{-\omega r_1}\mathbb{E}|(u(-r_1,-r,x),v(-r_1,-r,y))-(x,y)|$$

$$\leqslant Ce^{-\omega r_1}\left[(C+1)|(x,y)|+\mathbb{E}\sup_{-r\leqslant t\leqslant -r_1}\left(\frac{1}{\omega}\|h(W_{\lambda,-r})(t)\|\right.\right.$$

$$\left.\left.+\frac{1+\omega}{\omega}(\|W_{\lambda,-r}(t)\|+\|W_{\delta,-r}(t)\|)\right)\right].$$

由引理 2.6.3 可得

$$\mathbb{E}|(u(0,-r,x),v(0,-r,y))-(u(0,-r_1,x),v(0,-r_1,y))|\leqslant Ce^{-\omega r_1}((C+1)|(x,y)|+C_2),$$

对某个常数 $C_2>0$ 成立. 因此

$$\mathbb{E}|(u(0,-r,x),v(0,-r,y))-(u(0,-r_1,x),v(0,-r_1,y))|\leqslant De^{-\omega r_1}(|(x,y)|+1),$$

对某个常数 $D>0$ 成立.

由上面的估计可知, 当 $r\to +\infty$ 时, $(u(0,-r,x),v(0,-r,y))$ 在 $L^1(\Omega,\mathcal{F},\mathbb{P};l^2\times l^2)$ 中收敛于某个 $\eta_{(x,y)}$, 且

$$\mathbb{E}|(u(0,-r,x),v(0,-r,y))-\eta_{(x,y)}|\leqslant De^{-\omega r}(|(x,y)|+1).$$

最后, 证明 $\eta_{(x,y)}$ 实际上是与 (x,y) 无关. 对于任意的 $(x',y')\in l^2\times l^2$, 令 $(\hat{u}(t),\hat{v}(t))=(u(t,-r,x),v(t,-r,y))-(u(t,-r,x'),v(t,-r,y'))$, 则

$$\begin{cases}\dfrac{d\hat{u}}{dt}=-A\hat{u}-\lambda\hat{u}+h(u(t,-r,x))-h(u(t,-r,x'))-\hat{v},\\[2mm]\dfrac{d\hat{v}}{dt}=\sigma\hat{u}-\delta\hat{v},\end{cases}\tag{2.6.9}$$

以及初值

$$\hat{u}(-r)=x-x',\quad \hat{v}(-r)=y-y'.\tag{2.6.10}$$

用 $\hat{u}$ 与 $\hat{v}$ 分别与方程 (2.6.9) 作 l^2 内积得到

$$\frac{d}{dt}\left[\|\hat{u}\|^2+\frac{1}{\sigma}\|\hat{v}\|^2\right]+2(A\hat{u},\hat{u})+2\lambda\|\hat{u}\|^2+\frac{2\delta}{\sigma}\|\bar{v}\|^2$$

$$=(h(u(t,-r,x))-h(u(t,-r,x')),u(t,-r,x)-u(t,-r,x'))\leqslant 0.$$

类似于上面的讨论可得

$$|(u(t,-r,x),v(t,-r,y))-(u(t,-r,x'),v(t,-r,y'))|\leqslant Ce^{-\omega(t+r)}|(x-x',y-y')|,$$
$$\tag{2.6.11}$$

只要先令 $t=0$, 再令 $r\to +\infty$, 命题即得证. □

下面的定理揭示出了随机 FitzHugh-Nagumo 系统的不变测度的性态.

定理2.6.1 假设 (2.6.1) 和 (2.5.5) 成立, 则系统 (2.5.3) 存在一个唯一的不变测度 μ, 且是以指数速度混合的. 对任意 Borel 概率测度 ν, 当 $t \to +\infty$ 时, $P_t^* \nu$ 弱收敛于 μ.

证明 首先断言不变测度 μ 恰是命题 2.6.1 中的 η 的分布.

事实上, 令 $\mu = \mathcal{D}(\eta)$ 以及 φ 是 H 的任意一个有界连续函数, 则由命题 2.6.1, 对任意的 $t, s > 0$, 当 $t \to +\infty$ 时,

$$\left| \int_H P_{t+s} \varphi(h) d\mu(h) - \int_H P_s \varphi(h) d\mu(h) \right|$$

$$= \left| \int_H P_t P_s \varphi d\mu - \int_H P_s \varphi d\mu \right|$$

$$= \left| \int_H \mathbb{E}[P_s \varphi(u(t,0,x), v(t,0,y))] d\mu - \int_H \mathbb{E}[P_s \varphi(\eta)] d\mu \right|$$

$$= \left| \int_H \left(\mathbb{E}[P_s \varphi(u(0,-t,x), v(0,-t,y))] - \mathbb{E}[P_s \varphi(\eta)] \right) d\mu \right| \longrightarrow 0, \quad (2.6.12)$$

由 (2.6.11) 可知, (P_s) 是一个 Feller 转移半群.

类似地, 当 $t \to +\infty$ 时,

$$\left| \int_H P_{t+s} \varphi(h) d\mu(h) - \int_H \varphi(h) d\mu(h) \right|$$

$$= \left| \int_H \mathbb{E}[\varphi(u(t+s,0,x), v(t+s,0,y))] d\mu - \int_H \mathbb{E}[\varphi(\eta)] d\mu \right|$$

$$= \left| \int_H \left(\mathbb{E}[\varphi(u(t+s,0,x), v(t+s,0,y))] - \mathbb{E}[\varphi(\eta)] \right) d\mu \right|$$

$$= \left| \int_H \left(\mathbb{E}[\varphi(u(0,-t-s,x), v(0,-t-s,y))] - \mathbb{E}[\varphi(\eta)] \right) d\mu \right| \longrightarrow 0. \quad (2.6.13)$$

因此, 由 (2.6.12) 和 (2.6.13) 可得

$$\int_H P_s \varphi(h) d\mu(h) = \int_H \varphi(h) d\mu(h),$$

由 φ 的任意性即可得知 μ 是一个不变测度.

假设存在另一个 (P_t) 不变的测度 λ, 则对于 H 上的任意有界连续函数 φ, 以及 $t > 0$, 有

$$\int_H P_t \varphi(h) d\lambda(h) = \int_H \varphi(h) d\lambda(h). \quad (2.6.14)$$

然而, 当 $t \to +\infty$ 时,

$$\left| P_t \varphi - \int_H \varphi(h) d\mu(h) \right| = |\mathbb{E}[\varphi(u(t,0,x), v(t,0,y))] - \mathbb{E}[\varphi(\eta)]|$$

$$= |\mathbb{E}[\varphi(u(0,-t,x), v(0,-t,y))] - \mathbb{E}[\varphi(\eta)]| \longrightarrow 0, \quad (2.6.15)$$

因此, 如果令 (2.6.14) 中的 $t \to +\infty$, 则有

$$\int_H \varphi(h) d\mu(h) = \int_H \varphi(h) d\lambda(h),$$

再由 φ 的任意性可知 $\mu = \lambda$.

令 χ 是 H 上的一个有界 Lipschitz 连续函数, 则由命题 2.6.1 知

$$\begin{aligned}
\left| P_t \chi(x, y) - \int_H \chi(h) d\mu(h) \right| &= |\mathbb{E}[\chi(u(t, 0, x), v(t, 0, y))] - \mathbb{E}[\chi(\eta)]| \\
&= |\mathbb{E}[\chi(u(0, -t, x), v(0, -t, y))] - \mathbb{E}[\chi(\eta)]| \\
&\leqslant D\|\chi\|_{\mathrm{Lip}} e^{-\omega r}(|(x, y)|_H + 1),
\end{aligned}$$

其中 $\|\cdot\|_{\mathrm{Lip}}$ 是 H 上的 Lipschitz 范数. 因此 μ 是指数混合的.

最后, 由 (2.6.15), 对于任意的 Borel 概率测度 ν 以及任意有界连续函数 φ, 当 $t \to +\infty$ 时,

$$(P_t^* \nu, \varphi) = \int_H P_t \varphi(h) d\nu(h) \longrightarrow \int_H \int_H \varphi(h) d\mu(h) d\nu(h) = \int_H \varphi(h) d\mu(h) = (\mu, \varphi),$$

$\square$

最后研究确定系统的随机稳定性.

引入如下在 $l^2 \times l^2$ 中的确定 FitzHugh-Nagumo 系统:

$$\begin{cases}
u(t) = u_s + \displaystyle\int_s^t \Big[-Au(s) + f(u(s))) - v(s) \Big] ds, \\
v(t) = v_s + \displaystyle\int_s^t \Big[\sigma u(s) - \delta v(s) \Big] ds,
\end{cases} \quad t \geqslant s, \qquad (2.6.16)$$

以及初值 $(u_s = x = (x_i)_{i \in Z}, \ v_s = y = (y_i)_{i \in Z})$. 令 $(u^0(t, s, x), v^0(t, s, y))$ 表示方程 (2.6.16) 的弱解.

接下来引入一系列随机 FitzHugh-Nagumo 系统以描述随机扰动. 对于任意的 $\varepsilon > 0$, 考虑如下的模型:

$$\begin{cases}
u(t) = u_s + \displaystyle\int_s^t \Big[-Au(s) + f(u(s))) - v(s) \Big] ds + W_1^\varepsilon(t), \\
v(t) = v_s + \displaystyle\int_s^t \Big[\sigma u(s) - \delta v(s) \Big] ds + W_2^\varepsilon(t)
\end{cases} \quad t \geqslant s \qquad (2.6.17)$$

和初值 $(u_s = x = (x_i)_{i \in Z}, \ v_s = y = (y_i)_{i \in Z})$, 其中

$$W_1^\varepsilon(t, \omega) = \sum_{i \in Z} a_i^\varepsilon w_i^1(t) e^i, \quad W_2^\varepsilon(t, \omega) = \sum_{i \in Z} b_i^\varepsilon w_i^2(t) e^i, \qquad (2.6.18)$$

$(a_i^\varepsilon)_{i \in Z}, \ (b_i^\varepsilon)_{i \in Z} \in l^2$, 并且 $\sup |a_i^\varepsilon| \leqslant \tilde{C}\varepsilon, \ \sup |b_i^\varepsilon| \leqslant \tilde{C}\varepsilon$ 对某个常数 $\tilde{C} > 0$ 成立. ε 是用来控制噪声规模的量.

由引理 2.6.1 可知, 对不同的 ε 方程 (2.6.17) 存在唯一弱解 $(u^\varepsilon(t,s,x), v^\varepsilon(t,s,y))$, 因此有相应的转移半群 (P^ε). 进一步, 由命题 2.6.1 和定理 2.6.1 知, 相应地得到一系列随机变量 η^ε 和不变测度 μ^ε.

作为引理 2.6.2 的特例, 有

引理2.6.4 假设 (2.6.1) 成立, 则存在常数 $C, \omega > 0$ 使得

$$|(u^0(t,s,x), v^0(t,s,y))| \leqslant Ce^{-\omega(t-s)}|(x,y)|.$$

由上面的引理可知, $\delta_0 = \delta_{(0,0)}$ 是系统 (2.6.16) 的不变测度. 下面证明本节的重要定理.

定理2.6.2 假设 (2.6.1) 和 (2.5.5) 成立, 则当 $\varepsilon \to 0$ 时, μ^ε 弱收敛于 δ_0, 即确定 FitzHugh-Nagumo 系统是弱随机稳定的.

证明 对于某个 $(x,y) \in H$, 令

$$(\breve{u}(t), \breve{v}(t)) = (u^\varepsilon(t,-r,x), v^\varepsilon(t,-r,y)) - (u^0(t,-r,x), v^0(t,-r,y)),$$

其中 $t, r > 0$, 则有

$$\begin{cases} \breve{u}(t) = \breve{u}_{-r} + \displaystyle\int_{-r}^t \Big[-A\breve{u}(s) + f(u^\varepsilon(t,-r,x)) - f(u^0(t,-r,x)) - \breve{v}(s)\Big] ds + W_1^\varepsilon(t), \\ \hspace{10cm} t \geqslant s \\ \breve{v}(t) = \breve{v}_{-r} + \displaystyle\int_{-r}^t \Big[\sigma\breve{u}(s) - \delta\breve{v}(s)\Big] ds + W_2^\varepsilon(t), \end{cases}$$

$$(2.6.19)$$

和初值 $(\breve{u}_{-r} = 0, \breve{v}_{-r} = 0)$.

引入如下的 l^2 中的 Ornstein-Uhlenbeck 过程:

$$W_{\lambda,-r}^\varepsilon(t) = \int_{-r}^t \exp(-\lambda(t-s)) dW_1^\varepsilon(s),$$

$$W_{\delta,-r}^\varepsilon(t) = \int_{-r}^t \exp(-\delta(t-s)) dW_2^\varepsilon(s).$$

令

$$\check{u}(t,-r,x) = \breve{u}(t,-r,x) - W_{\lambda,-r}^\varepsilon(t), \qquad \check{v}(t,-r,y) = \breve{v}(t,-r,y) - W_{\delta,-r}^\varepsilon(t).$$

则有

$$\begin{cases} \dfrac{d\check{u}}{dt} = -A\check{u} - \lambda\check{u} + h(u^\varepsilon(t,-r,x)) - h(u^0(t,-r,x)) - \check{v} + W_{\delta,-r}^\varepsilon(t) - AW_{\lambda,-r}^\varepsilon(t), \\ \dfrac{d\check{v}}{dt} = \sigma\check{u} - \delta\check{v} + \sigma W_{\lambda,-r}^\varepsilon(t) \end{cases}$$

$$(2.6.20)$$

及初值

$$\check{u}_{-r} = 0, \quad \check{v}_{-r} = 0. \tag{2.6.21}$$

对方程 (2.6.20) 作内积, 类似于命题 2.6.1 的讨论可以证明

$$|(\tilde{u}(t, -r, \check{u}_{-r}), \check{v}(t, -r, \check{v}_{-r}))|$$
$$\leqslant C\left(e^{-\omega(t+r)}|(\check{u}_{-r}, \check{v}_{-r})| + \int_{-r}^{t} e^{-\omega(t-s)}(\|h(W^{\varepsilon}_{\Delta, -r})\| + \|W^{\varepsilon}_{\sigma, -r}\| + \|W^{\varepsilon}_{\Delta, -r}\|)(s)ds\right).$$

因此,

$$|(\tilde{u}(0, -r, \check{u}_{-r}), \check{v}(0, -r, \check{v}_{-r}))|$$
$$\leqslant C\left(e^{-\omega r}|(\check{u}_{-r}, \check{v}_{-r})| + \int_{-r}^{0} e^{\omega s}(\|h(W^{\varepsilon}_{\Delta, -r})\| + \|W^{\varepsilon}_{\sigma, -r}\| + \|W^{\varepsilon}_{\Delta, -r}\|)(s)ds\right)$$
$$+ \|W^{\varepsilon}_{\sigma, -r}(0)\| + \|W^{\varepsilon}_{\Delta, -r}(0)\|.$$

令 $r \to \infty$, 得到

$$|\eta^{\varepsilon} - (0, 0)| \leqslant C\int_{-\infty}^{0} e^{\omega s}(\|h(W^{\varepsilon}_{\Delta, -\infty})\| + \|W^{\varepsilon}_{\sigma, -\infty}\| + \|W^{\varepsilon}_{\Delta, -\infty}\|)(s)ds$$
$$+ \|W^{\varepsilon}_{\sigma, -\infty}(0)\| + \|W^{\varepsilon}_{\Delta, -\infty}(0)\|$$
$$\leqslant \frac{C}{\omega}\sup_{t\leqslant 0}\|h(W^{\varepsilon}_{\Delta, -\infty})(t)\| + \frac{C+\omega}{\omega}\sup_{t\leqslant 0}\|W^{\varepsilon}_{\Delta, -\infty}(t)\|$$
$$+ \frac{C+\omega}{\omega}\sup_{t\leqslant 0}\|W^{\varepsilon}_{\sigma, -\infty}(t)\|. \tag{2.6.22}$$

由关于 a_i^{ε} 和 b_i^{ε} 的假设可知,

$$\|W^{\varepsilon}_{\lambda, -\infty}(t)\| \leqslant \tilde{C}\varepsilon\left|\int_{-\infty}^{t}\exp(-\lambda(t-s))dW_1(s)\right|, \tag{2.6.23}$$

及

$$\|W^{\varepsilon}_{\delta, -\infty}(t)\| \leqslant \tilde{C}\varepsilon\left|\int_{-\infty}^{t}\exp(-\delta(t-s))dW_2(s)\right|. \tag{2.6.24}$$

类似与引理 2.6.3 证明, 可以证明

$$\sup_{t\in\mathbb{R}}\mathbb{E}\left[\left|\int_{-\infty}^{t}\exp(-\lambda(t-s))dW_1(s)\right| + \left|\int_{-\infty}^{t}\exp(-\delta(t-s))dW_2(s)\right|\right] < \infty. \tag{2.6.25}$$

因此, 结合 (2.6.22)~(2.6.25), 则有

$$\lim_{\varepsilon\to 0}\mathbb{E}|\eta^{\varepsilon} - (0, 0)| = 0. \tag{2.6.26}$$

注意到 η^{ε} 的分布是 μ^{ε}, 证毕. □

参 考 文 献

[1]   Arnold L. *Random Dynamical System*. New York/ Berlin: Springer-Verlag, 1998.

[2]   Bates P, Lisei H, and Lu K. Attractors for stochastic lattice dynamical systems. *Stoch. Dyn.*, 2006, **6**: 1–21.

[3]   Chow S, John Mallet-Paret and Shen W. Traveling waves in lattice dynamical systems. *J. Differential Equations*, 1998, **149**: 248–291.

[4]   Crauel H, and Flandoli F. Attractor for random dynamical systems. *Probability Theory and Related Fields*, 1994, **100**: 365–393

[5]   Duan J, Lu K, and Schmalfuss B. Invariant manifolds for stochastic partial differential equations. *Ann. Probab.*, 2003, **31**: 2109–2135.

[6]   Debussche A. On the finite dimensionality of random attractors. *Stochastic Anal. Appl.*, 1997, **15**: 473–491.

[7]   Elmer C, Vleck E. Spatially discrete FitzHugh-Nagumo equations. *SIAM J. Appl. Math.*, 2004, **12**.

[8]   Gao W, and Wang J. Existence of wavefronts and impulses to FitzHugh-Nagumo equations. *Nonlinear Anal.*, 2004, **57**: 667–676.

[9]   Ghidaglia J M, Marion M, and Temam R. Generalization of the Sobolev-Lieb-Thirring inequalities and applications to the dimension of attractors. *Differential and Integral Equations*, 1988, **1**: 1–21.

[10]   Huang J.-H. The random attracor of stochastic Fitzhugh-Nagumo equations in an infinite lattice with white noises. *Phisica D*, 2007, **233**: 83–94.

[11]   Huang J, and Shen W. random attractor of stochastic partly dissipative reaction diffusion equations and its application to stochastic FitzHugh-Nagumo equations. *International Journal of Evolution Equations*, 2009, 4: 21–49.

[12]   Has'minskii R Z. *Stochastic Stability of Differential Equations*. Sijthoff and Noordhoff, 1981.

[13]   Kifer Y. *Random Perturbations of Dynamical Systems*. Boston: Birkhäuser, 1988.

[14]   Jones C. Stability of the traveling wave solution of the FitzHugh-Nagumo systems. *Trans. Amer.Math. Soc.*, 1984, **286**: 431–469.

[15]   Kitajima H, and Kurths J. Synchronized firing of FitzHugh-Nagumo neurons by noise. *Chaos*, 2005, **15**: 023704:1–023704:5.

[16]   Li X, and Zhong C. Attractors for partial dissipative lattice dynamic systems in $l^2 \times l^2$. *J. of Computational and Applied Mathematics*, 2005, **177**: 159–174.

[17]   Lu Y, and Sun J. Dynamical behavior for stochastic lattice systems. *Chaos Solitons Fractals*, 2006, **27**: 1080–1090.

[18]   Magalhães P, and Coayla-Terán E. Weak solution for stochastic FitzHugh-Nagumo equations. *Stochastic Analysis and Applications*, 2003, **21**: 443–463.

[19]   Marion M. Finite-dimensional attractors associated with partly dissipative reaction-diffusion systems. *SIAM J. Math. Anal.*, 1989, **20**: 816–844.

[20]　Rodriguez-Bernal A, and Wang B. Attractor for partly dissipative reaction diffusion system in R^n. *J. Math. Anal. Appl.*, 2000, **252**: 790–803.

[21]　Shao Z. Exitence of inertial manifolds for partly dissipative reaction diffusion systems in higher space dimensions. *J. Differential Equations*, 1998, **144**: 1–43.

[22]　Vleck E, and Wang B. Attractors for lattice FitzHugh-Nagumo systems. *Physica D*, 2005, **212**: 317–336.

[23]　Zhou S. Attractors for first order dissipative lattice dynamical systems. *Physica D*, 2003, **178**: 51–61.

[24]　Baladi, Viviane. Positive transfer operators and decay of correlations. *Advanced Series in Nonlinear Dynamics*, 16. World Scientific Publishing Co., Inc.

[25]　Magalhães P, and Coayla-Terán E. Weak solution for stochastic FitzHugh-Nagumo Equations. *Stochastic Analysis and Applications*, 2003, **21**: 443–463.

[26]　Martine M. Finite-dimensional attractors associated with partly dissipative reaction-diffusion systems. *SIAM J. Math. Anal.*, 1989, **20**: 816–844.

[27]　Da Prato G and Zabczyk J. *Ergodicity for Infinite Dimensional Systems*. Cambridge: Cambridge Univ. Press, 1996.

[28]　Da Prato G and Zabczyk J. Convergence to equilibrium for classical and quantum spin systems. *Probability Theory and Ralat. Fields,* 1995, **103**: 529–552.

[29]　Rodriguez-Bernal A and Wang B. Attractor for partly dissipative reaction diffusion system in R^n. *J. Math. Anal. Appl.*, 2000, **252**: 790–803.

[30]　Viana, Marcelo. Stochastic dynamics of deterministic systems. *Col. Bras. de Matemática*, 1997.

[31]　Yang M and Zhong C. The existence and uniqueness of the solutions for partly dissipative reaction diffusion systems in R^n. *J. Lanzhou University*, 2006, **3**: 130–136.

[32]　Baladi, Viviane. Positive transfer operators and decay of correlations. *Advanced Series in Nonlinear Dynamics,* 16. World Scientific Publishing Co., Inc.

[33]　Has'minskii R Z. *Stochastic Stability of Differential Equations*. Sijthoff and Noordhoff, 1981.

[34]　Wang B. Random attractors for the stochastic FitzHugh-Nagumo system on unbounded domains. *Nonlinear Anal. TMA*, 2009, **71** (7–8): 2811–2828.

[35]　Zheng Y and Huang J. Stochastic Stability of FitzHugh-Nagumo Systems in Infinite Lattice Perturbed by Gaussian White Noise. *Acta Mathematica Sinica*. English Series, 2010 (in press).

[36]　Zheng Y and Huang J. Stochastic stability of FitzHugh-Nagumo systems peturbed by gaussian noise. *Appl. Math. Mech.* (in press), 2009.

第3章　随机时滞偏微分方程的吸引子与惯性流形

这一章先研究一类时滞抛物方程的随机吸引子的存在性, 再研究其遍历性和随机稳定性, 最后研究随机时滞耗散波方程的随机惯性流形.

3.1　随机时滞抛物方程的随机吸引子

这一节研究加性噪声驱动的时滞抛物方程:

$$\begin{cases} \dfrac{\partial u(t,x)}{\partial t} + Au(t,x) + bu(t,x) = F(u_t)(x) + \displaystyle\sum_{j=1}^{m} \beta_j(x)\dfrac{d}{dt}w_j(t), & x \in \mathcal{O}, \\ u(0,x) = u_0(x), \quad u(s,x) = \psi(s,x), \quad s \in (-r,0), \end{cases} \tag{3.1.1}$$

其中 $\mathcal{O}$ 是 $\mathbb{R}^{n_0}$ 中具有光滑边界的有界区域, b 是一个非负常数, $\{\beta_j\}_{j=1}^m$ 为定义在 $\mathcal{O}$ 上的给定函数, A 是一个稠定的具有紧的预解集的自伴线性算子, 其定义域为 $D(A)$ $\subset L^2(\mathcal{O})$ (例如, 具有 Dirichlet 零边值的 $-\Delta$ 算子), $A : D(A) \to L^2(\Omega)$ 具有离散谱 $\{\lambda_k\}_{k=1}^\infty$, 满足 $0 < \lambda_1 \leqslant \lambda_2 \leqslant \cdots, \lambda_k \to \infty(k \to \infty)$. $F : L^2(-r,0;L^2(\mathcal{O})) \to L^2(\mathcal{O})$ 是含有时滞项的非线性项, 并存在 $k_1, k_2, k_3 \geqslant 0$, 使得对所有的 $\xi \in L^2(-r,0; L^2(\mathcal{O})), \eta \in L^2(\mathcal{O})$, 都有

$$|(F(\xi),\eta)_{L^2(\mathcal{O})}| \leqslant k_1\|\eta\|_{L^2(\mathcal{O})}^2 + k_2 \int_{-r}^{0} \|\xi(s)\|_{L^2(\mathcal{O})}^2 ds + k_3, \tag{3.1.2}$$

其中 $\{w_j\}_{j=1}^m$ 是相互独立的双边实值 Wiener 过程.

关于随机抛物方程的随机吸引子的文献很多, 但是, 关于随机时滞抛物方程的随机吸引子的文献不多. 本节证明含有一般时滞的随机抛物方程的随机吸引子的存在性及其上半连续性.

为便于讨论, 引入下面的记号: $H = L^2(\Omega)$, 相应的内积为 $(\cdot, \cdot)$, 范数为 $|\cdot|$, $V = D(A^{\frac{1}{2}})$, 其上的内积为 $((\cdot, \cdot))$, 相应的范数为 $\|\cdot\|$, 其中, 对任意的 $u, v \in V$, $((u,v)) = (A^{\frac{1}{2}}u, A^{\frac{1}{2}}v)$. 另外, $\|\cdot\|_{\mathrm{op}}$ 为算子范数, $B_X(a,\rho)$ 为 Banach 空间 $\{x \in X : \|x-a\|_X \leqslant \rho\}$ 中的闭球. 令 $\alpha > \beta$, 则由文献 [8] 可知, 空间 $D(A^\alpha)$ 紧嵌入到 $D(A^\beta)$. 特别地, $V \subset H \equiv H' \subset V'$, 其中 H' 是空间 H 的对偶空间, 且内射是稠密的和紧的, 并且对所有的 $u \in V$, 满足 $|u| \leqslant \lambda_1^{-\frac{1}{2}}\|u\|$.

给定 $T > \tau$, $u : (\tau - r, T) \to H$, 对每个 $t \in (\tau, T)$, u_t 是定义在 $(-r,0)$ 上的函数 $u_t(s) = u(t+s), s \in (-r, 0)$, 定义函数空间 $L_H^2 = L^2(-r, 0; H)$, $L_V^2 = L^2(-r, 0; V)$,

$C_H = C([-r, 0]; H)$, $C_V = C([-r, 0]; V)$.

假设 $F : L_H^2 \to H$ 满足下面的条件:

(H1) 对 $\forall M > 0$, 都存在 $L_{F,M}$, 当 $(u(0), u), (v(0), v) \in B_{H \times L_H^2}(0, M)$ 时,

$$|F(u) - F(v)|^2 \leqslant L_{F,M} \left(|u(0) - v(0)|^2 + \|u - v^2\|_{L_H^2} \right);$$

(H2) 存在常数 $k_1, k_2, k_3 \geqslant 0$, 使得对 $\forall \xi \in L_H^2, \eta \in H$, 都有

$$|(F(\xi), \eta)| \leqslant k_1 |\eta|^2 + k_2 \int_{-r}^0 |\xi(s)|^2 ds + k_3. \tag{3.1.3}$$

由 Risez 表示定理可知

$$|F(\xi)| = \|F(\xi)\|_{\text{op}} = \sup_{|\eta|=1} (F(\xi), \eta) \leqslant k_1 + k_2 \int_{-r}^0 |\xi(s)|^2 ds + k_3, \tag{3.1.4}$$

这表明算子 $F : L_H^2 \to H$ 是有界的.

假设 b 是非负常数, $u_0 \in H, \psi \in L_H^2$. 接下来证明下面的随机时滞抛物方程

$$du(t) + (Au(t) + bu(t)) \, dt = F(u_t) dt + \sum_{j=1}^m \beta_j dw_j \tag{3.1.5}$$

满足

$$u(\tau) = u_0, \quad u(\tau + s) = \psi(s), \quad s \in (-r, 0) \tag{3.1.6}$$

的解生成一个连续的随机动力系统, 其中 $\{\beta_j\}_{j=1}^m \subset V$, $\{w_j\}_{j=1}^m$ 是概率空间 $(\Omega, \mathscr{F}, P)$ 上的独立的双边实值 Wiener 过程. 令

$$\Omega = \{\omega = (\omega_1, \omega_2, \cdots, \omega_m) \in C(\mathfrak{R}; \mathfrak{R}^m) : \omega(0) = 0\}, \tag{3.1.7}$$

$\mathscr{F}$ 是由 Ω 的紧开拓扑诱导出的 Borel σ 代数, P 是 $(\Omega, \mathscr{F})$ 的正、负时间部分两个 Wiener 测度的乘积测度. 则有

$$(w_1(t, \omega), w_2(t, \omega), \cdots, w_m(t, \omega)) = \omega(t), \quad t \in \mathfrak{R}. \tag{3.1.8}$$

定义时间平移

$$\theta_t \omega(\cdot) = \omega(\cdot + t) - \omega(\cdot), \quad \omega \in \Omega, \ t \in \mathfrak{R}. \tag{3.1.9}$$

则它是一个遍历的变换群, $(\Omega, \mathscr{F}, P, (\theta_t)_{t \in \mathfrak{R}})$ 是一个度量动力系统.

令 μ 是一个正数（稍后给定）. 对每个 $j = 1, \cdots, m$, 考虑一个 Ornstein-Uhlenbeck 方程:

$$dz_j(t) = -\mu z_j(t) dt + dw_j(t). \tag{3.1.10}$$

容易看出, 方程 (3.1.10) 的稳态解为

$$z_j(t) = \int_{-\infty}^{t} e^{-\mu(t-s)} dw_j(s), \quad t \in \Re. \tag{3.1.11}$$

令 $z(t) = \sum_{j=1}^{m} \beta_j z_j(t)$, 则由方程 (3.1.10) 可知

$$dz = -\mu z + \sum_{j=1}^{m} \beta_j dw_j. \tag{3.1.12}$$

随机过程 $z(t)$ 又称为 Ornstein-Uhlenbeck 过程, 其具有下面的性质:

(1) $z(t)$ 是连续的高斯过程, 且 $E(z(t)) = 0$;

(2) 令 $\beta = \sum_{j=1}^{m} |\beta_j|$. 则对所有的 $t \in \Re$, 存在 $\mu > 0$ 满足

$$\beta m E |z_1(t)| \leqslant 1.$$

事实上, 当 $\mu \to \infty$ 时, $(E|z_1(t)|)^2 \leqslant E|z_1(t)|^2 = \text{var}(z_1(t)) \to 0$, 由遍历定理可知

$$\lim_{\tau \to -\infty} \frac{1}{t-\tau} \int_{\tau}^{t} |z(s)| ds \leqslant \lim_{\tau \to -\infty} \frac{1}{t-\tau} \int_{\tau}^{t} \beta \sum_{j=1}^{m} |z_j(s)| ds$$
$$= \beta m E |z_1(t)| \leqslant 1. \tag{3.1.13}$$

注意到

$$\frac{z_j(\tau)}{\tau} = \frac{z_j(t)}{\tau} - \frac{\mu}{\tau} \int_{\tau}^{t} z_j(s) ds + \frac{w_j(\tau)}{\tau}, \tag{3.1.14}$$

则有

$$\lim_{\tau \to -\infty} \frac{z_j(\tau)}{\tau} = 0, \quad \text{P-a.s.,} \tag{3.1.15}$$

$$\int_{\infty}^{t} e^{-c_0(t-s)} (|Az(s)|^2 + |z(s)|^2) ds < \infty, \tag{3.1.16}$$

$$\int_{-\infty}^{t} \int_{-r}^{0} e^{-c_0(t-s)} |z(s+s_1)|^2 ds_1 ds < \infty, \tag{3.1.17}$$

其中 c_0 是一个正常数.

令 $v(t) = u(t) - z(t)$, 则 v 满足下面的方程

$$\frac{dv}{dt} + Av + bv = F(v_t + z_t) + (\mu z - Az - bz). \tag{3.1.18}$$

及相应的初值条件

$$v(\tau, \omega) = u_0 - z(\tau, \omega) \triangleq v_0(\omega),$$

$$v(\tau + s) = \psi(s) - z(\tau + s, \omega) \triangleq \xi(s, \omega), \quad s \in (-r, 0). \tag{3.1.19}$$

注意到随机过程 $z(t)$ 是 P-a.s. 连续的, 因此, 类似于文献 [18] 中定理 3.1 的证明可知, 对 P-a.s. $\omega \in \Omega$ 及所有的 $v_0(\omega) \in H$, $\xi(\omega) \in L_H^2$, 方程 (3.1.18) 和 (3.1.19) 存在唯一的弱解 $v(t, \omega; \tau, (v_0, \xi))$, 并且对所有的 $t > \tau$, 该弱解在 $H \times L_H^2$ 中关于 $(v_0(\omega), \xi(\omega))$ 连续.

定理 3.1.1 假设 (H1)~(H2) 成立. 则对于 P-a.s. $\omega \in \Omega$,

(a) 如果 $(v_0(\omega), \xi(\omega)) \in H \times L_H^2$, 则系统 (3.1.18) ~ (3.1.19) 存在唯一的弱解, 即

$$v(\cdot, \omega) \in L^2(\tau - r, T; H) \cap L^2(\tau, T; V) \cap L^\infty(\tau, T; H) \cap C([\tau, T]; H),$$

方程 (3.1.18) 在 V' 中分布意义下成立;

(b) 如果 $(v_0(\omega), \xi(\omega)) \in V \times L_H^2$, 则方程 (3.1.18)~(3.1.19) 的解是强解, 且

$$v(\cdot, \omega) \in L^2(\tau, T; D(A)) \cap C([\tau, T]; V), \quad \frac{dv}{dt}(\cdot, \omega) \in L^2(\tau, T; H),$$

方程 (3.1.18) 在 $L^2(\tau, T; H)$ 成立, 特别地, 对几乎每个 $t \in [\tau, T]$, 方程 (3.1.18) ~ (3.1.19) 在 H 中成立;

(c) 令 $v(t, \omega; \tau, (v_0, \xi))$ 为系统 (3.1.18) ~ (3.1.19) 的解, 则对所有的 $t > \tau$, 映射 $(v_0, \xi) \mapsto, (v(t, \omega; \tau, (v_0, \xi)), v_t(\cdot, \omega; \tau, (v_0, \xi)))$ 是连续的.

令 $u(t, \omega; \tau, (u_0, \psi)) = v(t, \omega; \tau, (u_0 - z(\tau), \psi - z_\tau)) + z(t)$. 则 u 是系统 (3.1.5) 和 (3.1.6) 的解.

定义乘积空间 $M_H^2 = H \times L_H^2$, 容易验证, M_H^2 是一个 Hilbert 空间, 其上的范数为

$$||(u_0, \psi)||_{M_H^2}^2 = |u_0|^2 + \int_{-r}^0 |\psi(s)|^2 ds, \quad \forall (u_0, \psi) \in M_H^2.$$

下面定义映射 $\varphi : \mathbb{R} \times \Omega \times M_H^2 \to M_H^2$:

$$\varphi(t, \omega)(u_0, \psi) = (u(t, \omega; 0, (u_0, \psi)), u_t(\cdot, \omega; 0, (u_0, \psi)))$$
$$= (v(t, \omega; 0, (v_0, \xi)) + z(t), v_t(\cdot, \omega; 0, (v_0, \xi)) + z_t), \tag{3.1.20}$$

则 φ 满足定义 1.1.2 中的条件 (i) ~ (iii). 因此, φ 是由随机时滞抛物方程的解定义的连续随机动力系统.

为了得到空间 M_H^2 中的有界随机吸收集的存在性和紧性, 下面先给出解在不同空间中的估计式, 并证明 C_V 中的吸收集在 C_H 中是紧的.

定义

$$v(\cdot) = v(\cdot, \omega; \tau, (v_0, \xi)), \quad u(\cdot) = u(\cdot, \omega; \tau, (u_0, \psi)).$$

固定 $\omega \in \Omega$, 则对 P-a.s., 有

引理3.1.1 如果 $\lambda_1 + b > k_1 + k_2 r$, 则系统 (3.1.18) $\sim$ (3.1.19) 的解 $v(t)$ 满足

$$|v(t)|^2 \leqslant e^{-c_0(t-\tau)}|v_0|^2 + 2(k_2+\varepsilon_0)re^{-c_0(t-\tau-r)}\|\xi^2\|_{L_H^2} + C_p(t,\omega) + \frac{2k_3}{c_0}, \quad \text{P-a.s.,}$$
$$(3.1.21)$$

其中, l_0, c_0, ε_0 为只依赖于 λ_1, k_1, k_2, r 的正常数, $C_p(t,\omega)$ 是依赖于 n, l_0, ε_0 和 $z(t)$ 的 P-a.s. 有限的随机过程.

证明 由于 $\lambda_1 + b > k_1 + k_2 r$, 故选择充分小的 l_0, c_0, ε_0 使得 $\lambda_1 + b > k_1 + (k_2 + \varepsilon_0)re^{c_0 r} + \frac{c_0}{2} + l_0$ 成立.

用 $v(t)$ 与方程 (3.1.18) 作内积可得

$$\frac{1}{2}\frac{d}{dt}|v(t)|^2 + \|v(t)\|^2 + b|v(t)|^2$$
$$= (F(v_t + z_t), v(t)) + (\mu z(t) - Az(t) - bz(t), v(t))$$
$$\leqslant k_1|v(t)|^2 + (k_2+\varepsilon_0)\|v_t\|_{L_H^2}^2 + \left(k_2 + \frac{1}{\varepsilon_0}\right)\|z_t\|_{L_H^2}^2 + k_3$$
$$+ \frac{1}{4l_0}|\mu z(t) - Az(t) - bz(t)|^2 + l_0|v(t)|^2. \quad (3.1.22)$$

令

$$p_1(t,\omega) := \left| 2\left(k_2 + \frac{1}{\varepsilon_0}\right)\int_{-r}^{0}|z(t+\theta)|^2 d\theta + \frac{1}{2l_0}|\mu z(t) - Az(t) - bz(t)|^2 \right|, \quad (3.1.23)$$

则由 Poincaré 不等式可得

$$\frac{d}{dt}|v(t)|^2 + 2(\lambda_1 + b - k_1 - l_0)|v(t)|^2 \leqslant 2(k_2+\varepsilon_0)\int_{-r}^{0}|v(t+\theta)|^2 d\theta + p_1(t,\omega) + 2k_3,$$
$$(3.1.24)$$

$$\frac{d}{dt}(e^{c_0 t}|v(t)|^2) = c_0 e^{c_0 t}|v(t)|^2 + e^{c_0 t}\frac{d}{dt}|v(t)|^2$$
$$\leqslant 2e^{c_0 t}\left(-\left(\lambda_1 + b - k_1 - l_0 - \frac{c_0}{2}\right)|v(t)|^2\right.$$
$$\left. + (k_2+\varepsilon_0)\int_{-r}^{0}|v(t+\theta)|^2 d\theta + \frac{1}{2}p_1(t,\omega) + k_3\right). \quad (3.1.25)$$

对上式从 τ 到 t 积分后可得

$$e^{c_0 t}|v(t)|^2 - e^{c_0 \tau}|v(\tau)|^2$$
$$\leqslant -2\left(\lambda_1 + b - k_1 - l_0 - \frac{c_0}{2}\right)\int_{\tau}^{t}e^{c_0 s}|v(s)|^2 ds$$
$$+ 2(k_2+\varepsilon_0)\int_{\tau}^{t}\int_{-r}^{0}e^{c_0 s}|v(s+s_1)|^2 ds_1 ds + \int_{\tau}^{t}e^{c_0 s}p_1(s,\omega)ds + \frac{2k_3}{c_0}(e^{c_0 t} - e^{c_0 \tau})$$

$$\leqslant - 2 \left(\lambda_1 + b - k_1 - (k_2 + \varepsilon_0) r e^r - l_0 - \frac{c_0}{2} \right) \int_\tau^t e^{c_0 s} |v(s)|^2 ds$$

$$+ 2(k_2 + \varepsilon_0) r e^{r+\tau} \int_{\tau-r}^\tau |v(s)|^2 ds + \int_\tau^t e^{c_0 s} p_1(s, \omega) ds + \frac{2k_3}{c_0} e^{c_0 t}. \tag{3.1.26}$$

由 (3.1.16) 和 (3.1.17) 可得, 存在 P-a.s. 有限的随机过程 $C_p(t, \omega)$ 使得

$$\int_\tau^t e^{-c_0(t-s)} p_1(s, \omega) ds \leqslant \int_{-\infty}^t e^{-c_0(t-s)} p_1(s, \omega) ds \leqslant C_p(t, \omega) < \infty, \quad \text{P-a.s.} \tag{3.1.27}$$

成立, 故有

$$|v(t)|^2 \leqslant e^{-c_0(t-\tau)} |v_0|^2 + 2(k_2 + \varepsilon_0) r e^{-c_0(t-\tau-r)} \|\xi\|_{L_H^2}^2$$

$$+ \int_\tau^t e^{-c_0(t-s)} p_1(s, \omega) ds + \frac{2k_3}{c_0}$$

$$\leqslant e^{-c_0(t-\tau)} |v_0|^2 + 2(k_2 + \varepsilon_0) r e^{-c_0(t-\tau-r)} \|\xi\|_{L_H^2}^2 + C_p(t, \omega) + \frac{2k_3}{c_0}. \tag{3.1.28}$$

因此, 该引理得证. $\square$

由引理 3.1.1 可知, 对于给定的 $(v_0, \xi) \in \mathcal{B}_{M_H^2}(0, d)$, 存在 $T_H(d) > r$, 使得

$$\|v_t\|_{C_H}^2 = \max_{s \in [-r, 0]} |v(t+s)|^2 \leqslant C_p(t, \omega) + \frac{4k_3}{c_0}, \quad \tau < t - T_H(d).$$

令 $\rho_H^2(t, \omega) = C_p(t, \omega) + \frac{4k_3}{c_0}$.

引理3.1.2   如果 $\lambda_1 + b > k_1 + k_2 r$, 则在 C_H 中存在随机半径簇 $\rho_H(t, \omega)$ 使得对所有的 $(v_0, \xi) \in \mathcal{B}_{M_H^2}(0, d)$, 都存在 $T_H(d) > r$ 满足

$$\|v_t(\cdot, \omega; \tau, (v_0, \xi))\|_{C_H} \leqslant \rho_H(t, \omega), \quad \forall \tau < t - T_H(d). \tag{3.1.29}$$

为证明在 C_V 中随机吸收集的存在性, 需要得到 $\int_{t-1}^t \|v(s)\|^2 ds$ 的估计.

引理3.1.3   对所有的 $(v_0, \xi) \in \mathcal{B}_{M_H^2}(0, d)$, 都存在 $T_H(d) > r$ 及 P-a.s. 有限的随机过程 $I_V(t, \omega)$ 满足

$$\int_{t-1}^t \|v(s)\|^2 ds \leqslant I_V(t, \omega), \quad \forall \tau < t - T_H(d), \quad \text{P-a.s..} \tag{3.1.30}$$

证明   由 (3.2.9) 可得

$$\frac{1}{2} \frac{d}{dt} |v(t)|^2 + \left(1 + (k_1 + l_0) \lambda_1^{-1} \right) \|v(t)\|^2$$

$$\leqslant (k_2 + \varepsilon_0) \int_{-r}^0 |v(t+s_1)|^2 ds_1 + \frac{1}{2} p_1(t, \omega) + k_3. \tag{3.1.31}$$

从 $t-1$ 到 t 积分后可得

$$\frac{1}{2}\left(|v(t)|^2 - |v(t-1)|^2\right) + \left(1 + (k_1 + l_0)\lambda_1^{-1}\right)\int_{t-1}^{t}||v(s)||^2 ds$$

$$\leqslant (k_2 + \varepsilon_0)\int_{t-1}^{t}\int_{-r}^{0}|v(s+\theta)|^2 d\theta ds + \frac{1}{2}\int_{t-1}^{t}p_1(s,\omega) + k_3 ds, \qquad (3.1.32)$$

$$\left(1 + (k_1 + l_0)\lambda_1^{-1}\right)\int_{t-1}^{t}||v(s)||^2 ds$$

$$\leqslant (k_2 + \varepsilon_0)r \sup_{s\in[t+1,t-\tau]}|v(s)|^2 + \frac{1}{2}\int_{t-1}^{t}p_1(s,\omega)ds + \frac{1}{2}|v(s)|^2 + k_3. \quad (3.1.33)$$

因此, 存在 $T_H(d) > r$, 使得当 $\tau < t - T_H(d)$ 时,

$$\int_{t-1}^{t}||v(s)||^2 ds \leqslant I_V(t,\omega), \qquad (3.1.34)$$

其中

$$I_V(t,\omega)$$

$$= \frac{1}{1 + (k_1 + l_0)\lambda_1^{-1}}\left(\left((k_2 + \varepsilon_0)r + \frac{1}{2}\right)\rho_H^2(t,\omega) + \frac{1}{2}\int_{t-1}^{t}p_1(s,\omega)ds + k_3\right). \quad (3.1.35)$$

引理得证. □

引理3.1.4 若引理 3.1.2 的假设成立且 $k_1 < 1$, 则在 C_V 中存在随机半径簇 $\rho_V(t, \omega)$ 使得对所有的 $\tau < t - T_H(d) - r, (v_0, \xi) \in \mathcal{B}_{M_H^2}(0, d)$,

$$||v_t(\cdot, \omega; \tau, (v_0, \xi))||_{C_V} \leqslant \rho_V(t, \omega) \qquad (3.1.36)$$

成立.

证明 给定 $(v_0, \xi) \in \mathcal{B}_{M_H^2}(0, d)$, 选择 $l_1 > 0$ 使得 $k_1 + l_1 < 1$. 用 $Av(t)$ 与方程 (3.1.18) 作内积后可得

$$\frac{1}{2}\frac{d}{dt}||v(t)||^2 + |Av(t)|^2 + b||v(t)||^2$$

$$= (F(v_t + z_t), Av(t)) + (\mu z(t) - Az(t) - bz(t), Av(t))$$

$$\leqslant k_1|Av(t)|^2 + (k_2 + \varepsilon_0)||v_t||_{L_H^2} + (k_2 + \frac{1}{\varepsilon_0})||z_t||_{L_H^2} + k_3$$

$$+ l_1|Au(t)|^2 + \frac{1}{4l_1}|\mu z(t) - Az(t) - bz(t)|^2. \qquad (3.1.37)$$

令 $p_2(t,\omega) := 2(k_2 + \frac{1}{\varepsilon_0})||z_t||_{L_H^2} + \frac{1}{2l_1}|\mu z(t) - Az(t) - bz(t)|^2$, 则有

$$\frac{d}{dt}||v(t)||^2 + 2\left(1 - k_1 - l_1\right)|Av(t)|^2$$

$$\leqslant 2(k_2 + \varepsilon_0) \int_{-r}^{0} |v(t+s)|^2 ds + p_2(t,\omega) + 2k_3, \tag{3.1.38}$$

$$\frac{d}{dt}||v(t)||^2 \leqslant 2(k_2 + \varepsilon_0) \int_{-r}^{0} |v(t+s)|^2 ds + p_2(t,\omega) + 2k_3. \tag{3.1.39}$$

由引理 3.1.2 可知, 存在 $T_H(d)$, 使得当 $\tau < t - T_H(d)$ 时,

$$|v(t)| \leqslant \rho_H(t,\omega),$$

由引理 3.1.3 可得

$$\int_{t-1}^{t} ||v(s)||^2 ds \leqslant I_V(t,\omega).$$

在 $[s,t]$ 上对方程 (3.1.39) 关于 t 积分后得到

$$||v(t)||^2 - ||v(s)||^2 \leqslant 2(k_2 + \varepsilon_0) \int_{s}^{t} \int_{-r}^{0} |v(s+s_1)|^2 ds_1 + \int_{s}^{t} p_2(s,\omega)ds + 2k_3(t-s). \tag{3.1.40}$$

再在 $[t-1,t]$ 上关于 s 积分后得到

$$||v(t)||^2 \leqslant \int_{t-1}^{t} ||v(s)||^2 ds + 2(k_2 + \varepsilon_0) \int_{t-1}^{t} \int_{-r}^{0} |v(s+s_1)|^2 ds_1 + \int_{t-1}^{t} p_2(s,\omega)ds + 2k_3$$

$$\leqslant I_V(t,\omega) + 2(k_2 + \varepsilon_0)r\rho_H^2(t,\omega) + \int_{t-1}^{t} p_2(s,\omega)ds + 2k_3. \tag{3.1.41}$$

于是对所有的 $\tau < t - T_H(d) - r$.

$$||v_t(\cdot,\omega;\tau,(v_0,\xi))||_{C_V}^2 = \max_{s \in [-r,0]} ||v(t+s)||^2$$

$$\leqslant \max_{s \in [t-r,t]} \left\{ I_V(s,\omega) + 2(k_2 + \varepsilon_0)r\rho_H^2(s,\omega) + \int_{s-1}^{s} p_2(s_1,\omega)ds_1 + 2k_3 \right\}$$

$$\triangleq \rho_V^2(t,\omega), \tag{3.1.42}$$

引理证毕.　　　　　　　　　　　　　　　　　　　　　　　　　　　　　　□

定理3.1.2　如果 (H1) $\sim$ (H2) 成立, $\lambda_1 + b > k_1 + k_2 r$, $k_1 < 1$. 则由随机时滞抛物方程 (3.1.18) $\sim$ (3.1.19) 的解生成的随机动力系统 φ 存在随机吸引子, $\mathcal{A}_{M_H^2}(\omega) \subset H \times C_H$, 并且

$$\varphi(t,\omega)\mathcal{A}_{M_H^2}(\omega) = \mathcal{A}_{M_H^2}(\theta_t\omega). \tag{3.1.43}$$

证明　令 $P_{C_H} : H \times C_H \to C_H$ 为投影算子. 对任意的 $\omega \in \Omega$, 构造随机集

$$K(\omega) = \bigcup_{\psi_1 \in B_{C_V}(0,\rho_V(0,\omega))} P_{C_H}\left(\varphi(r,\omega)(\psi_1(0),\psi_1)\right). \tag{3.1.44}$$

由于 $\rho_V(0, \omega)$ 在 C_V 中是 P-a.s. 有界吸收集, 因此随机集 $K(\omega) \subset \rho_V(0, \omega)$ 也是 C_V 中的 P-a.s. 有界随机吸收集.

下面用 Ascoli-Arzela 引理证明 $K(\omega)$ 在 C_H 是相对紧的. 为此, 需验证 $K(\omega)$ 是等度连续和一致有界的. 一致有界性可由 $K(\omega)$ 定义直接得到, 下面证明 $K(\omega)$ 是等度连续的.

注意到, 当 $t_1, t_2 \in [-r, 0]$, $\psi_1 \in B_{C_V}(0, \rho_{V,\varepsilon}(0, \omega))$ 时,

$$| (P_{C_H} \varphi(r, \omega)(\psi_1(0), \psi_1)) (t_1) - (P_{C_H} \varphi(r, \omega)(\psi_1(0), \psi_1)) (t_2)|$$
$$= |u(r + t_1, \omega; 0, (\psi_1(0), \psi_1)) - u(r + t_2, \omega; 0, (\psi_1(0), \psi_1))|. \tag{3.1.45}$$

令 $u(\cdot) = u(\cdot, \omega; 0, (\psi_1(0), \psi_1))$, 假设 $t_2 > t_1$, 则有

$$|u(r + t_1) - u(r + t_2)|$$
$$\leqslant |v(r + t_1) - v(r + t_2)| + |z(r + t_1) - z(r + t_2)|$$
$$\leqslant \left| \int_{r+t_1}^{r+t_2} \frac{dv}{dt} dt \right| + |z(r + t_1) - z(r + t_2)|$$
$$\leqslant \int_{r+t_1}^{r+t_2} (|Av(t)| + b|v(t)| + |F(v_t + z_t)|) dt$$
$$+ \left(\int_{r+t_1}^{r+t_2} |\mu z(t) - Az(t) - bz(t)| dt + |z(r + t_1) - z(r + t_2)| \right). \tag{3.1.46}$$

下面估计方程右边的每一项.

(i) 由于 Ornstein-Uhlenbeck 过程的轨道是 P-a.s. 连续的, 因此在有限区间 $[0, r]$ 上, $z(\cdot, \omega)$ 和 $Az(\cdot, \omega)$ 都是一致连续的, 因此, 当 $t_2 \to t_1$ 时,

$$\int_{r+t_1}^{r+t_2} |\mu z(t) - Az(t) - bz(t)| dt \to 0. \tag{3.1.47}$$

(ii) 由 (3.1.38) 可得

$$(1 - k_1 - l_1)|Av(t)|^2 \leqslant (k_2 + \varepsilon_0) \int_{-r}^{0} |v(t+s)|^2 ds + \frac{1}{2} p_2(t, \omega) + k_3 - \frac{1}{2} \frac{d}{dt} \|v(t)\|^2. \tag{3.1.48}$$

由于

$$(1 - k_1 - l_1) \int_{r+t_1}^{r+t_2} |Av(t)|^2 dt$$
$$\leqslant (k_2 + \varepsilon_0) \int_{-r}^{0} \int_{r+t_1}^{r+t_2} |u(t+s)|^2 dt ds + \frac{1}{2} \int_{r+t_1}^{r+t_2} p_2(t, \omega) dt + k_3(t_2 - t_1)$$
$$- \frac{1}{2} \int_{r+t_1}^{r+t_2} \frac{d}{dt} \|v(t)\|^2 dt$$

$$\leqslant (k_2 + k_3 + \varepsilon_0) r \rho_H^2 (t_2 - t_1) + \frac{1}{2} \int_{r+t_1}^{r+t_2} p_2(t, \omega) dt,$$
$$+ \rho_v^2 + \frac{1}{2} \|v(t + \theta_1)\|^2 - \frac{1}{2} \|v(t + \theta_2)\|^2, \tag{3.1.49}$$

因此

$$\int_{r+t_1}^{r+t_2} |Av(t)| dt \leqslant (t_2 - t_1)^{\frac{1}{2}} \cdot \left(\int_{r+t_1}^{r+t_2} |Av(t)|^2 \right)^{\frac{1}{2}} \to 0, \quad t_2 \to t_1.$$

(iii) 直接计算可得

$$\int_{r+t_1}^{r+t_2} b|v(t)| dt \leqslant b\rho_H(t, \omega)|t_2 - t_1|.$$

(iv) 再由 (3.1.3) 可得

$$\int_{r+t_1}^{r+t_2} |F(u_t)| dt \leqslant \int_{r+t_1}^{r+t_2} \left(k_1 + k_2 \int_{-r}^{0} |u(t+s)|^2 ds + k_3 \right) dt$$
$$\leqslant (k_1 + k_3)(t_2 - t_1) + k_2 \int_{-r}^{0} \int_{r+t_1}^{r+t_2} |v(t+s) + z(t+s)|^2 dt ds$$
$$\leqslant (k_1 + k_3 + (k_2 + \varepsilon_0) r \rho_H^2 + p_1(t, \omega))(t_2 - t_1). \tag{3.1.50}$$

综上所述, 当 $t_2 \to t_1$ 时,

$$|u(r + t_2) - u(r + t_1)| \to 0, \ \forall \psi_1 \in B_{C_V}(0, \rho_V(0, \omega)).$$

因此, 等度连续性得证.

于是, $K(\omega)$ 在 C_H 中是相对紧的. $\overline{K(\omega)}$ 在 C_H 中是一个紧的吸收集, 其中, 闭包是在 C_H 中取的.

考虑线性算子 $\widetilde{j} : \phi \in C_H \mapsto \widetilde{j}(\phi) = (\phi(0), \phi) \in H \times C_H$. 容易验证该算子是从 C_H 到 M_H^2 上的连续算子. 令 $\widetilde{K}(\omega) = \widetilde{j}(\overline{K(\omega)})$. 由于 $H \times C_H \subset M_H^2$, 并且内射是连续的, $\widetilde{K}(\omega)$ 是 M_H^2 中的紧集.

因此由文献 [2] 中定理 3.11 可知, 随机动力系统 φ 存在随机吸引子 $\mathcal{A}_\varepsilon(\omega) \subset H \times C_H$ P-a.s., 且

$$\varphi(t, \omega) \mathcal{A}_{M_H^2}(\omega) = \mathcal{A}_{M_H^2}(\theta_t \omega). \tag{3.1.51}$$

定理 3.1.2 证毕. □

接下来证明随机吸引子的上半连续性. 考虑依赖于 ε 的随机扰动时滞抛物方程

$$\begin{cases} \dfrac{\partial u(t, x)}{\partial t} + Au(t, x) + bu(t, x) = F(u_t)(x) + \varepsilon \sum_{j=1}^{m} \beta_j(x) \dfrac{d}{dt} w_j(t), & x \in \mathcal{O}, \\ u(0, x) = u_0(x), \quad u(s, x) = \psi(s, x), \quad s \in (-r, 0). \end{cases} \tag{3.1.52}$$

令 $v(t) = u(t) - \varepsilon z(t)$, 则 v 满足依赖于随机参数的方程

$$\frac{dv}{dt} + Av + bv = F(v_t + \varepsilon z_t) + \varepsilon(\mu z - Az - bz) \tag{3.1.53}$$

及相应的初值条件

$$v(\tau, \omega) = u_0 - \varepsilon z(\tau, \omega) \triangleq v_0(\omega),$$
$$v(\tau + s) = \psi(s) - \varepsilon z(\tau + s, \omega) \triangleq \xi(s, \omega), \quad s \in (-r, 0). \tag{3.1.54}$$

类似于文献 [18] 中定理 3.1 的证明可知, 对每个 $\varepsilon \in \mathbb{R}^+$, 方程 (3.1.53) $\sim$ (3.1.54) 存在唯一的弱解 $v(t, \omega; \tau, (v_0, \xi))$, 并且映射 $(v_0, \xi) \mapsto (v(t, \omega; \tau, (v_0, \xi)), v_t(\cdot, \omega; \tau, (v_0, \xi)))$ 是连续的, 可定义依赖于 ε 的映射为 $\varphi_\varepsilon : \mathbb{R} \times \Omega \times M_H^2 \to M_H^2$ 如下:

$$\varphi_\varepsilon(t, \omega)(u_0, \psi) = (u(t, \omega; 0, (u_0, \psi)), u_t(\cdot, \omega; 0, (u_0, \psi)))$$
$$= (v(t, \omega; 0, (v_0, \xi)) + \varepsilon z(t), v_t(\cdot, \omega; 0, (v_0, \xi)) + \varepsilon z_t). \tag{3.1.55}$$

因此, φ_ε 是连续的随机动力系统.

令

$$\rho_{H,\varepsilon}^2(t, \omega) = \varepsilon^2 C_p(t, \omega) + \frac{4k_3}{c_0},$$
$$I_{V,\varepsilon}(t, \omega) = \frac{1}{1 + (k_1 + l_0)\lambda_1^{-1}} \left(\left((k_2 + \varepsilon_0)r + \frac{1}{2} \right) \rho_{H,\varepsilon}^2(t, \omega) + \frac{\varepsilon^2}{2} \int_{t-1}^t p_1(s, \omega)ds + k_3 \right),$$
$$\rho_{V,\varepsilon}^2(t, \omega) = \max_{s \in [t-r, t]} \left\{ I_{V,\varepsilon}(s, \omega) + 2(k_2 + \varepsilon_0)r\rho_{H,\varepsilon}^2(s, \omega) + \varepsilon^2 \int_{s-1}^s p_2(s_1, \omega)ds_1 + 2k_3 \right\}.$$

类似于引理 3.1.1 和引理 3.1.4 的证明, 可以在不同空间中得到解的不同估计.

记 $v(\cdot) = v(\cdot, \omega; \tau, (v_0, \xi))$. 则有

引理3.1.5 如果 $\lambda_1 + b > k_1 + k_2 r$, 则方程 (3.1.53) $\sim$ (3.1.54) 的解 $v(t)$ 满足

(i)

$$|v(t)|^2 \leqslant e^{-c_0(t-\tau)}|v_0|^2 + 2(k_2 + \varepsilon_0)re^{-c_0(t-\tau-r)}\|\xi\|_{L_H^2}^2$$
$$+ \varepsilon^2 C_p(t, \omega) + \frac{2k_3}{c_0} \quad \text{P-a.s.,} \tag{3.1.56}$$

(ii) 对所有的 $(v_0, \xi) \in \mathcal{B}_{M_H^2}(0, d)$, 都存在 $T_H(d) > r$, 使得当 $\tau < t - T_H(d) - r$ 时, 有

$$\int_{t-1}^t \|v(s)\|^2 ds \leqslant I_{V,\varepsilon}(t, \omega), \|v(t)\|^2 \leqslant \rho_{V,\varepsilon}^2(t, \omega).$$

因此, $B_{C_H}(0, \rho_{H,\varepsilon}(t, \omega))$ 和 $B_{C_V}(0, \rho_{V,\varepsilon}(t, \omega))$ 分别是随机动力系统在 C_H 和 C_V 中的吸收集.

令

$$K_\varepsilon(\omega) = \bigcup_{\psi_1 \in B_{C_V}(0, \rho_{V,\varepsilon}(0,\omega))} P_{C_H}\left(\varphi_\varepsilon(r,\omega)(\psi_1(0),\psi_1)\right),$$

类似于定理 3.1.2 的证明可得

定理3.1.3 假设 (H1) ~ (H2) 成立, $\lambda_1 + b > k_1 + k_2 r$ 且 $k_1 < 1$. 则由系统 (3.1.52) 的解生成的随机动力系统 φ_ε 存在随机吸引子 $\mathcal{A}_\varepsilon(\omega) \subset H \times C_H$, 且

$$\varphi_\varepsilon(t,\omega)\mathcal{A}_\varepsilon(\omega) = \mathcal{A}_\varepsilon(\theta_t\omega). \tag{3.1.57}$$

注意到, 当 $\varepsilon = 0$ 时, 随机时滞抛物方程就退化为自治时滞抛物方程:

$$\begin{cases} \dfrac{\partial u(t,x)}{\partial t} + Au(t,x) + bu(t,x), = F(u_t)(x), \quad x \in \mathcal{O}, \\ u(0,x) = u_0(x), \quad u(s,x) = \psi(s,x), \quad s \in (-r,0), \end{cases} \tag{3.1.58}$$

容易验证, 上述自治系统存在整体吸引子. 现在讨论整体吸引子和随机吸引子之间的联系. 下面利用文献 [5] 的思想证明在随机扰动下, 自治情形的整体吸引子是上半连续的.

首先令 $\varepsilon = 0$, 由定理 3.1.3 可知, 由系统 (3.1.58) 的解生成的自治动力系统存在整体吸引子. 然而, 需要指出, 由文献 [18] 中的命题 4.1 可知, 系统 (3.1.58) 的一致吸引子是存在的. 由文献 [5] 关于扰动系统的吸引子的上半连续性可知, 在随机扰动下, 自治情形 (3.1.58) 的整体吸引子上半连续到随机吸引子.

定理3.1.4 设 φ_ε 为 (3.1.20) 的解生成的随机动力系统, S 为 (3.1.58) 的解生成的自治动力系统, 相应的吸引子分别为 $\mathcal{A}_\varepsilon(\omega)$ 和 $\mathcal{A}$. 则当 $\varepsilon \to 0$ 时, $\mathcal{A}_\varepsilon(\omega)$ 关于 Hausdorff 半距离连续到 $\mathcal{A}$, 即对 P-a.s. $\omega \in \Omega$,

$$\lim_{\varepsilon \to 0} \mathrm{dist}(\mathcal{A}_\varepsilon(\omega), \mathcal{A}) = 0. \tag{3.1.59}$$

证明 为了应用文献 [5] 中的定理 3.1, 需要验证下面两个条件:

条件1. 对每个 P-a.s. $\omega \in \Omega$, $t \in \mathbb{R}$, 及 M_H^2 有界集中的元素 (u_0, ψ), 都有

$$\lim_{\varepsilon \to 0} \|\varphi_\varepsilon(t,\omega)(u_0,\psi) - S(t)(u_0,\psi)\|_{M_H^2} = 0, \tag{3.1.60}$$

由 (3.1.20) 可得

$$\|\varphi_\varepsilon(t,\omega)(u_0,\psi) - S(t)(u_0,\psi)\|_{M_H^2}$$

$$\leqslant \|(v(t,\omega;0,(u_0 - \varepsilon z(0), \psi - z_0)), v_t(\cdot,\omega;0,(u_0 - \varepsilon z(0), \psi - z_0))) - S(t)(u_0,\psi)\|_{M_H^2}$$

$$+ |\varepsilon| \cdot \|(z(t,\omega), z_t(\cdot,\omega))\|_{M_H^2}.$$

注意到 $z(t)$ 是 P-a.s. 的连续函数 $v(t,\omega;0,(u_0 - \varepsilon z(0), \psi - z_0))$ 和 $S(t)(u_0,\psi)$ 是下面方程的解:

$$\frac{dv}{dt} + Av + bv = F(v_t + \varepsilon z_t) + \varepsilon(\mu z - Az - bz),$$

$$\frac{du}{dt} + Au + bu = F(u_t).$$

F 满足必要的假设条件, 由泛函微分方程的解的连续依赖性可知, 当 $\varepsilon \to 0$ 时, $v(t, \omega; 0, \ (u_0 - \varepsilon z(0), \psi - z_0)) \to S(t)(u_0, \psi)$. 因此, 条件 1 得证.

条件 2. 可以证明, 对每个 $\omega \in \Omega$, 对 P-a.s. 的 $K_\varepsilon(\omega) \supset \mathcal{A}_\varepsilon(\omega)$, $K \supset \mathcal{A}$, $K_\varepsilon(\omega)$ 和 K 满足下面的性质:

$$\lim_{\varepsilon \to 0} \text{dist}(K_\varepsilon(\omega), K) = 0. \tag{3.1.61}$$

事实上, 只需证明在三个不同的函数空间中这些吸收球半径的极限满足

$$\lim_{\varepsilon \to 0} \rho_{H,\varepsilon}^2(t, \omega) = \frac{4k_3}{c_0} = \rho_{H,0}^2, \tag{3.1.62}$$

$$\lim_{\varepsilon \to 0} I_{V,\varepsilon}(t, \omega) = \frac{1}{1 + (k_1 + l_0)\lambda_1^{-1}} \left(\left((k_2 + \varepsilon_0)r + \frac{1}{2} \right) \rho_{H,0}^2 + k_3 \right) = I_{V,0}, \tag{3.1.63}$$

$$\lim_{\varepsilon \to 0} \rho_{V,\varepsilon}^2(t, \omega) = I_{V,0} + 2(k_2 + \varepsilon_0)r\rho_{H,0}^2 + 2k_3 = \rho_{V,0}^2. \tag{3.1.64}$$

因此

$$\lim_{\varepsilon \to 0} \text{dist}(B_{C_H}(0, \rho_{H,\varepsilon}(0, \omega)), B_{C_H}(0, \rho_{H,0})) = 0,$$
$$\lim_{\varepsilon \to 0} \text{dist}(B_{C_V}(0, \rho_{V,\varepsilon}(0, \omega)), B_{C_V}(0, \rho_{V,0})) = 0.$$

类似于引理 3.1.1~引理 3.1.4 可以证明, 方程 (3.1.58) 的解生成的自治动力系统, $\rho_{H,0}$ 和 $\rho_{V,0}$ 分别是由自治动力系统在 C_H 和 C_V 空间的吸收球的半径. 由紧的吸收集 $K_\varepsilon(\omega)$ 的构造和随机动力系统 φ_ε 的连续性可知, 断言成立, 于是定理得证. □

最后, 作为应用, 研究一个单种群具有状态依赖的分布时滞和加性白噪声驱动的非局部偏微分方程模型:

$$\frac{\partial}{\partial t} u(t, x) + Au(t, x) + d_0 u(t, x)$$
$$= \int_{-r}^{0} \left(\int_{\Omega} b(u(t + s, y)) f(x - y) dy \right) \xi(s, u(t), u_t) ds + \sum_{j=1}^{m} \beta_j(x) \frac{d}{dt} w_j(t)$$
$$\equiv F(u_t)(x) + \sum_{j=1}^{m} \beta_j(x) \frac{d}{dt} w_j(t), \quad x \in \mathcal{O}, \tag{3.1.65}$$

其中, ξ 表示状态的时滞. 该模型中的时滞反馈是可选的, 例如时滞出生率中的成熟期等, 并且选择依赖于系统的状态. 该偏微分方程模型可以看作是含有空间扩散, 状态依赖的分布时滞和随机扰动的是非线性发展过程的很好的近似, 与文献 [24] 中关于模型非线性项的假设相同, 即

(i) $b : \mathbb{R} \to \mathbb{R}$ 是局部 Lipschitz 连续, 存在正常数 C_1, C_2, 使得对所有的 $w \in \mathbb{R}$ 满足 $|b(w)| \leqslant C_1|w| + C_2$;

(ii) $f : \Omega \to \mathbb{R}$ 是有界的;

(iii) $\xi : [-r, 0] \times H \times L_H^2 \to \mathbb{R}$ 关于第二、三变元是局部 Lipschitz 的, 即对任意 $M > 0$, 都存在 $L_{\xi, M}$, 使得对所有的 $\theta \in [-r, 0]$, 及满足 $|v^i|^2 + \int_{-r}^0 |\psi^i(s)|^2 ds \leqslant M^2$, $i = 1, 2$ 的 $(v^i, \psi^i) \in H \times L_H^2$, 都有

$$|\xi(\theta, v^1, \psi^1) - \xi(\theta, v^2, \psi^2)| \leqslant L_{\xi, M} \cdot \left(|v^1 - v^2|^2 + \int_{-r}^0 |\psi^1(s) - \psi^2(s)|^2 ds \right)^{\frac{1}{2}}. \quad (3.1.66)$$

成立, 并且存在 $C_\xi > 0$, 使得对任意的 $(v, \psi) \in H \times L_H^2$,

$$\|\xi(\cdot, v, \psi)\|_{L^2(-r, 0)} \leqslant C_\xi. \quad (3.1.67)$$

进一步假设

(iv) 对于定义在 $\mathcal{O}$ 上的给定函数 $\{\beta_j\}_{j=1}^m$, $\{w_j\}_{j=1}^m$ 是在概率空间 $(\Omega, \mathscr{F}, P)$ 上的独立的双边实值 Wiener 过程.

命题3.1.1 [18] 假设文献 [24] 中的条件 (i) $\sim$ (iii) 成立, 则非局部模型中的非线性项 F 满足假设 (H1) $\sim$ (H2).

考虑下面的方程:

$$\frac{dv}{dt} + Av + bv = F(v_t + z_t) + (\mu z - Az - bz) \quad (3.1.68)$$

及初值条件

$$\begin{aligned} & v(\tau, \omega) = u_0 - z(\tau, \omega) \triangleq v_0(\omega), \\ & v(\tau + s) = \psi(s) - z(\tau + s, \omega) \triangleq \xi(s, \omega), \quad s \in (-r, 0), \end{aligned} \quad (3.1.69)$$

其中 $z(t)$ 是 (3.1.10) 中定义的 Ornstein-Uhlenbek 过程.

由定理 3.1.1 可得

命题3.1.2 对每个 $\tau \in \mathbb{R}$, 系统 (3.1.68) $\sim$ (3.1.69) P-a.s. 有唯一的弱解, 即

$$v(\cdot, \omega) \in L^2(\tau - r, T; H) \cap L^2(\tau, T; V) \cap L^\infty(\tau, T; H) \cap C([\tau, T]; H),$$

且对所有的 $t > \tau$, 映射 $(v_0, \xi) \mapsto (v(t, \omega; \tau, (v_0, \xi)), v_t(\cdot, \omega; \tau, (v_0, \xi)))$ 是连续的.

令 $u(t, \omega; \tau, (u_0, \psi)) = v(t, \omega; \tau, (u_0 - z(\tau), \psi - z_\tau)) + z(t)$. 则过程 u 是系统 (3.1.65) 的解. 由上述命题知, 可以定义一个连续的随机动力系统 $\varphi : \mathbb{R} \times \Omega \times M_H^2 \to M_H^2$:

$$\begin{aligned} \varphi(t, \omega)(u_0, \psi) &= (u(t, \omega; 0, (u_0, \psi)), u_t(\cdot, \omega; 0, (u_0, \psi))) \\ &= (v(t, \omega; 0, (v_0, \xi)) + z(t), v_t(\cdot, \omega; 0, (v_0, \xi)) + z_t). \quad (3.1.70) \end{aligned}$$

因此, 有

命题3.1.3 如果 $\lambda_1 + b > k_1 + k_2 r$, $k_1 < 1$, 则由系统 (3.1.65) 的解定义的随机动力系统 φ 存在随机吸引子 $\mathcal{A}_{M_H^2}(\omega) \subset H \times C_H$, 并且

$$\varphi(t, \omega)\mathcal{A}_{M_H^2}(\omega) = \mathcal{A}_{M_H^2}(\theta_t \omega).$$

接下来讨论确定性系统的整体吸引子与随机吸引子之间的关系. 考虑下面含参数 ε 的随机偏微分方程:

$$\frac{\partial}{\partial t}u(t, x) + Au(t, x) + d_0 u(t, x)$$

$$= \int_{-r}^{0} \left(\int_{\Omega} b(u(t + s, y))f(x - y)dy \right) \xi(s, u(t), u_t)ds + \varepsilon \sum_{j=1}^{m} \beta_j(x)\frac{d}{dt}w_j(t)$$

$$\equiv F(u_t)(x) + \varepsilon \sum_{j=1}^{m} \beta_j(x)\frac{d}{dt}w_j(t), \quad x \in \mathcal{O}, \tag{3.1.71}$$

由定理 3.1.4 可知

命题3.1.4 在命题 3.1.3 的假设下, 自治系统 (3.1.17) ($\varepsilon = 0$)存在整体吸引子 $\mathcal{A}$. 则当 $\varepsilon \to 0$ 时, 由方程 (3.1.71), 生成的随机动力系统 φ_ε 的随机吸引子 $\mathcal{A}_\varepsilon(\omega)$ 依 Hausdorff 半距离上半连续到 $\mathcal{A}$, 即对 P-a.s. $\omega \in \Omega$,

$$\lim_{\varepsilon \to 0} \text{dist}(\mathcal{A}_\varepsilon(\omega), \mathcal{A}) = 0. \tag{3.1.72}$$

3.2 随机时滞抛物方程的遍历性

这一节研究非局部时滞随机模型:

$$\frac{\partial}{\partial t}u(t, x) + Au(t, x) + d_0 u(t, x)$$

$$= \int_{-r}^{0} \left(\int_{\Omega} b(u(t + s, y))f(x - y)dy \right) \xi(s, u(t), u_t)ds + \sum_{j=1}^{m} \beta_j(x)\frac{d}{dt}w_j(t)$$

$$\equiv F(u_t)(x) + \sum_{j=1}^{m} \beta_j(x)\frac{d}{dt}w_j(t), \quad x \in \mathcal{O}, \tag{3.2.1}$$

其中 ξ 是状态依赖的时滞. 从遍历理论的角度来研究该模型, 构造具有指数混合速率的平衡点. 类似于文献 [6] 的思想, 我们的方法需要对随机项和时滞项的相互作用进行细致的分析, 另外, 还对解关于初始时刻和初始值的依赖性做综合分析. 我们继承并改进了文献 [20] 的耗散性方法证明了平衡点的随机稳定性, 详细证明参阅文献 [28].

对于从任何状态出发的随机系统, 最终将收敛到它的平衡点. 另一方面, 如果扰动的噪声变得越来越小, 那么随机系统的平衡态必将收敛到相应的确定性系统的

平衡点, 这一性质也称为系统的随机稳定性. 注意到这一性质完全不同于文献 [13] 中的微分方程的随机稳定性. 对于一般的有限维系统随机稳定性理论, 参阅文献 [1,15—17], 时滞抛物方程的随机稳定性的结论目前尚没有. 因此, 这里特别给出了解决这一问题的方法.

考虑下面的随机时滞抛物方程:

$$
\begin{cases}
\dfrac{\partial u(t,x)}{\partial t} + Au(t,x) + d_0 u(t,x) = F(u_t)(x) + \displaystyle\sum_{j=1}^{m} \beta_j(x)\dfrac{d}{dt}w_j(t), & x \in \mathcal{O}, \\
u(0,x) = u_0(x), \quad u(s,x) = \psi(s,x), & s \in (-r,0),
\end{cases}
\tag{3.2.2}
$$

其中 $\mathcal{O}$ 是 $\mathbb{R}^{n_o}$ 中具有光滑边界的有界区域, A 是闭稠定的自伴正的线性算子, $D(A) \subset L^2(\mathcal{O})$, 且具有紧的预解集(例如, 具有 Dirichlet 零边值的 $-\Delta$ 算子等). $\{\lambda_k\}_{k=1}^{\infty}$ 是 $A: D(A) \to L^2(\Omega)$ 只包含正特征值 $\{\lambda_k\}_{k=1}^{\infty}$ 的离散谱, 并满足 $0 < \lambda_1 \leqslant \lambda_2 \leqslant \cdots, \lambda_k \to \infty(k \to \infty)$. 假设 d_0 是一个非负常数, $u_0 \in H$, $\psi \in L_H^2$.

令 $F: L_H^2 \to H$ 满足下面的假设条件:

(H1) 对任意的初值 u_0, F 满足局部 Lipschitz 连续性, 即对任意的 $\forall M > 0$, 存在 $L_{F,M}$ 使得对 $\forall \xi_1, \xi_2 \in B_{L_H^2}(0,M)$, 都有

$$
|F(\xi_1) - F(\xi_2)|^2 \leqslant L_{F,M}\left(|\xi_1(t) - \xi_2(t)|^2 + \|\xi_1 - \xi_2\|_{L_H^2}^2\right);
$$

(H2) 存在 $\exists k_1, k_2 \geqslant 0$ 满足 $\forall \xi_1, \xi_2 \in L_H^2, \eta \in H$,

$$
|(F(\xi_1) - F(\xi_2), \eta)| \leqslant k_1|\eta|^2 + k_2\int_{-r}^{0}|\xi_1(s) - \xi_2(s)|^2 ds.
\tag{3.2.3}
$$

由 Riesz 表示定理可知

$$
|F(\xi)| = \|F(\xi)\|_{op} = \sup_{|\eta|=1}(F(\xi),\eta) = \sup_{|\eta|=1}\left[(F(\xi) - F(0), \eta) + (F(0), \eta)\right]
$$

$$
\leqslant k_1 + k_2\int_{-r}^{0}|\xi(s)|^2 ds + |F(0)|.
\tag{3.2.4}
$$

由上一节的讨论可知, 令 $v(t) = u(t) - z(t)$, 则 v 满足

$$
\frac{dv}{dt} + Av + d_0 v = F(v_t + z_t) + \gamma z - d_0 z,
\tag{3.2.5}
$$

及初值条件

$$
v(\tau, \omega) = u_0 - z(\tau, \omega) \triangleq v_0(\omega),
$$

$$
v(\tau + s) = \psi(s) - z(\tau + s, \omega) \triangleq \xi(s, \omega), \quad s \in (-r, 0).
\tag{3.2.6}
$$

定理3.2.1   如果 (H1)~(H2) 成立, 则对 P-a.s. $\omega \in \Omega$,

(1) 如果 $(v_0(\omega), \xi(\omega)) \in H \times L_H^2$, 则方程 $(3.2.5) \sim (3.2.6)$ 存在唯一的弱解, 即

$$v(\cdot, \omega) \in L^2(\tau - r, T; H) \cap L^2(\tau, T; V) \cap L^\infty(\tau, T; H) \cap C([\tau, T]; H);$$

(2) 如果 $(v_0(\omega), \xi(\omega)) \in V \times L_H^2$, 则方程的解 $(3.2.5)$ 是强解, 即

$$v(\cdot, \omega) \in L^2(\tau, T; D(A)) \cap C([\tau, T]; V), \quad \frac{dv}{dt}(\cdot, \omega) \in L^2(\tau, T; H),$$

方程在 $L^2(\tau, T; H)$ 中是等式, 在 H 中, 对几乎每个 $t \in [\tau, T]$ 都成立.

(3) 令 $v(t, \omega; \tau, (v_0, \xi))$ 为系统 $(3.2.5) \sim (3.2.6)$ 的解, 则对所有的 $t > \tau$, 映射 $(v_0, \xi) \mapsto (v(t, \omega; \tau, (v_0, \xi)), v_t(\cdot, \omega; \tau, (v_0, \xi)))$ 是连续的.

令 $u(t, \omega; \tau, (u_0, \psi)) = v(t, \omega; \tau, (u_0 - z(\tau), \psi - z_\tau)) + z(t)$. 则 u 是系统 $(3.1.5) \sim (3.1.6)$ 的一个解.

定义乘积空间 $M_H^2 = H \times L_H^2$, 则 M_H^2 是一个 Hilbert 空间, 其上的范数为

$$\|(u_0, \psi)\|_{M_H^2}^2 = |u_0|^2 + \int_{-r}^0 |\psi(s)|^2 ds, \quad \forall (u_0, \psi) \in M_H^2.$$

定义映射 $\varphi : \mathbb{R} \times \Omega \times M_H^2 \to M_H^2$:

$$\varphi(t, \omega)(u_0, \psi) = (u(t, \omega; 0, (u_0, \psi)), u_t(\cdot, \omega; 0, (u_0, \psi)))$$

$$= (v(t, \omega; 0, (v_0, \xi)) + z(t), v_t(\cdot, \omega; 0, (v_0, \xi)) + z_t). \quad (3.2.7)$$

则 φ 是由方程 $(3.1.5) \sim (3.1.6)$ 的解在 $L^2(\Omega, \mathcal{F}, P; H)$ 中确定的一个连续随机动力系统.

考虑 $u(0, \cdot; -t, (u_0, \psi))$, 受文献 [4] 的启发, 需要对随机项和时滞项进行细致的分析, 类似于文献 [6], 对解关于初始时刻和初始值进行综合分析.

定义 $v(\cdot) = v(\cdot, \omega; \tau, (v_0, \xi))$, $u(\cdot) = u(\cdot, \omega; \tau, (u_0, \psi))$. 固定 $\omega \in \Omega$, 则下面的结论是 P-a.s. 成立的:

引理3.2.1 如果 $\lambda_1 + d_0 > k_1 + k_2 r$, 则方程 $(3.2.5) \sim (3.2.6)$ 的解 $v(t)$ 满足

$$|v(t)|^2 \leqslant e^{-c_0(t-\tau)}|v_0|^2 + 2k_2 r e^{-c_0(t-\tau-r)}\|\xi\|_{L_H^2}^2 + C_p(t, \omega) \quad \text{P-a.s.}, \quad (3.2.8)$$

其中, c_0 是依赖于 λ_1, k_1, k_2, r 的正常数, $C_p(t, \omega)$ 是依赖于 λ_1, k_1, k_2, r 和 $z(t)$ 的 P-a.s. 有限的随机过程.

证明 由于 $\lambda_1 + d_0 > k_1 + k_2 r$, 故可选择 l_0, c_0, ε_0 足够小满足 $\lambda_1 + d_0 > k_1 + k_2 r e^{c_0 r} + \varepsilon_0 + \frac{c_0}{2} + l_0$.

用 $v(t)$ 与方程 $(3.2.5)$ 做内积后可得

$$\frac{1}{2}\frac{d}{dt}|v(t)|^2 + \|v(t)\|^2 + d_0|v(t)|^2$$

$$=(F(v_t + z_t), v(t)) + (\gamma z(t) - d_0 z(t), v(t))$$

$$=(F(v_t + z_t) - F(z_t), v(t)) + (F(z_t), v(t)) + (\gamma z(t) - d_0 z(t), v(t))$$

$$\leqslant k_1 |v(t)|^2 + k_2 \|v_t\|_{L_H^2}^2 + \frac{1}{\varepsilon_0} |F(z_t)|^2 + \varepsilon_0 |v(t)|^2 + \frac{1}{4l_0} |\gamma z(t) - d_0 z(t)|^2 + l_0 |v(t)|^2$$

$$\leqslant (k_1 + l_0 + \varepsilon_0) |v(t)|^2 + k_2 \|v_t\|_{L_H^2}^2 + \frac{1}{4l_0} |\gamma z(t) - d_0 z(t)|^2 + \frac{1}{\varepsilon_0} |F(z_t)|^2. \tag{3.2.9}$$

令

$$p_1(t,\omega) := \left| \frac{1}{2l_0} |\gamma z(t) - d_0 z(t)|^2 + \frac{2}{\varepsilon_0} |F(z_t)|^2 \right|. \tag{3.2.10}$$

由 Poincaré 不等式可得

$$\frac{d}{dt}|v(t)|^2 + 2(\lambda_1 + d_0 - k_1 - l_0 - \varepsilon_0)|v(t)|^2 \leqslant 2k_2 \int_{-r}^{0} |v(t+\theta)|^2 d\theta + p_1(t,\omega), \tag{3.2.11}$$

$$\begin{aligned}
\frac{d}{dt}(e^{c_0 t}|v(t)|^2) &= c_0 e^{c_0 t}|v(t)|^2 + e^{c_0 t}\frac{d}{dt}|v(t)|^2 \\
&\leqslant 2e^{c_0 t}\left(-\left(\lambda_1 + d_0 - k_1 - l_0 - \varepsilon_0 - \frac{c_0}{2}\right)|v(t)|^2 \right. \\
&\quad \left. + k_2 \int_{-r}^{0} |v(t+\theta)|^2 d\theta + \frac{1}{2}p_1(t,\omega) \right).
\end{aligned} \tag{3.2.12}$$

从 τ 到 t 积分后可得

$$\begin{aligned}
e^{c_0 t}|v(t)|^2 - e^{c_0 \tau}|v(\tau)|^2 \leqslant &-2\left(\lambda_1 + d_0 - k_1 - l_0 - \varepsilon_0 - \frac{c_0}{2}\right)\int_{\tau}^{t} e^{c_0 s}|v(s)|^2 ds \\
&+ 2k_2 \int_{\tau}^{t}\int_{-r}^{0} e^{c_0 s}|v(s+s_1)|^2 ds_1 ds \\
&+ \int_{\tau}^{t} e^{c_0 s} p_1(s,\omega) ds.
\end{aligned} \tag{3.2.13}$$

注意到

$$\begin{aligned}
&\int_{\tau}^{t}\int_{-r}^{0} e^{c_0 s}|v(s+s_1)|^2 ds_1 ds \\
&= \int_{-r}^{0}\int_{\tau}^{t} e^{c_0 s}|v(s+s_1)|^2 ds ds_1 = \int_{-r}^{0}\int_{\tau+s_1}^{t+s_1} e^{c_0(s_2-s_1)}|v(s_2)|^2 ds_2 ds_1 \\
&\leqslant e^{c_0 r}\int_{-r}^{0}\int_{\tau+s_1}^{t+s_1} e^{c_0 s_2}|v(s_2)|^2 ds_2 ds_1 \leqslant e^{c_0 r}\int_{-r}^{0}\int_{\tau-r}^{t} e^{c_0 s_2}|v(s_2)|^2 ds_2 ds_1 \\
&\leqslant r e^{c_0 r}\left(\int_{\tau-r}^{\tau} e^{c_0 s_2}|v(s_2)|^2 ds_2 + \int_{\tau}^{t} e^{c_0 s_2}|v(s_2)|^2 ds_2\right) \\
&\leqslant r e^{c_0 r}\left(e^{c_0 \tau}\int_{\tau-r}^{\tau} |v(s)|^2 ds + \int_{\tau}^{t} e^{c_0 s}|v(s)|^2 ds\right).
\end{aligned} \tag{3.2.14}$$

则有

$$e^{c_0 t}|v(t)|^2 - e^{c_0 \tau}|v(\tau)|^2 \leqslant -2\left(\lambda_1 + d_0 - k_1 - k_2 r e^{c_0 r} - l_0 - \varepsilon_0 - \frac{c_0}{2}\right) \int_\tau^t e^{c_0 s}|v(s)|^2 ds$$

$$+ 2k_2 r e^{c_0(r+\tau)} \int_{\tau-r}^\tau |v(s)|^2 ds + \int_\tau^t e^{c_0 s} p_1(s, \omega) ds. \quad (3.2.15)$$

由遍历定理可得

$$\lim_{\tau \to -\infty} \frac{1}{t-\tau} \int_\tau^t |z(s)|^2 ds = E|z(t)|^2 \leqslant 1, \quad \text{P-a.s.} \quad (3.2.16)$$

于是, 对于 a.s. $\omega \in \Omega$, 存在 $N(\omega) > 0$,

$$\int_{t-N}^t |z(s)|^2 ds \leqslant 2N.$$

于是

$$\int_{-\infty}^t e^{-c_0(t-s)}|z(s)|^2 ds = \sum_{j=0}^\infty \int_{t-(j+1)M}^{t-jM} e^{-c_0(t-s)}|z(s)|^2 ds$$

$$\leqslant \sum_{j=0}^\infty e^{-c_0 jM} \int_{t-(j+1)M}^{t-jM} |z(s)|^2 ds$$

$$\leqslant 2M \sum_{j=0}^\infty e^{-c_0 jM} < \infty, \quad (3.2.17)$$

$$\int_{-\infty}^t \int_{-r}^0 e^{-c_0(t-s)}|z(s_\theta)|^2 d\theta ds$$

$$= \sum_{j=0}^\infty \int_{t-(j+1)M}^{t-jM} \int_{-r}^0 e^{-c_0(t-s)}|z(s_\theta)|^2 d\theta ds$$

$$\leqslant \sum_{j=0}^\infty r e^{c_0(r-t)} \left(e^{c_0(t-(j+1)M)} \int_{t-(j+1)M-r}^{t-(j+1)M} |z(s)|^2 ds + \int_{t-(j+1)M}^{t-jM} e^{c_0 s}|z(s)|^2 ds\right)$$

$$\leqslant r e^{c_0 r} \sum_{j=0}^\infty \left(e^{-c_0(j+1)M} \int_{t-(j+1)M-r}^{t-(j+1)M} |z(s)|^2 ds + e^{-c_0 jM} \int_{t-(j+1)M}^{t-jM} |z(s)|^2 ds\right) < \infty.$$

$$(3.2.18)$$

由 (3.2.4) 和 (3.2.10) 可得, 随机过程

$$C_p(t, \omega) := \int_{-\infty}^t e^{-c_0(t-s)} p_1(s, \omega) ds \quad (3.2.19)$$

对 P-a.s. ω 是有限的, 因此

$$|v(t)|^2 \leqslant e^{-c_0(t-\tau)}|v_0|^2 + 2k_2 r e^{-c_0(t-\tau-r)}\|\xi\|_{L_H^2}^2 + \int_\tau^t e^{-c_0(t-s)} p_1(s,\omega)ds.$$

$$\leqslant e^{-c_0(t-\tau)}|v_0|^2 + 2k_2 r e^{-c_0(t-\tau-r)}\|\xi\|_{L_H^2}^2 + C_p(t,\omega), \tag{3.2.20}$$

引理得证. □

注意到 $z(t)$ 的性质, 由随机 Fubini 定理(在讨论 $\|z(t)\|_{L_H^2}^2$ 时交换次序 (3.2.14))
可得

引理3.2.2 $\sup\limits_t \mathbb{E}(|z(t)|^2 + \|z(t)\|_{L_H^2}^2 + C_p(t,\omega)) < \infty.$

下面的命题在证明定理 3.2.2 时很关键.

命题3.2.1 如果 $\lambda_1 + d_0 > k_1 + k_2 r$, 则存在一个随机变量 η, 使得对任意的 (u_0, ψ)
$\in M_H^2, \kappa > 0$, 对某个 $D > 0$,

$$\mathbb{E}|u(0, \omega; -\kappa, (u_0, \psi)) - \eta|^2 \leqslant D e^{-c_0 \kappa}(\|(u_0, \psi)\|_{M_H^2}^2 + 1).$$

证明 首先, 对 $\kappa > \kappa_1 > 0$, 断言:

$$|u(0, -\kappa, (u_0, \psi)) - u(0, -\kappa_1, (u_0, \psi))|^2$$
$$\leqslant e^{-c_0 \kappa_1}|u(-\kappa_1, -\kappa, (u_0, \psi)) - u_0|^2$$
$$+ 2k_2 r e^{-c_0(\kappa_1 - r)}\|u(-\kappa_1 + s, -\kappa, (u_0, \psi)) - \psi\|_{L_H^2}^2. \tag{3.2.21}$$

事实上, 令 $\bar{u}(t) = u(t, -\kappa, (u_0, \psi)) - u(t, -\kappa_1, (u_0, \psi))$, 则有

$$\frac{d\bar{u}}{dt} + A\bar{u} + b\bar{u} = F(u(t+s, -\kappa, (u_0, \psi))) - F(u(t+s, -\kappa_1, (u_0, \psi))), \tag{3.2.22}$$

及

$$\bar{u}(-\kappa_1) = u(-\kappa_1, -\kappa, (u_0, \psi)) - u_0,$$
$$\bar{u}(-\kappa_1 + s) = u(-\kappa_1 + s, -\kappa, (u_0, \psi)) - \psi, \quad s \in (-r, 0). \tag{3.2.23}$$

用 $\bar{u}$ 与 (3.2.22) 作内积后可得

$$\frac{1}{2}\frac{d}{dt}|\bar{u}(t)|^2 + \|\bar{u}(t)\|^2 + d_0|\bar{u}(t)|^2$$
$$= (F(u(t+s, -\kappa, (u_0, \psi))) - F(u(t+s, -\kappa_1, (u_0, \psi))), \bar{u}(t))$$
$$\leqslant k_1|\bar{u}(t)|^2 + k_2\|\bar{u}_t\|_{L_H^2}^2. \tag{3.2.24}$$

重复引理 3.2.1 的证明, 再令 $t = 0$, 即可证得断言.

由引理 3.2.1 可得

$$|v(-\kappa_1, \omega; -\kappa, (v_0, \xi))|^2 \leqslant e^{-c_0(\kappa - \kappa_1)}|v_0|^2 + 2k_2 r e^{-c_0(\kappa - \kappa_1 - r)}\|\xi\|_{L_H^2}^2 + C_p(-\kappa_1, \omega),$$
$$\tag{3.2.25}$$

其中 $(v_0, \xi) = (u_0 - z(-\kappa), \psi - z_{-\kappa})$. 于是

$$
\begin{aligned}
|u(-\kappa_1, -\kappa, (u_0, \psi))|^2 &\leqslant 4(e^{-c_0(\kappa-\kappa_1)}|u_0|^2 + 2k_2 r e^{-c_0(\kappa-\kappa_1-r)}||\psi||_{L_H^2}^2 + |z(-\kappa)|^2 \\
&\quad + |z(-\kappa_1)|^2 + 2k_2 r||z_{-k}||_{L_H^2}^2 + C_p(-\kappa_1, \omega)) \\
&\leqslant 4(|u_0|^2 + 2k_2 r||\psi||_{L_H^2}^2 + |z(-\kappa)|^2 + |z(-\kappa_1)|^2 \\
&\quad + 2k_2 r||z_{-k}||_{L_H^2}^2 + C_p(-\kappa_1, \omega)).
\end{aligned} \tag{3.2.26}
$$

由引理 3.2.1 可得

$$
\begin{aligned}
||u(-\kappa_1 + s, -\kappa, (u_0, \psi))||_{L_H^2}^2 &\leqslant r \max_{s \in [-r, 0]} |u(-\kappa_1 + s, -\kappa, (u_0, \psi))|^2 \\
&\leqslant 4r(|u_0|^2 + 2k_2 r||\psi||_{L_H^2}^2 + |z(-\kappa)|^2 + |z(-\kappa_1)|^2 \\
&\quad + 2k_2 r||z_{-k}||_{L_H^2}^2 + C_p(-\kappa_1, \omega)).
\end{aligned} \tag{3.2.27}
$$

取 (3.2.1) 的期望后得到

$$
\begin{aligned}
&\mathbb{E}|u(0, -\kappa, (u_0, \psi)) - u(0, -\kappa_1, (u_0, \psi))|^2 \\
&\leqslant \mathbb{E}e^{-c_0(\kappa_1-r)}(|u(-\kappa_1, -\kappa, (u_0, \psi)) - u_0|^2 \\
&\quad + 2k_2 r||u(-\kappa_1 + s, -\kappa, (u_0, \psi)) - \psi||_{L_H^2}^2).
\end{aligned} \tag{3.2.28}
$$

由 (3.2.26) 和 (3.2.27) 可知, (3.2.28) 的左边不大于

$$
\begin{aligned}
&Ce^{-c_0(\kappa_1-r)}\mathbb{E}(|u_0|^2 + ||\psi||_{L_H^2}^2 + |z(-\kappa)|^2 + |z(-\kappa_1)|^2 + ||z_{-k}||_{L_H^2}^2 + C_p(-\kappa_1, \omega)) \\
&\leqslant Ce^{-c_0(\kappa_1-r)}(|u_0|^2 + ||\psi||_{L_H^2}^2 + \mathbb{E} \sup_{-\kappa \leqslant t \leqslant -\kappa_1} (2|z(t)|^2 + ||z_t||_{L_H^2}^2 + C_p(t, \omega))), \tag{3.2.29}
\end{aligned}
$$

其中 C 是一个常数.

由引理 3.2.2 可知, 存在某个常数 $D > 0$,

$$
\mathbb{E}|u(0, -\kappa, (u_0, \psi)) - u(0, -\kappa_1, (u_0, \psi))|^2 \leqslant De^{-c_0\kappa_1}(||(u_0, \psi)||_{M_H^2}^2 + 1).
$$

从上面的估计可知, 当 $\kappa \to +\infty$ 时, 在 $L^2(\Omega, \mathcal{F}, P; H)$ 中, $u(0, \omega; -\kappa, (u_0, \psi))$ 收敛到 $\eta_{(u_0, \psi)}$, 并且

$$
\mathbb{E}|u(0, \omega; -\kappa, (u_0, \psi)) - \eta_{(u_0, \psi)}|^2 \leqslant De^{-c_0\kappa}(||(u_0, \psi)||_{M_H^2}^2 + 1).
$$

最后证明 $\eta_{(u_0, \psi)}$ 不依赖于 (u_0, ψ). 事实上, 对任意的 $(u_0', \psi') \in M_H^2$, 令 $\hat{u}(t) = u(t, -\kappa, (u_0, \psi)) - u(t, -\kappa, (u_0', \psi'))$, 则有

$$
\frac{d\hat{u}}{dt} + A\hat{u} + d_0\hat{u} = F(u(t, -\kappa, (u_0, \psi))) - F(u(t, -\kappa, (u_0', \psi'))), \tag{3.2.30}
$$

及

$$\hat{u}(-\kappa) = u_0 - u_0',$$

$$\hat{u}(-\kappa + s) = \psi(s) - \psi'(s), \quad s \in (-r, 0). \tag{3.2.31}$$

用 $\hat{u}$ 与 (3.2.30) 在 H 中作内积后可得

$$\frac{1}{2}\frac{d}{dt}|\hat{u}(t)|^2 + \|\hat{u}(t)\|^2 + d_0|\hat{u}(t)|^2$$
$$= (F(u(t, -\kappa, (u_0, \psi))) - F(u(t, -\kappa, (u_0', \psi'))), \hat{u}(t))$$
$$\leqslant k_1|\hat{u}(t)|^2 + k_2\|\hat{u}_t\|_{L_H^2}^2. \tag{3.2.32}$$

类似于上面的讨论可得

$$|u(t, -\kappa, (u_0, \psi)) - u(t, -\kappa, (u_0', \psi'))|^2$$
$$\leqslant e^{-c_0(t+\kappa)}|u_0 - u_0'|^2 + 2k_2 r e^{-c_0(t-r+\kappa)}\|\psi - \psi'\|_{L_H^2}^2, \tag{3.2.33}$$

只要先令 $t = 0$, 再令 $\kappa \to +\infty$, 即可证明该引理. $\qquad\square$

以下不再区分平衡点和不变测度. 下面的定理用文献 [20,22] 中的方法即可得证, 为了完整起见, 给出证明.

令 $C_b(H)$ 表示 H 中的有界连续函数组成的空间. $\mathcal{P}(H)$ 表示 H 上概率 Borel 测度组成的空间. 注意到 Markov 半群 $P_t : C_b(H) \to C_b(H)$, $P_t^* : \mathcal{P}(H) \to \mathcal{P}(H)$, 其中转移函数 $P_t(u, \Gamma)$ 由公式

$$P_t f(u) = \int_H P_t(u, dv) f(v), \quad P_t^* \mu(\Gamma) = \int_H P_t(v, \Gamma) \mu(dv)$$

确定.

定理 3.2.2　如果 $\lambda_1 + d_0 > k_1 + k_2 r$, 系统 (3.2.2), 存在唯一的不变测度 μ, 且是指数混合的, 而且对任何 Borel 概率测度 ν, 当 $t \to +\infty$ 时, $P_t^*\nu \to \mu$ 弱收敛.

证明　首先断言: 不变测度 μ 就是命题 3.2.1 中的 η 的分布.

实际上, 令 $\mu = \mathcal{D}(\eta)$, φ 为 H 上的有界连续函数, 则由命题 3.2.1 可知, 对任意的 $t, s > 0$, 当 $t \to +\infty$ 时,

$$\left| \int_H P_{t+s}\varphi(h) d\mu(h) - \int_H P_s\varphi(h) d\mu(h) \right|$$
$$= \left| \int_H P_t P_s \varphi d\mu - \int_H P_s \varphi d\mu \right|$$
$$= \left| \int_H \mathbb{E}[P_s\varphi(u(t, 0, (u_0, \psi)))] d\mu - \int_H \mathbb{E}[P_s\varphi(\eta)] d\mu \right|$$
$$= \left| \int_H (\mathbb{E}[P_s\varphi(u(0, -t, (u_0, \psi)))] - \mathbb{E}[P_s\varphi(\eta)]) d\mu \right| \longrightarrow 0, \tag{3.2.34}$$

再由 (3.2.33) 可知, (P_s) 是一个 Feller 转移半群.

类似地, 当 $t \to +\infty$ 时,

$$\left| \int_H P_{t+s}\varphi(h)d\mu(h) - \int_H \varphi(h)d\mu(h) \right|$$

$$= \left| \int_H \mathbb{E}[\varphi(u(t+s,0,(u_0,\psi)))]d\mu - \int_H \mathbb{E}[\varphi(\eta)]d\mu \right|$$

$$= \left| \int_H (\mathbb{E}[\varphi(u(t+s,0,(u_0,\psi)))] - \mathbb{E}[\varphi(\eta)])d\mu \right|$$

$$= \left| \int_H (\mathbb{E}[\varphi(u(0,-t-s,(u_0,\psi)))] - \mathbb{E}[\varphi(\eta)])d\mu \right| \longrightarrow 0. \qquad (3.2.35)$$

因此, 由 (3.2.34) 和 (3.2.35) 可得

$$\int_H P_s\varphi(h)d\mu(h) = \int_H \varphi(h)d\mu(h),$$

这表明 μ 是一个不变测度.

假设 (P_t) 还存在另外一个不变测度 λ, 则对 H 中的任意有界连续函数 φ, 当 $t > 0$ 时,

$$\int_H P_t\varphi(h)d\lambda(h) = \int_H \varphi(h)d\lambda(h). \qquad (3.2.36)$$

然而, 当 $t \to +\infty$ 时,

$$\left| P_t\varphi - \int_H \varphi(h)d\mu(h) \right| = |\mathbb{E}[\varphi(u(t,0,(u_0,\psi)))] - \mathbb{E}[\varphi(\eta)]|$$

$$= |\mathbb{E}[\varphi(u(0,-t,(u_0,\psi)))] - \mathbb{E}[\varphi(\eta)]| \longrightarrow 0. \qquad (3.2.37)$$

于是, 如果在 (3.2.36) 中, 令 $t \to +\infty$, 则有

$$\int_H \varphi(h)d\mu(h) = \int_H \varphi(h)d\lambda(h),$$

即 $\mu = \lambda$.

令 χ 是 H 上的一个有界的 Lipschitz 函数, 再由命题 3.2.1 可得

$$\left| P_t\chi(u_0,\psi) - \int_H \chi(h)d\mu(h) \right| = |\mathbb{E}[\chi(u(t,0,(u_0,\psi)))] - \mathbb{E}[\chi(\eta)]|$$

$$= |\mathbb{E}[\chi(u(0,-t,(u_0,\psi)))] - \mathbb{E}[\chi(\eta)]|$$

$$\leqslant \sqrt{D}\|\chi\|_{Lip}e^{-c_0\kappa/2}(\|(u_0,\psi)\|_{M_H^2}^2 + 1)^{1/2},$$

其中, $\|\cdot\|_{\mathrm{Lip}}$ 是 H 中的 Lipschitz 范数. 因此, μ 是指数混合的.

最后, 由 (3.2.37) 可得, 对任意的 Borel 概率测度 ν, 及任意有界连续函数 φ, 当 $t \to +\infty$ 时,

$$(P_t^*\nu, \varphi) = \int_H P_t\varphi(h)d\nu(h) \longrightarrow \int_H \int_H \varphi(h)d\mu(h)d\nu(h) = \int_H \varphi(h)d\mu(h) = (\mu, \varphi).$$

定理得证.　　　　　　　　　　　　　　　　　　　　　　　　　　　　　　□

在下面的讨论中, 特别假设:

(H3) 对某个 $C_F > 0$, F 满足

$$|F(\xi)|^2 \leqslant C_F \left(|\xi(t)|^2 + \|\xi\|_{L_H^2}^2 \right), \quad \forall \xi \in L_H^2.$$

考虑在 M_H^2 中的如下确定性时滞抛物方程:

$$du(t) + (Au(t) + d_0 u(t))\, dt = F(u_t) dt, \tag{3.2.38}$$

及

$$u(\tau) = u_0, \quad u(\tau + s) = \psi(s), \quad s \in (-r, 0). \tag{3.2.39}$$

令 $u^0(t, \tau, (u_0, \psi))$ 是方程 (3.2.38) 的弱解. 引入一系列随机时滞抛物方程来描述确定性系统的随机扰动. 对于充分小的 $\varepsilon > 0$, 考虑下面的方程:

$$du(t) + (Au(t) + d_0 u(t))\, dt = F(u_t) dt + \sum_{j=1}^{m} \beta_j^\varepsilon dw_j, \tag{3.2.40}$$

及

$$u(\tau) = u_0, \quad u(\tau + s) = \psi(s), \quad s \in (-r, 0), \tag{3.2.41}$$

其中, 对于某个 $\tilde{C} > 0$, $\beta_j^\varepsilon(x) \in V$, $\sup\limits_{x \in \mathcal{O}} |\beta_j^\varepsilon(x)| \leqslant \tilde{C}\varepsilon$, ε 用于控制噪声的大小.

由定理 3.1.1 可知, 对于不同的 ε, 方程 (3.2.40) 存在唯一的弱解 $u^\varepsilon(t, \tau, (u_0, \psi))$. 由此得到相应的转移半群 (P^ε). 而且, 由命题 3.2.1 和定理 3.2.2, 分别存在一列随机变量 η^ε 和不变测度 μ^ε.

作为引理 3.2.1 的特例, 有

引理3.2.3　如果 $\lambda_1 + d_0 > k_1 + k_2 r$, 则方程 (3.2.38) 的解 $u^0(t, \tau, (u_0, \psi))$ 满足

$$|u^0(t, \tau, (u_0, \psi))|^2 \leqslant e^{-c_0(t-\tau)} |u_0|^2 + 2k_2 r e^{-c_0(t-\tau-r)} \|\psi\|_{L_H^2}^2, \tag{3.2.42}$$

其中, c_0 是依赖于 λ_1, k_1, k_2, r 的正常数.

不难证明, 在原点集中分布的 Dirichlet 测度 δ_0 是方程 (3.2.38) 的不变测度. 因此, 有下面的结论:

定理3.2.3　如果 $\lambda_1 + d_0 > k_1 + k_2 r$, 则当 $\varepsilon \to 0$ 时, μ^ε 弱收敛到 δ_0, 即确定性的时滞抛物方程是随机稳定的.

证明　固定 $(u_0, \psi) \in M_H^2$, 令

$$\tilde{u}(t, \tau, (u_0, \psi)) = u^\varepsilon(t, -\kappa, (u_0, \psi)) - u^0(t, -\kappa, (u_0, \psi)),$$

当 $t, \kappa > 0$ 时, 有

$$\frac{d\tilde{u}}{dt} + A\tilde{u} + d_0\tilde{u} = F(u^\varepsilon(t, -\kappa, (u_0, \psi))) - F(u^0(t, -\kappa, (u_0, \psi))) + \sum_{j=1}^{m} \beta_j^\varepsilon dw_j, \quad (3.2.43)$$

及

$$\tilde{u}(-\kappa) = 0,$$
$$\tilde{u}(-\kappa + s) = 0, \quad s \in (-r, 0). \quad (3.2.44)$$

令 $w^\varepsilon(t) = \sum_{j=1}^{m} \beta_j^\varepsilon w_j(t)$, γ 是正常数, 下面引入 H 中的 Ornstein-Uhlenbeck 过程:

$$dz^\varepsilon(t) + Az^\varepsilon(t) = -\gamma z^\varepsilon(t)dt + dw^\varepsilon(t). \quad (3.2.45)$$

令 $\tilde{v}(t) = \tilde{u}(t) - z^\varepsilon(t)$, 则 $\tilde{v}$ 满足

$$\frac{d\tilde{v}}{dt} + A\tilde{v} + d_0\tilde{v} = F(u^\varepsilon(t, -\kappa, (u_0, \psi))) - F(u^0(t, -\kappa, (u_0, \psi))) + \gamma z^\varepsilon - d_0 z^\varepsilon, \quad (3.2.46)$$

及相应的初值条件

$$\tilde{v}(-\kappa) = -z^\varepsilon(-\kappa),$$
$$\tilde{v}(-\kappa + s) = -z^\varepsilon(-\kappa + s), \quad s \in (-r, 0). \quad (3.2.47)$$

用 $\tilde{v}$ 与方程 (3.2.46) 做内积后得到

$$|\tilde{v}(t, -\kappa, (\tilde{v}(-\kappa), \tilde{v}_{-\kappa}))|^2 \leqslant e^{-c_0(t+\kappa)}|z^\varepsilon(-\kappa)|^2 + 2k_2 r e^{-c_0(t+\kappa)}\|z_{-k}^\varepsilon\|_{L_H^2}^2 + C_p^\varepsilon(t, \omega), \quad (3.2.48)$$

其中 $C_p^\varepsilon(t, \omega)$ 和 $C_p(t, \omega)$ 相似, 只需要用 $z^\varepsilon(t)$ 代替 $z(t)$ 即可.

因此

$$|\tilde{u}(0, -\kappa, (\tilde{u}(-\kappa), \tilde{u}_{-\kappa}))|^2 \leqslant (e^{-c_0\kappa} + 1)|z^\varepsilon(-\kappa)|^2 + 2k_2 r e^{-c_0\kappa}\|z_{-k}^\varepsilon\|_{L_H^2}^2 + C_p^\varepsilon(t, \omega). \quad (3.2.49)$$

令 $\kappa \to \infty$, 则有

$$|\eta^\varepsilon|^2 \leqslant \int_{-\infty}^{0} e^{c_0 s} \left| \frac{1}{2l_0}|\gamma z^\varepsilon(t) - d_0 z^\varepsilon(t)|^2 + \frac{2}{\varepsilon_0}|F(z_t^\varepsilon)|^2 \right| ds. \quad (3.2.50)$$

由 β_i^ε 和 F 的假设可得

$$|z^\varepsilon(t)|^2 = \left| \int_{-\infty}^{t} e^{(-A-\gamma)(t-s)} dw^\varepsilon(s) \right|^2 \leqslant \tilde{C}^2 \varepsilon^2 |z(t)|^2, \quad (3.2.51)$$

及

$$|F(z_t^\varepsilon)|^2 \leqslant \tilde{D}^2 \varepsilon^2 (|z(t)|^2 + \|z_t\|_{L_H^2}^2), \quad (3.2.52)$$

其中, $\tilde{D}$ 是依赖于 $\tilde{C}$ 和 C_F 的常数.

类似于引理 3.2.2 可证:

$$\sup_{t\in\mathbb{R}}\mathbb{E}\int_{-\infty}^{t}e^{-c_0(t-s)}(|z(t)|^2+\|z_t\|_{L_H^2})ds<\infty. \tag{3.2.53}$$

结合 (3.2.50) 和 (3.2.51)$\sim$(3.2.53) 可得

$$\lim_{\varepsilon\to 0}\mathbb{E}|\eta^\varepsilon|^2=0. \tag{3.2.54}$$

注意到 η^ε 的分布就是 μ^ε, 于是定理得证.　　　　　　　　　□

现在回到上节研究的随机的具有状态依赖的分布时滞的非局部偏微分方程

$$\begin{aligned}
&\frac{\partial}{\partial t}u(t,x)+Au(t,x)+d_0u(t,x)\\
&=\int_{-r}^{0}\left(\int_\Omega b(u(t+s,y))f(x-y)dy\right)\xi(s,u(t),u_t)ds+\sum_{j=1}^{m}\beta_j(x)\frac{d}{dt}w_j(t)\\
&\equiv F(u_t)(x)+\sum_{j=1}^{m}\beta_j(x)\frac{d}{dt}w_j(t),\quad x\in\mathcal{O},
\end{aligned}\tag{3.2.55}$$

其中, b, f 和 ξ 的假设与上一节中的假设相同. 由文献 [18] 可得到下面的命题:

命题3.2.2　在文献 [24] 的假设条件(i)$\sim$(iii) 成立, 则非线性项 F 满足假设 (H1)$\sim$(H2). 而且, 如果 $|b(w)|\leqslant C_3|w|$, 其中 $C_3>0$, 则假设 (H3) 成立.

考虑下面的方程

$$\frac{dv}{dt}+Av+d_0v=F(v_t+z_t)+\mu z-d_0z, \tag{3.2.56}$$

及初值条件

$$\begin{aligned}
v(\tau,\omega)&=u_0-z(\tau,\omega)\triangleq v_0(\omega),\\
v(\tau+s)&=\psi(s)-z(\tau+s,\omega)\triangleq\xi(s,\omega),\quad s\in(-r,0),
\end{aligned}\tag{3.2.57}$$

其中 $z(t)$ 是 (3.1.10) 中定义的 Ornstein-Uhlenbek 过程.

由定理 3.1.1 可得下面的结论:

命题3.2.3　对每个 $\tau\in\mathbb{R}$, 方程 (3.2.56)$\sim$(3.2.57) P-a.s. 存在唯一的弱解, 即

$$v(\cdot,\omega)\in L^2(\tau-r,T;H)\cap L^2(\tau,T;V)\cap L^\infty(\tau,T;H)\cap C([\tau,T];H),$$

且当 $t>\tau$ 时, 映射 $(v_0,\xi)\mapsto(v(t,\omega;\tau,(v_0,\xi)),v_t(\cdot,\omega;\tau,(v_0,\xi)))$ 是连续的.

令 $u(t,\omega;\tau,(u_0,\psi))=v(t,\omega;\tau,(u_0-z(\tau),\psi-z_\tau))+z(t)$. 则 u 是系统 (3.2.55) 的解.

由上述两个命题, 可以定义一个连续的随机动力系统 $\varphi : \mathbb{R} \times \Omega \times M_H^2 \to M_H^2$:

$$\varphi(t, \omega)(u_0, \psi) = (u(t, \omega; 0, (u_0, \psi)), u_t(\cdot, \omega; 0, (u_0, \psi)))$$
$$= (v(t, \omega; 0, (v_0, \xi)) + z(t), v_t(\cdot, \omega; 0, (v_0, \xi)) + z_t). \quad (3.2.58)$$

定理3.2.4 当 $\lambda_1 + d_0 > k_1 + k_2 r$ 时, 由方程 (3.2.55) 的解生成的随机动力系统存在唯一的不变测度 μ, 并且是指数混合型的. 而且对任何 Borel 概率测度 ν, 当 $t \to +\infty$ 时, $P_t^* \nu$ 弱收敛到 μ.

接下来考虑 Rezounenko 和 Wu 提出模型的随机扰动系统:

$$\frac{\partial}{\partial t} u(t, x) + Au(t, x) + d_0 u(t, x)$$
$$= \int_{-r}^0 \left(\int_\Omega b(u(t+s, y)) f(x-y) dy \right) \xi(s, u(t), u_t) ds + \sum_{j=1}^m \beta_j^\varepsilon(x) \frac{d}{dt} w_j(t)$$
$$\equiv F(u_t)(x) + \sum_{j=1}^m \beta_j^\varepsilon(x) \frac{d}{dt} w_j(t), \quad x \in \mathcal{O}, \quad (3.2.59)$$

其中 β_j^ε 如前所述.

由定理 3.2.3 可得下面的结论:

定理3.2.5 如果定理 3.2.3 中的假设条件成立, 则当 $\varepsilon \to 0$ 时, 随机抛物方程 (3.2.59) 的平衡点 μ^ε 弱收敛到自治抛物方程 (3.2.59) 的平衡点.

3.3 随机时滞耗散波方程的随机惯性流形

惯性流形是指正不变的、有限维的 Lipschtiz 流形、包含整体吸引子 (如果存在的话) 且按指数速度吸引所有的解轨道. 惯性流形是联系无穷维动力系统和有限维动力系统的重要桥梁. 如果一个无穷维动力系统存在惯性流形, 那么, 该无穷维动力系统在惯性流形上的性态, 完全由一个有限维的动力系统所确定, 该系统即为惯性形式. 由于惯性流形的存在性依赖于所谓的 "谱间隙" 条件, 导致很多动力系统不满足该条件而得不到惯性流形, 因此, 人们转而考虑其近似惯性流形的性质. 关于无穷维动力系统的惯性流形和近似惯性流形的研究文献很多, 参阅文献 [14] 及其参考文献.

目前, 关于随机惯性流形方面的研究工作不多, 例如, Bensoussan 和 Flandoli[3], Chueshov 和 Girya[12], Chueshov 和 Scheutzow[10], Da Prato 和 Debussche[21], Duan 等[11] 柳振鑫[19] 研究了随机波方程的随机惯性流形的存在性, 并证明了当白噪声的强度趋于 0 时, 随机惯性流形趋于相应的确定性系统的惯性流形. 1995 年 Chueshov 对随机 Navior-Stokes 方程的随机近似惯性流形开展研究[9]. 关于时滞随机抛物方程的惯性流形参阅文献 [10], 但关于随机时滞波方程的随机吸引子的结论很少, 这一节将利用修正的 Lyapunov-Perron 方法证明随机时滞波方程的随机惯性流形的存在性.

考虑下面的随机时滞耗散波方程:

$$\begin{cases} \dfrac{\partial^2 u}{\partial t^2} + 2\varepsilon \dfrac{\partial u}{\partial t} + Au = B(u_t) + \mu g \dfrac{dw}{dt}, & t > 0, \\ u(s+\theta) = u_s \in C_\alpha, \\ \dfrac{du}{dt} = u_1, & s \in R \end{cases} \tag{3.3.1}$$

的随机惯性流形的存在性, 其中 $C_\alpha = C([-r,0], D(A^\alpha), 0 \leqslant \alpha \leqslant \frac{1}{2}, |v|_{C_\alpha} = \sup\{\|A^\alpha u(\theta)\| : \theta \in [-r,0]\}$. A 是一线性无界正定的自伴稠定闭算子, 在可分的 Hilbert 空间 H 中具有离散谱, 且存在 H 的标准正交基 $\{e_k\}$ 使得

$$Ae_k = \mu_k e_k, \quad 0 < \mu_1 \leqslant \mu_2 \leqslant \cdots \leqslant \mu_k \to \infty, \quad k \to \infty.$$

关于确定性的时滞半线性波方程

$$\begin{cases} \dfrac{\partial^2 u}{\partial t^2} + 2\varepsilon \dfrac{\partial u}{\partial t} + Au = B(u_t, t), & t > 0, \\ u(s+\theta) = u_s \in C_\alpha, \\ \dfrac{du}{dt} = u_1, & s \in R. \end{cases} \tag{3.3.2}$$

Rezounenko 等利用 Lyapunov-Perron 方法, 在一定的谱间隙条件和充分小的时滞假设下, 证明了当 $B(u_t, t) = B(u_t)$ 时方程 (3.3.2) 惯性流形的存在性. 朱健民等 [27] 研究了具有拟周期外力外力作用的非自治时滞半线性波方程在 C_α 中存在惯性流形的存在性.

对含有时滞的非线性项 $B(u_t) : C_\alpha \to R$ 做如下假设:

(H0) $\|B(0)\| \leqslant M_0, \|B(u_1) - B(u_2)\| \leqslant M\|u_1 - u_2|_{C_\alpha}, 0 \leqslant \alpha \leqslant \dfrac{1}{2}, u_1, u_2 \in C_\alpha$.

记 O-U 变换

$$dz + 2\varepsilon z dt = dW$$

的稳态解为 $z(\theta_t \omega)$. 令 $u_t = v$, 则随机耗散波方程 (3.3.2) 可写成

$$\begin{cases} u_t = v, \\ v_t + 2\varepsilon v + Au = B(u_t) + \mu g \dot{w}. \end{cases} \tag{3.3.3}$$

令 $\bar{u} = u, \bar{v} = v - \mu g z(\theta_t \omega)$, 则方程 (3.3.3) 可写成

$$\begin{cases} \bar{u}_t = \bar{v} + \mu g z(\theta_t \omega), \\ \bar{v}_t = -2\varepsilon \bar{v} - A\bar{u} + B(\bar{u}_t). \end{cases} \tag{3.3.4}$$

定义

$$\phi = \begin{pmatrix} \bar{u} \\ \bar{v} \end{pmatrix}, \qquad \tilde{A}\phi = \begin{pmatrix} 0 & I \\ -A & -2\varepsilon I \end{pmatrix}, \qquad F(\phi_t, \theta_t \omega) = \begin{pmatrix} \mu g z(\theta_t \omega) \\ B(\bar{u}_t) \end{pmatrix}.$$

则方程 (3.3.2) 可写成随机发展方程

$$\frac{d\phi}{dt} = \tilde{A}\phi + F(\phi_t, \theta_t \omega). \tag{3.3.5}$$

直接计算可知, $\tilde{A}$ 的特征值和相应的特征函数分别为

$$\lambda_n^{\pm} = \varepsilon \pm \sqrt{\varepsilon^2 - \mu_n}, \quad f_n^{\pm} = (e_n; -\lambda_n^{\pm} e_n), \quad n = 1, 2, \cdots.$$

令 $\varepsilon^2 > \mu_{N+1}$, 记 $E = D(A^{\frac{1}{2}} \times H)$, 考虑空间 E 上的直和分解 $E = E_1 \oplus E_2$, 其中

$$E_1 = \mathrm{Lin}\{(e_k; 0), (0; e_k) : k = 1, 2, \cdots, N\},$$
$$E_2 = \mathrm{cllin}\{(e_k; 0), (0; e_k) : k \geqslant N + 1\}$$

分别在 E_1 和 E_2 上定义 Hermite 内积

$$<U, V>_1 = \varepsilon^2(u_1, v_1) - (Au_1, v_1) + (\varepsilon u_1 + u_2, \varepsilon v_1 + v_2),$$
$$<U, V>_2 = (Au_1, v_1) + (\varepsilon^2 - 2\mu_{N+1})(u_1, v_1) + (\varepsilon u_1 + u_2, \varepsilon v_1 + v_2),$$

其中 $U = (u_1, u_2), V = (v_1, v_2)$ 分别对应相应的 $E_i, i = 1, 2$. 定义 E 上的内积

$$<U, V> = <U^1, V^1>_1 + <U^2, V^2>_2,$$

其中 $U = U^1 + U^2, V = V^1 + V^2, U^i, V^i \in E^i, i = 1, 2, |U|^2 = <U, U>$. 由文献 [27] 可知, 对任意的 $U = (u, v) \in E$,

$$\|A^{\alpha} u\| \leqslant \mu_{N+1}^{\alpha} \delta_{N,\varepsilon}^{-1} |U|_{C_E}, \quad 0 \leqslant \alpha \leqslant \frac{1}{2}, \tag{3.3.6}$$

其中

$$\delta_{N,\varepsilon} = \sqrt{\mu_{N+1}} \min \left\{ 1, \frac{\sqrt{\varepsilon^2 - \mu_{N+1}}}{\mu_{N+1}} \right\}.$$

注意到 $\tilde{A}$ 的特征函数 $\{f_k^{\pm}\}$ 具有如下正交性质:

$$<f_n^+, f_k^+> = <f_n^-, f_k^-> = <f_n^+, f_k^-> = 0, \quad k \neq n; \quad <f_k^+, f_k^-> = 0, \quad 1 \leqslant k \leqslant N.$$

令 $E_1^{\pm} = \mathrm{lin}\{f_k^{\pm}, k \leqslant N\}$, 由正交性质可知, $E_1 = E_1^+ \oplus E_1^-, E = E_1 \oplus E_2$. 定义 $P = P_{E_1^-}, Q = I - P = P_{E_1^+} + P_{E_2}$. 由文献[10]可知

$$|\tilde{A}^{\alpha} e^{\tilde{A}t} P| \leqslant \lambda_N^{+\alpha} e^{\lambda_N^+ |t|}, \quad t \in R,$$

$$|e^{-\tilde{A}t}Q| \leqslant e^{-\lambda_{N+1}^+ t}, \quad t > 0,$$

$$||\tilde{A}^\alpha e^{-t\tilde{A}}Q|| \leqslant [(\alpha/t)^\alpha + \lambda_{N+1}^{+\alpha}] \cdot e^{-\lambda_{N+1}^+ t}, \quad t > 0, \alpha > 0. \tag{3.3.7}$$

记

$$\eta = \frac{\lambda_{N+1}^- + \lambda_N^-}{2}, \quad \delta = \frac{4M_1 e^{\xi r}}{\lambda_{N+1}^- - \lambda_N^-}.$$

令

$$C_{\eta,s}^- = \{\phi(t) : (-\infty, s] \to E, |V(t)\text{是强连续函数}, \text{且} \sup_{t \leqslant 0} e^{-\eta(t-s)}||\phi(t)||_E < \infty\},$$

则 $C_{\eta,s}^-$ 在 $||\phi||_\eta = \sup_{t\leqslant 0} e^{-\eta(t-s)}||\phi(t)||_E$ 范数意义下是一个 Banach 空间. 引进两个算子

$$\xi(t,\sigma,\omega) = \int_\sigma^t e^{-(t-\tau)\tilde{A}} dW(\tau),$$

$$\xi(t,-\infty,\omega) = \int_{-\infty}^t e^{-(t-\tau)\tilde{A}} dW(\tau) = \lim_{s\to-\infty} \int_s^t e^{-(t-\tau)\tilde{A}} dW(t).$$

则由文献 [10] 命题 3.1 可知, $\xi(t,s,\omega)$ 满足下面性质:

引理3.3.1   当 $(t,s) \in \Xi =: \{(t,s) : -\infty \leqslant s \leqslant t\infty, t > -\infty\}$ 时, 存在 $\bar{\xi} : \Xi \times \Omega \to H$ 满足下面的性质:

(1) $P(\{\omega, \bar{\xi}(t,s,\omega) = \xi(t,s,\omega)\}) = 1, \forall (t,s,) \in \Xi$;

(2) $\bar{\xi}(t,s,\omega) = \bar{\xi}(t+\tau, s+\tau, \theta_{-\tau}\omega), (t,s,) \in \Xi, \tau \in R, \omega \in \Omega$;

(3) 对每个 $\omega \in \Omega$, 映射 $(t,s) \to \bar{\xi}(t,s,\omega)$ 是从 Ξ 到 $D(A^\alpha)$ 上的连续映射;

(4) $(t,s,\omega) \to \bar{\xi}(t,s,\omega)$ 是从 $\Xi \times \Omega$ 到 $D(A^\alpha)$ 的可测映射;

(5) $\bar{\xi}(t,s,\omega) = \bar{\xi}(t,\tau,\omega) - e^{(t-s)\tilde{A}}\bar{\xi}(s,\tau,\omega), -\infty \leqslant \tau < s \leqslant t, \omega \in \Omega$;

(6) 对所有的 $\beta > 0, \omega \in \Omega$, $\sup_{t\in R}\{A^\alpha\bar{\xi}(t,-\infty,\omega)||e^{-\beta|t|}\} < \infty$.

定理3.3.1   假设 (H0) 成立, 对每个 $\omega \in \Omega, \sigma \in R$, 及初值 $U_0(\sigma) = (u_\sigma, u_1) \in C_\alpha \times H$, 方程存在唯一解 $u(t,\sigma,\omega,U_0(\sigma)), t \geqslant \sigma - r$, 定义随机映射 $\varphi : R_+ \times \Omega \times (C_\alpha \times H) \to C_\alpha \times H$ 为

$$\varphi(t,\omega,(u_0(\sigma),u_1))(\theta) = u(t+\theta,0,\omega,(u_0(\sigma),u_1)).$$

则 (φ, F, θ) 是一个随机动力系统.

引理3.3.2   当谱间隙条件 $\lambda_{N+1}^- - \lambda_N^- > 16M_1$, 且 r 足够小使得 $\delta < \frac{1}{2}$ 时, 存在 Lipsctitz 映射 $\Phi : P_{E_1^-} \to (1-\hat{P})C_E$ 满足

$$||\Phi_s(\omega,p_1,\theta) - \Phi_s(\omega,p_2,\theta)||_\eta \leqslant \frac{\delta}{1-\delta}e^{-\theta\eta}||\phi_1 - \phi_2||_\eta,$$

其中 $p_1, p_2 \in E_1^-$.

证明 在 $C_{\eta,s}^-$ 中定义映射

$$\mathcal{T}_p^{s,\omega}[\phi](t) = e^{-(t-s)\tilde{A}}p - \int_s^t e^{-(t-\tau)\tilde{A}}PF(\phi_\tau, \theta_\tau\omega)d\tau + \int_{-\infty}^t e^{-(t-\tau)\tilde{A}}QF(\phi_\tau, \theta_\tau\omega)d\tau$$

$$- e^{-(t-s)\tilde{A}}P\xi(s,t,\omega) + Q\xi(t,-\infty,\omega), \tag{3.3.8}$$

其中 $t \leqslant s, p \in E_1^-, \phi_\tau = \phi(\tau + \theta) \in C_E, \theta \in [-r, 0]$. 下面用 Banach 不动点定理证明方程

$$\mathcal{T}_p^{s,\omega}[\phi](t) = \phi(t) \tag{3.3.9}$$

存在唯一解. 我们断言: 映射 $\mathcal{T}_p^{s,\omega}$ 将 $C_{\eta,s}^-$ 映到 $C_{\eta,s}^-$. 事实上, 任取 $\phi_1, \phi_2 \in C_{\eta,s}^-$, 直接计算可得

$$\|\mathcal{T}_p^{s,\omega}[\phi_1] - \mathcal{T}_p^{s,\omega}[\phi_2]\|_\eta$$

$$= \left\| \int_s^t e^{-(t-\tau)\tilde{A}}P[F(\phi_{2\tau}, \theta_\tau\omega) - F(\phi_{1\tau}, \theta_\tau\omega)]d\tau \right.$$

$$\left. + \int_{-\infty}^t e^{-(t-\tau)\tilde{A}}Q[F(\phi_{1\tau}, \theta_\tau\omega) - F(\phi_{2\tau}, \theta_\tau\omega)d\tau)] \right\|_\eta$$

$$\leqslant \text{esssup}_{t\in(-\infty,s)} e^{\eta(t-s)} \int_s^t \|\tilde{A}^\alpha e^{-(t-\tau)\tilde{A}}P\| \|F(\phi_{2\tau}, \theta_\tau\omega) - F(\phi_{1\tau}, \theta_\tau\omega)\|d\tau$$

$$+ \text{esssup}_{t\in(-\infty,s)} e^{\eta(t-s)} \int_{-\infty}^t \|\tilde{A}e^{-(t-\tau)\tilde{A}}Q\| \|F(\phi_{1\tau}, \theta_\tau\omega) - F(\phi_{2\tau}, \theta_\tau\omega)\|d\tau.$$

由估计式 (3.3.7) 可知

$$\int_t^s \|\tilde{A}^\alpha e^{-(t-s)\tilde{A}}A\| |e^{-\eta(\tau-s)}d\tau \leqslant \frac{\lambda_N^{+\alpha}}{\eta - \lambda_N^+}(e^{-\eta(t-s)} - e^{\lambda_N^-(t-s)}), \tag{3.3.10}$$

$$\int_{-\infty}^t \|\tilde{A}^\alpha e^{-(t-s)\tilde{A}}Q\| |e^{\eta\tau}d\tau \leqslant \frac{k(\lambda_{N+1}^+ - \eta)^\alpha + \lambda_{N+1}^{+\alpha}}{\lambda_{N+1}^+ - \eta}e^{-\eta t}. \tag{3.3.11}$$

由算子 B 的假设和估计式 (3.3.6) 可知

$$|F(\phi_{1t}, \theta_t\omega) - F(\phi_{2t}, \theta_t\omega)| \leqslant \frac{M_1\mu_{N+1}^\alpha}{\delta_{N,\varepsilon}}|\phi_{1t} - \phi_{2t}|_{C_E}. \tag{3.3.12}$$

由此可得 $\|\mathcal{T}_p^{s,\omega}[\phi_1] - \mathcal{T}_p^{s,\omega}[\phi_2]\|_\eta \leqslant \delta|\phi_1 - \phi_2|_\eta$, 即得到映射 $\mathcal{T}_p^{s,\omega}$ 在 C_η^- 上是压缩的. 因此, 由不动点定理可知方程 (3.3.9) 存在唯一解.

定义映射 $\Phi_s(\omega, \cdot, \cdot) : PE \to (1 - \hat{P})C_\alpha$:

$$\Phi_s(\omega, p, \theta) = \int_{-\infty}^{s+\theta} e^{-(s+\theta-\tau)\tilde{A}}QF(\phi_\tau, \theta_\tau\omega)d\tau + \int_{s+\theta}^s e^{-(s+\theta-\tau)\tilde{A}}PF(\phi_\tau, \theta_\tau\omega)d\tau$$

$$- e^{-\theta\tilde{A}}P\xi(s, s+\theta, \omega) + Q\xi(s+\theta, -\infty, \omega)$$

$$=\phi(s+\theta, s, p, \omega) - e^{-\tilde{A}\theta} p, \tag{3.3.13}$$

其中 ϕ 是 $\mathcal{T}_p^{s,\omega}$ 在 C_η^- 中的不动点.

任取 $p_1, p_2 \in E_1^-$, ϕ_1, ϕ_2 分别是关于 $(p_1, \omega), (p_2, \omega)$ 的解, 类似于文献 [27] 定理 3.1 的讨论, 可以证明当 $t \leqslant 0$ 时,

$$||\phi_1(t) - \phi_2(t)||_\eta \leqslant \delta ||\phi_1 - \phi_2|| + e^{(\eta - \lambda_N^-)t}|p_2 - p_1||_E,$$

于是

$$||\phi_1 - \phi_2||_\eta \leqslant \frac{1}{1-\delta}|p_1 - p_2|_E,$$

因此

$$||\Phi_s(\omega, p_1, \theta) - \Phi_s(\omega, p_2, \theta)||_\eta$$
$$=||\phi_1(s+\theta, s, p_1, \omega) - \phi_2(s+\theta, s, p_2, \omega) + e^{-\tilde{A}\theta}p_2 - e^{-\tilde{A}\theta}p_1||_E$$
$$\leqslant \frac{\delta}{1-\delta}e^{-\theta\eta}||\phi_1 - \phi_2||_\eta,$$

即 $\Phi_s(\omega, p, \theta)$ 是 Lipschitz 映射.   □

引理3.3.3 假设 (H0) 及谱间隙条件成立, 时滞量 r 适当小, 则由 (3.3.13) 定义的随机映射 $\Phi_s : PE \to (1-\hat{P})C_E$ 是 $\mathcal{F}_s$ 可测的, 满足下面的性质:

(1) N 随机 Lipschitz 流形

$$\mathcal{M}_s(\omega) = \{\hat{p}(\cdot) + \Phi_s(\omega, \hat{p}(0), \cdot) : \hat{p} \in \hat{P}C_\alpha\} \subset C_E, \tag{3.3.14}$$

关于余环 φ 是不变的;

(2) 对系统 (3.3.5) 的任意解 $\phi(t, \omega)$, 都存在 $\psi(t, \omega) \subset \mathcal{M}_s(\omega)$, 使得

$$|\phi(t, \omega) - \psi(t, \omega)|_{C_E} < c_1 e^{-c_2}, \quad c_1, c_2 > 0. \tag{3.3.15}$$

证明 固定 $s \in R, p \in PE$, 设 $U(t), t \geqslant s$ 是下面积分方程初值问题的解:

$$\begin{cases} U(t, \omega) = e^{-(t-\sigma)\tilde{A}}U_\sigma(0) + \int_\sigma^t e^{-(t-\tau)\tilde{A}}F(U_\tau, \theta_\tau\omega)d\tau + \xi(t, \sigma, \omega), \\ U_s = \hat{p} + \Psi_s(\omega, p, \cdot), \end{cases} \tag{3.3.16}$$

即当 $t \geqslant s + \theta, \theta \in [-r, 0]$ 时, $U(t) = \varphi(t - \theta - s, \theta_s\omega, \hat{p} + \Psi_s(\omega, p, \cdot))(\theta)$.

(1) 先证不变性. 定义

$$W(\sigma) = \begin{cases} \phi(\sigma, s, p, \omega), & \sigma \leqslant s, \\ U(\sigma), & \sigma \geqslant s. \end{cases}$$

下证当 $t \geqslant s, \sigma \leqslant t$ 时, $U_t \in \mathcal{M}_t(\omega)$, 即当 $-r \leqslant \theta \leqslant 0$ 时,

$$U(t+\theta) = W(t+\theta) = e^{-\tilde{A}\theta}PU(t) + \Psi_t(\omega, PU(t), \theta).$$

为此, 只需证明下面等式成立

$$W(\sigma) = \phi(\sigma, t, PU(t), \omega). \tag{3.3.17}$$

事实上, 当 $t \geqslant s$ 时, 由式 (3.3.13) 可得

$$\phi(t) = e^{-(t-s)\tilde{A}}\hat{p}(0) + \int_s^t e^{-(t-s)\tilde{A}}PF(W_\tau, \theta_\tau\omega)d\tau + \int_{-\infty}^t e^{-(t-s)\tilde{A}}QF(W_\tau, \theta_\tau\omega)d\tau$$
$$+ P\xi(t,s,\omega) + Q\xi(t,-\infty,\omega). \tag{3.3.18}$$

注意到当 $p \in \mathcal{T}_p^{s,\omega}[\phi](\sigma)$ 时,

$$P\phi(t) = e^{-(t-s)\tilde{A}}\hat{p}(0) + \int_s^t e^{-(t-s)\tilde{A}}PF(W_\tau, \theta_\tau\omega)d\tau + P\xi(t,s,\omega).$$

于是, 只需证明

$$W(\sigma) = e^{-(\sigma-s)\tilde{A}}\hat{p}(0) + \int_s^\sigma e^{-(\sigma-\tau)\tilde{A}}PF(W_\tau, \theta_\tau\omega)d\tau + \int_{-\infty}^\sigma e^{-(\sigma-\tau)\tilde{A}}QF(W_\tau, \theta_\tau\omega)d\tau$$
$$\times e^{-(\sigma-t)\tilde{A}}P(\xi(t,s,\omega) - \xi(t,\sigma,\omega)) + Q\xi(t,-\infty,\omega). \tag{3.3.19}$$

注意到当 $\sigma \geqslant s$ 时, 由引理 3.3.1 的第 5 条性质可知, 对任意的 $-\infty \leqslant \tau < s \leqslant t, \omega \in \Omega$,

$$\bar{\xi}(t,s,\omega) = \bar{\xi}(t,\tau,\omega) - e^{(t-s)\tilde{A}}\bar{\xi}(s,\tau,\omega). \tag{3.3.20}$$

将等式 (3.3.20) 代入等式 (3.3.19) 后, 即可得到等式 (3.3.18). 而当 $\sigma \leqslant s$ 时, 由 $W(\sigma)$ 的定义即可得知, $w(\sigma) = \mathcal{T}_p^{s,\omega}(w(\sigma))$. 于是, 不论 $\sigma \geqslant s$ 还是 $\sigma \leqslant s$, W 都满足方程 (3.3.17). 从而不变性得证.

(2) 再证指数吸引性. 令

$$C_\eta^+ = \{\psi(t): \psi: [-r, \infty) \to E, \psi \text{ 是强连续函数}\}.$$

并赋以如下范数

$$|\psi|_{\eta,+} = \text{esssup}_{t \geqslant -r}\{e^{\eta t}|\psi|_E\} < \infty, \quad \eta > 0, \forall \psi \in C_{\eta,+}.$$

对任意初值 $U_0(\theta) = (u_0, u_1) \in C_\alpha \times H$, 相应的解为 $\phi(t, \omega, U_0(\theta))$, 下面证明存在一个随机变量 $U_0^*(\theta) = (u_0^*, u_1^*) \in \mathcal{M}_t(\omega)$, 其相应的解记为 $\phi^*(t, \omega, U_0^*(\theta))$, 使得对所有的 $\omega \in \Omega$,

$$\|\psi(t, \omega, U_0(\theta)) - \psi(t, \omega, U_0^*(\theta))\|_{C_E} < c_1 e^{-c_2 t}, \quad c_1, c_2 > 0. \tag{3.3.21}$$

令 $(1-\hat{P})(U_0^*(\theta) - U_0(\theta)) = \hat{q}(\theta)$, 记 $W(t,\omega) = \psi(t,\omega,,U_0(\theta)) - \psi(t,\omega,,U_0^*(\theta))$. 当 $t = \theta \in [-r,0]$ 时, 考虑下面的方程

$$W(t) = \hat{q}(\theta) - e^{\theta \tilde{A}} \int_0^\infty e^{\tau \tilde{A}} P\Big(F(W_\tau + \psi_\tau, \theta_\tau \omega) - F(\psi_\tau, \theta_\tau \omega)\Big) d\tau. \tag{3.3.22}$$

当 $t \geqslant 0$ 时, 考虑下面的方程

$$\begin{aligned}
W(t) =& e^{-t\tilde{A}} \hat{q}(0) + \int_0^t e^{-(t-\tau)\tilde{A}} Q\Big(F(W_\tau + \psi_\tau, \theta_\tau \omega) - F(\psi_\tau, \theta_\tau \omega)\Big) d\tau \\
& - \int_t^\infty e^{-(t-\tau)\tilde{A}} P\Big(F(W_\tau + \psi_\tau, \theta_\tau \omega) - F(\psi_\tau, \theta_\tau \omega)\Big) d\tau. \tag{3.3.23}
\end{aligned}$$

注意到随机变量 $U_0^*(\theta) \in \mathcal{M}_t(\omega)$, 因此

$$(1-\hat{P}) U_0^*(\theta) = \Phi(P U_0^*(0), \omega, \theta).$$

从而有

$$\begin{aligned}
\hat{q}(\theta) + (1-\hat{P}) U_0(\theta) =& \Psi(U_0^*(0), \omega, \theta) = \Phi(W(0) + P U_0(0) - \hat{q}(0), \omega, \theta) \\
=& \Phi\Big(P U_0(0) - \int_0^\infty e^{\tau \tilde{A}} P\big(F(W_\tau + \psi_\tau, \theta_\tau \omega) - F(\psi_\tau, \theta_\tau \omega)\big) d\tau.
\end{aligned}$$

下面利用不动点定理证明方程 (3.3.22) 和方程 (3.3.23) 中 $W(t)$ 的存在性. 当 $t \geqslant 0$ 时, 定义算子

$$\begin{aligned}
\mathbb{B}_+(W(t)) =& e^{-t\tilde{A}} \hat{q}(0) + \int_0^t e^{-(t-\tau)\tilde{A}} Q\Big(F(W_\tau + \psi_\tau, \theta_\tau \omega) - F(\psi_\tau, \theta_\tau \omega)\Big) d\tau \\
& - \int_t^\infty e^{-(t-\tau)\tilde{A}} P\Big(F(W_\tau + \psi_\tau, \theta_\tau \omega) - F(\psi_\tau, \theta_\tau \omega)\Big) d\tau.
\end{aligned}$$

当 $t = \theta \in [-r,0]$ 时, 定义算子

$$\mathbb{B}_+(W(t)) = \hat{q}(\theta) - e^{\theta \tilde{A}} \int_0^\infty e^{\tau \tilde{A}} P\Big(F(W_\tau + \psi_\tau, \theta_\tau \omega) - F(\psi_\tau, \theta_\tau \omega)\Big) d\tau.$$

对任意的 $W_1, W_2 \in C_\theta^+$, 记 $D_j(\tau) = F(W_\tau + \psi_\tau, \theta_\tau \omega) - F(\psi_\tau, \theta_\tau \omega), j = 1,2.$ 则有

$$|D_1(\tau) - D_2(\tau)| \leqslant e^{\eta(r-\tau)} M_1 ||W_1 - W_2||_{\eta,+}.$$

因此, 当 $t \geqslant 0$ 时,

$$|\mathbb{B}_+(W_1(t)) - \mathbb{B}_+(W_2(t))| \leqslant e^{t\lambda_{N+1}^-} |\hat{q}_1(0) - \hat{q}_2(0)| + \delta e^{-\eta t} ||W_1(t) - W_2(t)||_{\eta,+};$$

当 $t = \theta \in [-r,0]$ 时,

$$|\mathbb{B}_+(W_1(\theta)) - \mathbb{B}_+(W_2(\theta))| \leqslant |\hat{q}_1(\theta) - \hat{q}_2(\theta)| + \frac{\delta}{2} e^{-\theta \lambda_N^-} ||W_1(t) - W_2(t)||_{\eta,+}.$$

注意到

$$|\hat{q}_1(\theta) - \hat{q}_2(\theta)| \leqslant \left| \Psi(PU_0(0)) - \int_0^\infty e^{\tau\tilde{A}} P(D_1(\tau))d\tau - \Phi(PU_0(0)) - \int_0^\infty e^{\tau\tilde{A}} P(D_2(\tau))d\tau \right|$$
$$\times \frac{\delta^2}{2(1-\delta)} e^{\eta\theta} |W_1 - W - 2|_{\eta,+}.$$

因此可得

$$|\mathbb{B}_+(W_1(t)) - \mathbb{B}_+(W_2(t))|_\eta \leqslant \left(\delta + \frac{\delta^2}{2(1-\delta)} \right) |W_1 - W - 2|_{\eta,+}.$$

从而, 当条件 $\delta < \frac{1}{2}$ 时, 映射 $\mathbb{B}_+$ 在函数空间 C_η^+ 上是压缩的, 于是 $W(t)$ 在空间 C_η^+ 中存在, 从而指数吸引性得证. □

综合定理 3.3.1、引理 3.3.2 和引理 3.3.3 可得下面的结论:

定理3.3.2 假设 (H0) 及谱间隙条件 $\lambda_{N+1}^- - \lambda_N^- > 16M_1$ 成立, 时滞量 r 适当小, 则由 (3.3.13) 定义的随机映射 $\Phi_s : PE \to (1 - \hat{P})C_E$ 是 $\mathcal{F}_s$ 可测的, 且存在随机惯性流形

$$\mathcal{M}_s(\omega) = \{\hat{p}(\cdot) + \Phi_s(\omega, \hat{p}(0), \cdot) : \hat{p} \in \hat{P}C_\alpha\} \subset C_E.$$

参 考 文 献

[1]   Blank M. Discreteness and continuity in problems of chaotic dynamics. *Transl. of Math. Monographs* 161. *Amer. Math. Soc.,* Providence, RI, 1997.

[2]   Crauel H, Debussche A, Flandoli F. Random attractors. *J. Dyn. Differential Equations*, 1995, **9** (2): 307–341.

[3]   Bensoussan A, Flandoli F. Stochastoc inertial manifold. *Stochast. Stoch. Rep*, 1995, **53**: 13–39.

[4]   Caraballo T, Real J. Attractors for 2D-Navier-Stokes models with delays. *J. Differential Equations*, 2004, **205**: 271–297.

[5]   Caraballo T, Langa J A. On the upper semicontinuity of cocycle attractors for nonautonomous and random dynamical systems. *Ser.A Math. Anal.*, 2003, **10**: 491–513.

[6]   Caraballo T, Garrido-Atienza M J and Schmalfuss B. Existence of exponentially attracting stationary solutions for delay evolution equations. *Discrete Contin. Dyn. Syst.*, 2007, **18**(2-3): 271–293.

[7]   Tomás Caraballo, Jinqiao Duan, Kening Lu and Björn Schmalfuss. Invariant manifold for random and stochastic partial differential equations. Preprint, 2009.

[8]   Chueshov I D. *Introduction to the Theory of Infinite-Dimensional Dissipative Systems.* Acta, Kharkiv, 2002.

[9]   Chueshov I D. On approximate inertial manifolds for stochastic Navier-Stokes equations. *Journal of Mathematical Analysis and Applications*, 1995, **196**: 221–236.

[10] Chueshov I D and Scheutzow M. Inertial manifolds and forms for stochastically perturbed retarded semilinear parabolic equations. *Journal of Dynamics and Differential Equations*, 2001, **13**(2): 355–380.

[11] Aijun Du and Jinqiao Duan. Invariant manifold reduction for stochastic dynamical systems. Preprint, 2006.

[12] Girya T V, and Chueshov I D. Inerial manifolds and statinary measures for stochastically pertubed dissipative dynamical systems. *Math. Sb.*, 1995, **186**(1): 29–46 *Translated in Sb. Math,* 1995, **186**(1): 25–45.

[13] Has'minskii. R Z. *Stochastic Stability of Differential Equations.* Sijthoff and Noordhoff, 1981.

[14] 郭柏灵, 戴正德. 惯性流形与近似惯性流形. 北京: 科学出版社, 2000.

[15] Kifer Y. *Random Perturbations of Dynamical Systems.* Boston: Birkhäauser, 1988.

[16] Baladi V. Positive transfer operators and decay of correlations. *Advanced Series in Nonlinear Dynamics*, 16. World Scientific Publishing Co., Inc., 2000.

[17] Viana M. Stochastic dynamics of deterministic systems. *Col. Bras. de Matem'atica*, 1997.

[18] Li J, Huang J. Uniform attractors for non-autonomous parabolic equations with delays. *Nonlinear Analysis*, 2009, **71**: 2194–2209.

[19] Liu Z X. Stochastic inertial manifold for damped wave equation. *Stochastics and Dynamics*, 2010, 10:211–230

[20] Da Prato G and Zabczyk J. *Ergodicity for Infinite Dimensional Systems.* Cambridge: Cambridge Univ. Press, 1996.

[21] Da G Prato and Debussche A. Construction of stochastic inertial manifolds using backward integration. *Stochast. Stoch. Rep.*, 1996, **59**: 305–324.

[22] Peszat S and Zabczyk J. Stochastic partial differential equations with lévy noise: an evolution equation approach. *Encyclopedia of Mathematics and its Applications.* Cambridge University Press, 2007.

[23] Rezounenko A V. Partial differential equations with discrete and distributed state-dependent delays. *J. Math. Anal. Appl.*, 2007, **326**: 1031–1045.

[24] Rezounenko A V, Wu J. A non-local PDE model for population dynamics with state-selective delay: local theory and global attrators. *J. Comput. Appl. Math.*, 2006, **190**: 99–113.

[25] Björn. Schmalfuss, inertial manifolds for random differential equations. *IMA. Math. Appl.*, 2005, **140**.

[26] Temam R. *Infinite Dimensional Dynamical Systems in Mechanics and Physics, second ed..* New York: Springer, 1997.

[27] 朱健民, 李祥, 黄建华. 拟周期时滞耗散半线性波方程的惯性流形. 应用数学, 2007, **20**(2): 263–269.

[28] Zheng Y. and Huang J. On the equalibrium of a stochastic nonlocal PDE population model with state-selective delay Stoch. *Dynam.*, 2010, 10(4): 529–547.

第4章 分数布朗运动驱动非牛顿流系统的随机动力学

分数布朗运动具有长相依、自相似、样本轨道是 α 阶 Hölder 连续的特性, 其样本轨道不是 Markov 过程, 对加性分数布朗运动和乘性分数布朗运动相应的随机积分定义不同, 要分别定义相应的随机积分, 使得研究变得更加困难和不同, 也正是因为这些性质, 使得它在金融、经济、网络通信等领域有着广泛的应用, 引起了人们的极大关注. 分数布朗运动可定义为连续的中心独立的高斯过程, 当 Hurst 参数等于 1/2 时, 分数维布朗运动退化为布朗运动. 关于分数布朗运动驱动的随机偏微分方程的解的存在性、唯一性和正则性的结论较多.

非牛顿流集中反映在悬胶体和高分子量的流体物质中, 像溶化的塑料、聚合体、油漆、涂料等物质的流动呈现非牛顿流性态. 1993 年, Rajigopal 把主要的非牛顿流性态归结为: 在剪切流中该流体具有剪切成薄流或厚流的能力, 在剪切流中存在非零的标准应力差等. 不可压缩流体的运动本质上由它的本构关系确定, 当流体的应力张量与流体的应变速率张量是现在依赖的, 则称为牛顿流, 当依赖关系是非线性时, 称为非牛顿流. 对于确定的非牛顿流系统的动力学研究, 有很多研究结果, 可参阅文献 [11]. 对于非自治非牛顿流的动力学研究, 可参阅文献 [10]. 关于分数布朗运动驱动的 N-S 方程 Mild 解的存在唯一性, 可参阅文献 [18]. 关于高斯过程驱动的非牛顿流的随机吸引子, 可参阅文献 [22].

这一章先给出分数布朗运动的定义和性质, 根据加性分数布朗运动定义相应的随机积分, 再研究加性分数布朗运动驱动的非牛顿流解整体解的存在唯一性, 并证明生成随机动力系统, 对乘性分数布朗运动, 给出相应的随机积分, 并给出具有 Lipschitz 系数的随机偏微分方程的动力学.

4.1 分数布朗运动定义和性质

设 $(\Omega, \mathbb{F}, P)$ 是概率空间, Q 是一个有界的对称的线性算子, 满足

$$Qe_i = \tilde{\lambda}_i e_i, \quad \lambda_i \geqslant 0, \quad j = 1, 2, \cdots, \quad \mathrm{tr}Q = \sum_{i=1}^{\infty} < \infty,$$

其中 $\{e_i\}$ 是 H 的一个正交基.

定义4.1.1 设 $H \in (0,1)$ 是 Hurst 参数, 定义在 $[0,\infty)$ 上的实值函数 $\beta^H(t), t \in R$, 具有平稳增量、零均值, 方差为

$$E\beta^H(t)\beta^H(s) = \frac{1}{2}(|t|^{2H} + |s|^{2H} - |t-s|^{2H}), \quad t,s \in R$$

的高斯过程称为双边一维的分数布朗运动.

连续的具有增量协方差算子 Q 和 Hurst 参数为 H 的 V 值分数布朗运动定义为

$$B^H(t) = \sum_{i=1}^{\infty} \sqrt{\lambda_i} e_i \beta_i^H(t).$$

注意到 $\sum_{i=1}^{\infty} \lambda_i < \infty$, $E(\beta_i^H(t))^2 = |t|^{2H}$, 则上述级数在 $L^2(\Omega, F, P)$ 中收敛. 特别地, 当 $H = \frac{1}{2}$ 时, 分数布朗运动即为标准布朗运动.

附注 分数布朗运动具有三个特征: (1) 自相似性; (2) 长相依性; (3) 具有 α-Hölder 连续轨道, 可以从图 4.1.1 进行对比分数布朗运动和布朗运动的样本轨道的异同.

附注 当 $H \neq \frac{1}{2}$ 时, 分数布朗运动 B^H 既不是半鞅, 也不是马氏过程.

取 $\Omega = C_0(R, V)$, 即定义在 R 上, 取值于 V 中, 满足 $\omega(0) = 0$, 并赋以紧开拓扑的连续函数空间. 令 F 是相应的 Borel-σ 代数, P 是分数布朗运动的概率分布, $\{\theta\}_{t \in R}$ 为 Wiener 平移, 即

$$\theta_t \omega(\cdot) = \omega(\cdot + t) - \omega(t), \quad t \in R.$$

则 (Ω, F, P, θ) 是遍历的度量动力系统.

由 $B^H(t)$ 的定义和 Kolmogorov 定理可知, B^H 有一个连续版本 $B^H(\cdot) \in C(R, V)$, 即存在常数 $c, r > 0$, 满足

$$E\|B^H(t) - B^H(s)\|_V^2 \leqslant c|t-s|^{1+r}, \quad s,t \in R.$$

这一章只考虑 $H \in (\frac{1}{2}, 1)$ 的情形, 引入随机积分 $\int_a^b G(s)dB^H(s)$ 的定义[9]. 其中 G 为确定的算子值函数. 设 $p \in (\frac{1}{H}, \infty)$.

(i) $\forall f \in L^p(a,b;H)$, 定义 $\int_a^b G(s)dB^H(s)$.

若 f 为简单函数, 即 $f(t) = \sum f_i \cdot 1_{[t_i, t_{i+1})}$, $a = t_1 < t_2 < \cdots < t_n = b, f_i \in H$.
定义积分

$$I(f) := \int_a^b f(s)d\beta_i^H(s) = \sum_{j=1}^{n-1} (\beta_i^H(t_{j+1}) - \beta_i^H(t_j)). \tag{4.1.1}$$

则有

$$\mathbb{E}I(f) = 0, \tag{4.1.2}$$

$$\mathbb{E}||I(f)||_H^2 = \int_a^b \int_a^b <f(r), f(s)> \rho(r-s)drds$$
$$\leqslant C(p, a, b)||f||_{L^p(a,b;H)}^2, \qquad (4.1.3)$$

其中 $\rho(r) = H(2H-1)|r|^{2H-2}$, $C(p, a, b)$ 为一只依赖于 p, a, b 的正常数.

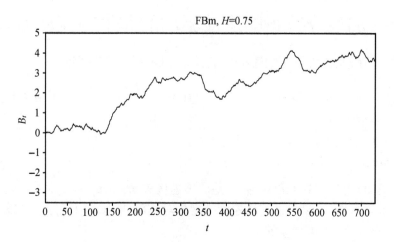

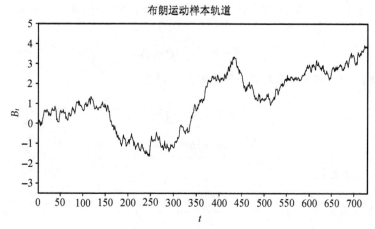

图4.1.1

采用实变函数中的积分思想, 可以将被积函数扩展至整个 $L^p(a, b; H)$ 空间并且保持性质 (4.1.2) 和 (4.1.3).

(ii) 设 $G : (a, b) \to \mathcal{L}(H)$, 并且 $\forall u \in H, \ t \to G(t)u \in L^p(a, b; H)$,

$$\int_a^b \int_a^b ||G(s)||_{\mathcal{L}(H)}||G(r)||_{\mathcal{L}(H)}\rho(t-s)drds < \infty. \qquad (4.1.4)$$

定义算子 G 关于 B^H 的随机积分:

$$I(G) = \int_a^b G(s)dB^H(s) := \sum_{i=1}^{\infty} \sqrt{\lambda_i} \int_a^b G(s)e_i d\beta_i^H(s) \in H, \qquad (4.1.5)$$

其级数在 $L^2(\Omega, H)$ 中收敛.

4.2 加性分数布朗运动驱动的非牛顿流动力系统

这一节研究加性分数布朗运动驱动的二维不可压非牛顿流:

$$\begin{cases} \dfrac{\partial u}{\partial t} + (u \cdot \nabla)u + \nabla p = \nabla \cdot (\mu(u)e - 2\mu_1 \Delta e) + \dfrac{dB^H(t)}{dT}, & x \in \mathcal{D}, \ t > 0, \\ \nabla \cdot u = 0, & x \in \mathcal{D}, \ t > 0, \\ u = 0, \quad \tau_{ijk}\eta_j\eta_k = 0, & x \in \partial\mathcal{D}, \ t \geqslant 0, \\ u = u_0, & x \in \mathcal{D}, t = 0. \end{cases} \qquad (4.2.1)$$

其中 $\mathcal{D}$ 是 $\mathbb{R}^2$ 上的有界光滑区域, u 是流体速度矢量, $\mu(u) = 2\mu_0(\varepsilon + |e|^2)^{-\frac{\alpha}{2}}$, 这里 $e_{ij}(u) = \frac{1}{2}(\frac{\partial u_i}{\partial x_j} + \frac{\partial u_j}{\partial x_i})$ 是流体速度梯度的对称部分, $|e| = (\sum_{i,j=1}^2 e_{ij}^2)^{\frac{1}{2}}$. 本节讨论 $\alpha > 0$ 的情形, 即剪切流的情形.

为了便于利用抽象的动力系统方法研究随机非牛顿流 (4.2.1), 先定义正定双线性型 $a(\cdot, \cdot): V \times V \to \mathbb{R}$,

$$a(u, v) = \frac{1}{2}(\Delta u, \Delta v). \qquad (4.2.2)$$

命题4.2.1 矩阵 e 和双线性型 a 有如下性质:

(i)
$$\nabla \cdot e(u) = \frac{1}{2}\Delta u, \quad \forall u \in V, \qquad (4.2.3)$$

$$\nabla \cdot (\Delta e(u)) = \frac{1}{2}\Delta^2 u, \quad \forall u \in H^4(\mathcal{O}) \cap H. \qquad (4.2.4)$$

(ii) $\forall \, u, v \in V$,

$$\frac{1}{2}(\Delta u, \Delta v) = 2\sum_{i,j,k=1}^2 \int \frac{\partial e_{ij}(u)}{\partial x_j} \cdot \frac{\partial e_{ik}(v)}{\partial x_k} dx = \sum_{i,j,k=1}^2 \int \frac{\partial e_{ij}(u)}{\partial x_k} \cdot \frac{\partial e_{ij}(v)}{\partial x_k} dx. \ (4.2.5)$$

(iii) $\exists \, c_1, c_2 > 0$, s. t.

$$c_1\|u\|_V^2 \leqslant a(u, u) \leqslant c_2\|u\|_V^2, \quad \forall u \in V. \qquad (4.2.6)$$

证明 (i) 注意到 $\forall u \in V$, 有 $\nabla \cdot u = 0$, 即 $\frac{\partial u}{\partial x_1} + \frac{\partial u}{\partial x_2} = 0$. 于是

$$\nabla \cdot e(u) = \begin{pmatrix} \dfrac{\partial}{\partial x_1} & \dfrac{\partial}{\partial x_2} \end{pmatrix} \cdot \begin{pmatrix} \dfrac{\partial u_1}{\partial x_1} & \dfrac{1}{2}\left(\dfrac{\partial u_2}{\partial x_1} + \dfrac{\partial u_1}{\partial x_2}\right) \\ \dfrac{1}{2}\left(\dfrac{\partial u_2}{\partial x_1} + \dfrac{\partial u_1}{\partial x_2}\right) & \dfrac{\partial u_2}{\partial x_2} \end{pmatrix}$$

$$
\begin{aligned}
&= \frac{1}{2}
\begin{pmatrix}
2\dfrac{\partial^2 u_1}{\partial x_1^2} + \dfrac{\partial^2 u_1}{\partial x_2^2} + \dfrac{\partial^2 u_2}{\partial x_1 x_2} \\[2mm]
\dfrac{\partial^2 u_1}{\partial x_1 x_2} + \dfrac{\partial^2 u_2}{\partial x_1^2} + 2\dfrac{\partial^2 u_2}{\partial x_2^2}
\end{pmatrix} \\[4mm]
&= \frac{1}{2}
\begin{pmatrix}
2\dfrac{\partial^2 u_1}{\partial x_1^2} + \dfrac{\partial^2 u_1}{\partial x_2^2} - \dfrac{\partial^2 u_1}{\partial x_1^2} \\[2mm]
-\dfrac{\partial^2 u_2}{\partial x_2^2} + \dfrac{\partial^2 u_2}{\partial x_1^2} + 2\dfrac{\partial^2 u_2}{\partial x_2^2}
\end{pmatrix} \\[4mm]
&= \frac{1}{2}
\begin{pmatrix}
\dfrac{\partial^2 u_1}{\partial x_1^2} + \dfrac{\partial^2 u_1}{\partial x_2^2} \\[2mm]
\dfrac{\partial^2 u_2}{\partial x_1^2} + \dfrac{\partial^2 u_2}{\partial x_2^2}
\end{pmatrix} \\[4mm]
&= \frac{1}{2}\Delta u.
\end{aligned}
\tag{4.2.7}
$$

下证 (4.2.4) 式. 因为偏微分算子 ∂x_1 和 ∂x_2 可交换, 所以有

$$
\nabla \cdot (\Delta e(u)) = \Delta(\nabla \cdot e(u)) = \Delta\left(\frac{1}{2}\Delta u\right) = \frac{1}{2}\Delta^2 u.
\tag{4.2.8}
$$

(ii) $\forall\, u, v \in H_0^2(\mathcal{O})$, 有

$$
\begin{aligned}
\sum_{i,j,k=1}^{2} \int \frac{\partial e_{ij}(u)}{\partial x_k} \cdot \frac{\partial e_{ij}(v)}{\partial x_k}\,dx
&= -\sum \int e_{ij}(u) \cdot \frac{\partial^2 e_{ij}(v)}{\partial x_k^2}\,dx \\[2mm]
&= -\sum_{i,j=1}^{2} \int e_{ij}(u) \cdot \Delta e_{ij}(v)\,dx \\[2mm]
&= -\frac{1}{4}\sum \int \left(\frac{\partial u_i}{\partial x_j} + \frac{\partial u_j}{\partial x_i}\right) \cdot \left(\frac{\partial \Delta v_i}{\partial x_j} + \frac{\partial \Delta v_j}{\partial x_i}\right)dx \\[2mm]
&= \frac{1}{4}\sum \int \left(\frac{\partial^2 u_i}{\partial x_j^2} - \frac{\partial^2 u_j}{\partial x_i x_j}\right)\Delta v_i + \left(\frac{\partial^2 u_i}{\partial x_j x_i} - \frac{\partial^2 u_j}{\partial x_i^2}\right)\Delta v_j \\[2mm]
&= \frac{1}{4}\sum_{i,j=1}^{2} \int \Delta u_i \cdot \Delta v_i + \Delta u_j \cdot \Delta v_j\,dx \\[2mm]
&= \frac{1}{2}(\Delta u, \Delta v).
\end{aligned}
\tag{4.2.9}
$$

$\forall\, u, v \in V$, 有

$$
\begin{aligned}
\frac{1}{2}(\Delta u, \Delta v) &= 2(\nabla \cdot (e(u)), \nabla \cdot (e(v))) \\[2mm]
&= 2\left(
\begin{pmatrix}
\dfrac{\partial e_{11}(u)}{\partial x_1} + \dfrac{\partial e_{12}(u)}{\partial x_2} \\[2mm]
\dfrac{\partial e_{21}(u)}{\partial x_1} + \dfrac{\partial e_{22}(u)}{\partial x_2}
\end{pmatrix}^{\mathrm{T}},
\begin{pmatrix}
\dfrac{\partial e_{11}(v)}{\partial x_1} + \dfrac{\partial e_{12}(v)}{\partial x_2} \\[2mm]
\dfrac{\partial e_{21}(v)}{\partial x_1} + \dfrac{\partial e_{22}(v)}{\partial x_2}
\end{pmatrix}
\right)
\end{aligned}
$$

$$= 2 \sum_i \left(\sum_j \frac{\partial e_{ij}(u)}{\partial x_j}, \sum_k \frac{\partial e_{ik}(v)}{\partial x_k} \right)$$

$$= 2 \sum_{i,j,k=1}^2 \int \frac{\partial e_{ij}(u)}{\partial x_j} \cdot \frac{\partial e_{ik}(v)}{\partial x_k} dx. \tag{4.2.10}$$

(iii) 参见文献 [1] 中引理 2.3.　　　　　　　　　□

下面定义 A 及其生成的解析半群. 由命题 4.2.1 的性质 (iii), 根据 Lax-Milgram 引理, 定义算子 $A \in \mathcal{L}(V, V')$:

$$< Au, v >= a(u, v), \quad \forall \ u, v \in V. \tag{4.2.11}$$

关于 A 有如下命题:

命题4.2.2　(i) A 是 V 到 V' 等距同构映射. 令 $D(A) = \{ u \in V : a(u, v) = (f, v), f \in H \}$, 则 $A \in \mathcal{L}(D(A), H)$ 为 $D(A)$ 到 H 的等距同构映射;

(ii) A 自伴正定, A^{-1} 紧, 由 Hilbert 定理知, $\exists A$ 的特征向量 $\{e_i\}_{i=1}^\infty \subset D(A)$ 及特征值 $\{\lambda_i\}_{i=1}^\infty$, s. t.

$$A e_i = \lambda e_i, \quad e_i \in D(A), \quad i = 1, 2, \cdots, \tag{4.2.12}$$

$$0 < \lambda_1 \leqslant \lambda_2 \leqslant \cdots \leqslant \lambda_i \leqslant \cdots, \quad \lim_{i \to \infty} \lambda_i = \infty, \tag{4.2.13}$$

并且 $\{e_i\}$ 张成 H 空间的一组标准正交基;

(iii) $\forall u \in D(A)$,

$$Au = \nabla \cdot (\Delta e(u)) = \frac{1}{2} \Delta^2 u, \tag{4.2.14}$$

即 $A = P\Delta^2$, 其中 P 为 $L^2(\mathcal{O})$ 到 H 的 Leray 投影算子.

命题 4.2.2(i) 和 (ii) 的证明参考文献 [1], (iii) 的证明参考命题 4.2.1.

注意到 A 为具有离散谱的自伴正定线性算子, 按照文献 [2] 中 2.1 节的定义, 对 A 的分数幂算子定义如下.

定义4.2.1　$\forall \alpha > 0$,

$$D(A^\alpha) = \left\{ h = \sum_{k=1}^\infty c_k e_k \in H : \sum_{k=1}^\infty c_k^2 (\lambda_k^\alpha)^2 < \infty \right\}, \tag{4.2.15}$$

$$D(A^{-\alpha}) = \left\{ 满足 \sum_{k=1}^\infty c_k^2 (\lambda_k^\alpha)^2 < \infty 的形式级数 \sum c_k e_k \right\}, \tag{4.2.16}$$

$$A^\alpha h = \sum_{k=1}^\infty c_k \lambda_k^\alpha e_k, \quad h \in D(A^\alpha). \tag{4.2.17}$$

记 $\mathscr{F}_\alpha \equiv D(A^\alpha)$，则 $\mathscr{F}_\alpha$ 为一可分的 Hilbert 空间，在 F_α 上定义内积 $(u, v)_\alpha = (A^\alpha u, A^\alpha v)$，范数 $\|u\|_\alpha = \|A^\alpha\|$；$\mathscr{F}_{-\alpha}$ 为 $\mathscr{F}_\alpha$ 上全体有界线性泛函. 特别，$\mathscr{F}_0 = H$，$\mathscr{F}_{1/2} = V$，$\mathscr{F}_{-1/2} = V'$；$\forall \sigma_1 > \sigma_2$，$\mathscr{F}_{\sigma_1}$ 紧嵌入 $\mathscr{F}_{\sigma_2}$.

因为 A 是 Hilbert 空间 H 中的自共轭、稠定、下有界算子，所以 A 为扇形算子 (参见文献 [4]1.3 节例 2)，A 生成一解析半群 $S \in \mathcal{L}(H)$，

$$S(t) := e^{-tA} = \int_0^\infty e^{-t\lambda} dE_\lambda. \tag{4.2.18}$$

半群 S 有下列性质.

命题4.2.3 (i) $\forall \alpha \in \mathbb{R}$，$t > 0$，$S(t)$ 映 $\mathscr{F}_\alpha$ 到 $\cap_{\sigma>0}\mathscr{F}_\sigma$，并且有[2]

$$\|S(t)u\|_\alpha \leqslant e^{-t\lambda_1}\|u\|_\alpha, \tag{4.2.19}$$

$$S(\cdot)u \in C([0, T]; \mathscr{F}_\alpha) \cap C((0, T]; \cap_{\sigma>0}\mathscr{F}_\sigma), \quad \forall u \in \mathscr{F}_\alpha; \tag{4.2.20}$$

(ii) $\forall u \in H$，

$$\|S(\cdot)u\|_X \leqslant 2\|u\|. \tag{4.2.21}$$

证明 (ii) 由于

$$\begin{aligned}
\|S(\cdot)u\|_{C([0,T];H)} &= \max_{t \in [0,T]} \|S(t)u\| \\
&\leqslant \max_{t \in [0,T]} \|S(t)\|_{\mathcal{L}(H)} \cdot \|u\| \\
&\leqslant \max_{t \in [0,T]} e^{-t\lambda_1}\|u\| = \|u\|,
\end{aligned} \tag{4.2.22}$$

$$\begin{aligned}
\|S(\cdot)u\|_{L^2(0,T;V)}^2 &= \int_0^T \|S(t)u\|_V^2 dt \\
&= \int_0^T (AS(t)u, S(t)u) dt \\
&= -\int_0^T \left(\frac{dS(t)u}{dt}, S(t)u\right) dt \\
&= -\frac{1}{2} \int_0^T \frac{d\|S(t)u\|^2}{dt} dt \\
&= -\frac{1}{2}(\|S(t)u\|^2 - \|u\|^2) \leqslant \|u\|^2,
\end{aligned} \tag{4.2.23}$$

故

$$\|S(\cdot)u\|_X = \|S(\cdot)u\|_{C([0,T];H)} + \|S(\cdot)u\|_{L^2(0,T;V)} \leqslant 2\|u\|. \tag{4.2.24}$$

$\square$

考虑 Cauchy 问题

$$\frac{du}{dt} + Au = f(t), \quad t \in (0, T); \quad u(0) = u_0, \tag{4.2.25}$$

其中 $u_0 \in \mathscr{F}_\alpha$, $f \in L^2(0, T; \mathscr{F}_{\alpha-1/2})$.

定义4.2.2   称 u 是系统 (4.2.25) 在 $\mathscr{F}_\alpha$ 中的弱解, 若

$$u \in C([0, T]; \mathscr{F}_\alpha) \cap L^2(0, T; \mathscr{F}_{\alpha+1/2}), \quad \frac{du}{dt} \in L^2(0, T; \mathscr{F}_{\alpha-1/2}), \tag{4.2.26}$$

并且等式 (4.2.25) 在分布意义下成立.

弱解与通过半群 S 表示的温和解有如下关系.

引理4.2.1 [2]   问题 (4.2.25) 存在唯一的弱解, 其表达式为

$$u(t) = e^{-tA}u_0 + \int_0^t e^{-(t-\tau)A} f(\tau) d\tau, \tag{4.2.27}$$

并且有估计

$$\|u(t)\|_\alpha^2 + \int_0^t \|u(\tau)\|_{\alpha+\frac{1}{2}}^2 d\tau \leqslant \|u(0)\|_\alpha^2 + \int_0^t \|f(\tau)\|_{\alpha-\frac{1}{2}}^2 d\tau. \tag{4.2.28}$$

为了将方程 (4.2.1) 写成抽象的发展方程, 还需处理方程 (4.2.1) 的非线性项. 首先定义三线性型:

$$b(u, v, w) = \sum_{i,j=1}^2 \int_{\mathcal{O}} u_i \frac{\partial v_j}{\partial x_i} w_j dx, \quad \forall u, v, w \in H_0^1(\mathcal{O}). \tag{4.2.29}$$

因为 $V \subset H_0^1(\mathcal{O})$ 是一个闭子空间, 所以 $b(\cdot, \cdot, \cdot)$ 在 $V \times V \times V$ 上连续, 由文献 [3] 知

$$b(u, v, w) = -b(u, w, v), \quad b(u, v, v) = 0, \quad \forall u, v, w, \in H_0^1(\mathcal{O}). \tag{4.2.30}$$

$\forall u, v \in V$, 定义泛函 $B(u, v) \in V'$:

$$<B(u, v), w> = b(u, v, w), \quad \forall w \in V. \tag{4.2.31}$$

并且令 $B(u) := B(u, u) \in V'$, $\forall u \in V$.

$\forall u \in V$, 定义 $N(u)$ 为

$$<N(u), v> = \int_{\mathcal{O}} \mu(u) e_{ij}(u) e_{ij}(v) dx, \quad \forall v \in V. \tag{4.2.32}$$

则 $N(u)$ 为 V 到 V' 的连续泛函. 并且有

$$<N(u), v> = -\int_{\mathcal{O}} (\nabla \cdot (\mu(u) e(u))) \cdot v dx. \tag{4.2.33}$$

至此, 将系统 (4.2.1) 转化为抽象的发展方程:

$$du + (2\mu_1 Au + B(u) + N(u))\, dt = dB^H(t), \tag{4.2.34}$$

$$u(0) = u_0. \tag{4.2.35}$$

先定义下面的函数空间:

$$\mathcal{V} = \{\phi : \phi \in C_0^\infty(O), \nabla \cdot \phi = 0\},$$

$$H = \{\mathrm{cl}(\mathcal{V})\text{在}L^2(O)\text{内}\},$$

$$V = \{\mathrm{cl}(\mathcal{V})\text{在}H^2(O)\text{内}\}.$$

记 $(\cdot, \cdot)$ 为 H 中的内积, $< \cdot, \cdot >$ 为 V 与 V' 之间的对偶积.

定义算子

$$a(u, v) = \sum_{i,j,k}^{2} \Big(\frac{\partial e_{ij}(u)}{\partial x_k}, \frac{\partial e_{ij}(v)}{\partial x_k} \Big) = \sum_{i,j,k}^{2} \int_D \frac{\partial e_{ij}(u)}{\partial x_k} \frac{\partial e_{ij}(v)}{\partial x_k} dx, \quad u, v \in V.$$

由 Lax-Milgram 引理可知, $A \in \mathcal{L}(V.V')$ 是一个等距算子, 且

$$(Au, v) = a(u, v), \quad \forall u, v \in V, \quad A = P\Delta^2.$$

定义泛函 $N(u)$ 为

$$< N(u), v >= \sum_{i,j=1}^{2} \int_D 2\mu_0 (\varepsilon + |e(u)|^2)^{-\alpha/2} e_{ij}(u) e_{ij}(v) dx, \quad v \in V.$$

于是, 在分布意义下重写加性分数布朗运动驱动的非牛顿随机偏微分方程为下面抽象的发展方程

$$\begin{cases} du + [2\mu_1 Au + B(u, u) + N(u)] dt = dB^H(t), \\ u|_{t=0} = u_0. \end{cases}$$

定义4.2.3 称 u 是方程 (4.2.34) 的解, 若 $u \in C([0, T]; H) \cap L^2(0, T; V)$, 并且在 H 中以概率1满足如下积分方程

$$u(t) = S(t)u_0 - \int_0^T S(t-s)B(u(s))ds - \int_0^T S(t-s)N(u(s))ds + \int_0^T S(t-s)dB^H(s), \tag{4.2.36}$$

其中方程 (4.2.36) 右端第二、三项积分为算子值函数的 Bochner 积分, 第四项为上节定义的随机积分.

本章通过在空间 $X = C([0, T]; H) \cap L^2(0, T; V)$ 中寻求不动点来证明 fBm 驱动的不可压非牛顿流系统 (4.2.1) 解的存在唯一性. $\forall u \in X$, 令

$$J_1(u) := - \int_0^{\cdot} S(\cdot - s)B(u(s))ds, \tag{4.2.37}$$

$$J_2(u) := -\int_0^\cdot S(\cdot - s)N(u(s))ds, \tag{4.2.38}$$

$$z(t) := \int_0^t S(t-s)dB^H(s). \tag{4.2.39}$$

引理4.2.2 $J_1 : X \to X$, 并且 $\forall u, v \in X$, 有估计

$$\|J_1(u)\|_X^2 \leqslant c_1 \|u\|_{C([0,T];H)}^2 \cdot \|u\|_{L^2(0,T;V)}^2, \tag{4.2.40}$$

$$\|J_1(u) - J_1(v)\|_X^2 \leqslant c_2 \left(\|u\|_{C([0,T];H)}^2 \cdot \|u\|_{L^2(0,T);V}^2 + \|v\|_{C([0,T];H)}^2 \cdot \|v\|_{L^2(0,T);V}^2 \right)^{\frac{1}{2}}$$

$$\cdot \left(\|u-v\|_{C([0,T];H)}^2 + \|u-v\|_{L^2(0,T;V)}^2 \right). \tag{4.2.41}$$

证明   先证 J_1 映 X 到 X.

由文献 [1] 中引理 2.6 知 $\forall u \in X$, $B(u) \in L^2(0,T;V')$. 于是根据引理 4.2.1 知, $J_1(u)$ 是下面线性微分方程

$$\frac{dJ(t)}{dt} + AJ(t) + B(u(t)) = 0, \quad t \in [0,T], \tag{4.2.42}$$

$$J(0) = 0 \tag{4.2.43}$$

的弱解, 并且有 $J_1 \in C([0,T];H) \cap L^2(0,T;V) = X$, 即 J_1 映 X 到 X.

下证 (4.2.40) 式成立. 因为线性方程存在唯一弱解, 故可以对方程 (4.2.42) 两边关于 J 作内积得到

$$\begin{aligned}
\frac{1}{2}\frac{\|J(t)\|^2}{dt} + \|J(t)\|_V^2 &= - < B(u(t)), J(t) > \\
&\leqslant \|B(u(t))\|_{V'} \cdot \|J(t)\|_V \\
&\leqslant \frac{1}{2}\|B(u(t))\|_{V'}^2 + \frac{1}{2}\|J(t)\|_V^2.
\end{aligned} \tag{4.2.44}$$

不等式两边关于 t 从 0 到 t 积分, 得到能量不等式:

$$\|J(t)\|^2 + \int_0^t \|J(s)\|_V^2 ds \leqslant \int_0^t \|B(u(s))\|_{V'}^2 ds. \tag{4.2.45}$$

注意到

$$\begin{aligned}
\int_0^T \|B(u(t))\|_{V'}^2 dt &\leqslant c_1 \int_0^T \|u(t)\|^2 \cdot \|u(t)\|_V^2 dt \\
&\leqslant c_1 \cdot \|u\|_{C([0,T];H)}^2 \cdot \int_0^T \|u(t)\|_V^2 dt \\
&\leqslant \frac{c_1}{2} \left(\|u\|_{C([0,T];H)}^4 + \|u\|_{L^2(0,T;V)}^4 \right) \\
&\leqslant \frac{c_1}{2} \|u\|_X^4.
\end{aligned} \tag{4.2.46}$$

于是有

$$||J||_X^2 \leqslant 2\left(||J||_{C([0,T];H)}^2 + ||J||_{L^2(0,T;V)}^2\right) \leqslant c_1||u||_X^4. \tag{4.2.47}$$

下证 (4.2.41) 式成立. $\forall u, v \in X$, 令 $w = u - v$, 则 w 为线性方程

$$\frac{dw(t)}{dt} + Aw(t) + B(u(t)) - B(v(t)) = 0, \tag{4.2.48}$$

$$w(0) = 0 \tag{4.2.49}$$

的弱解. 同理可得能量不等式

$$||w(t)||^2 + \int_0^t ||w(s)||_V^2 ds \leqslant \int_0^t ||B(u(s)) - B(v(s))||_{V'}^2 ds. \tag{4.2.50}$$

首先估计 $||B(u) - B(v)||_{V'}$. $\forall \phi \in V$,

$$| < B(u) - B(v), \phi > |$$

$$= |b(u, u, \phi) - b(v, v, \phi)|$$

$$\leqslant |b(u - v, v, \phi)| + |b(v, u - v, \phi)|$$

$$\leqslant c_2 \left(||u - v||^{\frac{1}{2}}||u - v||_V^{\frac{1}{2}}||\phi||_V||u||^{\frac{1}{2}}||u||_V^{\frac{1}{2}} + ||v||^{\frac{1}{2}}||v||_V^{\frac{1}{2}}||\phi||_V||u - v||^{\frac{1}{2}}||u - v||_V^{\frac{1}{2}}\right)$$

$$= c_2 \left(||u||^{\frac{1}{2}}||u||_V^{\frac{1}{2}} + ||v||^{\frac{1}{2}}||v||_V^{\frac{1}{2}}\right)||u - v||^{\frac{1}{2}}||u - v||_V^{\frac{1}{2}}||\phi||_V. \tag{4.2.51}$$

故

$$||B(u) - B(v)||_{V'} \leqslant c_2 \left(||u||^{\frac{1}{2}}||u||_V^{\frac{1}{2}} + ||v||^{\frac{1}{2}}||v||_V^{\frac{1}{2}}\right)||u - v||^{\frac{1}{2}}||u - v||_V^{\frac{1}{2}}. \tag{4.2.52}$$

于是

$$||w(t)||^2 + \int_0^t ||w(s)||_V^2 ds$$

$$\leqslant c_2 \int_0^T \left(||u(s)||^{\frac{1}{2}}||u(s)||_V^{\frac{1}{2}} + ||v(s)||^{\frac{1}{2}}||v(s)||_V^{\frac{1}{2}}\right)^2 ||u(s) - v(s)|| \cdot ||u(s) - v(s)||_V ds$$

$$\leqslant \frac{c_2}{2} \left(\int_0^T \left(||u(s)||^{\frac{1}{2}}||u(s)||_V^{\frac{1}{2}} + ||v(s)||^{\frac{1}{2}}||v(s)||_V^{\frac{1}{2}}\right)^4 \right.$$

$$\times ||u(s) - v(s)||^2 ds + \int_0^T ||u(s) - v(s)||_V^2 ds\right)$$

$$\leqslant \frac{c_2}{2} \left(||u - v||_{C([0,T];H)}^2 \int_0^T \left(||u(s)||^{\frac{1}{2}}||u(s)||_V^{\frac{1}{2}} \right.\right.$$

$$\left.\left. + ||v(s)||^{\frac{1}{2}}||v(s)||_V^{\frac{1}{2}}\right)^4 ds + ||u - v||_{L^2(0,T;V)}^2\right)$$

$$\leqslant \frac{c_2}{2} \left(4||u - v||_{C([0,T];H)}^2 \int_0^T \left(||u(s)||^2 ||u(s)||_V^2 \right.\right.$$

$$+ \|v(s)\|^2\|v(s)\|_V^2\Big)ds + \|u-v\|_{L^2(0,T;V)}^2 ds\Big)$$

$$\leqslant \frac{c_2}{2}\Big(4\|u-v\|_{C([0,T];H)}^2\Big(\|u\|_{C([0,T];H)}^2\|u\|_{L^2(0,T;V)}^2$$

$$+ \|v\|_{C([0,T];H)}^2\|v\|_{L^2(0,T;V)}^2\Big) + \|u-v\|_{L^2(0,T;V)}^2 ds\Big)$$

$$\leqslant c_2\Big(\|u\|_{C([0,T];H)}^2\|u\|_{L^2(0,T;V)}^2 + \|v\|_{C([0,T];H)}^2\|v\|_{L^2(0,T;V)}^2\Big)^{\frac{1}{2}}$$

$$\times \Big(\|u-v\|_{C([0,T];H)}^2 + \|u-v\|_{L^2(0,T;V)}^2 ds\Big), \tag{4.2.53}$$

即

$$\|J_1(u)-J_1(v)\|_X^2 \leqslant c_2\Big(\|u\|_{C([0,T];H)}^2 \cdot \|u\|_{L^2(0,T);V}^2 + \|v\|_{C([0,T];H)}^2 \cdot \|v\|_{L^2(0,T);V}^2\Big)^{\frac{1}{2}}$$

$$\times \Big(\|u-v\|_{C([0,T];H)}^2 + \|u-v\|_{L^2(0,T;V)}^2\Big). \tag{4.2.54}$$

$\square$

引理4.2.3 $J_2: X \to X$, 并且 $\forall u, v \in X$, 有估计:

$$\|J_2(u)\|_X^2 \leqslant 2c_3\|u\|_{L^2(0,T;V)}^2, \tag{4.2.55}$$

$$\|J_2(u)-J_2(v)\|_X^2 \leqslant 2c_4\|u-v\|_{L^2(0,T;V)}^2. \tag{4.2.56}$$

证明　$\forall u \in X$, 由文献 [1] 引理 2.6 知 $N(u) \in L^2(0,T;V)$. 类似于引理 4.2.2 可证, J_2 映 X 到 X, 且 $J_2(u)$ 是下面线性微分方程:

$$\frac{dJ(t)}{dt} + AJ(t) + N(u(t)) = 0, \quad t \in [0,T], \tag{4.2.57}$$

$$J(0) = 0 \tag{4.2.58}$$

的弱解, 并且有如下的能量不等式:

$$\|J(t)\|^2 + \int_0^t \|J(s)\|_V^2 ds \leqslant \int_0^t \|N(u(s))\|_{V'}^2 ds. \tag{4.2.59}$$

由文献 [1] 知

$$\|N(u)\|_{V'} \leqslant c_3\|u\|_V. \tag{4.2.60}$$

于是

$$\|J_2(u)\|_X^2 \leqslant 2\int_0^t \|N(u(s))\|_{V'}^2 ds \leqslant 2c_3\int_0^t \|u(s)\|_V^2 ds \leqslant 2c_3\|u\|_{L^2(0,T;V)}^2. \tag{4.2.61}$$

下证 (4.2.56) 式. $\forall u, v \in X$, 令 $w = u - v$, 则 w 为线性方程

$$\frac{dw(t)}{dt} + Aw(t) + N(u(t)) - N(v(t)) = 0, \tag{4.2.62}$$

$$w(0) = 0 \tag{4.2.63}$$

的弱解. 同理可得能量不等式:

$$\|w(t)\|^2 + \int_0^t \|w(s)\|_V^2 ds \leqslant \int_0^t \|N(u(s)) - N(v(s))\|_{V'}^2 ds. \tag{4.2.64}$$

$\forall \alpha \in (0,1), \forall \phi \in V,$ 有

$$| < N(u) - N(v), \phi > | = 2|\int_{\mathcal{O}} (\mu(u)e_{ij}(u) - \mu(v)e_{ij}(v)) e_{ij}(\phi)dx|. \tag{4.2.65}$$

下面对 $< N(u) - N(v), \phi >$ 估计的技巧类似于文献 [10] 引理 3.1 的证明过程. 令

$$F(s) = 2\mu_0(\varepsilon + |s|^2)^{-\alpha/2}s, \tag{4.2.66}$$

其中

$$s = \begin{pmatrix} s_1 & s_2 \\ s_3 & s_4 \end{pmatrix} \in \mathbb{R}^4, \quad |s|^2 = \sum_{i=1}^4 s_i^2, \quad s_i \in \mathbb{R}, \quad i = 1, 2, 3, 4. \tag{4.2.67}$$

于是 $F(s)$ 的 Fréchet 导数为

$$DF(s) = 2\mu_0(\varepsilon + |s|^2)^{-\alpha/2}$$
$$\times \begin{pmatrix} 1 - \dfrac{\alpha s_1^2}{\varepsilon + |s|^2} & -\dfrac{\alpha s_1 s_2}{\varepsilon + |s|^2} & -\dfrac{\alpha s_1 s_3}{\varepsilon + |s|^2} & -\dfrac{\alpha s_1 s_4}{\varepsilon + |s|^2} \\ -\dfrac{\alpha s_1 s_2}{\varepsilon + |s|^2} & 1 - \dfrac{\alpha s_2^2}{\varepsilon + |s|^2} & -\dfrac{\alpha s_2 s_3}{\varepsilon + |s|^2} & -\dfrac{\alpha s_2 s_4}{\varepsilon + |s|^2} \\ -\dfrac{\alpha s_1 s_3}{\varepsilon + |s|^2} & -\dfrac{\alpha s_2 s_3}{\varepsilon + |s|^2} & 1 - \dfrac{\alpha s_3^2}{\varepsilon + |s|^2} & -\dfrac{\alpha s_3 s_4}{\varepsilon + |s|^2} \\ -\dfrac{\alpha s_1 s_4}{\varepsilon + |s|^2} & -\dfrac{\alpha s_2 s_4}{\varepsilon + |s|^2} & -\dfrac{\alpha s_3 s_4}{\varepsilon + |s|^2} & 1 - \dfrac{\alpha s_4^2}{\varepsilon + |s|^2} \end{pmatrix}. \tag{4.2.68}$$

因为 $0 < \alpha < 1$, 故有

$$\left| -\frac{\alpha s_i s_j}{\varepsilon + |s|^2} \right| < \left| -\frac{s_i s_j}{\varepsilon + |s|^2} \right| < \frac{1}{\varepsilon}, \quad i, j = 1, 2, 3, 4, \tag{4.2.69}$$

以及

$$0 < 1 - \frac{\alpha s_i^2}{\varepsilon + |s|^2} < 1, \quad i = 1, 2, 3, 4. \tag{4.2.70}$$

于是

$$\|DF(s)\| \leqslant 2\mu_0(\varepsilon + |s|^2)^{-\alpha/2}\sqrt{4 + \frac{12}{\varepsilon^2}}, \quad \forall s \in \mathbb{R}^4. \tag{4.2.71}$$

同理可得

$$D^2F(s) = \left(\frac{\partial^2 F_i(s)}{\partial s_j \partial s_k} \right), \quad i, j, k = 1, 2, 3, 4, \tag{4.2.72}$$

其中 $F_i(s) = 2\mu_0(\varepsilon + |s|^2)^{-\alpha/2}s_i$. 通过计算得到

$$||DF(s)|| + ||D^2F(s)|| \leqslant c_4(\mu_0, \varepsilon, \alpha) \doteq c_4, \quad \forall s_i \in \mathbb{R}, \quad i = 1, 2, 3, 4, \tag{4.2.73}$$

其中 c_4 只依赖于 μ_0, ε 和 α. $\forall a, b \in \mathbb{R}^4$,

$$F(b) - F(a) = \int_0^1 DF(a + \tau(b - a))(b - a)d\tau. \tag{4.2.74}$$

取 $a = e(u) = (e_{ij}(u)), b = e(v) = (e_{ij}(v))$, 利用分部积分以及 $F(s)$ 的不等式可得

$$\begin{aligned}
< N(u) - N(v), \phi > &= -\int_{\mathcal{O}} (\nabla \cdot [F(e(u)) - F(e(v))]) \cdot \phi dx \\
&\leqslant c_4 (||\nabla(u - v)|| + ||\Delta(u - v)||) ||\phi|| \\
&\leqslant c_4 \left(||u - v||_{H_0^1(\mathcal{O})} + ||u - v||_V\right) ||\phi|| \\
&\leqslant 2c_4\mu_1||u - v||_V||\phi||_V.
\end{aligned} \tag{4.2.75}$$

于是

$$\int_0^T ||N(u(s)) - N(v(s))||_{V'}^2 ds \leqslant c_4 \int_0^T ||u(s) - v(s)||_V^2 ds \leqslant c_4||u - v||_{L^2(0,T;V)}^2. \tag{4.2.76}$$

故

$$||J_2(u) - J_2(v)||_X^2 \leqslant 2\int_0^t ||N(u(s)) - N(v(s))||_{V'}^2 ds \leqslant 2c_4||u||_{L^2(0,T;V)}^2. \tag{4.2.77}$$

$\square$

引理4.2.4 [6] $\forall u_0 \in V$, 过程 $v(t, x) = S(t)u_0 + z(t)$ 在 V 中有一个连续修正, 即 $v \in C([0, T]; V)$, P-a. s., 并且有

$$z(t) = A\int_0^t S(t - s)B^H(s)ds + B^H(t), \quad t \geqslant 0, \quad \text{P-a. s.}. \tag{4.2.78}$$

引理4.2.5 [7] 设 E 为 Banach 空间, $F : E \to E, y \in E, M > 0$ 为常数. 若 $F(0) = 0, ||y||_E \leqslant \frac{1}{2}M$, 并且

$$||F(u) - F(v)||_E \leqslant \frac{1}{2}||u - v||_E, \quad \forall u, v \in B_E(M), \tag{4.2.79}$$

则方程

$$u = y + F(u) \tag{4.2.80}$$

有唯一解 $u \in B_E(M)$.

定理4.2.1 对任意的初值 $u_0 \in H$ 及每个 $\omega \in \Omega$, 都存在随机变量 $T(\omega)$, 非牛顿流系统 (4.2.34) 在式 (4.2.36) 的意义下存在唯一局部 Mild 解 $u \in X$.

证明 对任意的 $\omega \in \Omega$, 令

$$y(t) = S(t)u_0 + z(t), \tag{4.2.81}$$

则有

$$\|y\|_X \leqslant \|S(\cdot)u_0\|_X + \|z\|_X \leqslant 2\|u_0\| + \|z\|_X. \tag{4.2.82}$$

记 $M(\omega) = 2(2\|u_0\| + \|z(\omega)\|_X)$.

构造映射 $\mathcal{F} = J_1 + J_2$, 则 $\forall u, v \in X$, 有

$$\|\mathcal{F}(u) - \mathcal{F}(v)\|_X$$
$$\leqslant \|J_1(u) - J_1(v)\|_X + \|J_2(u) - J_2(v)\|_X$$
$$\leqslant 2c_2^{\frac{1}{2}} \left(\|u\|_{C([0,T];H)}^2 \cdot \|u\|_{L^2(0,T);V}^2 + \|v\|_{C([0,T];H)}^2 \cdot \|v\|_{L^2(0,T);V}^2 \right)^{\frac{1}{4}} \cdot \|u - v\|_X$$
$$\quad + 2c_4^{\frac{1}{2}} T^{\frac{1}{2}} \|u - v\|_X$$
$$\leqslant 2c_2^{\frac{1}{2}} M^{\frac{1}{2}} \left(\|u\|_{L^2(0,T);V}^2 + \|v\|_{L^2(0,T);V}^2 \right)^{\frac{1}{4}} \|u - v\|_X + 2c_4^{\frac{1}{2}} T^{\frac{1}{2}} \|u - v\|_X. \tag{4.2.83}$$

由 Bochner 积分的绝对连续性, 选取 $\tau \in (0,1]$ s. t.,

$$\left(\|u\|_{L^2(0,\tau);V}^2 + \|v\|_{L^2(0,\tau);V}^2 \right)^{\frac{1}{4}} \leqslant (2Mc_2)^{-\frac{1}{2}}. \tag{4.2.84}$$

再令 $T = \min\{\tau, 1, \frac{1}{16c_4}\}$ (注意到 T 的选取跟 ω, M 有关). 则有

$$\|\mathcal{F}(u) - \mathcal{F}(v)\|_X \leqslant \left(\frac{1}{4} + \frac{1}{4} \right) \|u - v\|_X = \frac{1}{2} \|u - v\|_X. \tag{4.2.85}$$

根据修正的不动点引理 4.2.5 可知, 方程

$$u(t) = S(t)u_0 + z(t) + J_1(u)(t) + J_2(u)(t) \tag{4.2.86}$$

在 $X = C([0,T];H) \cap L^2(0,T;V)$ 中存在唯一解, 且解 $\|u\|_X \leqslant M$. $\square$

定理4.2.2 对任意的初值 $u_0 \in H$ 及每个 $\omega \in \Omega$, 非牛顿流系统 (4.2.34) 在 (4.2.36) 的意义下存在唯一的整体 Mild 解 $u \in X$.

证明 由定理 4.2.1 可知, 非牛顿流系统 (4.2.34) 在 (4.2.36) 的意义下存在唯一局部 Mild 解 $u \in X$. 下面将局部解进行延拓, 首先进行解的估计.

令 $y(t) = u(t) - z(t)$, 则 y 满足

$$y(t) = S(t)u_0 - \int_0^t \left(S(t - s)[B(y(s) + z(s)) + N(y(s) + z(s))] \right) ds.$$

由引理 4.2.1 知, $y(t)$ 是下列带随机系数的微分方程

$$\frac{dy(t)}{dt} + Ay(t) + B(y(t) + z(t)) + N(y(t) + z(t)) = 0,$$

$$y(0) = u_0 \tag{4.2.87}$$

的弱解. 将 (4.2.87) 式两边与 $y(t)$ 作内积, 得

$$\frac{1}{2}\frac{d\|y(t)\|^2}{dt} + \|y(t)\|_V^2 + b\left(y(t) + z(t), y(t) + z(t), y(t)\right) + < N(y(t) + z(t)), y(t) > = 0. \tag{4.2.88}$$

首先估计 b 项:

$$
\begin{aligned}
&b\left(y(t) + z(t), y(t) + z(t), y(t)\right) \\
&= b\left(y(t) + z(t), z(t), y(t)\right) \\
&= -b(y(t), y(t), y(t)) - b(z(t), y(t), y(t)) \\
&\leqslant c_1 \|y(t)\|_{H_0^1(\mathcal{O})}^{1/2} \|y(t)\|_{H^2(\mathcal{O})}^{1/2} \|y(t)\|_{H_0^1(\mathcal{O})} \|z(t)\| + c_2 \|y(t)\|_{H_0^1(\mathcal{O})} \|z(t)\|_{L_{\mathcal{O}}^4}^2 \\
&\leqslant \frac{1}{4}\|y(t)\|_V^2 + 24^3 c_1^4 \|y(t)\|^2 \|z(t)\|_{L^4(\mathcal{O})}^2 + \frac{1}{4}\|y(t)\|_V^2 + 16 c_1 \|z(t)\|_{L^4(\mathcal{O})}^2.
\end{aligned}
$$

其次估计 N 项:

$$
\begin{aligned}
< N(y(t) + z(t)), y(t) > &= -\int_{\mathcal{O}} (\nabla \cdot [F(e(y(t) + z(t))) - F(e(0))]) \cdot y(t) dx \\
&\leqslant c_4 \left(\|y(t)\|_{H_0^1(\mathcal{O})} + \|y(t)\|_V\right) \|y(t) + z(t)\| \\
&\leqslant 2 c_4 \mu_1 \|y(t) + z(t)\| \cdot \|y(t)\|_V \\
&\leqslant \frac{1}{4}\|y(t)\|_V + 16 c_5 \|z(t)\|^4,
\end{aligned}
$$

即有

$$\frac{d\|y(t)\|^2}{dt} + \|y(t)\|_V^2 \leqslant c_6(1 + \|z(t)\|_{L^4(\mathcal{O})})^4 \|y(t)\|^2 + c_7(\|z(t)\| + \|z(t)\|_{L^4(\mathcal{O})})^4.$$

由 Gnowwall 不等式可得

$$
\begin{aligned}
\max_{t \in [0,T]} \|y(t)\|^2 &\leqslant \exp\left\{c_6(1 + \int_0^T \|z(t)\|_{L^4(\mathcal{O})}^4)\right\} \cdot \|u_0\|^2 \\
&\quad + c_7 \int_0^T \exp\left\{c_6(1 + \int_s^T \|z(r)\|_{L^4(\mathcal{O})}^4 dr)\right\} \cdot (\|z(s)\|_{L^4(\mathcal{O})}^4 \\
&\quad + \|z(s)\|^2) ds, \tag{4.2.89}
\end{aligned}
$$

$$
\begin{aligned}
\int_0^T \|y(t)\|_V^2 dt &\leqslant \|u_0\|^2 + c_6 \sup_{t \in [0,T]} \|y(t)\|^2 \cdot \int_0^T \|z(t)\|_{L^4(\mathcal{O})}^4 dt \\
&\quad + c_7 \int_0^T (\|z(t)\|_{L^4(\mathcal{O})}^4 + \|z(t)\|^2) dt. \tag{4.2.90}
\end{aligned}
$$

这表明 Mild 解可延拓到任意区间上, 于是解的整体存在性得证.   □

定理4.2.3 对任意的初值 $u_0 \in X$, 非牛顿流系统 (4.2.34) 的整体 Mild 解 $u(t, u_0, \omega) \in X$ 确定的解映射 ϕ 在 X 上生成一个随机动力系统.

证明 对每个给定的 $\omega \in \Omega$, 由 Mild 解对初值的连续依赖性可知, ϕ 是可测的. 下面只需验证余环性质. 对每个 $\omega \in \Omega$, 记积分方程

$$u(t) = S(t)u_0 - \int_0^t \left(S(t-s)[B(y(s)+z(s)) + N(y(s)+z(s))] \right) ds$$
$$+ \int_0^t S(t-s) dB^H(s, \omega)$$

的解为 $u(t; 0, \omega, u_0)$. 注意到

$$\int_0^T S(t-s) dB^H(s, \theta_\tau \omega) = \int_\tau^{t+\tau} S(t+\tau-s) dB^H(s, \omega),$$

即 $z(t_\tau, \tau, \omega) = z(t, 0, \theta_\tau \omega)$. 由解的存在唯一性可知

$$u(t+\tau; \tau, \omega, u_0) = u(t+\tau; 0, \omega, u_0).$$

令 $\phi(t, \omega, u_0) = u(t; 0, \omega, u_0)$, 则

$$\begin{aligned}
\phi(t+\tau, \omega, u_0) &= u(t+\tau; 0, \omega, u_0) \\
&= u(t+\tau; \tau, \omega, u(\tau; 0, \omega, u_0)) \\
&= u(t; 0, \theta_\tau \omega, u(\tau; 0, \omega, u_0)) \\
&= \phi(t, \theta_\tau \omega) \circ \phi(\tau, \omega),
\end{aligned}$$

即 ϕ 在 X 上生成随机动力系统. □

定义 $\Phi : R^+ \times \Omega \times V \to V$ 如下 :

$$\Phi(t, \omega, u_0) = S(t)u_0 - \int_0^t S(t-s)B(u(s), u(s)) ds - \int_0^t S(t-s)N(u(s)) ds$$
$$+ \int_0^t S(t-s) dB^H(s)).$$

分数布朗运动相应的 Ornstein-Uhenbeck 方程

$$dz(t) = -2\mu A Z(t) dt + dB^H(t), \quad u(0) = u_0. \tag{4.2.91}$$

引理4.2.6[6] Ornstein-Uhenbeck 方程 (4.2.91) 定义了一个随机动力系统

$$\psi(t, \omega, x) = S(t)u_0 + B^H(t, \omega) + A \int_0^t S(t-\tau) B^H(t, \tau) d\tau,$$

并且存在一个 mod-P 唯一的随机不动点

$$\Psi(\omega) = \int_{-\infty}^{0} S(-\tau) dB^H(\tau, \omega), \quad \text{P.a.s.}$$

作变换 $v(t) = u(t) + \Psi(t, \omega)$, 就得到下面的随机系数的偏微分方程:

$$\frac{dv(t)}{dt} + 2\mu_1 Av + B(v + \Psi, v + \Psi) + N(\Psi + v) = 0.$$

定理4.2.4　非牛顿方程 (4.2.34) 的弱解 $u(t, \omega, x)$ 生成的随机动力系统存在随机吸引子.

证明　证明方法类似于文献 [22], 在此略.　　　　　　　　　　　　□

4.3　乘性FBM驱动的随机偏微分方程的动力学

Maria, Lu 和 Schmalfuss[13] 研究了乘性噪声驱动的随机发展方程

$$\begin{cases} du(t) = [Au(t) + F(u(t))]dt + G(u(t))dB^H(t), \\ u(0) = u_0 \in V, \end{cases} \tag{4.3.1}$$

当算子 F 和 G, G' 都是全局 Lipschitz 条件时, 引入了适当的函数空间 $W_{\eta,\sigma}^{\alpha,\infty}(0, T, V)$, 利用 Banach 空间压缩映像原理证明了该方程在 $W_{\eta,\sigma}^{\alpha,\infty}(0, T, V)$ 中存在唯一的 Mild 解, 并且解映射 $\Phi : V \to W_{\eta,\sigma}^{\alpha,\infty}(0, T, V)$ 生成一个随机动力系统, 详见文献 [13] 中的定理 9 和定理 10. 需要指出的是, 很多随机非线性发展方程中的 F 和 G 并不满足全局 Lipschitz 条件, 因此, 需要减弱文献 [13] 中对非线性项的全局 Lipschtiz 条件的限制, 建立更为一般的结论.

下面定义乘性噪声情况下的随机积分 $\int_0^T G(u(s))d\beta^H(s)$. 注意到分数布朗运动的轨道是 α-Hölder 连续的、自相似的、长相依的. 设 $V = (V, || \cdot ||)$ 是可分空间, $\alpha \in (0, 1)$, $0 \leqslant a < b \leqslant T$, $\beta_{b-}^H(s) = \beta^H(s) - \beta^H(b)$, 当 $a < t < b$ 时, 定义 Weyl 右导数为

$$D_{0+}^{\alpha} f(t) = \frac{1}{\Gamma(1-\alpha)} \left(\frac{f(t)}{t^{\alpha}} + \alpha \int_0^t \frac{f(t) - f(\lambda)}{(t-\lambda)^{\alpha+1}d} \lambda \right);$$

Weyl 左导数为

$$D_{T-}^{\alpha} f(t) = \frac{(-1)^{\alpha}}{\Gamma(1-\alpha)} \left(\frac{f(t)}{(T-t)^{\alpha}} + \alpha \int_t^T \frac{f(t) - f(\lambda)}{(\lambda-t)^{\alpha+1}} d\lambda \right),$$

其中, Γ 是 Γ 函数.

当 $\phi \in L^1((0,T),V)$ 时, 定义 α 阶 Riemann-Liouville 右积分为

$$I_{0+}^{\alpha}\phi(t) = \frac{1}{\Gamma(\alpha)}\int_0^t (t-\lambda)^{\alpha-1}\phi(\lambda)d\lambda;$$

α 阶 Riemann-Liouville 左积分为

$$I_{T-}^{\alpha}\phi(t) = \frac{(-1)^{\alpha}}{\Gamma(\alpha)}\int_t^T (\lambda-t)^{\alpha-1}\phi(\lambda)d\lambda.$$

则有

$$D_{0+}^{\alpha}I_{0+}^{\alpha}\phi = \phi.$$

这样定义的 α 阶 Riemann-Liouville 积分的好处在于, 当 α 为整数时, 与通常的 Riemann 积分一致, 而当 α 为分数时, 可以将对 ϕ 的 α 阶积分转化为对参数 $t-\lambda$ 的 $\alpha-1$ 阶积分.

注意到对加性分数布朗运动时的随机积分, 不需要细致分析可积函数类, 而对于乘性分数布朗运动的随机积分, 要定义 $\int_0^T G(u(s))d\beta^H(s)$, 需要确定可积函数类. 下面参考文献 [12,13] 中的随机积分定义.

当 $T>0$ 时, 定义 $W^{\alpha,1}(0,T;V)$ 为由可测函数 $f:[0,T]\to V$ 组成的集合并满足

$$|f|_{\alpha} = \int_0^T \left(\frac{\|f(s)\|}{s^{\alpha}} + \frac{\|f(s)-f(\eta)\|}{(s-\eta)^{\alpha+1}}\right)ds < \infty,$$

其中, 假设 α 满足 $0<\alpha<\frac{1}{2}$, $1-\alpha<H$.

由文献 [23] 的定义可知, 假设 $f\in W^{\alpha,1}(0,T;V)$, 当 $0\leqslant s<t\leqslant T$ 时, 定义广义的 Stieltjes 积分

$$\int_0^T fd\beta^H = (-1)^{\alpha}\int_0^T D_{0+}^{\alpha}f(s)D_{T-}^{1-\alpha}\beta_{T-}^H(s)ds, \quad \int_s^t fd\beta^H = \int_0^T f\,1_{(s,t)}d\beta^H. \tag{4.3.2}$$

由文献 [23] 可知, 随机积分 (4.3.2) 存在, 并且满足下面重要不等式

$$\left\|\int_0^T fd\beta^H\right\| \leqslant \Lambda_{\alpha}^{0,T}(\beta^H)|f|_{\alpha}, \tag{4.3.3}$$

其中, 当 $\alpha\in(1-H,\frac{1}{2})$ 时,

$$\Lambda_{\alpha}^{0,T}(\beta^H) = \frac{1}{\Gamma(1-\alpha)\Gamma(\alpha)}\sup_{0\leqslant s\leqslant t\leqslant T}\left(\frac{|\beta^H(s)-\beta^H(t)|}{(t-s)^{1-\alpha}} + \int_s^t \frac{|\beta^H(\eta)-\beta^H(s)|}{(\eta-s)^{2-s}}ds\right).$$

注意到 $\Lambda_{\alpha}^{0,T}(\beta^H)$ 在全测集上是有限的, 并且关于 $\{\theta\}_{t\in R}$ 是不变的.

下面对无穷维分数布朗运动 B^H 来定义随机积分.

令 $L(V)$ 为 V 上的线性有界算子组成的空间, $G : \Omega \times [0,T] \to L(V)$, 对每个 $i \in N$, $\omega \in \Omega$, $G(\omega, \cdot)e_i \in W^{\alpha,1}(0,T,V)$. 定义

$$\int_0^T G(s)d\omega = \sum_{i=1}^{\infty} \int_0^T G(s)Q^{\frac{1}{2}}e_i d\beta_i^H(s) = \sum_{i=1}^{\infty} \sqrt{\lambda_i} \int_0^T G(s)e_i d\beta_i^H(s). \quad (4.3.4)$$

引理 4.3.1[15]　如果 $\sum\limits_{i=1}^{\infty} \sqrt{\lambda_i} < \infty$, 则对所有的 $\omega \in \Omega$, 对每个 $G : \Omega \times [0,T] \to L(V)$, $G(\omega, \cdot)e_i \in W^{\alpha,1}(0,T,V)$, 随机积分 (4.3.4) 有意义, 并且

$$\left\| \int_0^T G(s)d\omega(s) \right\| \leqslant \Lambda_\alpha^{0,T}(\omega)\sup_i |G(\cdot)e_i|_\alpha, \quad \omega \in \Omega,$$

其中, $\Lambda_\alpha^{0,T}(\omega) = \sum\limits_{i=1}^{\infty} \sqrt{\lambda}\Lambda_\alpha^{0,T}(\beta_i^H)$

引理 4.3.2[13]　对任意的 $a,b,r \in R$, 当下面的随机积分有意义时, 下面的平移性质成立, 即

$$\int_a^b G(s)d\omega(s) = \int_{a-r}^{b-r} G(s+r)d\theta_r\omega(s).$$

当 $\alpha \in (1-H, \frac{1}{2})$, $\eta \in [\alpha, 1-\alpha)$, $\sigma \geqslant 1$ 时, 定义 $W_{\eta,\sigma}^{\alpha,\infty}(0,T;V)$ 为

$$W_{\eta,\sigma}^{\alpha,\infty}(0,T;V) = \left\{ x|x : [0,T] \to V \text{是可测函数}, \text{且} ||x||_{\alpha,\eta} < \infty \right\},$$

其中

$$||x||_{\alpha,\eta,\sigma} = \sup_{[0,T]} e^{-\sigma t}\left(||x(t)|| + t^\eta \int_0^t \frac{||x(t)-x(r)||}{(t-r)^{1+\alpha}}dr \right).$$

则 $W_{\eta,\sigma}^{\alpha,\infty}(0,T;V)$ 是一个 Banach 空间.

再定义一个函数空间

$$W_{\eta,\sigma,L}^{\alpha,\infty}(0,T;V)$$
$$= \left\{ v(t) \in L(V) : \text{对每个} i, v(\cdot)e_i \in W_{\eta,\sigma}^{\alpha,\infty}(0,T;V), ||v(\cdot)e_i||_{\alpha,\eta,\sigma} < \infty \right\}.$$

引理 4.3.3[13]　设 $\alpha \in (1-H, \frac{1}{2})$, $\sigma \geqslant 1$, $\eta \in [\alpha, 1-\alpha)$, 则有

(1) 对每个 $\omega \in \Omega$, 当 $v \in W_{\eta,\alpha,L}^{\alpha,\infty}$ 时, 则有

$$\left\| \int_0^t S(t-\tau)v(t)d\omega(t) \right\|_{\alpha,\eta,\sigma} \leqslant C_1(\Lambda_\alpha^{0,T}(\omega), \sigma)\sup_{i \in N} ||v(t)e_i||_{\alpha,\eta,\sigma},$$

其中, 对每个 $\omega \in \Omega$, $\lim_{\sigma\to\infty} C_1(\Lambda_\alpha^{0,T}(\omega), \sigma) = 0$;

(2) 当可测函数 $v : [0,T] \to V$ 满足 $\sup_{t\in[0,T]} ||v(t)|| < \infty$ 时, 则有

$$\left\| \int_0^t S(t-\tau)v(\tau)d\tau \right\|_{\alpha,\eta,\sigma} \leqslant C_2(\sigma)\sup_{t\in[0,T]} e^{-\sigma t}||v(t)||,$$

其中, $\lim_{\sigma \to \infty} C_2(\sigma) = 0$.

定理4.3.1 [13]   设 $\alpha \in (1 - H, \frac{1}{2}), \sigma \geqslant 1, \xi \in [\alpha, 1 - \alpha)$, 如果非线性项 F 是 Lipschitz 连续的, $G : V \to L(V)$, $G' : V \to L(V, L(V))$ 满足条件:

$$\sup_{i \in N} ||G(v_1)e_i - G(v_2)e_i|| \leqslant L_G ||v_1 - V_2||,$$
$$\sup_{i \in N} ||G'(v_1)e_i - G'(v_2)e_i|| \leqslant L_G' ||v_1 - V_2||,$$

其中 $\{e_i\}_{i \in N}$ 是 V 的完备正交基. 则对任意的初值 $u_0 \in V$, 方程 (4.3.1) 在空间 $W_{\xi,\sigma}^{\alpha,\infty}(0, T; V)$ 上存在唯一的解 $u(t, t_0, \omega)$, 属于 $W_{\xi,\sigma}^{\alpha,\infty}(0, T; V)$, 并且对每个 $\omega \in \Omega$, 映射 $\Phi : V \to W_{\xi,\sigma}^{\alpha,\infty}(0, T; V) : u_0 \to u$ 是连续的.

证明   应用标准的 Banach 中的压缩不动点定理即可证明. 定义映射:

$$\mathcal{T}(u)(t) = S(t)u_0 + \int_0^t S(t - \tau)F(u)(\tau)d\tau + \int_0^t S(t - \tau)G(u)(\tau)d\omega(\tau).$$

从 $B^{\sigma_0}(0, 2\tilde{r}) = \{u \in W_{\xi,\sigma}^{\alpha,\infty}(0, T; V) : ||u||_{\alpha,\xi,\sigma_0} \leqslant 2\tilde{r}\}$ 映到自身, 再验证 $||\mathcal{T}(u_1) - \mathcal{T}(u_2)||_{\alpha,\xi,\sigma} \leqslant \tilde{C}(\sigma)(1 + 4\tilde{r}e^{\sigma_0 T})||u_1 - u_2||_{\alpha,\xi,\sigma}$, 从而得到解的存在唯一性, 详细证明参阅文献 [13] 的定理 9.   □

定理4.3.2 [13]   方程 (4.3.1) 的解 $u(t, \omega, u_0)$ 定义了一个随机动力系统 $\phi : R^+ \Omega \times V \to V$:

$$\phi(t, \omega, u_0) = S(t)u_0 + \int_0^t S(t - \tau)F(u)(\tau)d\tau + \int_0^t S(t - \tau)G(u)(\tau)d\omega(\tau).$$

附注   由于定理 4.3.1 和定理 4.3.2 对非线性 F 和 G, G' 均要求是全局 Lipschitz 连续的, 使得应用范围很小, 需要利用 Yosida 近似的技巧来处理非 Lipschitz 情况, 或者利用广义的迭代方法来处理. 注意到分数布朗运动的轨道不满足 Markov 性质, 在利用随机动力系统的框架研究随机吸引子时, 紧性不易得到, 需要在 $W^{\alpha,\infty}$ 上构造新的余环, 而不是利用原来的 RDS, 使之与两个余环和 RDS 之间建立新的关系得到紧性, 从而建立随机吸引子的存在性 [21].   □

参 考 文 献

[1]   Bloom F, Hao W. Regularization of a non-Newtonian system in an unbound channel: existence and uniqueness of solutions. *Nonlinear Anal*, 2001, **44**: 281–309.

[2]   Chueshov I D. *Introduction to the Theory of Infinite-Dimensional Dissipative Systems*. Acta, 2002.

[3]   Temam R. *Infinite Dimensional Dynamical Systems in Mechanics and Physics*, second ed.. New York: Springer, 1997.

[4]   Henry D. *Geometric Theory of Semilinear Parabolic Equations*. Chinese translation. Berlin: Springer-Verlag, 1981.

[5]   Biagini F, Hu Y, Øksendal B, Zhang T. *Stochastic Calculus for Fractional Brownian Motion and Applications*. London: Springer-Verlag, 2008.

[6]   Maslowski B, Schmafuss B. Random dynamics systems and stationary solutions of differential equations driven by the fractional Brownian motion. *Stoahstic Anal. Appl.*, 2004, **22**: 1557–1607.

[7]   Da Prato G, Zabczyk J. *Ergodicity for Infinite Dimesional Systems*. Cambridge: Cambridge University Press, 1996.

[8]   Kunita H. *Stochastic Flows and Stochastic Differential Equations*. Cambridge: Cambridge University Press, 1990.

[9]   Duncan T E, Maslowski B, Duncan B P. Fractional Brownian motion and stochastic equations in Hilbert spaces. *Stochastic Dyn.*, 2002, **2**: 225–250.

[10]   Zhao C, Zhou S. Pullback attractors for a non-autonomous incompressible non-Newtonian fluid. *J. Differential Equations*, 2007, **238**: 394–425.

[11]   郭柏灵, 林国广, 尚亚东. 非牛顿流动力系统. 北京: 国防工业出版社, 2006.

[12]   Garrido-Atenza M, Keling Lu and Schmalfuss B. Unstable invariant manifolds for stochastic PDEs driven by a FBM. *J. of Differential Equations*, 2010.

[13]   Garrido-Atenza M, Keling Lu and Schmalfuss B. Random dynamical systems for stochastic partial diffusion equations driven by driven by a FBM. *Discrete and Continuous Dynamical Systems-B*, 2010, **14**(2): 473–493.

[14]   Garrido-Atenza M et al. Discretization of stationary solutions of stochastic systems driven by fbm. *Appl. Math. Optim*, 2008.

[15]   Maslowski B and Nualart D. Evolution equations driven by a fractional Brownian motion. *Journal of Functional Analysis*, 2003: 277–305

[16]   Marta Sanz-Sloe, Pierre-A Vuillermot. Mild solutions for a class of fractional spdes and their sample paths, preprint, 2007.

[17]   Duncan T E et al. Semilinear stochastic equations in a Hilbert space with a fractional brownian motion. *Siam J. Math Anal*, 2009.

[18]   Liqun Fang. Stochastic Navier-Stokes equation with fractional Brownian motions. *Dissertation in Louisiana State University, Dec.*, 2009

[19]   Hongbo Fu, Daomin Cao, Jinqiao Duan et al. A sufficient condition for non-explosion for a class of spde. *Interdisciplinary Mathematical Sciences*, 2009, **8**: 131–142.

[20]   Chow P L. *Stochastic Partial Differential Equations*. Chapman & Hall CSC, 2007.

[21]   Li J and Huang J. Random dynamics of Non-Newtonian fluid driven by fractional Brownian motions. Preprint, 2010.

[22]   Caidi Zhao and Jinqiao Duan. Random attractor for the Ladyzhenskaya model with additive noise. *J. Math. Anal. Appl.*, 2010, **362**: 241–251

[23]   Zahle M. Integration with respective to fractal functions and stochastic calculus, I. *Probab. Theory Related Fields*, 1998, **111**: 333–374.

第 5 章 Lévy 过程驱动随机发展方程的动力学

近年来, Lévy 过程驱动的随机发展方程解的存在唯一性引起了很多学者的关注, 例如 Applebaum[1] 系统地给出了 Lévy 过程及随机积分, 证明了 Lévy 过程驱动的随机常微分方程解的存在唯一性, 以及相应的 Lévy 流等结论. Peszat 等[12] 较系统地给出了随机偏微分方程解的存在唯一性和正则性的研究方法, 文献 [6] 的第七章介绍了 Lévy 过程驱动的非线性抛物方程解的存在唯一性.

本章研究由 Lévy 过程驱动随机偏微分方程的动力学性质, 由两部分组成. 第一部分研究由从属子 Lévy 过程驱动的 Boussinesq 方程的随机动力学[7], 第二部分研究 Lévy 扰动的部分耗散反应扩散方程的随机吸引子[8].

5.1 从属子 Lévy 过程及 Oenstein-Uhlenbeck 变换的性质

Lévy 过程 $Y(t)$ 可分解成小跳部分 $Y_1(t)$ 和大跳部分 $Y_2(t)$ 两个部分, 即

$$Y(t) = Y_1(t) + Y_2(t), \quad t \geqslant 0,$$

其中, ν 为 Lévy 过程 Y 的强度测度, Y_1 是强度测度为 $\nu_1(\Gamma) = \nu(\Gamma \bigcap B_U(0,1))$ 的 Lévy 过程, Y_2 是强度测度为 $\nu_2 = \nu - \nu_1$ 的 Lévy 过程, 则 Y_2 可以看成是强度测度为 ν_2 的补偿 Poisson 过程. 因此, Y_1 和 Y_2 均可以用 Poisson 随机测度 π 来定义, 其中

$$\pi([0,1] \times \Gamma) = \sum_{s \leqslant t} 1_\Gamma \Delta Y(s)), \quad \Gamma \in \mathcal{U}, \quad \Delta Y(s) = Y(s) - Y(s^-), \quad s \geqslant 0.$$

注意到 π 是一个时齐的 Poisson 随机测度, 则 Y 可以表示为

$$Y(t) = \sum_{s \leqslant t} \Delta Y(s) = \int_0^t \int_U u\pi(dy, ds), \quad t \geqslant 0.$$

因此

$$Y_1(t) = \sum_{s \leqslant t} 1_{|\Delta Y(s)| < 1} \Delta Y(s) = \int_0^t \int_{|u| < 1} u\pi(dy, ds), \tag{5.1.1}$$

$$Y_2(t) = \sum_{s \leqslant t} 1_{|\Delta Y(s)| \geqslant 1} \Delta Y(s) = \int_0^t \int_{|u| \geqslant 1} u\pi(dy, ds). \tag{5.1.2}$$

令 $0 < \tau_1 < \tau_2 < \tau_3 < \cdots \to \infty$ 是 Y_2 的跳时刻, 对每个 $k, \Delta Y_2(\tau_k) = \Delta Y(\tau_k) = Y(\tau_k) - Y(\tau_k-)$.

设算子 $\Psi(t), t \in [0, T]$ 是取值于从 U 到 E 的线性有界算子组成的空间上的强可测函数, Y 是 U 值的 Lévy 过程. 则当 $t \geqslant 0$ 时, 可定义随机积分如下:

$$\int_0^t \Psi(s) dY_2(s) = \sum_{\tau_k \leqslant t} \Psi(\tau_k) \Delta Y_2(\tau_k).$$

由此, 随机积分可分解成

$$\int_0^t \Psi(s) dY(s) = \int_0^t \Psi(s) dY_1(s) + \int_0^t \Psi(s) dY_2(s). \tag{5.1.3}$$

对于在 Banach 空间中的非线性发展方程

$$\begin{cases} du(t) = (Au(t) + F(u(t)))dt + dY(t), & t \geqslant 0, \\ u(0) = u_0, \end{cases} \tag{5.1.4}$$

Langevin 方程

$$\begin{cases} dX(t) = AX(t)dt + dY(t), & t \geqslant 0, \\ X(0) = 0 \end{cases} \tag{5.1.5}$$

的解为 Y_A. 易知, Y_A 有局部无界的轨道, 在适当的条件下, Y_A 的轨线在 $L^p([0, T], E)$ 中, 则有

$$X(t) = \int_0^t S(t - s) dY_1(s) + \int_0^t S(t - s) dY_2(s) = X_1(t) + X_2(t).$$

由上述讨论可知

$$X_2(t) = \int_0^t e^{(t-s)A} dY_2(s) = \sum_{\tau_k \leqslant t} e^{(t-s)A} \Delta Y(\tau_k), \quad t \geqslant 0,$$

对每个 k 和任意的 $\omega \in \Omega$, 由定义可知, 当 $t \in [\tau_k, \tau_{k+1})$ 时,

$$X_2(t) = S(t - \tau_k)[X_2(\tau_k-) + \Delta Y_2(\tau_k)].$$

由于当 $t \in [0, \tau_1)$ 时, $X_2(t) = 0$, 因此, $\int_0^{\tau_1} |X_2(t)|_E^p dt = 0$. 从而当 $k \geqslant 1$ 时,

$$\int_{\tau_k}^{\tau_{k+1}} |X_2(t)|_E^p dt \leqslant C \int_0^{\tau_{k+1} - \tau_k} |e^{rA}|_{L(U,A)}^p dr \cdot |X_2(\tau_k-) + \Delta Y_2(\tau_k)|_U^p.$$

设 Z_A 是从属子 Lévy 过程相应的 Ornstein-Uhlenbeck 方程

$$\begin{cases} dX(t) = AX(t)dt + dY(t), & t \geqslant 0. \\ X(0) = x_0 \end{cases} \tag{5.1.6}$$

的解, 则有

引理5.1.1 [4]   如果 $p \in (1, 2]$, Z 是属于 $\mathrm{Sub}(p)$ 的从属子过程, E 是一个可分型的 p-Banach 空间, 则以概率 1, 对所有的 $T > 0$, 都有

$$\int_0^T |Z_A(t)|_E^p dt < \infty.$$

引理5.1.2 [4]   如果从属子 Lévy 噪声满足上面的假设, 则以概率 1, 对所有的 $T > 0$, 有

$$\int_0^T |Z_A(t)|_{L^4}^4 dt < \infty.$$

5.2 Lévy 过程驱动随机 Boussinesq 方程的动力学

这一节研究从属子 Lévy 过程驱动随机 Boussinesq 方程

$$\begin{cases} \dfrac{du}{dt} = \left(\dfrac{1}{Re}\triangle u - \nabla p - u \cdot \nabla u - \dfrac{1}{Fr^2}\theta e_2 \right) + dY_1(t), \\ \mathrm{div}\, u = 0, \qquad D \times R_+, \\ \dfrac{d\theta}{dt} = \left(\dfrac{1}{RePr}\triangle\theta - u \cdot \nabla\theta \right) + dY_2(t), \\ u(0) = u_0, \qquad \Gamma \times R_+, \\ \theta(0) = \theta_0, \end{cases} \qquad (5.2.1)$$

其中, 向量值函数 $u = u(x, t) = (u^1, u^2) \in R^2$ 表示流体的速度, 纯量函数 p 表示压强, $x = (\xi, \eta) \in D \subset R^2$, Fr 是 Froude 数, Re 是 Reynolds 数, Pr 是 Prandtl 数, $e_2 \in R^2$ 是垂直向上方向的单位向量. $Y_1(t)$ 和 $Y_2(t)$ 是从属子 Lévy 过程, 其中 $W = (W(t))_{t \geqslant 0}$ 是 U 值的 H 柱面 Wiener 过程, $Z = (Z(t))_{t \geqslant 0}$ 是属于类 $\mathrm{Sub}(p)$, $p \in (1, 2]$ 的从属子过程, $Y = (Y(t))_{t \geqslant 0}$ 是 U 值 Lévy 过程, 即

$$Y(t) = W(Z(t)), \quad t \geqslant 0. \qquad (5.2.2)$$

为便于讨论, 定义下面的向量和算子:

$$U = (u, \theta), \quad Y(t) = (Y^1(t), Y^2(t)),$$

$$AU = \begin{pmatrix} \nu A_1 u \\ k A_2 \theta \end{pmatrix} = \begin{pmatrix} -\nu\Delta u \\ -k\Delta\theta \end{pmatrix},$$

$$B(U_1, U_2) = \begin{pmatrix} B_1(u_1, u_2) \\ B_2(u_1, \theta_2) \end{pmatrix} = \begin{pmatrix} (u_1 \cdot \nabla)u_2 \\ (u_1 \cdot \nabla)\theta_2 \end{pmatrix},$$

$$R(U) = \begin{pmatrix} -\frac{1}{Fr^2}\theta e_2 \\ 0 \end{pmatrix}, \quad U(0) = U_0 = \begin{pmatrix} u_0 \\ \theta_0 \end{pmatrix}.$$

则方程组 (5.2.1) 可以写成抽象形式

$$\begin{cases} dU + [AU + B(U,U) + R(U)]dt = dY(t), \\ U(0) = U_0. \end{cases} \tag{5.2.3}$$

注意到算子 A_1 和 A_2 都是正的、自伴算子, 定义域分别为 $D(A_1)$ 和 $D(A_2)$, 则算子 A 定义在 $D(A) = D(A_1) \times D(A_2)$ 上. 由文献 [2] 的引理 2.2 可知, $(A_1 u, u) \geqslant \mu_1 ||u||^2_{(L^2)^2}$, $(A_2(u,\theta),(u,\theta)) \geqslant \mu_2||(u,\theta)||^2$, 其中 μ_1, μ_2 是正常数. 令 $\lambda = \min(\mu_1, \mu_2)$, 则有

$$(AU, U) \geqslant \lambda ||U||^2.$$

类似于文献 [2], 对于任意的 $U, V, W \in \mathbb{V}$ 定义三线性形式 $b(u,v,w) = <B(u,v), w>$ 如下:

$$b_1(u,v,w) = \int_D \sigma^2_{i,j} u_i \frac{\partial v_j}{\partial x_i} w_j dx,$$

$$b_2(u,\tilde{v},\tilde{w}) = \int_D \sigma^2_i u_i \frac{\partial \tilde{v}_j}{\partial x_i} \tilde{w}_j dx,$$

$$b(U,V,W) = b_1(u,v,w) + b_2(u,\tilde{v},\tilde{w}).$$

引理5.2.1 [2]   如果 $U, V, W \in \mathbb{V}$, 则有

$$b(U,V,W) = -b(U,W,V), \qquad (B(V,U),U) = b(V,U,U) = 0.$$

引理5.2.2 [2]   如果 $u \in V_1, \theta, \eta \in V_2, \phi = (u,\theta)$, 则存在常数 $c_B > 0$ 满足

$$|b_1(u,v,w)| \leqslant c_B ||u||_{H^1} ||v||_{H^2} ||w||, \quad u \in V, v \in D(A), w \in H,$$

$$|b_1(u,v,w)| \leqslant c_B ||u||^{\frac{1}{2}}_{L^2} ||u||^{\frac{1}{2}}_{H^1} ||v||_{H^2} ||w||^{\frac{1}{2}} ||w||^{\frac{1}{2}}_{H^1}, \quad u \in V, v \in D(A), w \in V,$$

$$|b_1(u,v,u)| \leqslant c_B ||u||_{H^1} ||v||_{H^1} ||v||, \quad u \in V, v \in V,$$

$$|b_2(u,\theta,w)| \leqslant c_B ||u||^{\frac{1}{2}} ||u||^{\frac{1}{2}}_{H^1} ||\theta||_{H^1} ||w||^{\frac{1}{2}} ||w||^{\frac{1}{2}}_{H^1}, u \in V, \theta \in V, w \in V,$$

$$|b_2(u,\theta,w)| \leqslant c_B ||u|| ||\theta||_{H^2} ||w||_{H^1}, \quad u \in H, \theta \in D(A), w \in V.$$

考虑从属子 Lévy 过程 $Y(t)$ 驱动的随机 Boussinesq 方程

$$\begin{cases} dU + [AU + B(U,U) + R(U)]dt = dY(t), \qquad t \geqslant 0. \\ U(0) = U_0. \end{cases} \tag{5.2.4}$$

记 $Z_A(\omega)$ 是 Langevin 方程 (5.1.5) 的稳态解.

定义5.2.1   一个 H 值 $(\mathcal{F}_t)_{t \geqslant 0}$ 适应的, $H^{-s,4}(0,1)$ 值的 Cadlag 过程 $u(t)(t \geqslant 0)$ 称为是方程 (5.2.4) 的解, 如果对每个 $T > 0$, a.a, 都有

$$\sup_{0 \leqslant t \leqslant T} |U(t)|^2_H + \int_0^T |U(t)|^4_{L^4(0,1)} dt < \infty,$$

且对任意的 $\psi \in V \bigcap H^{2,2}(0,1)$, 及对任意的 $t > 0$, 几乎必然地满足

$$(U(t), \psi) - (U_0, \psi) - \int_0^t (U(s), \Delta\psi)ds + \int_0^t (B(U, U), \psi(s))ds + \int_0^t (R(U), \psi)ds$$
$$= (\psi, Y(t)).$$

命题5.2.1[4]   假设 $z \in L^4(0, T; L^4(0,1)), g \in L^2(0, T, V'), v_0 \in H$, 则存在唯一的 $v \in \mathcal{H}^{1,2}(0, T)$ 满足

$$\begin{cases} \dfrac{dv}{dt} + Av + B(v, z) + B(z, v) + B(v, v) = g, & t \geqslant 0, \\ v(0) = v_0, \end{cases} \tag{5.2.5}$$

且下面的估计式成立:

$$\sup_{t \in [0,T]} |v(t)|^2 \leqslant K^2 L^2, \qquad \int_0^T |\nabla v(t)|^2 dt \leqslant M^2;$$

$$\int_0^T |v'(t)|_{V'}^2 dt \leqslant N^2, \qquad \int_0^T |v(t)|_{L^4(0,1)}^4 dt \leqslant 2T^{1/2} K^3 L^3 M,$$

其中

$$K^2 = e^{2 \int_0^T |z(s)|_{L^4}^4 ds},$$
$$L^2 = |v_0|^2 + 2 \int_0^T |g(s)|_{V'}^2 ds,$$
$$M^2 = |v_0|^2 + 9KL \int_0^T |z(t)|_{L^4(0,T,L^4(0,1))}^2 + \frac{T^{1/4}}{\sqrt{2}} K^{3/2} L^{1/2},$$

并且映射 $L^2(0, T, V') \times H \ni (g_0, v_0) \to v \in \mathcal{H}^{1,2}(0, T)$ 是解析的.

命题5.2.2[12]   设 $u : [0, T] \to B$ 连续函数, 其左导数为

$$\frac{d^- u}{dt}(t_0) = \lim_{\varepsilon \to 0, \varepsilon < 0} \frac{u(t_0 + \varepsilon) - u(t_0)}{\varepsilon},$$

在 $t_0 \in [0, T]$ 处存在. 则 $\gamma(t) = |u(t)|_B, t \in [0, T]$ 是 t_0 处的左导数, 并且

$$\frac{d^- \gamma}{dt}(t_0) = \min \left\{ \left\langle x^*, \frac{d^- u}{dt}(t_0) \right\rangle : x^* \in \partial |u(t_0)|_B \right\}.$$

命题5.2.3[12]   设 $F : D(F) \to B$ 是 m 耗散映射, 则有

(1) 对所有的 $\alpha > 0$, $x, y \in B$, $|J_\alpha(x) - J_\alpha(y)|_B \leqslant |x - y|_B$;

(2) 当 $\alpha > 0$ 时, 映射 F_α 是耗散的, 并且是 Lipschitz 连续的, 即

$$F_\alpha(x) - F_\alpha(y)|_B \leqslant \frac{2}{\alpha} |x - y|_B, \quad \forall x, y \in B,$$

并且 $|F_\alpha(x)|_B \leqslant |F(x)|_B, \forall x \in D(F)$;

(3) $\lim_{\alpha \to 0}(x) = x, \forall x \in D(F)$.

定理5.2.1　对任意的 $u_0 \in H$, 系统 (5.2.4) 存在唯一的 Cadlag 的 Mild 解 $u(t)$, $t \geqslant 0$.

证明　令 $V = U - Z_A$, 则方程 (5.2.4) 转化为

$$\begin{cases} dV = [AV + B(V + Z_A, V + Z_A) + R(V + Z_A)]dt, & t \geqslant 0. \\ V(0) = U_0. \end{cases} \tag{5.2.6}$$

下面利用 Yosida 近似方法来证明. 由文献 [12] 定理 10.1 的证明可知, 对于 $\alpha > 0, \beta > 0$, 及充分小的 η, m 耗散映射 $A + \eta$ 和 $B(\cdot, \cdot) + R(\cdot) + \eta$ 的 Yosida 近似分别为

$$(A + \eta)_\beta = \frac{1}{\beta}\Big((I - \beta(A + \eta))^{-1} - I\Big),$$

$$((B + R) + \eta)_\alpha = \frac{1}{\alpha}\Big((I - \alpha((B + R) + \eta))^{-1} - I\Big).$$

考虑下面的近似方程:

$$\begin{cases} \dfrac{d^-}{dt}Y_{\alpha,\beta}(t) = (A + \eta)_\beta Y_{\alpha,\beta} + (B + R + \eta)_\alpha(Y_{\alpha,\beta} + Z_A(t-)) - 2\eta Y_{\alpha,\beta} - \eta Z_A(t-), \\ Y_{\alpha,\beta}(0) = U_0. \end{cases}$$

$$\tag{5.2.7}$$

注意到 Yosida 近似算子是 Lipschitz 的, 因此方程 (5.2.7) 有连续的解 $Y_{\alpha,\beta}$. 下证极限

$$\lim_{\alpha \to 0}[\lim_{\beta \to 0} Y_{\alpha,\beta}(t)] = Y(t), \quad t \geqslant 0$$

存在, 并且该极限就是方程 (5.2.6) 的 Mild 解.

为简便起见, 这里只给出 $\eta = 0$ 的估计, 当 $\eta \neq 0$ 时可类似得到估计. 设 Y_α 是积分方程

$$\begin{aligned} Y_\alpha(t) = & S(t)U_0 + \int_0^t S(t - s)(B(Y_\alpha(s) + Z_A(s-), Y_\alpha(s) + Z_A(s-)) \\ & + R(Y_\alpha(s) + Z_A(s-)))_\alpha ds \end{aligned}$$

的解. 注意到算子 $(B(\cdot, \cdot) + R(\cdot))_\alpha$ 是 Lipschitz 连续的, Z_A 是 Cádlág 的, 因此, 上述方程在 H 中存在一个解, 并在 H 空间上连续.

对于 $\alpha > 0, \beta > 0$, 直接计算可得

$$\begin{aligned} & Y_\alpha - Y_{\alpha,\beta} \\ = & S(t)U_0 - S_\beta(t) \\ & + \int_0^t [S(t - s) - S_\beta(t - s)][B(Y_\alpha(s) + Z_A(s-), Y_\alpha(s) + Z_A(s-)) \end{aligned}$$

$$+ R(Y_\alpha(s) + Z_A(s-))]_\alpha ds$$

$$+ \int_0^t [S_\beta(t-s)]\Big[[B(Y_\alpha(s) + Z_A(s-), Y_\alpha(s) + Z_A(s-)) + R(Y_\alpha(s) + Z_A(s-))]_\alpha$$

$$- [B(Y_{\alpha,\beta}(s) + Z_A(s-), Y_{\alpha,\beta}(s) + Z_A(s-)) + R(Y_{\alpha,\beta}(s) + Z_A(s-))]_\alpha\Big]ds.$$

由于 A 和 $B+R$ 是 m 耗散的, 因此, 存在常数 M, ω 和 C_α 使得对所有的 $t \geqslant 0, V, W \in H$, 都有

$$\|S_\beta(t)\|_{L(H,H)} \leqslant Me^{\omega t}, \quad |[B(V) + R(V)]_\alpha - [B(U) + R(U)]_\alpha| \leqslant C_\alpha|V - U|_H.$$

从而有

$$|Y_\alpha(t) - Y_{\alpha,\beta}(t)|$$

$$\leqslant |S(t)U_0 - S_\beta(t)U_0| + MC_\alpha \int_0^t e^{\omega(t-s)}|Y_\alpha(s) - Y_{\alpha,\beta}(s)|ds$$

$$+ \int_0^t |[S_\beta(t-s) - S(t-s)][B(Y_{\alpha,\beta}(s) + Z_A(s-), Y_{\alpha,\beta}(s) + Z_A(s-))$$

$$+ R(Y_{\alpha,\beta}(s) + Z_A(s-))]_\alpha ds.$$

由 Hille-Yosida 定理可知, 当 $\beta \to 0$ 时, $S_\beta(t)U_0 \to S(t)U_0$ 在有界区间上关于 t 是一致的, 在 H 中的紧子集上关于初值 U_0 是一致的. 因此, 当 $\beta \to 0$ 时, 在有界区间上, 一致地都有

$$|Y_\alpha(t) - Y_{\alpha,\beta}(t)| \leqslant MC_\alpha \int_0^t |Y_\alpha(s) - Y_{\alpha,\beta}(s)|ds.$$

由 Gronwall 不等式可得

$$\lim_{\beta \to 0} \sup_{t \leqslant T} |Y_\alpha(t) - Y_{\alpha,\beta}(t)| = 0, \quad \forall T < \infty. \tag{5.2.8}$$

由引理 5.2.2 可得

$$\frac{d^-}{dt}|Y_{\alpha,\beta}(t)| = \min\left\{\left\langle x^*, \frac{d^-}{dt}Y_{\alpha,\beta}(t)\right\rangle : x^* \in \partial|Y_{\alpha,\beta}(t)|\right\}$$

$$= \min\Big\{x^*, A_\beta Y_{\alpha,\beta}(t) + [B(Y_{\alpha,\beta}(s) + Z_A(s-), Y_{\alpha,\beta}(s) + Z_A(s-))$$

$$+ R(Y_{\alpha,\beta}(s) + Z_A(s-))]_\alpha\rangle : x^* \in \partial|Y_{\alpha,\beta}(t)|\Big\}.$$

注意到 $A_\beta A : M[B(\cdot,\cdot) + R(\cdot)]$ 是 m 耗散的, 且 A_β 是线性的. 因此

$$\frac{d^-}{dt}|Y_{\alpha,\beta}(t)| \leqslant |[B(Z_A(t-), Z_A(t-), Z_A(t-), Z_A(t-)) + R(Z_A(t-))]_\alpha|$$

$$\leqslant |B(Z_A(t-), Z_A(t-), Z_A(t-), Z_A(t-)) + R(Z_A(t-))|,$$

即

$$|Y_{\alpha,\beta}(t)| \leqslant |U_0| + \int_0^t |[B(Z_A(t-), Z_A(t-), Z_A(t-), Z_A(t-)) + R(Z_A(t-))|ds, \quad t \geqslant 0,$$

由估计式 (5.2.8) 可知, 对所有的 $\alpha > 0$, 都有

$$|Y_\alpha(t)| \leqslant |U_0| + \int_0^t |[B(Z_A(t-), Z_A(t-), Z_A(t-), Z_A(t-)) + R(Z_A(t-))|ds, \quad t \in [0, T].$$

类似地, 当 $t \in [0, T]$ 时, 由命题 5.2.3 可知

$$
\begin{aligned}
&\frac{1}{2}\frac{d^-}{dt}|Y_{\alpha,\beta}(t) - Y_{\gamma,\beta}(t)|^2 \\
&= \Big\langle \frac{d^-}{dt}(Y_{\alpha,\beta}(t) - Y_{\gamma,\beta}(t)), Y_{\alpha,\beta}(t) - Y_{\gamma,\beta}(t) \Big\rangle \\
&= \Big\langle (A_\beta Y_{\alpha,\beta}(t) - A_\beta Y_{\gamma,\beta}(t)) + [(B+R)_\alpha](Y_{\alpha,\beta}(t) + Z_A(\omega)(t-)) \\
&\quad - [(B+R)_\gamma](Y_{\gamma,\beta}(t) + Z_A(\omega)(t-)), Y_{\alpha,\beta}(t) - Y_{\gamma,\beta}(t) \Big\rangle \\
&\leqslant \Big\langle [(B+R)_\alpha](Y_{\alpha,\beta}(t) + Z_A(\omega)(t-)) \\
&\quad - [(B+R)_\gamma](Y_{\gamma,\beta}(t) + Z_A(\omega)(t-)), Y_{\alpha,\beta}(t) - Y_{\gamma,\beta}(t) \Big\rangle \\
&\leqslant (\gamma + \alpha \Big[|[(B+R)_\alpha](Y_{\alpha,\beta}(t) + Z_A(\omega)(t-))| + |(B+R)_\gamma](Y_{\gamma,\beta}(t) + Z_A(\omega)(t-))| \Big]^2 \\
&\leqslant (\gamma + \alpha \Big[|(B+R)(Y_{\alpha,\beta}(t) + Z_A(\omega)(t-))| + |(B+R)(Y_{\gamma,\beta}(t) + Z_A(\omega)(t-))| \Big]^2.
\end{aligned}
\tag{5.2.9}
$$

再利用算子 A, B, R 的耗散性假设, 以及估计式 (5.2.9) 知, 存在常数 $C > 0$, 使得

$$\frac{1}{2}\frac{d^-}{dt}|Y_{\alpha,\beta}(t) - Y_{\gamma,\beta}(t)|^2 \leqslant C(\alpha + \gamma), \quad t \in [0, T].$$

因此

$$|Y_{\alpha,\beta}(t) - Y_{\gamma,\beta}(t)|^2 \leqslant 2C(\alpha + \gamma)T, \quad t \in [0, T].$$

再根据估计式 (5.2.8) 可知

$$|Y_\alpha(t) - Y_\gamma(t)|^2 \leqslant 2C(\alpha + \gamma)T, \quad t \in [0, T].$$

即当 $\alpha \to 0$ 时, 在 $[0, T]$ 上一致地有 $Y_\alpha(t) \to Y(t)$ 成立.

下面证明 Yousida 近似方程的解 Y_α 实际上是 Mild 解:

$$Y_\alpha(t) = S(t)U_0 + \int_0^t S(t-s)(B+R)_\alpha \Big(Y_\alpha(s) + Z_A(s) \Big) ds, \quad t \in [0, T].$$

注意到空间 H^1 的自反性, 由估计式

$$\|Y_\alpha(t)\|_{H^1} \leqslant C_2 \|U_0\|_{H^1}, \quad t \in [0, T], \alpha > 0$$

可知, 在空间 H^1 中存在弱收敛的子序列 $\{Y_{\alpha,n}\}$, 弱收敛到 H^1 中的函数 $Y(t)$. 再注意到 $\{Y_{\alpha,n}(t)\}$ 本身在 L^2 中强收敛, 并且满足

$$\|Y(t)\|_{H^1} \leqslant C_2 \|U_0\|_{H^1}, \quad t \in [0, T].$$

令 $h \in L^2$, 则有

$$<Y_\alpha(t), h>_{L^2} = <S(t)U_0, h>_{L^2} + \int_0^t <(B+R)(J_\alpha(Y_\alpha(s)+Z_A(s)), S^*(t-s)h>_{L^2} ds.$$

当 $\alpha \to 0$ 时,

$$J_\alpha(Y_\alpha(s) + Z_A(s)) \to Y(s) + Z_A(s).$$

注意到

$$(B+R)(J_\alpha(Y_\alpha(s)+Z_A(s)) \to (B+R)((Y_\alpha(s) + Z_A(s))$$

在 L^2 中是弱收敛的. 令 $\alpha \to 0$, 于是

$$\langle Y(t), h\rangle_{L^2} = \langle S(t)U_0, h\rangle_{L^2} + \int_0^t \langle (S(t-s)(B+R)(Y(s)+Z_A(s)), h\rangle_{L^2} ds.$$

再由 h 的任意性可知

$$Y(t) = S(t)U_0 + \int_0^t S(t-s)(B+R)\Big(Y_\alpha(s) + Z_A(s)\Big)ds, \quad t \in [0, T].$$

即 $Y(t)$ 是方程 (5.2.4) 的 Mild 解.   □

定理5.2.2 对任意的 $u_0 \in H$, 系统 (5.2.4) 的解映射生成一个随机动力系统 RDS.

证明 由定理 5.2.1 可知, 系统 (5.2.4) 存在唯一的解 $V(t, Z(\omega)(t), x)$. 定义映射:

$$\Phi : R^+ \times \Omega \times H \to H,$$

$$\Phi(t, \omega)x = V(t.Z(\omega)(t))(x - Z(\omega)(0)) + Z(\omega)(t+s).$$

(1) 由定理 5.2.1 的证明过程可知, Yosida 近似方程 $Y_\alpha(t)$ 的每个解是可测的, 注意到当 $\alpha \to 0$ 时, $Y_\alpha(t) \to Y(t)$ 是一致收敛的, 因此, 极限函数 $Y(t)$ 也是可测的, 于是, 映射 Φ 是可测的.

(2) $\Phi(0, \omega) = I$ 是显然的.

(3) 下面验证 Φ 满足余环性质:

$$\Phi(t+s, \omega)x = V(t+s, Z_A(\omega)(t+s))(x - Z_A(\omega)(0)) + Z_A(\omega)(t+s).$$

事实上, 注意到 $Z_A(\omega)(s) = Z_A(\theta_s\omega)(0)$, 因此

$$\Phi(t, \theta_s\omega)[\Phi(s, \omega)x]$$

$$=V(t, Z_A(\theta_s\omega)(t))(\Phi(s,\omega)x - Z_A(\theta_s\omega)(0)) + Z_A(\theta_s\omega)(t)$$
$$=V(t, Z_A(\theta_s\omega)(t))[V(s, Z_A(\omega)(s))(x - Z_A(\omega)(0)) + Z(\omega)(s) - Z(\theta_s\omega)(0)] + Z(\theta_s\omega)(t)$$
$$=V(t, Z_A(\theta_s\omega)(t))(V(s, Z_A(\omega)(s))(x - Z_A(\omega)(0)) + Z_A(\theta_s\omega)(t)$$
$$=V_1(t).$$

同时

$$V(t+s, Z_A(\omega)(t+s))(x - Z_A(\omega)(0))$$
$$=V(t, Z_A(\theta_s\omega)(t))(V(s, Z_A(\omega)(s))(x - Z_A(\omega)(0)) = V_2(t).$$

由于

$$V(0, Z_A(\theta_s\omega)(0))(x - Z_A(\theta_s\omega)(0)) = x - Z_A(\theta_s\omega)(0),$$

于是

$$V_1(0) = V(s, Z_A(\omega)(s))(x - Z_A(\omega)(0))$$
$$=V(0, Z_A(\theta_s\omega)(0)(V(s, Z_A(\omega)(s))(x - Z_A(\omega)(0)) = V_2(0),$$

并且

$$\frac{dV_1(t)}{dt} = \frac{dV(t+s), Z_A(\omega)}{dt}(t+s).$$

因此得到

$$\frac{dV_1(t)}{dt} + AV_1(t) + B(V_1(t) + Z_A(\omega)(t+s), V_1(t) + Z_A(\omega)(t+s))$$
$$= - R(V_1(t) + Z_A(\theta_{t+s}\omega)),$$
$$\frac{dV_2(t)}{dt} + AV_2(t) + B(V_2(t) + Z_A(\theta_s\omega)(t), V_2(t) + Z_A(\theta_s\omega)(t))$$
$$= - R(V_2(t) + Z_A(\theta_s\omega)(t)).$$

由解的唯一性可知 $V_1(t) = V_2(t)$, (a.s.), 即

$$\Phi(t, \theta_s\omega)[\Phi(,\omega)x] = \Phi(t+s, \theta_{t+s}(\omega))x.$$

于是, Φ 满足余环性质.

由随机动力系统的定义可知, 系统 (5.2.4) 的解映射生成一个随机动力系统 RDS. 定理得证.   □

5.3 Lévy 过程扰动部分耗散反应扩散方程

这一节研究 Lévy 过程扰动的部分耗散系统的随机吸引子的存在性. 设 $\eta_1(t,\omega)$, $\eta_2(t,\omega)$ 都是 Lévy 过程, 其样本轨道都是 Càdàg 的, 即其轨道是右连左极的随机过程. 选取样本空间 $\Omega = D(R)$ 为定义在 R 上的全体右连左极函数空间, 容易验证它是一个 Skorokhod 度量空间, 其上的变换

$$\theta_t\omega(\cdot) = \omega(t+\cdot),$$

P 是 θ_t 不变的概率测度, 且度量为

$$\rho(\omega_1,\omega_2) = \sum_{i=1}^{\infty} \frac{1}{2^i} \frac{\rho_i(\omega_1,\omega_2)}{1+\rho_i(\omega_1,\omega_2)},$$

其中

$$\rho_i(\omega_1,\omega_2) = \inf_{\lambda\in\Lambda}\left(\sup_{t\in[-i,i]}|\omega_1(t) - \omega_2(\lambda(t))| + \sup_{t\in[-i,i]}|t - \lambda(t)|\right),$$

$$\Lambda = \{\lambda(\cdot)| : \lambda(\cdot) : [-i,i] \to [-i,i], \lambda(-i) = -i, \lambda(i) = i, \lambda(\cdot)是连续递增的函数\}.$$

记 $C(X)$ 为 X 的所有非空闭集, $\beta(X)$ 为 X 的所有非空有界集, 下面给出多值随机动力系统的定义:

定义 5.3.1 如果一个多值映射 $G : R_+ \times \Omega \times X \to C(X)$ 满足下面的两个条件:

(1) 对于任意的 $x \in X$, 映射 $(t,x) \to G(t,\omega)x$ 都是可测的;

(2) 对于所有的 $t, s \in R_+, x \in X, \omega \in \Omega$, 都有 $G(0,\omega)x = x$, 且 $G(t+s,\omega)x \sqsubset G(t,\theta_s\omega)G(s,\omega)x$.

则称集值映射 G 为集值随机动力系统.

定义 5.3.2 [10] 如果一个可测集 $A(\omega)$ 几乎必然满足下面三个条件:

(1) (半不变性) 对所有的 $t \in R_+$, $A(\theta_t\omega) \sqsubset G(t,\omega)A(\omega)$;

(2) (吸引性) 对 $\beta(X)$ 中的所有集合 B, 都有 $\mathrm{dist}(G(t,\theta_{-t}\omega))B, A(\omega)) \to 0$, $t \to +\infty$;

(3) (紧性) $A(\omega)$ 是 X 中的紧集.

则称 $A(\omega)$ 为集值随机动力系统的随机吸引子.

正如文献 [10] 所指出的在研究集值随机动力系统时, 通常用下面 (G1) 研究其映射的可测性, 用概率方法 (G2) 证明有界吸收集的紧性:

(G1) 对所有的 $B \in \beta(X)$, 映射 $(t,\omega) \to G(t,\omega)B$ 是可测的;

(G2) 对所有的 $\varepsilon > 0$, 存在常数 $R = R(\varepsilon)$, 使得对任意的 $B \in \beta(X)$, 存在 $T = T(B,R,\varepsilon)$, 使得

$$P\left\{\sup_{t\geqslant T}||G(t,\theta_{-t}\omega)B|| > R\right\} < \varepsilon.$$

定理5.3.1 [10] 如果对所有的 $t \in R_+$ 及 $\omega \in \Omega$, 映射 $x \to G(t, \omega)x$ 是上半连续且是紧的, 多值随机动力系统 G 满足条件 (G1) 和 (G2), 并且对所有的 $t > 0$ 和 $\omega \in \Omega, G(t, \omega)B_R$ 在 X 中相对紧, 则

$$\mathcal{A}(\omega) = \overline{\bigcup_{n=1}^{\infty} \wedge_{B_n}(\omega)}$$

是 $G(t, \omega)$ 的一个随机吸引子, 而且该吸引子是唯一的, 在所有闭的吸收集中是极小的、在紧的、可测的半不变集类中是极大的.

先考虑 Cádlág 过程扰动的反应扩散方程

$$\begin{cases} \dfrac{\partial u(t,x)}{\partial t} = a\Delta u(t,x) - f(u(t,x)) + h(x) + g(u(t,x))\eta(t,w), \\ u|_{\partial Q} = 0, \quad u|_{t=0} = u_0(x), \end{cases} \tag{5.3.1}$$

其中 $a > 0, Q \subset R^n$ 是具有光滑边界的有界区域, $f, g \in C(R), h \in L^2(Q)$, 并且 f, g 满足下面结构性假设条件:

$$uf(u) \geqslant \alpha|u|^p - C, \quad \alpha > 0, p \geqslant 2, \quad |g(u)| \leqslant C_1|u| + C_2. \tag{5.3.2}$$

定理5.3.2 [10] 假设随机噪声 $\eta(t, \omega) = \omega(t)$ 是 Càdàg 噪声, $\delta > 0$, 如果对任意的 $\varepsilon > 0$, 存在 $T > 0$ 使得

$$P\left\{ \sup_{t \geqslant T} \frac{1}{t} \int_{-t}^{0} |w(p)|dp \leqslant \frac{a\lambda_1}{2C_1 + \gamma} - \delta \right\} > 1 - \varepsilon, \tag{5.3.3}$$

并且对任意的 $\varepsilon > 0$, 存在常数 D 使得

$$\sup_{t \geqslant 0} P\left\{ \int_{-t}^{0} |w(s)|e^{\delta(2C_1 + \gamma)s}ds \leqslant D \right\} > 1 - \varepsilon, \tag{5.3.4}$$

其中 λ_1 是 $-\Delta$ 在 $H_0^1(\Omega)$ 中的第一特征值, C_1 是正常数, 且满足

$$|g(u)| \leqslant C_1|u| + C_2, \quad C_1 > 0,$$

则方程 (5.3.1) 的解生成的集值随机动力系统存在随机吸引子.

下面研究 Lévy 过程 $\omega(t)$ 扰动的部分耗散系统

$$\begin{cases} \dfrac{\partial u(t,x)}{\partial t} - d\Delta u(t,x) + h(x,u) + f(x,u,v) = k_1(u)\omega(t), \\ \qquad (x,t) \in D \times R^+, \\ \dfrac{\partial v(t,x)}{\partial t} + \sigma(x)v + g(x,u) = k_2(u)\omega(t), \quad (x,t) \in D \times R^+, \\ u|_{\partial D} = 0, \\ u|_{t=0} = u_0(x), \quad v|_{t=0} = v_0(x), \end{cases} \tag{5.3.5}$$

其中 $d > 0$, 函数 h, f, g, k_1, k_2 和 σ 对所有自变量都二阶连续可微, 并满足:

(H1) $c_1|u|^p - c_3 \leqslant h(x,u)u \leqslant c_2|u|^p + c_3, p > 2$;

(H2) $|f(x,u,v)| \leqslant c_4(1 + |u|^{p_1} + |v|), 0 < p_1 < p - 1$;

(H3) $\delta(x) \geqslant \delta > 0$;

(H4) $|g'(u)| \leqslant c_5$, $|g'_{x_i}(x,u)| \leqslant c_5(1 + |u|), i = 1, \cdots, n$, 其中 $\delta_i > 0, i = 1, \cdots, 5$;

(H5) $(h'_u(x.u) + f'_u(x,u,v))\xi_1^2 + f'_v(x,u,v)\xi_1\xi_2 \geqslant -c_6(\xi_1^2 + \xi_2^2), i = 1, \cdots, n$, 其中 $\delta_6 > 0$;

(H6) 存在正常数 a_1, a_2, b_1, b_2 满足 $|k_1(u)| \leqslant a_1|u| + b_1, |k_2(v)| \leqslant a_2|v| + b_2$.

引理5.3.1 对 $(u_0, v_0) \in L^2(D) \times L^2(D)$, 方程 (5.3.5) 存在唯一的解 $(u, v) \in C(0, \infty; L^2(D) \times L^2(D))$, 满足 $u \in L^2(0, T; H_0^1(D)) \bigcap L^p(D \times (0, T))$. 映射簇

$$G(t, \omega) : (u_0, v_0) \to (u(t), v(t)) \tag{5.3.6}$$

为一个多值随机动力系统.

证明 用类似于文献 [11] 中第 819 页的命题 1.1 的讨论, 用经典的 Galerkin 逼近方法可以证明, 对所有的 $\omega \in \Omega$, 注意到 $k_1(u)\omega(t)$ 和 $k_2(v)\omega(t)$ 关于时间 t 是右连左极的, 方程 (5.3.5) 至少存在一个解 $(u(t, \omega, u_0, v_0), v(t, \omega, u_0, v_0)) \in C(0, \infty; L^2(D) \times L^2(D))$, 并且 $u \in L^2(0, T; H_0^1(D)) \bigcap L^p(D \times (0, T))$. 类似于文献 [5] 的命题 4, 可以验证 $G(t, \omega)$ 是一个多值随机动力系统. $\square$

引理5.3.2 当条件 (H1) $\sim$ (H5) 成立时, 存在正常数 $m_1, m_2, \delta_3, c_a, c_r$ 使得方程 (5.3.1) 的解 $(u(t), v(t))$ 满足估计式

$$
|u(t)|^2 + |v(t)|^2 \leqslant \Big(|u(0)|^2 + |v(0)|^2 \Big) e^{\left(\int_0^t (m_1|\omega(p)| - m_2)dp \right)}
$$

$$
+ \int_0^t \Big(c_3|D| + \delta_3 + (c_a + c_r)|\omega(s)| \Big) e^{\left(\int_s^t (m_1|\omega(p)| - m_2)dp \right)} ds.
$$

证明 用 u, v 分别与方程 (5.3.1) 在 D 上作 L^2 内积后得到

$$
\frac{1}{2}\frac{d}{dt}\Big(|u|^2 + |v|^2 \Big) + d\|u\|^2 + \int_D \sigma(x)v^2 dx + \int_D h(x,u)u dx
$$

$$
+ \int_D \Big[f(x,u,v)u + g(x,v)v \Big] dx
$$

$$
= \int_D (k_1(x,u)\omega(t), u)dx + \int_D (k_2(x,v)\omega(t), v)dx.
$$

由 (H6) 及 Young 不等式可知, 存在 $a > 0$ 及 $r > 0$ 使得

$$
2(k_1(u)\omega(t), u) \leqslant (2a_1 + r)|\omega|\,|u|^2 + c_r|\omega|,
$$

$$2(k_2(v)\omega(t), v) \leqslant (2a_2 + a)|\omega|\,|v|^2 + c_a|\omega|.$$

由假设 (H4) 可知, 存在 $c_7 > 0$ 使得

$$|g(x, \xi)| \leqslant c_7(1 + |\xi|), \quad \forall \xi \in R,\ x \in D.$$

再由 (H1) $\sim$ (H3) 可得

$$\frac{d}{dt}\Big(|u|^2 + |v|^2\Big) + 2d\|u\|^2 + 2\delta|v|^2 + 2c_1 \int_D |u|^p dx$$

$$\leqslant 2c_3|D| + 2(c_4 + c_7)\int_D \Big(|u| + |u|^{p_1+1}\Big)dx + 2(c_4 + c_7)\int_D |v|\Big(1 + |u|\Big)dx$$

$$+ (c_r + c_a)|\omega| + (2a_1 + r)|\omega|\,\|u\|^2 + (2a_2 + a)|\omega|\,\|v\|^2.$$

注意到

$$(c_4 + c_7)\int_D (|v|(1 + |u|)dx \leqslant \frac{\delta}{2}\int_D |v|^2 dx + \frac{(c_4 + c_7)^2}{2\delta}\int_D \Big(1 + |u|\Big)^2 dx.$$

令 $q = \max\{p_1 + 1, 2\}$, 则存在常数 $\delta_2 > 0$ 满足

$$(c_4 + c_7)\Big(|\xi| + |\xi|^{p_1+1} + \frac{(c_4 + c_7)^2}{2\delta}\Big(1 + |\xi|^2\Big) \leqslant \delta_2\Big(|\xi|^q + 1\Big).$$

于是

$$(c_4 + c_7)\int_D \Big(|u| + |u|^{p_1+1} + \frac{(c_4 + c_7)^2}{2\delta}(1 + |u|)^2\Big)dx \leqslant \frac{c_1}{4}\int_D |u|^p dx + \delta_3.$$

因此

$$\frac{d}{dt}\Big(|u|^2 + |v|^2\Big) + 2d\|u\|^2 + \delta|v|^2 + \frac{3}{2}c_1|u|_p^p$$

$$\leqslant c_3|D| + \delta_3 + (c_a + c_r)|\omega| + (2a_1 + r)|\omega|\|u\|^2 + (2a_2 + a)|\omega|\|v\|^2. \qquad (5.3.7)$$

令 $m_1 = \max\{2a_1 + r, 2a_2 + a\}$, $m_2 = \min\{\delta, 2d\lambda_1\}$, 其中 $\lambda_1 > 0$ 是 $-\Delta$ 在 $H_0^1(D)$ 上的第一特征值. 由不等式 (5.3.7) 可得

$$\frac{d}{dt}\Big(|u|^2 + |v|^2\Big) \leqslant c_3|D| + \delta_3 + (c_a + c_r)|\omega| + \big(m_1|\omega(t)| - m_2\big)\Big(|u|^2 + |v|^2\Big). \quad (5.3.8)$$

将不等式 (5.3.8) 在 $[s, t]$ 上积分后得到 $(t \geqslant s \geqslant 0)$

$$|u(t)|^2 + |v(t)|^2 \leqslant |u(s)|^2 + |v(s)|^2 + \Big(c_3|D| + \delta_3\Big)(t - s) + (c_a + c_r)\int_s^t |\omega(p)|dp$$

$$+ \int_s^t (m_1|\omega(p)| - m_2)\Big(|u(p)|^2 + |v(p)|^2\Big)dp. \qquad (5.3.9)$$

由 Gronwall 不等式可知, 当 $t > 0$ 时,

$$|u(t)|^2 + |v(t)|^2 \leqslant \left(|u(0)|^2 + |v(0)|^2\right) e^{\left(\int_0^t (m_1|\omega(p)| - m_2)dp\right)}$$

$$+ \int_0^t \left(c_3|D| + \delta_3 + (c_a + c_r)|\omega(s)|\right) e^{\left(\int_s^t (m_1|\omega(p)| - m_2)dp\right)} ds. \quad (5.3.10)$$

引理证毕. □

类似于文献 [10] 中引理 1 的证明, 有如下结论:

引理5.3.3 设 $\{(u_n, v_n) = (u_n|t, w_n)u_n^0, v_n(t, w_n)v_n^0)\} \subset \left(L^2(0, T; H_0^1(D)) \bigcap L^p(D \times (0, T) \bigcap C(0, \infty; L^2(D)) \times C(0, \infty; L^2(D))\right)$ 是方程 (5.3.5) 的任意解, 当 $t_n \to t_0 > 0$ 时, $\omega_n \to \omega_0$, 在 $L^2 \times L^2$ 中, $(u_n^0 v_n^0)$ 弱收敛到 (u_0, v_0) 则在 $L^2 \times L^2$ 中至少存在 "一" 个子列使得

$$(u_n(t_n, \omega_n)u_n^0, v_n(t_n, w_n)v_n^0) \to (u(t_0, \omega_0)u_0, v(t_0, w_0)v_0)$$

其中 $u = u(t, \omega_0)u_0 \in \left(L^2(0, T; H_0^1(D)) \bigcap L^p(D \times (0, T) \bigcap C(0, \infty; L^2(D))\right) \times C(0, \infty; L^2(D))$ 是方程 (5.3.5) 的解.

引理5.3.4[10] 设 ω 是一个度量空间, Φ 是 Borel-σ 代数, 如果多值映射 $G: R_+ \times \Omega \times X \to C(X)$ 满足: 如果 $x_n, x \in X$, 当 $t_n \to t_0 > 0, \omega_n \to \omega, x_n$ 弱收敛于 x, 且 $y_n \in G(t_n, \omega_n)x_n$, 都存在某个子列 y_n 使得 $y_n \to y_0 \in G(t_0, \omega_0)x_0$. 则映射 G 满足条件 (G_1).

引理5.3.5 假设 (H1) ∼ (H6) 成立, Lévy 噪声 $\omega(t)$ 满足下面条件:

(HY0) 如果对任意的 $\varepsilon > 0, \alpha > 0$, 都存在 $T = T(\varepsilon) > 0$ 使得 Lévy 噪声 $\omega(t)$ 满足

$$P\left(\omega(t): \sup_{t \geqslant T} \frac{1}{t} \int_{-t}^0 |\omega(p)|dp - \frac{m_2}{m_1} \leqslant -\alpha\right) > 1 - \varepsilon;$$

(HY1) 对任意的 $\varepsilon > 0$, 存在正常数 $D > 0$ 使得 Lévy 噪声 $\omega(t)$ 满足

$$\sup_{t \geqslant 0} P\left\{\omega(t): \int_{-t}^0 |\omega(s)|e^{m_1\alpha s}ds \leqslant D\right\} > 1 - \varepsilon.$$

则方程 (5.3.5) 生成的多值随机动力系统 G 满足假设 (G_2).

证明 由引理 5.3.3 可知, 对任意的 $T_2 > T_1 > 0$, 及任意的 $\omega \in \Omega$, 都存在随机变量 $t(\omega) \in [T_1, T_2]$ 及初值 $x_0(\omega) \in B_r$ 使得方程的解在 $t(\omega)$ 处达到上确界, 即

$$\sup_{t \in [T_1, T_2]} ||G(t, \theta_{-t}\omega)B_r|| = ||\left(u(t(\omega), \theta_{-t(\omega))}\omega), v(t(\omega), \theta_{-t(\omega))}\omega)\right)(u_0(\omega), v_0(\omega)||.$$

注意到 $\omega \to \sup_{t \in [T_1, T_2]} ||G(t, \theta_{-t}\omega)B_r||$ 是 Φ 可测的, 因此, $||(u(t(\omega), \theta_{-t(\omega)}\omega)x_0(\omega), v(t(\omega), \theta_{-t(\omega))}\omega))||$ 也是 Φ 可测的.

固定 $\varepsilon > 0$, 对任意的 $N > 0$ 及任意的 T, 当 $t \in [T, T+N]$ 时, 定义

$$L^N = \Big\{ \omega, : \ \sup \|G(t, \theta_{-t}\omega)B_r\|^2 > R^2 \Big\}$$

$$= \{\omega : \ \|\big(u(t(\omega), \theta_{-t(\omega)}\omega)x_0(\omega), v(t(\omega), \theta_{-t(\omega))}\omega)\big)\|^2 > R^2\}.$$

定义

$$A_1 = \Big\{ \omega : \ r^2 e^{m_1 t(\omega)\big(\frac{1}{t(\omega)}\int_{-t(\omega)}^0 |\omega(p)|dp - \frac{m_2}{m_1}\big)} \geqslant 1 \Big\}$$

$$\subset \Big\{ w : \ \Big(\frac{1}{t(\omega)}\int_{-t(\omega)}^0 |\omega(p)|dp - \frac{m_2}{m_1}\Big) \geqslant \frac{1}{m_1 t(\omega)}\ln\Big(\frac{1}{r^2}\Big) \Big\}.$$

选取正数 $T = T(r)$ 使得

$$\frac{1}{m_1 t(\omega)}\ln\Big(\frac{1}{r^2}\Big) > -\alpha, \quad \alpha > 0.$$

则

$$A_1 \subset \Big\{ \frac{1}{t(\omega)}\int_{-t(\omega)}^0 |\omega(p)|dp - \frac{m_2}{m_1} > -\alpha \Big\}$$

$$\subset \Big\{ \omega : \ \sup_{t \geqslant T} \frac{1}{t}\int_{-t}^0 |\omega(p)|dp - \frac{m_2}{m_1} > -\alpha \Big\}.$$

由假设 (HY0) 可知, 存在正数 $T_1 = T_1(\omega)$, 当 $t \geqslant T_1(\varepsilon)$ 时,

$$P\Big(\omega \ \sup_{t \geqslant T_1} \frac{1}{t}\int_{-t}^0 |\omega(p)|dp - \frac{m_2}{m_1} \leqslant -\alpha\Big) > 1 - \varepsilon,$$

于是, 存在随机集合 $A_2 \subset \Omega$, 使得 $P(A_2) \leqslant \frac{\varepsilon}{4}$, 并且对所有的 $\omega \in \Omega \backslash A_2$,

$$\sup_{t \geqslant T_1} \frac{1}{t}\int_{-t}^0 |\omega(p)|dp - \frac{m_2}{m_1} \leqslant -\alpha.$$

因此, 存在 $T_2 = T_2(\varepsilon, r) \geqslant T_1 + T(r)$, 对所有的 $t(\omega) \in [T_2, T_2+N]$, 都有

$$P(A_1) < \frac{\varepsilon}{4}.$$

由 (5.3.7) 可知

$$L^N \subset \Big\{ \omega : \ r^2 e^{m_1 t(\omega)\big(\frac{1}{t(\omega)}\int_{-t(\omega)}^0 |\omega(p)|dp - \frac{m_2}{m_1}\big)}$$

$$+ \int_{-t(\omega)}^0 e^{m_1 s\big(\frac{1}{s}\omega(p)dp + \frac{m_2}{m_1}\big)}\big((c_3|D| + \delta_3 + (c_r + c_a)|\omega(s)|\big)ds > R^2 \Big\}.$$

由随机集合 A_1 和 A_2 的定义可知

$$L^N \subset \Big\{ \omega : r^2 e^{m_1 t(\omega)} \big(\frac{1}{t(\omega)} \int_{-t(\omega)}^0 |\omega(p)| dp - \frac{m_2}{m_1} \big) \geqslant 1 \Big\}$$

$$\bigcup \Big\{ \omega : \int_{-t(\omega)}^0 e^{m_1 s \left(\frac{1}{s} \int_s^0 |\omega(p)| dp + \frac{m_2}{m_1} \right)} \big((c_3|D| + \delta_3 + (c_r + c_a)|\omega(s)|) \big) ds > R^2 - 1 \Big\}$$

$$\subset A_1 \bigcup A_2 \bigcup \Big\{ \omega : \int_{-T_1}^0 \big((c_3|D| + \delta_3 + (c_r + c_a)|\omega(s)|) \big) e^{\left\{ m_1 s \left(\frac{1}{s} \int_s^0 |\omega(p)| dp + \frac{m_2}{m_1} \right) \right\}} ds$$

$$+ \int_{-T_2-N}^0 \big((c_3|D| + \delta_3 + (c_r + c_a)|\omega(s)|) \big) e^{\alpha m_1 s} ds > R^2 - 1 \Big\}$$

$$= A_1 \bigcup A_2 \bigcup \Big\{ \omega : f_\varepsilon(\omega) + \int_{-T_2+N}^0 |\omega(s)| e^{m_1 \alpha s} ds > \frac{R^2 - A}{B} \Big\},$$

其中 A, B 为某个正常数, $f_\varepsilon : \omega \to R$ 是可测的, P. a. s. 有界函数. 因此存在一个实数 $R_1 = R_1(\varepsilon)$ 及一个随机集 $A_3 \subset \Omega$ 使得对所有的 $\omega \in A_3$ 都有

$$f_\varepsilon(\omega) > R_1, \quad P(A_3) < \frac{\varepsilon}{4}.$$

因此

$$L^N \subset A_1 \bigcup A_2 \bigcup A_3 \bigcup \Big\{ \omega : \int_{-T-N}^0 |\omega(s)| e^{m_1 \alpha s} ds > \frac{R^2 - A}{B} - R_1(\varepsilon) \Big\}.$$

由条件 (HY1) 可知, 存在正常数 $D = D(\varepsilon)$ 使得对所有的 $t > 0$,

$$P \Big\{ \omega : \int_{-t}^0 |\omega(s)| e^{m_1 \alpha s} ds > D \Big\} < \frac{\varepsilon}{4}.$$

选择 $R = R(\varepsilon)$ 满足

$$\frac{R^2 - A}{B} - R_1(\varepsilon) > D.$$

因此, 对任意的 $\varepsilon > 0$, 总存在 $R = R(\varepsilon) > 0$, 对任意的 B_r, 总存在 $T = T(\varepsilon, R, r)$ 满足

$$P(L^N) = P\mathrm{Big}\Big\{ \omega : \sup_{t \in [T, T+N]} \|G(t, \theta_{-t}\omega)B_r\|^2 > R^2 \Big\} < \varepsilon, \quad \forall N \geqslant 1.$$

注意到 $L^N \subset L^{N+1}$, 令 $L = \bigcup_{i=1}^N L^N$, 则 $P(L) < \varepsilon$, 且

$$\Big\{ \omega : \sup_{t \geqslant T} \|G(t, \theta_{-t}\omega B_r\|^2 > R^2 \Big\} = L,$$

这表明 (G2) 成立, 因此引理得证. □

定理5.3.3 假设 (H1)~(H6) 及条件 (HY0)~(HY1) 成立, 则由方程 (5.3.5) 生成的多值随机动力系统 (G) 存在随机吸引子.

证明 由引理 5.3.1 可知, 方程 (5.3.5) 生成一个多值随机动力系统 (G), 由引理 5.3.4、引理 5.3.4 可知, 多值随机动力系统 G 满足条件 (G_1) 和 (G_2), 由定理 5.3.1 即可得到随机吸引子的存在性, 定理证毕. □

附注   若 $k_1(u)$ 和 $k_2(v)$ 的增长条件减弱到

$$|k_1(u)| \leqslant a_1|u|^{\gamma_1} + b_1, \quad |k_2(v)| \leqslant a_2|v| + b_2,$$

其中 $\gamma_1 < p - 1$. 则需要对噪声 ω 增加较强的条件, 以保证多值随机动力系统在概率意义下是耗散的, 类似于引理 5.3.5 和定理 5.3.3 的证明, 同样能够得到随机吸引子的存在性 [8].

附注   将 Lévy 噪声 $\omega(t)$ 换成一般的右连左极的 Cádlág 过程, 定理 5.3.3 也成立.

参 考 文 献

[1]   David Applebaum. *Lévy Processes and Stochastic Calculus* (Second Edition). Cambridge University Press, 2009.

[2]   Peter Brune, Jinqiao Duan and Bjorn Schmalfuss, Random dynamics of the Boussinesq with dynamical boundary conditions. *Stoch. Anal. Appl.*, 2009, **27**(5): 1096–1116.

[3]   Zdzislaw Brzezniak. Asymptotic compactness and absorbing sets for stochastic Burgers'equations driven by space-time white noise and for some two-dimensional stochastic Navier-Stokes equations on certain unbounded domains//*Stochastic Partial Differential Equations and Applications*, VII. *Lect. Notes Pure Appl. Math.*, 2006, 245: 35–52. Chapman & Hall/CRC, Boca R.

[4]   Zdzislaw Brzezniak and Jerzy Zabczyk. Regularity of Ornstein-Uhlenbeck processes driven by a Lévy white noise. *Potential Anal*, 2010, **32**: 153–188.

[5]   Caraballo T, Langa J A and Valero J. Global attractors for multivalued random dynamical systems. *Nolinear Analysis*, 2002, **48**: 805–829.

[6]   郭柏灵, 蒲学科. 随机无穷维动力系统. 北京: 北京航空航天大学出版社, 2009.

[7]   Jianhua Huang, Yuhong Li and Jinqiao Duan. Random dynamical systems of Stochastoc Boussinesq equations driven by Levy Processes. Preprint, 2010.

[8]   Jianhua Huang. Random attractor for parttal dissipative reaction diffusion equation pertubed by Cadag ocesses. Preprint, 2010.

[9]   Yuhong Li. On the almost surely asymptotic bounds of a class of Ornstein-Uhlenbeck processes in infinite dimensions. *J. Syst. Sci Complexity*, 2008, **21**: 416–426.

[10]   Kapustyan O V, Valero J and Pereguda O V. Random attractor for the reaction diffusion equation pertubed by a stochastic Cadag process. *Theor. Probability and Math. Statist*, 2006, **73**: 57–69.

[11]   Marion M. Finite-dimensional attractor associated with partly dissipative reaction diffusion equations. *SIAM J. Math. Anal.*, 1989, **20**: 816–844.

[12]   Peszat S and Zabczyk J. *Stochastic Partial Differential Equations with Lévy noises-Evolution Equation Approach*. Cambridge University Press, 2009.

第6章 Lévy 过程驱动 Boussinesq 方程的大偏差原理

随机微分方程的动力学行为的研究最初在对解的矩稳定性、大偏差估计或时间独立的概率分布等方面开展的. 这一章主要用 Da Prato 和 Zabczyk 研究随机发展方程的大偏差原理的方法来研究非牛顿 Boussinesq 修正方程在高斯白噪声驱动大偏差原理, 以及 Lévy 过程驱动的随机 Boussinesq 方程的大偏差原理和不变测度的存在唯一性.

6.1 引 言

首先给出随机偏微分方程的大偏差原理. 对于随机发展方程

$$
\begin{cases}
du = (Au + F(u))dt + \sqrt{\varepsilon}B(u)dW(t), \\
u(0) = u_0 \in H,
\end{cases}
\tag{6.1.1}
$$

其解为 $u(t, u_0, \varepsilon)$ 为系统 (6.1.1) 的解. 相应的确定性发展方程

$$
\begin{cases}
du = (Au + F(u))dt, \\
u(0) = u_0 \in H
\end{cases}
\tag{6.1.2}
$$

的解记为 $z(t, u_0)$, 则有下面的结论:

定理6.1.1 随机系统 (6.1.1) 的解 $u(t, u_0, \varepsilon)$ 依概率收敛到确定系统 (6.1.2) 的解 $z(t, u_0)$, 即

$$
\lim_{\varepsilon \to 0} \mathbb{P}\Big(\sup_{t \in [0,T]} |u(t, u_0, \varepsilon) - z(t, u_0)| \geqslant r \Big) = 0.
\tag{6.1.3}
$$

定义6.1.1 对于完备的可分空间 $E = C([0, T], H)$ 上的概率测度簇 $\{\mu_\varepsilon\}, \varepsilon > 0$, 下半连续函数 $I : E \to [0, \infty)$ 及任意的 $r \in [0, \infty)$, 集合

$$
K(r) = \{x \in E, I(x) \leqslant r\}, \qquad r > 0
$$

是紧的, 如果

$$
\text{对 } E \text{ 中的 Borel 闭子集,} \quad \limsup_{\varepsilon \to 0} \varepsilon \log \mu_\varepsilon(\Gamma) \leqslant - \inf_{x \in \Gamma} I(x),
\tag{6.1.4}
$$

$$
\text{对 } E \text{ 中的 Borel 开子集,} \quad \liminf_{\varepsilon \to 0} \varepsilon \log \mu_\varepsilon(G) \geqslant - \inf_{x \in G} I(x),
\tag{6.1.5}
$$

则称概率测度簇 $\{\mu_\varepsilon\}$ 关于速率函数 I 满足大偏差原理 (LDP).

定理6.1.2[13] 令 $I: E \to [0,\infty]$, 对任意的 $r \in [0,\infty)$, 集合

$$K(r) = \{x \in E, \ I(x) \leqslant r\}, \qquad r > 0$$

是紧的下半连续函数, 则 $\{\mu_\varepsilon\}$ 满足大偏差原理的充要条件是下面的两个条件成立:

(1) 对于任意的 $r > 0, \delta > 0, \gamma > 0$, 存在 $\varepsilon_0 > 0$ 使得对任意的 $\varepsilon \in (0, \varepsilon_0)$,

$$\mu_\varepsilon(B(K(r), \delta)) \geqslant 1 - e^{-\frac{1}{\varepsilon}(r-\gamma)}; \tag{6.1.6}$$

(2) 对于任意的 $x \in E, \delta > 0, \gamma > 0$, 存在 $\varepsilon_0 > 0$ 使得对任意的 $\varepsilon \in (0, \varepsilon_0)$,

$$\mu_\varepsilon(B(x, \delta)) \geqslant 1 - e^{-\frac{1}{\varepsilon}(I(x)+\gamma)}, \tag{6.1.7}$$

而且 (6.1.4), (6.1.5) 分别与 (6.1.6), (6.1.7) 等价.

通常称 (6.1.6) 和 (6.1.7) 为 Freidlin-Wentsell 指数估计式.

设 E 是可分的 Banach 空间, 范数为 $\|\cdot\|$, μ 是 E 上的对称高斯测度, H_μ 是其再生核, 其内积和范数分别为 $<\cdot,\cdot>_\mu$ 和 $|\cdot|_\mu$. 定义测度簇

$$\mu_\varepsilon(\Gamma) = \mu(\varepsilon^{-1/2}\Gamma), \qquad \Gamma \in \mathcal{B}(E), \varepsilon > 0, \tag{6.1.8}$$

$$I(x) = \begin{cases} \frac{1}{2}|x|_\mu^2, & x \in H_\mu, \\ +\infty, & \text{其他}. \end{cases} \tag{6.1.9}$$

定理6.1.3[13] 令 $\{\mu_\varepsilon\}$ 是一簇概率测度, 则对于任意的正数 $r_0 \in E, \delta > 0, \gamma > 0$, 存在 $\varepsilon_0 > 0$, 使得对任意 $\varepsilon \in (0, \varepsilon_0)$, 任意满足 $|x|_\mu^2 \leqslant r_0$ 的初值函数 u_0, 有

$$\mu_\varepsilon(B(u_0, \delta)) \geqslant 1 - e^{-\frac{1}{\varepsilon}\left(\frac{1}{2}\|\|_\mu^2 + \gamma\right)}.$$

定理6.1.4[13] 由 (6.1.8) 定义的高斯测度簇 $\{\mu_\varepsilon\}$ 满足由 (6.1.9) 确定的速率函数 $I(x)$ 的大偏差原理.

6.2 高斯白噪声驱动的非牛顿 Boussinesq 修正方程的大偏差原理

这一节利用基于无穷维布朗运动的泛函变分表示的弱收敛方法来证明非牛顿 Boussinesq 修正方程的大偏差原理.

$$\begin{cases} \dfrac{\partial u^\varepsilon}{\partial t} + (u^\varepsilon \cdot \nabla)u^\varepsilon + \nabla p^\varepsilon = \nabla(2\mu_0(\varepsilon_0 + |e(u^\varepsilon)|^2)^{-\frac{\alpha}{2}} - 2\mu_1\Delta e(u^\varepsilon)) + e_2\theta^\varepsilon \\ \quad + \sqrt{\varepsilon}\dot{w}_1(t), \nabla \cdot u^\varepsilon = 0, \\ \dfrac{\partial \theta^\varepsilon}{\partial t} = -u^\varepsilon \cdot \nabla\theta^\varepsilon + k\Delta\theta^\varepsilon + u_2^\varepsilon + \sqrt{\varepsilon}\dot{w}_2(t), \\ u^\varepsilon|_{x_2=0} = 0, \quad u^\varepsilon|_{x_2=1} = 0, \end{cases} \tag{6.2.1}$$

其中 $u^\varepsilon, \theta^\varepsilon, p^\varepsilon, u_{x_1}^\varepsilon, \theta_{x_1}^\varepsilon$ 是关于 x_1 的周期为 L 的周期函数.

下面先定义一些函数空间和算子, 再将方程 (6.2.1) 写成抽象的发展方程形式加以研究.

先定义周期的向量值平方可积函数空间

$$\dot{\mathbb{L}}^2(D) = \{u \in L^2(D) \times L^2(D), \nabla \cdot u = 0, u|_{x_2=0} = u|_{x_2=1} = 0,$$
$$\text{且 } u \text{ 关于 } x_1 \text{ 是周期为 } L \text{ 的周期函数}\},$$
$$\dot{\mathbb{V}}_1(D) = \{v \in H^1(D) \times H^1(D), \nabla \cdot v = 0, v|_{x_2=0} = v|_{x_2=1} = 0,$$
$$\text{且 } v \text{ 关于 } x_1 \text{ 是周期为 } L \text{ 的周期函数}\},$$
$$\dot{L}^2(D) = \{\theta \in L^2(D), \theta|_{x_2=0} = \theta|_{x_2=1} = 0,$$
$$\text{且 } \theta \text{ 关于 } x_1 \text{是周期为 } L \text{ 的周期函数}\},$$
$$\dot{V}_2(D) = \{\theta \in H^1(D), \theta|_{x_2=0} = \theta|_{x_2=1} = 0,$$
$$\text{且 } \theta \text{ 关于 } x_1 \text{ 是周期为 } L \text{ 的周期函数}\}.$$

定义

$$a(u,v) = \sum_{i,j,k}^2 \left(\frac{\partial e_{ij}(u)}{\partial x_k}, \frac{\partial e_{ij}(v)}{\partial x_k}\right) = \sum_{i,j,k}^2 \int_D \frac{\partial e_{ij}(u)}{\partial x_k} \frac{\partial e_{ij}(v)}{\partial x_k} dx, \quad u, v \in V.$$

由 Lax-Milgram 引理可知, $A \in \mathcal{L}(V.V')$ 是一个等距算子, 且

$$(Au, v) = a(u, v), \quad \forall u, v \in V, \quad A = P\Delta^2.$$

令 $< \cdot, \cdot >$ 为 $\mathbb{V}' \times \mathbb{V} \to R$ 的对偶映射, 定义三线性算子 $b(u, v, w) = < B(u, v), w >$, 并且

$$b_1(u, v, w) = \sum_{i,j=1}^2 \int_D u_i \frac{\partial v_j}{\partial x_i} w_j dx, \quad b_2(u, \theta, \rho) = \int_D \sigma_{i=1}^2 u_i \frac{\partial V}{\partial x_i} \rho dx.$$

对于任意的 $u \in V$, 定义连续泛函 $N(u)$ 为

$$< N(u), v >= \sum_{i,j=1}^2 \int_D 2\mu_0(\varepsilon + |e(u)|^2)^{-\alpha/2} e_{ij}(u) e_{ij}(v) dx, \quad v \in V.$$

则有

$$\begin{cases} du^\varepsilon + [2\mu_1 A_1 u^\varepsilon + B_1(u^\varepsilon, u^\varepsilon) + N(u^\varepsilon) - \theta^\varepsilon e_2]dt = \sqrt{\varepsilon} dw_1(t), \\ d\theta^\varepsilon + [kA_2\theta^\varepsilon + B_2(u^\varepsilon, \theta^\varepsilon) - u_2^\varepsilon]dt = \sqrt{\varepsilon} dw_2(t), \end{cases} \quad (6.2.2)$$

其中

$$\tilde{A}\phi = \begin{pmatrix} A_1 u, \\ A_2(\theta) \end{pmatrix}, \quad A_1 u = -2\nu_1 Au, \quad A_2(\theta) = -k\Delta\theta,$$
$$\tilde{B}(\phi, \psi) = \begin{pmatrix} B_1(u, v) \\ B_2(u, \theta) \end{pmatrix} = \begin{pmatrix} (u \cdot \nabla)v \\ (u \cdot \nabla)\theta \end{pmatrix},$$

则方程组 (6.2.2) 可写成下面的发展方程

$$\begin{cases} d\phi^\varepsilon + \tilde{A}\phi^\varepsilon + B(\phi^\varepsilon, \phi^\varepsilon) + N(\phi^\varepsilon)]dt = \sqrt{\varepsilon}\sigma(t, \phi^\varepsilon)dW, \\ \phi^\varepsilon(0) = (u_0^\varepsilon, \theta_0^\varepsilon). \end{cases} \quad (6.2.3)$$

下面考虑 H_0 值 a.s. 满足 $\int_0^T |\phi(s)|_0^2 ds < \infty$ 的 $\mathcal{F}_t$ 可料随机过程簇 $\mathcal{A}$, 并在集合

$$S_M = \left\{ h \in L^2(0, T; H_0) : \int_0^T |\phi(s)|_0^2 ds < M \right\}$$

上赋以弱拓扑

$$d_1(h, k) = \sum_{i=1}^\infty \frac{1}{2^i} \left| \int_0^T (h(s) - k(s), \tilde{e}_i(s))_0 ds \right|,$$

其中 $\{\tilde{e}_i(s)\}_{i=1}^\infty$ 是 $L^2(0, T; H_0)$ 的完备正交基, 则 S_M 是一个 Polish 空间.

下面先给出工作的函数空间

$$X = C([0, T]; H) \bigcap L^2((0, T); V), \quad \|\phi\|_X^2 = \sup_{0 \leqslant s \leqslant T} |\phi|^2 + \int_0^T \|\phi(s)\|^2 ds.$$

定义6.2.1   如果一个随机过程 $\phi^\varepsilon(t, \omega) \in C([0, T]; H) \bigcap L^2((0, T); V)$ 在分布意义下几乎必然满足方程组 (6.2.3), 即对任意的 $\psi \in D(A)$ 及所有的 $t \in [0, T]$, 下面等式几乎必然成立:

$$(\phi^\varepsilon(t), \psi) - (\phi_0^\varepsilon, \psi) + \int_0^t [(\phi^\varepsilon(s), A\psi) + (B(\phi^\varepsilon, \phi^\varepsilon), \psi) + (N(\phi^\varepsilon), \psi)]dt$$

$$= \sqrt{\varepsilon} \int_0^t (\sigma(t, \phi^\varepsilon)dW, \psi), \text{a.s.} \quad (6.2.4)$$

则称该随机过程 $\phi^\varepsilon(t, \omega)$ 为方程组 (6.2.3) 的弱解.

定理6.2.1   任给定常数 $M > 0$, 则存在正常数 ε_0, 使得当 $0 \leqslant \varepsilon < \varepsilon_0$, 初值条件 ϕ_0^ε 满足 $E|\phi_0^\varepsilon|^4 < \infty$ 时, 方程 (6.2.3) 在空间 $C([0, T]; H) \bigcap L^2((0, T); V)$ 中存在依轨道意义下的唯一解 ϕ_ε.

证明   证明可参阅文献 [8], 在此略.   □

定理6.2.2   设 ϕ^ε 是方程 (6.2.3) 的解, 则 $\{\phi^\varepsilon\}$ 的分布在 $C([0, T]; H) \bigcap L^2((0, T); V)$ 中满足速率为 I_η 的大偏差原理, 其中

$$I_\eta(\psi) = \inf_{h \in L^2(0, T; H_0): \psi = g^0(\int_0^{\cdot}) h(s) ds} \left\{ \frac{1}{2} \int_0^T |h(s)|_0^2 ds \right\}.$$

证明   证明方法类似于文献 [8], 在此略.   □

6.3 Lévy 过程驱动的随机 Boussinesq 方程的大偏差原理

关于 Lévy 过程驱动的随机偏微分方程的大偏差原理的论文不多, 目前能找到相关文献是文献 [7], 考虑的是具有 Lipschitz 系数的情形. 关于纯跳过程驱动的有限维随机发展方程解的大偏差原理, 参阅文献 [2]. Xu 和 Zhang[3] 研究了 Lévy 过程驱动的随机 Navier-Stokes 方程大偏差原理. 正如文献 [3] 中所指出的, 研究 Lévy 过程驱动的非线性发展方程的大偏差原理, 主要的困难在于处理较高的非线性项的估计, 为此, 需要对解的能量泛函给出指数估计, 以及对近似解给出指数收敛估计等等. 这一节用大偏差理论中的广义压缩原理来证明 Lévy 过程驱动的随机 Boussinesq 方程解的分布满足大偏差原理.

令 $W(\cdot)$ 是 H 值的布朗运动, b 是 H 中的常值向量, f 是从某个可测函数空间 X 到 H 上的可测映射, 且满足假设

$$\int_X |f(x)|^2 \exp\left(a|f(x)|\right)\nu(dx) < +\infty, \quad \forall a > 0. \tag{6.3.1}$$

$\tilde{N}_n(dt, dx)$ 是 $[0, \infty) \times X$ 的具有强度为 $n\nu$ 的补偿 Poisson 测度, ν 是 $B(X)$ 上是 σ 有限测度. $D([0, T], H)$ 表示从 $[0, T]$ 到 H 所有 Cádág 轨道 (左连续右极限存在的函数) 组成的集合, 赋予一致收敛拓扑构成的空间.

记

$$L_t^n = bt + \frac{1}{\sqrt{n}}W(t) + \frac{1}{n}\int_0^t \int_X f(x)\tilde{N}_n(ds, dx), \tag{6.3.2}$$

由文献 [1] 可知, Lévy 过程 $\{L^n, n \geqslant 1\}$ 的分布在 $D([0, 1], H)$ 上满足速率函数为 I_0 的大偏差原理, 其中

$$I_0 = \begin{cases} \displaystyle\int_0^1 F^*(g'(s))ds, & g \in D([0, 1], H), g' \in L^1([0, 1], H), \\ \infty, & 其他, \end{cases} \tag{6.3.3}$$

对任意的 $l \in H$,

$$F(l) = \int_X [\exp\left(f(x), l\right) - 1 - (f(x), l)]\nu(dx) + (Ql, l) + (b, l),$$

$$F^*(z) = \sup_{l \in H}[(z, l) - F(l)], \qquad z \in H.$$

设 $Z^n(t)$ 是下面随机线性微分方程的解:

$$dZ^n + AZ^n = \frac{1}{n}\int_X f(x)\tilde{N}_n(dt, dx). \tag{6.3.4}$$

投影算子

$$P_m x = \sum_{i=1}^{m} (x, e_i) e_i, \qquad x \in H.$$

设 $Z^{n,m}(t)$ 是下面的随机线性方程的解

$$dZ^{n,m} + AZ^{n,m} = \frac{1}{n} \int_X P_m f(x) \tilde{N}_n(dt, dx). \tag{6.3.5}$$

则 $\tilde{Z}^{n,m} = n(Z^{n,m}(t) - Z^n(t))$ 是下面方程的解

$$d\tilde{Z}^{n,m} + A\tilde{Z}^{n,m} = \frac{1}{n} \int_X (P_m f(x) - f(x)) \tilde{N}_n(dt, dx). \tag{6.3.6}$$

关于 Lévy 过程驱动的 2 维 Navier-Stokes 方程

$$\begin{cases} du^n(t) = -Au^n(t)dt - B(u^n(t))dt + bdt + \frac{1}{\sqrt{n}}dW(t) + \frac{1}{n}\int_X f(x)\tilde{N}_n(dt, dx), \\ u^n(0) = u_0 \in H, \end{cases}$$
$$\tag{6.3.7}$$

的解有如下结论:

定理6.3.1 [3]   假设 μ_n 是方程 (6.3.7) 的解 u^n 的分布, 那么 $\{\mu_n, n \geqslant 1\}$ 在空间 $D([0,1], H)$ 上满足速率函数为 I 的大偏差原理, 即

(i) 对于空间 $D([0,1], H)$ 中任意的闭集 F,

$$\limsup_{n\to\infty} \frac{1}{n} \log \mu_n(F) \leqslant -\inf_{h\in F} I(h);$$

(ii) 对于空间 $D([0,1], H)$ 中任意开集 G,

$$\liminf_{n\to\infty} \frac{1}{n} \log \mu_n(G) \geqslant -\inf_{h\in G} I(h).$$

这一节利用文献 [3] 的思想, 研究由 Lévy 过程驱动的随机 Boussinesq 方程解的大偏差原理, 即研究下面的随机 Boussinesq 方程:

$$\begin{cases} \dfrac{\partial u^n}{\partial t} + (u^n \cdot \nabla)u^n - \nu\Delta u^n + \nabla p^n = \theta e_2 + b_1 dt + \dfrac{1}{\sqrt{n}}dW^1(t) + \int_X f(x)\tilde{N}_n^1(dt, dx), \\ \dfrac{\partial \theta^n}{\partial t} + (u^n \cdot \nabla)\theta^n - k\Delta\theta^n = u_2 + b_2 dt + \dfrac{1}{\sqrt{n}}dW^2(t) + \int_X g(x)\tilde{N}_2^n(dt, dx), \\ \nabla \cdot u^n = 0, \\ u^n|_{\partial D} = 0, \quad u^n(0) = u_0^n, \quad \theta^n(0) = \theta_0^n, \end{cases}$$
$$\tag{6.3.8}$$

其中向量值函数 $u^n = u^n(x,t) = (u_1^n, u_2^n)$ 表示流体的速度, θ^n 表示流体的温度, 纯量函数 p 表示压强, D 是 R^2 上的具有光滑边界的有界开集. $L_1^n(t) = b_1 dt + \frac{1}{\sqrt{n}}dW^1(t) + \int_X f(x)\tilde{N}_n^1(dt, dx)$ 和 $L_2^n(t) = b_2 dt + \frac{1}{\sqrt{n}}dW^2(t) + \int_X g(x)\tilde{N}_n^2(dt, dx)$ 均为

Lévy 过程, 且 b_1, b_2 为正常数, W^1, W^2 为布朗运动, $\tilde{N}_n^1(dt, dx)$ 和 $\tilde{N}_n^2(dt, dx)$ 分别表示定义在 $[0, \infty)$ 上强度分别为 $n\nu_1$ 和 $n\nu_2$ 的补偿 Poisson 测度, ν_1 和 ν_2 分别为 X 上的 σ 有限测度.

$f(x)$ 和 $g(x)$ 是从可测空间 X 到 H 上的可测映射, 且满足下面的假设条件:

$$\begin{cases} \int_U |f(x)|^2 e^{\alpha|f(x)|} \nu(dx) < \infty, & \forall \alpha > 0, \\ \int_U |g(x)|^2 e^{\beta|g(x)|} \nu(dx) < \infty, & \forall \beta > 0. \end{cases} \tag{6.3.9}$$

需要指出的是, 对于随机 Boussinesq 方程, Duan 和 Millet[5] 利用基于无穷维布朗运动泛函变分表示的弱收敛方法研究了高斯噪声驱动的 Boussinesq 方程

$$\begin{cases} \dfrac{\partial u^\varepsilon}{\partial t} + (u^\varepsilon \cdot \nabla) u^\varepsilon - \nu \Delta u^\varepsilon + \nabla p\varepsilon = \theta^\varepsilon e_2 + \sqrt{\varepsilon} n_1(t), \\ \dfrac{\partial \theta^\varepsilon}{\partial t} + (u^\varepsilon \cdot \nabla) \theta^\varepsilon - u_2^\varepsilon - k \Delta \theta^\varepsilon = \sqrt{\varepsilon} n_2(t), \\ \nabla \cdot u^\varepsilon = 0, \\ u^\varepsilon| = 0, \quad \theta^\varepsilon = 0, \quad x_2 = 0, \quad x = 1 \end{cases} \tag{6.3.10}$$

解的大偏差原理, 其中 $u^\varepsilon, p^\varepsilon, \theta^\varepsilon, u_{x_1}^\varepsilon, \theta_{x_1}^\varepsilon$ 关于 x_1 是 l 周期的, $n_1(t)$ 和 $n_2(t)$ 是噪声项, $\varepsilon > 0$ 是小参数.

设 $L^2(D)$ 为通常的内积空间, 定义 $H = (L^2(D))^2 \times L^2(D)$, 其内积和范数分别为

$$(\phi, \psi) = \int_D \phi(x)\psi(x)dx, \quad |\phi|^2 = (\phi, \phi), \quad \forall \phi \in H.$$

定义 $V = V_1 \times V_2 = (H^1(D))^2 \times H^1(D)$, 则 V 是乘积 Hilbert 空间, 其内积和范数分别为

$$(\phi, \psi)_V = \int_D \nabla\phi \cdot \nabla\psi dx, \quad \|\phi\|_V^2 = (\phi, \phi)_V = \|\phi_1\|_{V_1}^2 + \|\phi_2\|_{V_2}^2.$$

容易验证, 对任意的 $u \in V_1, \theta \in V_2$, 存在常数 $C_1 > 0$ 使得

$$|u|_{(L^4(D))^2}^2 \leqslant |u|\|u\|_{V_1}, \quad |\theta|_{L^4(D)}^2 \leqslant C_1|\theta|\|\theta\|_{V_2}. \tag{6.3.11}$$

考虑无界线性算子 $A = (\nu A_1, k A_2) : H \to H$, $D(A) = D(A_1) \times D(A_2)$, $D(A_1) = V_1 \subset (H^2(D))^2$, $D(A_2) = V_2 \subset H^2(D)$, 定义泛函

$$\langle A_1 u, v \rangle = (u, u)_{V_1}, \quad \langle A_2\theta, \eta \rangle = (\theta, \eta)_{V_2}, \quad \forall u, v \in D(A_1), \forall \theta, \eta \in D(A_2).$$

再定义双线性算子 B_1, B_2 如下, 对任意的 $u, v, w \in V_1, \theta, \eta \in V_2$,

$$\langle B_1(u, v), w \rangle = \int_D [u \cdot \nabla v] w dx = \sum_{i,j=1,2} \int_D u_i \partial_i v_j w_j dx,$$

$$\langle B_2(u,\theta),\eta\rangle = \int_D [u\cdot\nabla\theta]\eta dx = \sum_{i,j=1,2}\int_D u_i\partial_i\theta w_j dx,$$

记

$$A\phi = \begin{pmatrix} \nu A_1 u, \\ k A_2 \theta \end{pmatrix} = \begin{pmatrix} -\nu\Delta u, \\ -k\Delta\theta \end{pmatrix},$$

$$B\phi = \begin{pmatrix} B_1(u,u) \\ B_2(u,\theta) \end{pmatrix} = \begin{pmatrix} (u\cdot\nabla)u, \\ (u\cdot\nabla)\theta \end{pmatrix},$$

则算子 A 和算子 B 有如下的性质:

引理6.3.1[6] 算子 A_1 和 A_2 都是正的自伴算子, A 是正的自伴算子, $D(A) = D(A_1)\times D(A_2)$, $(A\phi,\phi)\geqslant\lambda\|\phi\|_H^2$, $\lambda=\min(\nu,k)$.

引理6.3.2[5] 如果 $u,v,w\in V_1$, $\theta,\eta\in V_2$, 则有

(1) $(B_1(u,v),v)=0$, $(B_2(u,\theta),\theta)=0$;

(2) $(B_1(u,v),w)=-(B_1(u,w),v)$, $(B_2(u,\theta),\eta)=-(B_2(u,\eta),\theta)$.

引理6.3.3[5] 如果 $u\in V_1$, $\theta,\eta\in V_2$, $\phi=(u,\theta)$, 则有

(1) $|B_1(u,v)|_{V_1'}\leqslant|u|_{L^4}^2\leqslant C_1\|u\||u|$;

(2) $|(B_2(u,\theta),\eta)|\leqslant\|\eta\|\cdot|u|_{L^4}\cdot|\theta|_{L^4}\leqslant C_1\|\eta\|\cdot|u|^{\frac12}\|u\|^{\frac12}\cdot|\theta|^{\frac12}\|\theta\|^{\frac12}$.

引理6.3.4[5] 令 $\phi=(u,\theta)\in V$, $v\in L^4(D)\times L^4(D)$, $\eta\in L^4(D)$, 则有

(1) $|(B_1(u,u),v)|\leqslant\alpha\|u\|^2+\frac{3^3 C_1^2}{4^4 a^3}|u|^2\cdot|v|_{L^4}^4$;

(2) $|(B_2(u,\theta),\eta)|\leqslant\alpha\|(u,\theta)\|^2+\frac{3^3 C_1^2}{4^4 a^3}|u|^2\cdot|\eta|_{L^4}^4$.

为便于讨论, 定义

$$\phi=\begin{pmatrix}u,\\\theta\end{pmatrix},\quad b=\begin{pmatrix}b_1,\\b_2\end{pmatrix},\quad W=\begin{pmatrix}W^1,\\W^2\end{pmatrix},$$

$$F(x)=\begin{pmatrix}f(x)\\g(x)\end{pmatrix},\qquad R(\phi)=\begin{pmatrix}-\theta e_2,\\-u_2\end{pmatrix},$$

$$\tilde{N}(dt,dx)=\begin{pmatrix}\tilde{N}_1(dt,dx),\\\tilde{N}_2(dt,dx)\end{pmatrix},\quad \phi(0)=\phi_0=\begin{pmatrix}u_0,\\\theta_0\end{pmatrix},$$

则方程组 (6.3.8) 可以写成下面的抽象形式:

$$\begin{cases}d\phi^n=-A\phi^n(t)dt-B(\phi^n(t),\phi^n(t))-R(\phi^n)]dt+bdt+\dfrac{1}{\sqrt{n}}dW(t)\\\qquad+\displaystyle\int_X F(x)\tilde{N}(dt,dx),\\\phi^n(0)=(u_0^n,\theta_0^n).\end{cases}\tag{6.3.12}$$

下面给出重要的指数估计.

设 ϕ^n 是下面随机 Boussinesq 方程

$$\phi_t^n = x - \int_0^t A\phi_s^n ds - \int_0^t B(\phi_s^n)ds - \int_0^t R(\phi_s^n)ds + bt + \frac{1}{\sqrt{n}}W_t + \frac{1}{n}\int_0^t \int_X F(x)\tilde{N}_n(ds,dx)$$

(6.3.13)

的解. 令 $X^n = n\phi^n$, 则 X^n 是下面方程

$$X_t^n = nx - \int_0^t AX_s^n ds - \frac{1}{n}\int_0^t B(X_s^n)ds - \int_0^t R(X_s^n)ds + nbt + \sqrt{n}W_t$$
$$+ \int_0^t \int_X F(x)\tilde{N}_n(ds,dx)$$

(6.3.14)

的解. 记 $\{e_k\}_{k=1}^\infty$ 为 H 的正交基, $e_k, k = 1, \cdots$ 为 Q 在 V 中的特征函数, $\{\lambda_k\}_{k=1}^\infty$ 是相应的特征值.

引理6.3.5 当 $g \in C_b^2(H)$ 时, $M_t^g = \exp(g(X_t^n) - g(nx) - \int_0^t h(X_s^n)ds)$ 是 $\mathcal{F}_t$ 局部鞅, 其中

$$h(y) = -\left\langle Ay + \frac{1}{n}B(y) + R(y), g'(y) \right\rangle + n(b, g'(y)) + \frac{n}{2}\sum_{k=1}^\infty \lambda_k([g'(y) \otimes g'(y)$$
$$+ g''(y)]e_k, e_k) + n\int_X \{\exp[g(y+F(x)) - g(y)] - 1$$
$$- (g'(y), F(x))\}dx.$$

(6.3.15)

证明 利用 Itô 公式到 $\exp(g(X_t^n))$ 后可得

$$\exp(g(X_t^n)) = \exp(g(nx)) + \int_0^t (\exp(g(X_{s-}^n)) \cdot g'(X_{s-}^n), dX_s^n)$$
$$+ \frac{1}{2}\int_0^t \exp(g(X_{s-}^n))[g'(X_{s-}^n) \otimes g'(X_{s-}^n) + g''(X_{s-}^n)]d[\sqrt{n}W, \sqrt{n}W]_s^c$$
$$+ \sum_{s \leqslant t}(\Delta(\exp(g(X_s^n))) - (\exp(g(X_{s-}^n)) \cdot g'(X_{s-}^n), \Delta X_s^n))$$
$$= \exp(g(nx)) + \int_0^t (\exp(g(X_{s-}^n)) \cdot g'(X_{s-}^n), -AX_s^n - \frac{1}{n}B(X_s^n) - R(X_s^n)$$
$$+ nb)ds + \int_0^t (\exp(g(X_{s-}^n)) \cdot g'(X_{s-}^n), \sqrt{n}dW_s)$$
$$+ \int_0^t (\exp(g(X_{s-}^n)) \cdot g'(X_{s-}^n), F(x))\tilde{N}_n(ds,dx)$$
$$+ \frac{n}{2}\int_0^t \exp(g(X_{s-}^n))\sum_{k=1}^\infty \lambda_k([g'(X_{s-}^n) \otimes g'(X_{s-}^n) + g''(X_{s-}^n)]e_k, e_k)ds$$
$$+ \int_0^t \int_X \exp(g(X_{s-}^n + F(x))) - \exp(g(X_{s-}^n))$$

$$- (\exp(g(X^n_{s-}))) \cdot g'(X^n_{s-}), F(x))N_n(ds, dx).$$

注意到

$$\int_0^t \int_X \exp(g(X^n_{s-} + F(x))) - \exp(g(X^n_{s-})) - (\exp(g(X^n_{s-})) \cdot g'(X^n_{s-}),$$
$$F(x))N_n(ds, dx)$$

$$= \int_0^t \int_X \exp(g(X^n_{s-}))\{\exp[g(X^n_{s-} + F(x)) - g(X^n_{s-})] - 1 - (g'(X^n_{s-}),$$
$$F(x))\}N_n(ds, dx)$$

$$= \int_0^t \int_X \exp(g(X^n_{s-}))\{\exp[g(X^n_{s-} + F(x)) - g(X^n_{s-})] - 1 - (g'(X^n_{s-}),$$
$$F(x))\}\tilde{N}_n(ds, dx)$$

$$+ n\int_0^t \int_X \exp(g(X^n_{s-}))\{\exp[g(X^n_{s-} + F(x)) - g(X^n_{s-})] - 1 - (g'(X^n_{s-}),$$
$$F(x))\}\nu(dx)ds,$$

于是

$$\exp(g(X^n_t) - g(nx)) - \int_0^t \exp(g(X^n_s) - g(nx))h(X^n_s)ds$$

$$= 1 + \int_0^t (\exp(g(X^n_{s-})) \cdot g'(X^n_{s-}), \sqrt{n}dW_s) + \int_0^t (\exp(g(X^n_{s-})) \cdot g'(X^n_{s-}),$$
$$F(x))\tilde{N}_n(ds, dx) + \int_0^t \int_X \exp(g(X^n_{s-}))\{\exp[g(X^n_{s-} + F(x)) - g(X^n_{s-})] - 1$$
$$- (g'(X^n_{s-}), F(x))\}\tilde{N}_n(ds, dx)$$

$$= 1 + \int_0^t (\exp(g(X^n_{s-})) \cdot g'(X^n_{s-}), \sqrt{n}dW_s)$$
$$+ \int_0^t \int_X \exp(g(X^n_{s-}) - g(nx))\{\exp[g(X^n_{s-} + F(x)) - g(X^n_{s-})] - 1\}\tilde{N}_n(ds, dx)$$

是局部鞅.

为证明 M^g_t 也是一个局部鞅, 令 $M'_t = \exp(g(X^n_t) - g(nx)) - \int_0^t \exp(g(X^n_s) - g(nx))h(X^n_s)ds$, 则有

$$dM^g_t = d\{\exp[g(X^n_s) - g(nx)] \circ \exp[-\int_0^t h(X^n_s)ds]\}$$

$$= \exp[g(X^n_s) - g(nx)] \cdot d\exp[-\int_0^t h(X^n_s)ds]$$

$$+ \exp[-\int_0^t h(X^n_s)ds] \cdot d\exp[g(X^n_s) - g(nx)] + 0$$

$$= -\exp\{[g(X_s^n) - g(nx)] - \int_0^t h(X_s^n)ds\} \cdot h(X_t^n)dt$$

$$+ \exp[-\int_0^t h(X_s^n)ds] \cdot d[M_t' + \int_0^t \exp(g(X_s^n) - g(nx))h(X_s^n)ds]$$

$$= -\exp\{[g(X_s^n) - g(nx)] - \int_0^t h(X_s^n)ds\} \cdot h(X_t^n)dt$$

$$+ \exp[-\int_0^t h(X_s^n)ds]dM_t' + \exp[-\int_0^t h(X_s^n)ds] \cdot \exp[g(X_t^n) - g(nx)]h(X_t^n)dt$$

$$= \exp[-\int_0^t h(X_s^n)ds]dM_t'.$$

因此, $M_t^g = \int_0^t \exp\left[-\int_0^t h(X_s^n)ds\right]dM_t'$ 是一个局部鞅. $\qquad\square$

接下来, 令 $g(y) := (1 + \lambda|y|^2)^{\frac{1}{2}}(\lambda > 0)$. 容易证明

$$\sup_y |g''(y)| \leqslant \lambda, \quad \sup_y |g'(y)| \leqslant \lambda^{\frac{1}{2}}.$$

引理6.3.6 $\lim\limits_{r\to\infty} \limsup\limits_{n\to\infty} \frac{1}{n} \log P(\sup_{0\leqslant t\leqslant 1} |\phi_t^n| > r) = -\infty.$

证明 类似于文献 [3] 的引理 3.2 的讨论, 可以证明

$$h(X_t^n) \leqslant -\lambda v(1+\lambda|X_t^n|^2)^{-\frac{1}{2}} \cdot \|X_t^n\|^2 + \lambda(1+\lambda|X_t^n|^2)^{-\frac{1}{2}} \cdot |X_t^n|^2 + n|b|\lambda^{\frac{1}{2}} + n\lambda\mathrm{tr}Q + nM_\lambda, \tag{6.3.16}$$

其中, $\mathrm{tr}Q$ 是算子 Q 的迹, $M_\lambda := \int_X \lambda|F(x)|^2 \exp(\lambda^{\frac{1}{2}}|F(x)|)\nu(dx)$. 设 m 是一个整数 (稍后确定), 则有

$$P\left(\sup_{0\leqslant t\leqslant 1} |\phi_t^n| > r\right) = P\left(\sup_{0\leqslant t\leqslant 1} |X_t^n| > nr\right)$$

$$= P\left(\sup_{0\leqslant t\leqslant 1} g(X_t^n) > (1+\lambda n^2 r^2)^{\frac{1}{2}}\right)$$

$$= P\left(m \cdot \sup_{0\leqslant t\leqslant 1} g(X_t^n) > (1+\lambda n^2 r^2)^{\frac{1}{2}} + (m-1) \cdot \sup_{0\leqslant t\leqslant 1} g(X_t^n)\right)$$

$$= P\left(m \cdot \sup_{0\leqslant t\leqslant 1} \left[g(X_t^n) - g(nx) - \int_0^t h(X_s^n)ds + g(nx)\right.\right.$$

$$\left.\left. + \int_0^t h(X_s^n)ds\right] > (1+\lambda n^2 r^2)^{\frac{1}{2}} + (m-1) \cdot \sup_{0\leqslant t\leqslant 1} g(X_t^n)\right)$$

$$\leqslant P\left(m \cdot \sup_{0\leqslant t\leqslant 1} \left[g(X_t^n) - g(nx) - \int_0^t h(X_s^n)ds\right] + m \cdot g(nx)\right.$$

$$\left. + m \cdot \sup_{0\leqslant t\leqslant 1} \int_0^t h(X_s^n)ds > (1+\lambda n^2 r^2)^{\frac{1}{2}} + (m-1) \cdot \sup_{0\leqslant t\leqslant 1} g(X_t^n)\right)$$

$$\leqslant P\left(m \cdot \sup_{0\leqslant t\leqslant 1}\left[g(X_t^n) - g(nx) - \int_0^t h(X_s^n)ds \right] > (1+\lambda n^2 r^2)^{\frac{1}{2}} \right.$$
$$- m \cdot (1+\lambda n^2 |x|^2)^{\frac{1}{2}} + (m-1)\cdot \sup_{0\leqslant t\leqslant 1} g(X_t^n)$$
$$\left. - m\cdot \sup_{0\leqslant t\leqslant 1}\int_0^t h(X_s^n)ds \right). \tag{6.3.17}$$

当 m 充分大时, 由 (6.3.16) 和 Poincaré 不等式可得

$$(m-1)\cdot \sup_{0\leqslant t\leqslant 1} g(X_t^n) - m\cdot \sup_{0\leqslant t\leqslant 1}\int_0^t h(X_s^n)ds$$
$$\geqslant (m-1)\cdot \sup_{0\leqslant t\leqslant 1} g(X_t^n) - \sup_{0\leqslant t\leqslant 1} m[-\lambda v(1+\lambda|X_t^n|^2)^{-\frac{1}{2}}\cdot \|X_t^n\|^2$$
$$+ \lambda(1+\lambda|X_t^n|^2)^{-\frac{1}{2}}\cdot |X_t^n|^2 + n|b|\lambda^{\frac{1}{2}} + n\lambda\mathrm{tr}Q + nM_\lambda]$$
$$\geqslant (m-1)[\sup_{0\leqslant t\leqslant 1}(1+\lambda|X_t^n|^2)^{\frac{1}{2}} - \sup_{0\leqslant t\leqslant 1}\lambda(1+\lambda|X_t^n|^2)^{-\frac{1}{2}}\cdot |X_t^n|^2]$$
$$- \sup_{0\leqslant t\leqslant 1}[-m\lambda v(1+\lambda|X_t^n|^2)^{-\frac{1}{2}}\cdot \|X_t^n\|^2 + \lambda(1+\lambda|X_t^n|^2)^{-\frac{1}{2}}\cdot |X_t^n|^2$$
$$+ mn|b|\lambda^{\frac{1}{2}} + mn\lambda\mathrm{tr}Q + mnM_\lambda]$$
$$\geqslant -\sup_{0\leqslant t\leqslant 1}[-Cm\lambda v(1+\lambda|X_t^n|^2)^{-\frac{1}{2}}\cdot |X_t^n|^2 + \lambda(1+\lambda|X_t^n|^2)^{-\frac{1}{2}}\cdot |X_t^n|^2$$
$$+ mn|b|\lambda^{\frac{1}{2}} + mn\lambda\mathrm{tr}Q + mnM_\lambda]$$
$$\geqslant -mn|b|\lambda^{\frac{1}{2}} - mn\lambda\mathrm{tr}Q - mnM_\lambda. \tag{6.3.18}$$

由 Doob 不等式和引理 6.3.5 可得

$$P\left(m\cdot \sup_{0\leqslant t\leqslant 1}\left[g(X_t^n) - g(nx) - \int_0^t h(X_s^n)ds \right] > (1+\lambda n^2 r^2)^{\frac{1}{2}} - m\cdot (1+\lambda n^2|x|^2)^{\frac{1}{2}} \right.$$
$$\left. + (m-1)\cdot \sup_{0\leqslant t\leqslant 1} g(X_t^n) - m\cdot \sup_{0\leqslant t\leqslant 1}\int_0^t h(X_s^n)ds \right)$$
$$\leqslant P\left(m\cdot \sup_{0\leqslant t\leqslant 1}\left[g(X_t^n) - g(nx) - \int_0^t h(X_s^n)ds \right] > (1+\lambda n^2 r^2)^{\frac{1}{2}} - m\cdot (1+\lambda n^2|x|^2)^{\frac{1}{2}} \right.$$
$$\left. - mn|b|\lambda^{\frac{1}{2}} - mn\lambda\mathrm{tr}Q - mnM_\lambda \right)$$
$$\leqslant m\cdot \sup_{0\leqslant t\leqslant 1} E\left[g(X_t^n) - g(nx) - \int_0^t h(X_s^n)ds \right]$$
$$\times \exp[-(1+\lambda n^2 r^2)^{\frac{1}{2}} + m(1+\lambda n^2|x|^2)^{\frac{1}{2}} + mn|b|\lambda^{\frac{1}{2}} + mn\lambda\mathrm{tr}Q + mnM_\lambda]. \tag{6.3.19}$$

综合 (6.3.17) 和 (6.3.19) 可得

$$\frac{1}{n}\log P\left(\sup_{0\leqslant t\leqslant 1}|\phi_t^n| > r \right) \leqslant -\frac{(1+\lambda n^2 r^2)^{\frac{1}{2}}}{n} + \frac{m(1+\lambda n^2|x|^2)^{\frac{1}{2}}}{n} + m|b|\lambda^{\frac{1}{2}} + m\lambda\mathrm{tr}Q + mM_\lambda.$$

因此

$$\limsup_{n\to\infty} \frac{1}{n}\log P\left(\sup_{0\leqslant t\leqslant 1}|\phi_t^n| > r\right) \leqslant -(\lambda r^2)^{\frac{1}{2}} + m(\lambda|x|^2)^{\frac{1}{2}} + m|b|\lambda^{\frac{1}{2}} + m\lambda\mathrm{tr}Q + mM_\lambda.$$

令 $r\to\infty$ 即可, 证毕. □

引理6.3.7 $\lim_{r\to\infty}\limsup_{n\to\infty}\frac{1}{n}\log P\left(\left(\int_0^1\|\phi_t^n\|^2 dt\right)^{\frac{1}{2}} > r\right) = -\infty.$

证明 由于

$$P\left(\left(\int_0^1\|\phi_t^n\|^2 dt\right)^{\frac{1}{2}} > r\right) = P\left(\left(\int_0^1\|n\phi_t^n\|^2 dt\right)^{\frac{1}{2}} > nr\right)$$

$$= P\left(\left(\int_0^1\|X_t^n\|^2 dt\right)^{\frac{1}{2}} > nr\right),$$

及

$$\left(\int_0^1\|X_t^n\|^2 dt\right)^{\frac{1}{2}} = \left(\int_0^1(1+\lambda|X_t^n|^2)^{-\frac{1}{2}}\cdot\|X_t^n\|^2\cdot(1+\lambda|X_t^n|^2)^{\frac{1}{2}} dt\right)^{\frac{1}{2}}$$

$$\leqslant \left(\sup_{0\leqslant t\leqslant 1}(1+\lambda|X_t^n|^2)^{\frac{1}{2}}\right)^{\frac{1}{2}}\cdot\left(\int_0^1(1+\lambda|X_t^n|^2)^{-\frac{1}{2}}\cdot\|X_t^n\|^2 dt\right)^{\frac{1}{2}}$$

$$\leqslant \frac{1}{2}\sup_{0\leqslant t\leqslant 1}(1+\lambda|X_t^n|^2)^{\frac{1}{2}} + \frac{1}{2}\int_0^1(1+\lambda|X_t^n|^2)^{-\frac{1}{2}}\cdot\|X_t^n\|^2 dt,$$

因此, 只需证明

$$\lim_{r\to\infty}\limsup_{n\to\infty}\frac{1}{n}\log P\left(\sup_{0\leqslant t\leqslant 1}(1+\lambda|X_t^n|^2)^{\frac{1}{2}} > nr\right) = -\infty, \tag{6.3.20}$$

及

$$\lim_{r\to\infty}\limsup_{n\to\infty}\frac{1}{n}\log P\left(\int_0^1(1+\lambda|X_t^n|^2)^{-\frac{1}{2}}\cdot\|X_t^n\|^2 dt > nr\right) = -\infty \tag{6.3.21}$$

即可. 由引理 6.3.6 可知, (6.3.20) 成立. 下面证明 (6.3.21) 成立.

令 $Y_t^n := \int_0^t(1+\lambda|X_s^n|^2)^{-\frac{1}{2}}\cdot\|X_s^n\|^2 ds.$ 则

$$P(Y_1^n > nr) = P(\lambda v Y_1^n > \lambda v nr)$$

$$\leqslant P(g(X_1^n) + \lambda v Y_1^n > \lambda v nr)$$

$$\leqslant P(g(X_1^n) + \lambda v Y_1^n > \lambda v nr)$$

$$\leqslant P(m\cdot\sup_{0\leqslant t\leqslant 1}g(X_t^n) > (m-1)\sup_{0\leqslant t\leqslant 1}g(X_t^n) + \lambda v nr - \lambda v Y_1^n)$$

$$
\begin{aligned}
=&P\left(m\cdot\sup_{0\leqslant t\leqslant 1}\left[g(X_t^n)-g(nx)-\int_0^t h(X_s^n)ds \right.\right.\\
&\left.+g(nx)+\int_0^t h(X_s^n)ds \right] > (m-1)\sup_{0\leqslant t\leqslant 1}g(X_t^n)+\lambda vnr-\lambda vY_1^n \Bigg)\\
\leqslant&P\left(m\cdot\sup_{0\leqslant t\leqslant 1}\left[g(X_t^n)-g(nx)-\int_0^t h(X_s^n)ds \right] + m\cdot g(nx) \right.\\
&\left.+m\cdot\sup_{0\leqslant t\leqslant 1}\int_0^t h(X_s^n)ds > (m-1)\sup_{0\leqslant t\leqslant 1}g(X_t^n)+\lambda vnr-\lambda vY_1^n \right)\\
\leqslant&P\left(m\cdot\sup_{0\leqslant t\leqslant 1}\left[g(X_t^n)-g(nx)-\int_0^t h(X_s^n)ds \right] > \lambda vnr \right.\\
&-m\cdot(1+\lambda n^2|x|^2)^{\frac{1}{2}}+(m-1)\cdot\sup_{0\leqslant t\leqslant 1}g(X_t^n)\\
&\left.-m\cdot\sup_{0\leqslant t\leqslant 1}\int_0^t h(X_s^n)ds-\lambda vY_1^n \right).
\end{aligned}
$$

类似于 (6.3.18), 可以证明, 当 m 充分大时,

$$
(m-1)\cdot\sup_{0\leqslant t\leqslant 1}g(X_t^n)-m\cdot\sup_{0\leqslant t\leqslant 1}\int_0^t h(X_s^n)ds-\lambda vY_1^n\geqslant -mn|b|\lambda^{\frac{1}{2}}-mn\lambda\mathrm{tr}Q-mnM_\lambda,
$$

因此

$$
\begin{aligned}
P(Y_1^n>nr)\leqslant&P\left(m\cdot\sup_{0\leqslant t\leqslant 1}\left[g(X_t^n)-g(nx)-\int_0^t h(X_s^n)ds \right] > \lambda vnr \right.\\
&\left.-m\cdot(1+\lambda n^2|x|^2)^{\frac{1}{2}}-mn|b|\lambda^{\frac{1}{2}}-mn\lambda\mathrm{tr}Q-mnM_\lambda \right)\\
\leqslant&m\cdot\sup_{0\leqslant t\leqslant 1}E\left[g(X_t^n)-g(nx)-\int_0^t h(X_s^n)ds \right]\\
&\times\exp[-\lambda vnr+m(1+\lambda n^2|x|^2)^{\frac{1}{2}}+mn|b|\lambda^{\frac{1}{2}}+mn\lambda\mathrm{tr}Q+mnM_\lambda]\\
\leqslant&\exp[-\lambda vnr+m(1+\lambda n^2|x|^2)^{\frac{1}{2}}+mn|b|\lambda^{\frac{1}{2}}+mn\lambda\mathrm{tr}Q+mnM_\lambda],
\end{aligned}
$$

这表明

$$
\lim_{r\to\infty}\limsup_{n\to\infty}\frac{1}{n}\log P\left(Y_n^1>nr \right)=-\infty,
$$

因此引理得证. □

定义投影算子 P_m:

$$
P_m x:=\sum_{i=1}^m (x,e_i)e_i,\quad x\in H.
$$

设 $Z_t^{n,m}, Z_t^n$ 分别是下面线性方程

$$
Z_t^{n,m}=-\int_0^t AZ_s^{n,m}ds+\frac{1}{n}\int_0^t\int_X P_m F(x)\tilde{N}_n(ds,dx), \tag{6.3.22}
$$

$$Z_t^n = - \int_0^t A Z_s^n ds + \frac{1}{n} \int_0^t \int_X F(x) \tilde{N}_n(ds, dx) \tag{6.3.23}$$

的解.

引理6.3.8 [3]　　对任意的 $\delta > 0$,

$$\lim_{m \to \infty} \limsup_{n \to \infty} \frac{1}{n} \log P \left(\int_0^1 \|Z_s^{n,m} - Z_s^n\|^2 ds > \delta \right) = -\infty.$$

下面证明方程 (6.3.8) 的解满足大偏差原理. 为此, 先建立几个重要的引理.

对任意的 $g \in D([0,1], H)$, $g' \in L^1([0,1]; H)$, 设 $\varphi(g)$ 是下面方程 (6.3.24) 的解

$$\varphi_t(g) = \phi_0 - \int_0^t A \varphi_s(g) ds - \int_0^t B(\varphi_s(g), \varphi_s(g)) ds - \int_0^t R(\varphi_s(g)) ds + g(t). \tag{6.3.24}$$

对任意的 $h \in D([0,1], H)$, 定义函数

$$I(h) = \inf\{I_0(g) : h = \varphi(g), g \in D([0,1]; H)\}, \quad \inf\{\varnothing\} = \infty.$$

引理6.3.9　　由 (6.3.24) 定义的映射 $\varphi : D([0,1)]; V) \to D([0,1]; H) \subset L^2([0,1]; V)$ 按照一致收敛拓扑是连续的.

证明　　令 $\psi_t(g) = \varphi_t(g) - g(t)$, 由方程 (6.3.24) 可知, $\psi_t(g)$ 满足下面的方程

$$\psi_t(g) = \phi_0 - \int_0^t A \psi_s(g) ds - \int_0^t A g(s) ds - \int_0^t B(\psi_s(g) + g(s), \psi_s(g) + g(s)) ds$$
$$- \int_0^t R(\psi_s(g) + g(s)) ds. \tag{6.3.25}$$

为证 φ 是按照一致收敛拓扑连续, 任取函数序列 $g_n, g \in D([0,1]; V), n = 1, 2, \cdots$ 满足

$$\lim_{n \to \infty} \sup_{t \in [0,1]} \|g_n(t) - g(t)\|_V = 0,$$

只需证明下面结论成立即可:

$$\lim_{n \to \infty} \left(\sup_{t \in [0,1]} |\psi_t(g_n) - \psi_t(g)|_H^2 + \frac{1}{2} \int_0^1 \|\psi_s(g_n) - \psi_s(g)\|_V^2 ds \right) = 0. \tag{6.3.26}$$

先给出 $\psi_t(g)$ 的能量估计.

用 $\psi_t(g)$ 与方程

$$\frac{d\psi_t(g)}{dt} = -A\psi_t(g) - Ag(t) - B(\psi_t(g) + g(t), \psi_t(g) + g(t)) + R(\psi_t(g) + g(t))$$

做 L^2 内积后得到

$$\frac{|\psi_t(g)|_H^2}{dt} = 2(-A\psi_t(g), \psi_t(g)) + 2(-Ag(t), \psi_t(g))$$

$$-2(B(\psi_t(g) + g(t), \psi_t(g) + g(t)), \psi_t(g)) - 2(R(\psi_t(g) + g(t), \psi_t(g)).$$

整理得到

$$\begin{aligned}
|\psi_t(g)|_H^2 =& ||\phi_0||_H^2 + 2\int_0^t (-A\psi_s(g), \psi_s(g))ds + 2\int_0^t (-Ag(s), \psi_s(g))ds \\
& - 2\int_0^t (B(\psi_s(g) + g(s), \psi_s(g) + g(s)), \psi_s(g))ds \\
& - 2\int_0^t (R(\psi_s(g) + g(s), \psi_s(g))ds. \\
=& ||\phi_0||_H^2 - 2\int_0^t ||\psi_s(g)||_V^2 ds - 2\int_0^t (Ag(s), \psi_s(g))ds \\
& - 2\int_0^t (B(\psi_s(g) + g(s), \psi_s(g) + g(s)), \psi_s(g))ds \\
& - 2\int_0^t (R(\psi_s(g) + g(s), \psi_s(g))ds. \\
\leqslant& ||\phi_0||_H^2 - \int_0^t ||\psi_s(g)||_V^2 ds + \int_0^t ||g(s)||_V^2 \\
& + 2\int_0^t |(B(\psi_s(g) + g(s), \psi_s(g) + g(s)), \psi_s(g))|ds \\
& + 2\int_0^t (R(\psi_s(g) + g(s), \psi_s(g))ds.
\end{aligned}$$

注意到 $\psi_t(g) = (\psi_t^v(g), \psi_t^\theta)^{\mathrm{T}}, g = (g^v, g^\theta))$, 因此, 由双线性映射 B 的性质可得

$$\begin{aligned}
& (B(\psi_t(g) + g(t), \psi_t(g) + g(t)), \psi_t(g)) \\
=& (B_1(\psi_t^v(g) + g^v(t), \psi_t^v(g) + g^v(t)), \psi_t^v(g)) + (B_2(\psi_t^v(g), \psi_t^\theta), \psi_t^\theta) \\
=& b_1(g^v(t), g^v(t), \psi_t^v(g)) + b_1(\psi_t^v(g), g^v(t), \psi_t^v(g)) + b_2(\psi_t^v(g) + g(t), g^\theta(t), \psi^\theta(g)).
\end{aligned}$$

由引理 6.3.2、引理 6.3.3 和引理 6.3.4 可得

$$\begin{aligned}
& 2|(B(\psi_t(g) + g(t), \psi_t(g) + g(t)), \psi_t(g))| \\
\leqslant& 2|b_1(g^v(t), g^v(t), \psi_t^v(g))| + 2|b_1(\psi_t^v(g), g^v(t), \psi_t^v(g))| + 2|b_2(\psi_t^v(g) \\
& + g(t), g^\theta(t), \psi^\theta(g))| \\
\leqslant& 4|\psi_t^v(g)|_{L^2 \times L^2} \cdot ||g^v(s)||_V \cdot ||\psi_t^v(g)||_{V_1} + 4c||g^v(t)||_V^2 ||\psi_t^v(g)||_{V_1} \\
& + K||\psi_t^v(g) + g(t)||_{V_1} ||g^\theta(t)||_V ||\psi^\theta(g)||_{V_2} \\
\leqslant& 4|\psi_t^v(g)|_{L^2 \times L^2} \cdot ||g^v(s)||_V \cdot ||\psi_t^v(g)||_{V_1} + 4c||g^v(t)||_V^2 ||\psi_t^v(g)||_{V_1} \\
& + K||\psi_t^v(g)||_{V_1} ||g^\theta(t)||_V ||\psi^\theta(g)||_{V_2} + K||g(t)||_V ||g^\theta(t)||_V ||\psi^\theta(g)||_{V_2}.
\end{aligned}$$

由 R 的定义可得

$$||R(\psi_s(g)+g(s),\psi_s(g))|| \leqslant 2||\psi_s^v(g)||_H \cdot ||\psi_s^\theta(g)||_H + ||g||_H||\psi_s^\theta(g)||_H + ||g||_H||\psi_s^v(g)||_H$$
$$\leqslant \left(1+\frac{\varepsilon}{4}\right)||\psi_s(g)||^2 + 2K^\varepsilon||g||^2.$$

于是

$$|\psi_t(g)|_H^2 \leqslant ||\phi_0||_H^2 - 2\int_0^t ||\psi_s(g)||_V^2 ds + \frac{\varepsilon}{4}\int_0^t ||\psi_s(g)||_V^2 ds + \frac{4}{\varepsilon}\int_0^t ||g(s)||_V^2 ds$$
$$+ 4\int_0^t |\psi_s^v(g)||_H||g^v||_V||\psi_s^v(g)||_V ds$$
$$+ 4c\int_0^t ||g^v(s)||_V^2||\psi_s^v(g)||_{V_1} ds + \int_0^t [K||\psi_s^v(g)||_{V_1}||g^\theta(s)||_V||||\psi_s^\theta(g)||_{V_2}] ds$$
$$+ \int_0^t K||g(s)||_V||g^\theta(s)||_V||||\psi_s^\theta(g)||_{V_2}] ds + \left(1+\frac{\varepsilon}{4}\right)\int_0^t ||\psi_s(g)||^2 ds$$
$$+ 2K^\varepsilon||g(s)||_H^2 ds$$
$$\leqslant ||\phi_0||_H^2 + 2K^\varepsilon\int_0^t ||g(t)||_H^2 ds + K_4^\varepsilon\int_0^t ||g(t)||_V^2||g||_H^2 ds + K_3^\varepsilon\int_0^t ||g(s)||_V^4 ds$$
$$+ \frac{4}{\varepsilon}\int_0^t ||g||_V^2 ds + K_2^\varepsilon\int_0^t ||\psi_s(g)||^2||g||_V^2 ds.$$

由 Gronwall 不等式得到

$$\sup_{0 \leqslant s \leqslant t} |\psi_s(g)|^2 \leqslant \Bigg(||\phi_0||_H^2 + (2K^\varepsilon\int_0^t ||g(t)||_H^2 ds + K_4^\varepsilon\int_0^t ||g(t)||_V^2||g||_H^2 ds$$
$$+ K_3^\varepsilon\int_0^t ||g(s)||_V^4 ds + \frac{4}{\varepsilon}\int_0^t ||g||_V^2 ds\Bigg)e^{K_2^\varepsilon\int_0^t ||g(s)||_V^2 ds}$$
$$\leqslant \Bigg[||\phi_0||_H^2 + t\Bigg(2K^\varepsilon\sup_{0 \leqslant s \leqslant t} ||g(t)||_H^2 + K_4^\varepsilon\sup_{0 \leqslant s \leqslant t}(||g(t)||_H^2||g(t)||_V^2)$$
$$+ K_3^\varepsilon\sup_{0 \leqslant s \leqslant t} ||g(s)||_V^4 + \frac{4}{\varepsilon}\sup_{0 \leqslant s \leqslant t} ||g||_V^2\Bigg)e^{K_2^{t\varepsilon}\sup_{0 \leqslant s \leqslant t} ||g(s)||_V^2}. \qquad (6.3.27)$$

类似可得到关于 $\int_0^t ||\psi_s(g)||_V^2 ds$ 的估计式.

用 g_n 代替 g, 重复上述讨论, 同样得到估计式 (6.3.27) 成立. 注意到

$$\lim_{n\to\infty}\sup_{0 \leqslant t \leqslant 1} ||g_n(t) - g(t)||^2 = 0,$$

于是存在依赖于 $\sup_{0 \leqslant t \leqslant 1} ||g(t)||_V$ 和 $||\phi_0||_H$ 的常数 $C_g(\phi_0)$, 满足

$$\int_0^1 ||\psi_s(g_n)||_V^2 ds \leqslant C_g(\phi_0), \quad n \geqslant 1. \qquad (6.3.28)$$

直接计算后得到

$$
\frac{\psi_t(g_n) - \psi_t(g)}{dt} = - A(\psi_t(g_n) - \psi_t(g)) - A(g_n(t) - g(t)) - [R(\psi_t(g_n) + g_n)
$$
$$
- R(\psi_t(g) + g)] - [B(\psi_t(g_n) + g_n, \psi_t(g_n) + g_n)
$$
$$
- B(\psi_t(g) + g, \psi_t(g) + g)]. \tag{6.3.29}
$$

用 $\psi_t(g_n) - \psi_t(g)$ 与方程 (6.3.29) 做内积后得到

$$
||\psi_t(g_n) - \psi_t(g)||_H^2 + 2\int_0^t ||\psi_s(g_n) - \psi_s(g)||_V^2 ds
$$
$$
= -2\int_0^t < A(g_n(t) - g(t)), \psi_s(g_n) - \psi_s(g) > ds
$$
$$
-2\int_0^t < R(\psi_s(g_n) + g_n) - R(\psi_s(g) + g), \psi_s(g_n) - \psi_s(g) > ds
$$
$$
-2\int_0^t < B(\psi_s(g_n) + g_n, \psi_s(g_n) + g_n) - B(\psi_s(g) + g, \psi_s(g) + g), \psi_s(g_n)
$$
$$
-\psi_s(g) > ds
$$
$$
\leqslant \int_0^t ||\psi_s(g_n) - \psi_s(g)||_V^2 ds + \int_0^t ||g_n - g||_V^2 ds
$$
$$
+2\int_0^t < R(\psi_s(g_n) + g_n) - R(\psi_s(g) + g), \psi_s(g_n) - \psi_s(g) > ds
$$
$$
+2\int_0^t | < B(\psi_s(g_n) + g_n, \psi_s(g_n) + g_n)
$$
$$
- B(\psi_s(g) + g, \psi_s(g) + g), \psi_s(g_n) - \psi_s(g) > |ds. \tag{6.3.30}
$$

由双线性算子 B 的定义及引理 6.3.2、引理 6.3.3 和引理 6.3.4 可得

$$
| < B(\psi_s(g_n) + g_n, \psi_s(g_n) + g_n) - B(\psi_s(g) + g, \psi_s(g) + g), \psi_s(g_n) - \psi_s(g) > |
$$
$$
= | < B_1(\psi_s^v(g_n) + g_n, \psi_s^v(g_n) + g_n) - B_1(\psi_s^v(g) + g, \psi_s^v(g) + g), \psi_s^v(g_n) - \psi_s^v(g) > |
$$
$$
+ | < B_2(\psi_s^v(g_n) + g_n, \psi_s^\theta(g_n) + g_n) - B_2(\psi_s^v(g) + g, \psi_s^\theta(g) + g), \psi_s^\theta(g_n) - \psi_s^\theta(g) > |
$$
$$
\leqslant C_1 ||\psi_s(g_n) - \psi_s(g)||_V^2 + C_2(||\psi_s(g)||_V, ||\psi_s(g_n)||_V, ||g_n||_V, ||g||_V)||g_n - g||_V^2
$$
$$
+ C_3(||\psi_s(g)||_V, ||\psi_s(g_n)||_V, ||g_n||_V, ||g||_V)||\psi_s(g_n) - \psi_s(g)||_V^2.
$$

综合上面两个不等式可得

$$
\sup_{0 \leqslant t \leqslant 1} ||||\psi_t(g_n) - \psi_t(g)||^2 + \frac{\lambda}{2}\int_0^1 ||\psi_s(g_n) - \psi_s(g)||_V^2 ds
$$
$$
\leqslant C_3(||g||_v, ||g_n||_v, ||\psi(g)||_v, ||\psi(g_n)||_V) \sup_{0 \leqslant t \leqslant 1} ||g_n(t) - g(t)||_V.
$$

令 $n \to \infty$, 即可得证等式 (6.3.26) 对任意的 $g_n, g \in D([0,1]; V), n = 1, 2, \cdots$ 都成立. 因此,

$$
\psi_t: \quad D([0,1)]; V) \to D([0,1]; H) \subset L^2([0,1], V).
$$

按照一致收敛拓扑是连续的. 引理 6.3.9 得证. $\square$

令 $\psi^{m,n}$ 是下面方程的解

$$\psi^{n,m} = \psi_0 - \int_0^t A\psi^{n,m}ds - \int_0^t B(\psi^{n,m})ds - \int_0^t R(\psi^{n,m})ds + b^m t$$
$$+ \frac{1}{\sqrt{n}}W_t^m + \frac{1}{n}\int_0^t \int_X F^m(x)\tilde{N}_n(ds,dx). \tag{6.3.31}$$

其中 $b^m = P_m b, W_t^m = P_m W_t, f^m(x) = P_m f(x)$. 注意到 $Z^{m,n}, Z^n$ 满足方程 (6.3.22) 和方程 (6.3.23). 令 $\bar{\phi}_t^{n,m} = \phi_t^{n,m} - Z_t^{n,m}$, $\bar{\phi}_t^n = \phi_t^n - Z_t^n$, 则 $\bar{\psi}_t^{n,m}$ 和 $\bar{\psi}_t^n$ 分别满足下面的方程:

$$\bar{\psi}_t^{n,m} = \psi_0 - \int_0^t A\bar{\psi}_t^{n,m}ds - \int_0^t B(\bar{\psi}_s^{n,m} + Z_s^{n,m})ds$$
$$- \int_0^t R(\bar{\psi}_s^{n,m} + Z_s^{n,m})ds + b^m t + \frac{1}{\sqrt{n}}W_t^m,$$

及

$$\bar{\psi}_t^n = \psi_0 - \int_0^t A\bar{\psi}_t^n ds - \int_0^t B(\bar{\psi}_s^n + Z_s^n)ds - \int_0^t R(\bar{\psi}_s^n + Z_s^n)ds + bt + \frac{1}{\sqrt{n}}W_t.$$

引理6.3.10 对任意的 $\delta > 0$,

$$\lim_{m\to\infty} \limsup_{n\to\infty} \frac{1}{n}\log P\Big(\sup_{0\leqslant t\leqslant 1}|\phi_t^{m,n} - \phi_t^n| > \delta\Big) = -\infty.$$

证明 证明方法类似于文献 [3] 的引理 4.2, 计算很繁杂, 详细证明见文献 [9].

$\square$

对于 $g \in D([0,1];H)$, 定义 ϕ_t^m 为下面近似方程的解:

$$\phi_t^m(g) = \phi_0 - \int_0^t A\phi_s^m(g)ds - \int_0^s B(\phi_s^m, \phi_s^m)ds - \int_0^t R(\phi_s^m)ds + P_m g(t).$$

引理6.3.11 对任意 $r > 0$,

$$\lim_{m\to\infty} \sup_{g:I_0(g)\leqslant r} \sup_{0\leqslant t\leqslant 1}|\phi_t^m(g) - \phi_t(g)| = 0.$$

证明 令 $g \in \{g: I_0(g) \leqslant r\}$. 设 $Z_t^m(g)$ 和 $Z_t(g)$ 分别是下面线性方程的解:

$$Z_t^m(g) = -\int_0^t AZ_s^m(g)ds + \int_0^s P_m g'(s)ds,$$

及

$$Z_t(g) = -\int_0^t AZ_s(g)ds + \int_0^s g'(s)ds.$$

令 $\psi_t^m(g) = \phi_t^m(g) - Z_t^m(g), \psi_t(g) = \phi_t(g) - Z_t(g)$. 则 $\psi_t^m(g)$ 和 $\psi_t(g)$ 满足

$$\psi_t^m(g) = \phi_0 - \int_0^t A\psi_s^m(g)ds - \int_0^t B(\psi_s^m(g) + Z_s^m(g))ds$$
$$- \int_0^t R(\psi_s^m(g) + Z_s^m(g))ds, \tag{6.3.32}$$

及

$$\psi_t(g) = \phi_0 - \int_0^t A\psi_s(g)ds - \int_0^t B(\psi_s(g) + Z_s(g))ds$$
$$- \int_0^t R(\psi_s(g) + Z_s(g))ds. \tag{6.3.33}$$

由 $Z_t(g)$ 的定义可知

$$\frac{dZ_t(g)}{dt} = -AZ_t(g) + g'(t). \tag{6.3.34}$$

用 $Z_t(g)$ 方程 (6.3.34) 两边作内积后得到

$$\frac{d|Z_t(g)|^2}{dt} = -2\|Z_t(g)\|_A^2 + 2(g'(t), Z_t(g)),$$

于是

$$\sup_{0 \leqslant t \leqslant 1} |Z_t(g)|^2 + 2\int_0^t \|Z_s(g)\|_V^2 ds \leqslant \frac{1}{2} \sup_{0 \leqslant t \leqslant 1} |Z_t(g)|^2 + 8\Big(\int_0^1 |g'(s)|ds\Big)^2.$$

整理得到

$$\sup_{0 \leqslant t \leqslant 1} |Z_t(g)|^2 + 4\int_0^t \|Z_s(g)\|_V^2 ds \leqslant 16\Big(\int_0^1 |g'(s)|ds\Big)^2. \tag{6.3.35}$$

类似得到

$$\sup_{0 \leqslant t \leqslant 1} |Z_t^m(g)|^2 + 4\int_0^t \|Z_s^m(g)\|_A^2 ds \leqslant 16\Big(\int_0^1 |g'(s)|ds\Big)^2. \tag{6.3.36}$$

由文献 [7] 的引理 5.3 可知, 存在常数 M 满足

$$\sup_{\{g: I_0(g) \leqslant r\}} \int_0^1 |g'(s)|ds \leqslant M.$$

于是, 存在依赖于 M 的常数 $C_1(M)$ 和 $C_2(M)$ 满足

$$\sup_{\{g: I_0(g) \leqslant r\}} \sup_{0 \leqslant t \leqslant 1} |Z_t(g)|^2 \leqslant C_1(M), \qquad \sup_{\{g: I_0(g) \leqslant r\}} \int_0^1 \|Z_t(g)\|_v^2 \leqslant C_2(M). \tag{6.3.37}$$

用 $\psi_t(g)$ 与方程

$$\frac{d\psi_t(g)}{dt} = -A\psi_t(g) - B(\psi_t(g) + Z_t(g)) - R(\psi_t(g) + Z_t(g))) = 0$$

在 H 上作内积得

$$\begin{aligned}
\frac{d\|\psi_t(g)\|^2}{dt} = & -(A_1\psi_t^v(g), \psi_t^v(g)) - (A_2\psi_t^\theta(g), \psi_t^\theta(g)) \\
& -(B_1(\psi_t^v(g) + Z_t^v(g), \psi_t^v(g) + Z_t^v(g), \psi_t^v(g)) \\
& -(B_2(\psi_t^v(g) + Z_t^v(g), \psi_t^\theta(g) + Z_t^\theta(g)), \psi_t^\theta(g)) \\
& -(R(\psi_t(g) + Z_t(g)), \psi_t(g)) \\
= & -(A_1\psi_t^v(g), \psi_t^v(g)) - (A_2\psi_t^\theta(g), \psi_t^\theta(g)) \\
& -b_1(\psi_t^v(g), Z_t^v(g), \psi_t^v(g)) - b_1(Z_t^v(g), Z_t^v(g), \psi_t^v(g)) \\
& -b_2(\psi_t^v(g) + Z_t^v(g), \psi_t^\theta(g), \psi_t^\theta(g)) \\
& -(R(\psi_t(g) + Z_t(g)), \psi_t(g)).
\end{aligned}$$

写成分量形式得到

$$\begin{aligned}
\frac{d\|\psi_t^v(g)\|^2}{dt} \leqslant & -2\nu\|\psi_t^v(g)\|_{V_1}^2 + 2\|\psi_t^\theta(g) + Z_t^\theta(g)\|_{V_2} \cdot \|\psi_t^v(g)\|_{V_1} \\
& + 2\|\psi_t^v(g)\|_{V_1}\|Z_t^v(g)\|\|\psi_t^v(g)\| + 2\|Z_t^v(g)\|_{V_1}\|Z_t^v(g)\|\|\psi_t^v(g)\|_{V_1} \\
\leqslant & K^\varepsilon\|\psi_t^\theta(g)\|_{V_2}^2 + \frac{\varepsilon}{4}\|\psi_t^v(g)\|_{V_1}^2 + K^\varepsilon\|Z_t^\theta(g)\|^2 + \frac{\varepsilon}{4}\|\psi_t^v(g)\|_{V_1}^2 \\
& + K^\varepsilon\|Z_t^v(g)\|_{V_1}^2\|Z_t^v(g)\|_{H^2}^2 + \frac{\varepsilon}{4}\|\psi_t^v(g)\|_{V_1}^2 + K^\varepsilon\|Z_t^v(g)\|_{V_1}^2\|Z_t^v(g)\|_{H^2}^2 \\
& + \frac{\varepsilon}{4}\|\psi_t^v(g)\|^2 + K^\varepsilon\|Z_t^v(g)\|_{V_1}^2\|\psi_t^v\|^2 + \frac{\varepsilon}{4}\|\psi_t^v\|_{V_1}^2.
\end{aligned}$$

整理得到

$$\begin{aligned}
& \frac{d\|\psi_t^v(g)\|^2}{dt} + \lambda\|\psi_t^v(g)\|_{V_1}^2 \\
& \leqslant K^\varepsilon\|\psi_t^\theta(g)\|^2 + K^\varepsilon\|Z_t^v(g)\|_{V_1}^2\|Z_t^v(g)\|^2 + K^\varepsilon\|Z_t^\theta(g)\|^2 + K^\varepsilon\|Z_t^v(g)\|_{V_1}^2. \quad (6.3.38)
\end{aligned}$$

同理得到

$$\begin{aligned}
& \frac{d\|\psi_t^\varepsilon(g)\|^2}{dt} + 2(A_2\psi_t^\varepsilon(g), \psi_t^\varepsilon(g)) \\
& \leqslant 2b_2(\psi_t^\theta(g) + Z_t^\theta(g), Z^\varepsilon)_t(g), \psi_t^\theta(g)) \\
& \leqslant K^\varepsilon\|\psi^v(g)\|^2\|Z_t^v(g)\|_{H^2}^2 + K^\varepsilon\|Z_t^v(g)\|^2\|Z_t^\theta(g)\|_{H^2}^2 + \varepsilon\|\psi_t^\theta(g)\|_{V_2}^2.
\end{aligned}$$

于是

$$\frac{d\|\psi_t^\theta(g)\|^2}{dt} + \lambda\|\psi_t^v(g)\|_{V_1}^2 \leqslant K^\varepsilon\|\psi_t^v(g)\|^2\|Z_t^\theta(g)\|_{H^2}^2 + K^\varepsilon\|Z_t^\theta(g)\|_{H^2}^2\|Z_t^v(g)\|^2.$$

$$(6.3.39)$$

由不等式 (6.3.39) 和不等式 (6.3.39) 可得

$$
\begin{aligned}
\frac{d\|\psi_t(g)\|^2}{dt} + \lambda\|\psi_t(g)\|_V^2 &\leqslant K^\varepsilon \|\psi_t^v(g)\|^2 \|Z_t^\theta(g)\|_{H^2}^2 + K^\varepsilon \|Z_t^\theta(g)\|_{H^2}^2 \|Z_t^v(g)\|^2 \\
&\quad + K^\varepsilon \|\psi_t^\theta(g)\|^2 + K^\varepsilon \|Z_t^v(g)\|_{V_1}^2 \|Z_t^v(g)\|^2 + K^\varepsilon \|Z_t^\theta(g)\|^2 \\
&\quad + K^\varepsilon \|Z_t^v(g)\|_{V_1}^2 \\
&=: G(\|Z_t^v(g)\|_{V_1}^2, \|Z_t^\theta(g)\|_{V_2}^2, \|Z_t^v(g)\|^2, \|Z_t^\theta(g)\|^2),
\end{aligned}
$$

在 $[0,t]$ 上积分上述不等式得到

$$
\sup_{g:I_0(g)\leqslant r} |\sup_{0\leqslant t\leqslant 1} |\psi_t(g)\|^2 \leqslant C_3(M), \qquad \sup_{g:I_0(g)\leqslant r} \int_0^t \|\psi_t(g)\|_V^2 ds \leqslant C_4(M).
$$

由方程 (6.3.32) 和方程 (6.3.33) 可得

$$
\|\psi_t^m(g) - \psi_t(g)\|^2 + 2\int_0^t \|\psi_s^m(g) - \psi_s(g)\|_V^2 ds
$$

$$
\leqslant 2\int_0^t |<B(\psi_s^m(g) + Z_s^m(g)) - B(\psi_s(g) + Z_s(g)), \psi_s^m(g) - \psi_s(g)>| ds
$$

$$
+ 2\int_0^t |<R(\psi_s^m(g) + Z_s^m(g)) - R(\psi_s(g) + Z_s(g)), \psi_s^m(g) - \psi_s(g)>| ds.
$$

类似于引理 6.3.9 的计算可以得到

$$
\|\psi_t^m(g) - \psi_t(g)\|^2 + \lambda\int_0^t \|\psi_s^m(g) - \psi_s(g)\|_V^2 ds
$$

$$
\leqslant C_5(M) \sup_{\{g:I_0(g)\leqslant r\}} \sup_{0\leqslant t\leqslant 1} |Z_t^m(g) - Z_t(g)|
$$

$$
+ \lambda\int_0^t \|\psi_s^m(g) - \psi_s(g)\|^2 (G_1(\|\psi_s^m(g)\|, \|\psi_s(g)\|_V, \|Z_s(g)\|_V, \|Z_s^m(g)\|_V)) ds,
$$

其 中 $G_1(\|\psi_s^m(g)\|, \|\psi_s(g)\|_V, \|Z_s(g)\|_V, \|Z_s^m(g)\|_V)$ 是 关 于 $\psi_s^m(g), \psi_s(g), Z_s(g),$ $Z_s^m(g)$ 的函数. 由 Gronwall 不等式可得

$$
\sup_{\{g:I_0(g)\leqslant r\}} \sup_{0\leqslant t\leqslant 1} \|\psi_t^m(g) - \psi_t(g)\|^2 \leqslant C_5(M)^2, \qquad \sup_{\{g:I_0(g)\leqslant r\}} \sup_{0\leqslant t\leqslant 1} |Z_t^m(g) - Z_t(g)|.
$$

$$
\tag{6.3.40}
$$

类似于文献 [7] 中引理 5.7 的证明可知

$$
\sup_{\{g:I_0(g)\leqslant r\}} \sup_{0\leqslant t\leqslant 1} |Z_t^m(g) - Z_t(g)| = 0.
$$

对不等式 (6.3.40) 两边令 $m \to \infty$, 即可证得该引理.   □

综合引理 6.3.9~ 引理 6.3.11 即可得到下面的结论.

定理6.3.2 令 μ_n 表示方程 (6.3.8) 的解 $\phi^n(t)$ 的分布, 则 $\{\mu_n, n \geqslant 1\}$ 在 $D([0,1], H)$ 上满足速率函数为 $I(\cdot)$ 的大偏差原理, 即

(1) 对 $D([0,1]; H)$ 中的任何闭子集 F, 都有

$$\limsup_{n\to\infty} \frac{1}{2} \log \mu_n(F) \leqslant - \inf_{h\in F} I(h);$$

(2) 对于 $D([0,1]; H)$ 中的任何开集 G, 都有

$$\liminf_{n\to\infty} \frac{1}{2} \log \mu_n(G) \geqslant - \inf_{h\in G} I(h).$$

6.4 Lévy 过程驱动的随机 Boussinesq 方程的不变测度

这一节研究 Lévy 过程驱动的随机 Boussinesq 方程

$$\begin{cases} \dfrac{\partial u}{\partial t} + (u \cdot \nabla)u - \nu\Delta u + \nabla p = \theta e_2 + b_1 dt + Q_1 dW^1(t) + \displaystyle\int_X f(x)\tilde{N}_1(dt, dx), \\ \dfrac{\partial \theta}{\partial t} + (u \cdot \nabla)\theta - k\Delta\theta^n = u_2 + b_2 dt + Q_2 dW^2(t) + \displaystyle\int_X g(x)\tilde{N}_2(dt, dx), \\ \nabla \cdot u = 0, u|_{\partial D} = 0, \quad u(0) = u_0, \quad \theta(0) = \theta_0 \end{cases}$$

$$(6.4.1)$$

的不变测度的存在性和唯一性. 其中, $W(t)$ 是为协方差算子为 I 的柱面 Wiener 过程, $Q = (Q_1, Q_2)$ 是迹算子, b 是 H 空间中的常值向量, f 是从某个可测空间 X 到 H 上的可测映射, 并且满足指数可积性条件 (6.3.1), $\tilde{N}_n(dt, dx)$ 是 $[0, \infty) \times X$ 上具有强度为 $n\nu$ 的补偿 Poisson 测度, 其中 ν 是 $\mathcal{B}(X)$ 上的 σ 有限测度.

令 $X_t(x)$ 是如下的随机 Boussinesq 方程的解:

$$X_t = x - \int_0^t AX_s ds - \int_0^t B(X_s)ds - \int_0^t R(X_s)ds + \int_0^t Q dW_s + \int_0^t \int_X F(X_s, z)\tilde{N}(ds, dz).$$

$$(6.4.2)$$

用 $B(y, r)$ 表示 $\mathcal{D}(A^\alpha)$ 空间中球心为 y 半径为 r 的球, 用 $B(\mathcal{D}(A^\alpha))$ 表示 $D(A^\alpha)$ 上的有界可测函数.

定义6.4.1 令 $(P_t)_{t\geqslant 0}$ 是一个 Markov 半群.

(1) P_t 是强 Feller 的, 如果 $P_t\varphi \in C(\mathcal{D}(A^\alpha))$ 对任意 $\varphi \in B(\mathcal{D}(A^\alpha))$ 和任意 $t > 0$ 都成立;

(2) P_t 是不可约的, 如果 $\mathbb{P}\{X_t(x) \in B(y, r)\} > 0$ 对任意 $x, y \in \mathcal{D}(A^\alpha)$, $r > 0$ 和任意 $t > 0$ 都成立.

由无穷维空间上的遍历理论[14]知, 不可约性和强 Feller 性可以推导出 $P(t, x, \cdot)$ 测度族的等价性, 由此可以进一步推出不变测度的唯一性.

接下来, 对 F 引入与 Dong[10]类似的假设. 令 $\{U_k\}_{k\geqslant 1}$ 是 X 上满足 $U_k \nearrow X$ 和 $\lambda(U_k) < \infty$ 的可测子集列. 存在正常数 C, K 使得对某个 $\alpha \in [1/4, 1/2)$,

(H$_1$) $Q : H \to H$ 是一个单的线性有界算子, 其值域 $\mathcal{R}(Q)$ 在 $\mathcal{D}(A^{\frac{1}{4}+\frac{\alpha}{2}})$ 中稠, 并满足对某个 $\varepsilon > 0$, $\mathcal{D}(A^{2\alpha}) \subset \mathcal{R}(Q) \subset \mathcal{D}(A^{\frac{1}{4}+\frac{\alpha}{2}+\varepsilon})$;

(H$_2$) $\displaystyle\int_X |A^\alpha F(0, u)|^2 \lambda(du) = C$;

(H$_3$) $\displaystyle\int_X |A^\alpha(F(x, u) - F(y, u))|^2 \lambda(du) \leqslant K|A^\alpha(x - y)|^2$;

(H$_4$) $\displaystyle\sup_{x \in H} \int_{U_m^c} |A^\alpha F(x, u)|^2 \lambda(du) \to 0$, 当 $m \to \infty$ 时.

6.4.1　强 Feller 性质

引理6.4.1　对 $\varphi \in C(\mathcal{D}(A^\alpha))$, $x, h \in H$, 存在

$$D_x \mathbb{E}\varphi(X_t(x)) \cdot h = \frac{1}{t}\mathbb{E}\left[\varphi(X_t(x)) \int_0^t \langle Q^{-1}\eta_s^h(x), dW_s\rangle\right], \qquad (6.4.3)$$

其中 $\eta_t^h(x) = DX_t(x) \cdot h$ 是下面方程的解:

$$\begin{aligned}
\eta_t^h(x) =& h - \int_0^t A\eta_s^h ds - \int_0^t [B(X_s(x), \eta_s^h) + B(\eta_s^h, X_s(x))]ds - \int_0^t R(\eta_s^h)ds \\
& + \int_0^t \int_X DF(X_{s-}(x), z) \cdot \eta_{s-}^h(x)\tilde{N}(ds, dz).
\end{aligned} \qquad (6.4.4)$$

证明　令 $V(t, x) = \mathbb{E}\varphi(X_t(x))$. 对 $\tilde{V}(s, x) = V(t - s, X_s(x))$ 应用 Itô 公式, 得到

$$\begin{aligned}
\varphi(X_t(x)) =& V(t, x) + \int_0^t \langle DV(t - s, X_s(x)), QdW_s\rangle \\
& + \int_0^t \int_X [V(t - s, X_{s-}(x) + F(X_{s-}(x), z)) \\
& - V(t - s, X_{s-}(x))]\tilde{N}(ds, dz).
\end{aligned} \qquad (6.4.5)$$

用 $\displaystyle\int_0^t \langle Q^{-1}\eta_s^h(x), dW_s\rangle$ 乘等式 (6.4.5) 的两边并取期望, 有

$$\begin{aligned}
& \mathbb{E}\left(\varphi(X_t(x)) \cdot \int_0^t \langle Q^{-1}\eta_s^h(x), dW_s\rangle\right) \\
=& \mathbb{E}\left[\int_0^t \langle DV(t - s, X_s(x)), QdW_s\rangle \cdot \int_0^t \langle Q^{-1}\eta_s^h(x), dW_s\rangle\right] \\
=& \mathbb{E}\left[\int_0^t DV(t - s, X_s(x)) \cdot Q\left(\sum_j d\beta_j(s)e_j\right) \cdot \int_0^t \sum_j \langle Q^{-1}\eta_s^h(x), d\beta_j(s)e_j\rangle\right] \\
=& \mathbb{E}\int_0^t DV(t - s, X_s(x)) \cdot Q\left(\sum_j Q^{-1}\eta_s^h(x), e_j > e_j\right) ds
\end{aligned}$$

$$=\mathbb{E}\int_0^t DV(t-s,X_s(x))\cdot Q(Q^{-1}\eta_s^h(x))ds$$

$$=\mathbb{E}\int_0^t D_xV(t-s,X_s(x))\cdot hds$$

$$=D_x\int_0^t \mathbb{E}V(t-s,X_s(x))\cdot hds$$

$$=D_x\mathbb{E}\varphi(X_t(x))\cdot t\cdot h, \tag{6.4.6}$$

因为 $V(t-s,X_s(x))$ 是一个鞅. 证毕. $\qquad\square$

对 $R>0$, 令 Φ_R 是一个在 $[-R,R]$ 上为 1, 在 $[-R-1,R+1]$ 外为 0 的 C^∞ 函数. 令 $X_t^{(R)}(x)$ 是如下的截断 Navier-Stokes 方程的解:

$$X_t^{(R)}=x-\int_0^t AX_s^{(R)}ds-\int_0^t \Phi_R(|A^\alpha X_s^{(R)}|^2)[B(X_s^{(R)})+R(X_s^{(R)})]ds$$

$$+\int_0^t QdW_s+\int_0^t\int_X F(X(s),z)\tilde{N}(ds,dz). \tag{6.4.7}$$

类似于文献 [17], 可以证明

引理6.4.2 假设 $(H_1)\sim(H_4)$ 成立. 则对 $\forall x\in\mathcal{D}(A^\alpha)$, 方程 (6.4.7) 存在一个唯一解 $X_{\cdot}^{(R)}$ 满足, 对a.s. $\omega\in\Omega$,

$$X_{\cdot}^{(R)}(\omega)\in D([0,T],\mathcal{D}(A^\alpha))\cap L^{\frac{4}{1-2\alpha}}(0,T;\mathcal{D}(A^{\frac{1}{4}+\frac{\alpha}{2}})).$$

进一步, $X_{\cdot}^{(R)}(\omega)$ 是一个 $\mathcal{D}(A^\alpha)$ 空间上的 Feller- Markov 过程.

定义 $\tau^R=\tau^R(x)=\inf\{t>0:|A^\alpha X_t^{(R)}(x)|^2>R\}$.

引理6.4.3 对任意 $M>0$,

$$\lim_{k\to\infty}\sup_{x\in\mathcal{D}(A^\alpha),|A^\alpha x|\leqslant M}P(\tau^R\leqslant t)\to 0.$$

证明 只需要证明对任意 $|x|\leqslant M$ 和 $t>0$, $\mathbb{E}\sup_{s\leqslant t}|A^\alpha X_s^{(R)}(x)|^2$ 是有限的, 且不依赖于 x. 证明方法与文献 [17] 类似, 在此略. $\qquad\square$

令 $P^R(t,x,\cdot)$ 是 (6.4.7) 的解的转移概率, 再对 $x\in\mathcal{D}(A^\alpha)$ 和 $\phi\in B(\mathcal{D}(A^\alpha))$ 定义

$$P_t^R\varphi(x)=\int_H \varphi(y)P^R(t,x,dy).$$

定理6.4.1 假设 $(H_1)\sim(H_4)$ 成立. 则 $(P_t^R)_{t\geqslant 0}$ 是 $\mathcal{D}(A^\alpha)$ 上的强 Feller 群.

证明 对 $x,h\in\mathcal{D}(A^\alpha)$, 令 $U_h^R(t)$ 是方程 (6.4.7) 的解的微分, 即 $U_h^R(t)=D_xX_t^{(R)}(x)\cdot h$. 则 $U_h^R(t)$ 满足方程

$$U_h^R(t)=h-\int_0^t AU_h^R(s)ds$$

$$- \int_0^t 2\Phi'_R(|A^\alpha X_s^{(R)}|^2) < A^\alpha X_s^{(R)}, A^\alpha U_h^R(s) > [B(X_s^{(R)}) + R(X_s^{(R)})]ds$$

$$- \int_0^t \Phi_R(|A^\alpha X_s^{(R)}|^2)[B(X_s^{(R)}(x), U_h^R(s)) + B(U_h^R(s), X_s^{(R)}(x))$$

$$+ R(U_h^R(s))]ds + \int_0^t \int_X DF(X_{s-}^{(R)}(x), z) \cdot U_h^R(s-)\tilde{N}(ds, dz). \tag{6.4.8}$$

令

$$V_t^R = 2\Phi'_R(|A^\alpha X_t^{(R)}|^2) < A^\alpha X_t^{(R)}, A^\alpha U_h^R(t) > [B(X_t^{(R)}) + R(X_t^{(R)})]$$

$$+ \Phi_R(|A^\alpha X_t^{(R)}|^2)[B(X_t^{(R)}(x), U_h^R(t))$$

$$+ B(U_h^R(t), X_t^{(R)}(x)) + R(U_h^R(t))]. \tag{6.4.9}$$

注意到 $\tau^R = \tau^R(x) = \inf\{t > 0 : |A^\alpha X_t^{(R)}(x)| > R^2\}$, 因此, 对 $|A^{2\alpha - \frac{1}{2}} U_h^R(t)|^2$ 应用 Itô 公式有

$$|A^{2\alpha - \frac{1}{2}} U_h^R(t \wedge \tau^R)|^2$$

$$= |A^{2\alpha - \frac{1}{2}} h|^2 + \int_0^{t \wedge \tau^R} < 2A^{2\alpha - \frac{1}{2}} U_h^R(s-) \cdot A^{2\alpha - \frac{1}{2}}, dU_h^R(s) >$$

$$+ \sum_{s \leqslant t \wedge \tau^R} (\Delta(|A^{2\alpha - \frac{1}{2}} U_h^R(s)|^2) - < 2A^{2\alpha - \frac{1}{2}} U_h^R(s-) \cdot A^{2\alpha - \frac{1}{2}}, \Delta U_h^R(s) >$$

$$= |A^{2\alpha - \frac{1}{2}} h|^2 + \int_0^{t \wedge \tau^R} < 2A^{2\alpha - \frac{1}{2}} U_h^R(s-) \cdot A^{2\alpha - \frac{1}{2}}, -AU_h^R(s) - V_s^R ds >$$

$$+ \int_0^{t \wedge \tau^R} \int_X < 2A^{2\alpha - \frac{1}{2}} U_h^R(s-) \cdot A^{2\alpha - \frac{1}{2}}, DF(X_{s-}^{(R)}(x), z) \cdot U_h^R(s-) > \tilde{N}(ds, dz)$$

$$+ \int_0^{t \wedge \tau^R} \int_X (|A^{2\alpha - \frac{1}{2}}(U_h^R(s-) + DF(X_{s-}^{(R)}(x), z) \cdot U_h^R(s-))|^2$$

$$- |A^{2\alpha - \frac{1}{2}} U_h^R(s-)|^2)N(ds, dz)$$

$$- \int_0^{t \wedge \tau^R} \int_X < 2A^{2\alpha - \frac{1}{2}} U_h^R(s-) \cdot A^{2\alpha - \frac{1}{2}}, DF(X_{s-}^{(R)}(x), z) \cdot U_h^R(s-) > N(ds, dz)$$

$$= |A^{2\alpha - \frac{1}{2}} h|^2 + \int_0^{t \wedge \tau^R} < 2A^{2\alpha - \frac{1}{2}} U_h^R(s-) \cdot A^{2\alpha - \frac{1}{2}}, -AU_h^R(s) - V_s^R ds > +(I).$$

在下面的证明中, 将用到插值不等式

$$| < B(u, v), A^{2\alpha} w > | \leqslant C_0 |A^{\frac{1}{2} + \alpha} w||A^{\frac{1}{4} + \frac{\alpha}{2}} u||A^{\frac{1}{4} + \frac{\alpha}{2}} v|. \tag{6.4.10}$$

该不等式的证明参见文献 [11, 引理4.1]. 则

$$|A^{2\alpha - \frac{1}{2}} U_h^R(t \wedge \tau^R)|^2 + 2 \int_0^{t \wedge \tau^R} |A^{2\alpha} U_h^R(s)|^2 ds$$

$$\leqslant |A^{2\alpha-\frac{1}{2}}h|^2 + C\int_0^{t\wedge\tau^R} |\Phi'_R(|A^\alpha X_s^{(R)}|^2)||A^\alpha X_s^{(R)}||A^\alpha U_h^R(s)||A^\alpha X_s^{(R)}|^2|A^{2\alpha}U_h^R(s)|ds$$

$$+ C\int_0^{t\wedge\tau^R} |\Phi_R(|A^\alpha X_s^{(R)}|^2)||A^\alpha X_s^{(R)}||A^\alpha U_h^R(s)||A^{2\alpha}U_h^R(s)|ds + (I)$$

$$\leqslant |A^{2\alpha-\frac{1}{2}}h|^2 + C(R)\int_0^{t\wedge\tau^R} [|A^\alpha X_s^{(R)}|^3 + |A^\alpha X_s^{(R)}|]|A^\alpha U_h^R(s)||A^{2\alpha}U_h^R(s)|ds + (I)$$

$$\leqslant |A^{2\alpha-\frac{1}{2}}h|^2 + C(R,k)\int_0^{t\wedge\tau^R} |A^\alpha U_h^R(s)||A^{2\alpha}U_h^R(s)|ds + (I)$$

$$\leqslant |A^{2\alpha-\frac{1}{2}}h|^2 + C(R,k)\int_0^{t\wedge\tau^R} |A^{2\alpha-\frac{1}{2}}U_h^R(s)|^{2\alpha}|A^{2\alpha}U_h^R(s)|^{2-2\alpha}ds + (I)$$

$$\leqslant |A^{2\alpha-\frac{1}{2}}h|^2 + \int_0^{t\wedge\tau^R} |A^{2\alpha}U_h^R(s)|^2ds + C_1(R,k)\int_0^{t\wedge\tau^R} |A^{2\alpha-\frac{1}{2}}U_h^R(s)|^2ds + (I).$$

因此

$$\mathbb{E}\sup_{s\leqslant t\wedge\tau^R} |A^{2\alpha-\frac{1}{2}}U_h^R(s)|^2 + \mathbb{E}\int_0^{t\wedge\tau^R} |A^{2\alpha}U_h^R(s)|^2ds$$

$$\leqslant |A^{2\alpha-\frac{1}{2}}h|^2 + C_1(R,k)\mathbb{E}\int_0^{t\wedge\tau^R} |A^{2\alpha-\frac{1}{2}}U_h^R(s)|^2ds$$

$$+ \mathbb{E}\int_0^{t\wedge\tau^R}\int_X |<2A^{2\alpha-\frac{1}{2}}U_h^R(s-)\cdot A^{2\alpha-\frac{1}{2}}, DF(X_{s-}^{(R)}(x),z)\cdot U_h^R(s-)>|\tilde{N}(ds,dz)$$

$$+ \mathbb{E}\int_0^{t\wedge\tau^R}\int_X ||A^{2\alpha-\frac{1}{2}}(U_h^R(s-) + DF(X_{s-}^{(R)}(x),z)\cdot U_h^R(s-))|^2$$

$$- |A^{2\alpha-\frac{1}{2}}U_h^R(s-)|^2|N(ds,dz)$$

$$+ \mathbb{E}\int_0^{t\wedge\tau^R}\int_X |<2A^{2\alpha-\frac{1}{2}}U_h^R(s-)\cdot A^{2\alpha-\frac{1}{2}}, DF(X_{s-}^{(R)}(x),z)\cdot U_h^R(s-)>|N(ds,dz)$$

$$\leqslant |A^{2\alpha-\frac{1}{2}}h|^2 + C_1(R,k)\mathbb{E}\int_0^{t\wedge\tau^R} |A^{2\alpha-\frac{1}{2}}U_h^R(s)|^2ds$$

$$+ \mathbb{E}\int_0^{t\wedge\tau^R}\int_X |<2A^{2\alpha-\frac{1}{2}}U_h^R(s-)\cdot A^{2\alpha-\frac{1}{2}}, DF(X_{s-}^{(R)}(x),z)\cdot U_h^R(s-)>|\tilde{N}(ds,dz)$$

$$+ \mathbb{E}\int_0^{t\wedge\tau^R}\int_X \left|\int_0^1 <2A^{2\alpha-\frac{1}{2}}(U_h^R(s-) + s'DF(X_{s-}^{(R)}(x),z)\cdot U_h^R(s-))\cdot A^{2\alpha-\frac{1}{2}},\right.$$

$$\left. DF(X_{s-}^{(R)}(x),z)\cdot U_h^R(s-)>ds'\right| N(ds,dz)$$

$$+ \mathbb{E}\int_0^{t\wedge\tau^R}\int_X |<2A^{2\alpha-\frac{1}{2}}U_h^R(s-)\cdot A^{2\alpha-\frac{1}{2}}, DF(X_{s-}^{(R)}(x),z)\cdot U_h^R(s-)>|N(ds,dz)$$

$$\leqslant |A^{2\alpha-\frac{1}{2}}h|^2 + C_1(R,k)\mathbb{E}\int_0^{t\wedge\tau^R} |A^{2\alpha-\frac{1}{2}}U_h^R(s)|^2ds$$

$$+ C[\mathbb{E} \int_0^{t \wedge \tau^R} \int_X |A^{2\alpha - \frac{1}{2}} U_h^R(s)|^2 \cdot |A^{2\alpha - \frac{1}{2}} DF(X_s^{(R)}(x), z) \cdot U_h^R(s)|^2 \lambda(dz) ds]^{\frac{1}{2}}$$

$$+ C[\mathbb{E} \int_0^{t \wedge \tau^R} \int_X |A^{2\alpha - \frac{1}{2}} DF(X_s^{(R)}(x), z)$$

$$\cdot U_h^R(s)|^2 \cdot |A^{2\alpha - \frac{1}{2}} DF(X_s^{(R)}(x), z) \cdot U_h^R(s)|^2 \lambda(dz) ds]^{\frac{1}{2}}$$

$$\leqslant |A^{2\alpha - \frac{1}{2}} h|^2 + C_1(R, k) \mathbb{E} \int_0^{t \wedge \tau^R} |A^{2\alpha - \frac{1}{2}} U_h^R(s)|^2 ds$$

$$+ \varepsilon \mathbb{E} \sup_{s \leqslant t \wedge \tau^R} |A^{2\alpha - \frac{1}{2}} U_h^R(s)|^2 + C(\varepsilon) \mathbb{E} \int_0^{t \wedge \tau^R} |A^{2\alpha - \frac{1}{2}} U_h^R(s)|^2 ds,$$

其中 $\varepsilon \in (0, 1)$, 最后一个不等式是由假设 (H$_3$) 推得的. 所以

$$(1 - \varepsilon) \mathbb{E} \sup_{s \leqslant t \wedge \tau^R} |A^{2\alpha - \frac{1}{2}} U_h^R(s)|^2 + \mathbb{E} \int_0^{t \wedge \tau^R} |A^{2\alpha} U_h^R(s)|^2 ds$$

$$\leqslant |A^{2\alpha - \frac{1}{2}} h|^2 + C(R, k, \varepsilon) \mathbb{E} \int_0^{t \wedge \tau^R} |A^{2\alpha - \frac{1}{2}} U_h^R(s)|^2 ds. \tag{6.4.11}$$

由 Gronwall 不等式可得

$$(1 - \varepsilon) \mathbb{E} \sup_{s \leqslant t \wedge \tau^R} |A^{2\alpha - \frac{1}{2}} U_h^R(s)|^2 + \mathbb{E} \int_0^{t \wedge \tau^R} |A^{2\alpha} U_h^R(s)|^2 ds$$

$$\leqslant |A^{2\alpha - \frac{1}{2}} h|^2 e^{C(R, k, \varepsilon) t} \leqslant |A^\alpha h|^2 e^{C(R, k, \varepsilon, \lambda_1) t}.$$

现在, 结合 (6.4.11)、假设 (H$_1$) 和引理 6.4.1 可得, 对任意 $x, y \in \mathcal{D}(A^\alpha)$ 和 $\varphi \in B(\mathcal{D}(A^\alpha))$,

$$|P_{t \wedge \tau^R}^R \varphi(x) - P_{t \wedge \tau^R}^R \varphi(y)|$$

$$\leqslant \sup_{|\beta| \leqslant 1} |D_x P_{t \wedge \tau^R}^R (x + \beta(x - y)) \cdot (x - y)|$$

$$\leqslant \sup_{|\beta| \leqslant 1} \left| \frac{1}{t} \mathbb{E} \left[\varphi(X_{t \wedge \tau^R}^{(R)}(x + \beta(x - y))) \right. \right.$$

$$\left. \left. \times \int_0^{t \wedge \tau^R} < Q^{-1} D_x X_s^{(R)}(x + \beta(x - y)) \cdot (x - y), dW_s > \right] \right|$$

$$\leqslant \frac{1}{t} \|\varphi\|_\infty \sup_{|\beta| \leqslant 1} \left| \mathbb{E} \left[\int_0^{t \wedge \tau^R} < Q^{-1} D_x X_s^{(R)}(x + \beta(x - y)) \cdot (x - y), dW_s > \right] \right|$$

$$\leqslant \frac{1}{t} \|\varphi\|_\infty \sup_{|\beta| \leqslant 1} \left[\mathbb{E} \int_0^{t \wedge \tau^R} \left| Q^{-1} D_x X_s^{(R)}(x + \beta(x - y)) \cdot (x - y) \right|^2 ds \right]^{\frac{1}{2}}$$

$$\leqslant \frac{C}{t} \|\varphi\|_\infty \sup_{|\beta| \leqslant 1} \left[\mathbb{E} \int_0^{t \wedge \tau^R} \left| A^{2\alpha} D_x X_s^{(R)}(x + \beta(x - y)) \cdot (x - y) \right|^2 ds \right]^{\frac{1}{2}}$$

$$\leqslant \frac{C(R,k,\varepsilon,\lambda,t)}{t}\|\varphi\|_\infty \left[|A^\alpha(x-y)|^2\right]^{\frac{1}{2}}$$
$$\leqslant \frac{C_1(R,k,\varepsilon,\lambda,t)}{t}\|\varphi\|_\infty \|x-y\|_{\mathcal{D}(A^\alpha)}. \tag{6.4.12}$$

由引理 6.4.3, 对任意 $\varphi \in B(\mathcal{D}(A^\alpha))$, 当 $R \to \infty$ 时,

$$\sup_{x\in\mathcal{D}(A^\alpha),|A^\alpha x|\leqslant M}|P^R_{t\wedge\tau^R}\varphi(x)-P^R_t\varphi(x)|\leqslant 2\|\varphi\|_\infty \sup_{x\in\mathcal{D}(A^\alpha),|A^\alpha x|\leqslant M}P(\tau^R\leqslant t)\to 0, \tag{6.4.13}$$

因此, 由 (6.4.12) 和 (6.4.13), 对任意 $t > 0, R > 0, x, y \in \mathcal{D}(A^\alpha)$ 和 $\varphi \in B(\mathcal{D}(A^\alpha))$,

$$|P^R_t\varphi(x)-P^R_t\varphi(y)|$$
$$\leqslant|P^R_{t\wedge\tau^R}\varphi(x)-P^R_t\varphi(x)|+|P^R_{t\wedge\tau^R}\varphi(y)-P^R_t\varphi(y)|+|P^R_{t\wedge\tau^R}\varphi(x)-P^R_{t\wedge\tau^R}\varphi(y)|$$
$$\leqslant2\|\varphi\|_\infty[P(\tau^R(x)\leqslant t)+P(\tau^R(y)\leqslant t)]$$
$$+\frac{C_1(R,k,\varepsilon,\lambda,t)}{t}\|\varphi\|_\infty \|x-y\|_{\mathcal{D}(A^\alpha)}. \tag{6.4.14}$$

由文献 [14, 引理7.1.5] 可知 P^R_t 是强 Feller 的, 只要先令 k 充分大, 再令 x 和 y 充分接近. $\qquad\square$

定理6.4.2 假设 $(\mathrm{H}_1)\sim(\mathrm{H}_4)$ 成立. 则 $(P_t)_{t\geqslant0}$ 是空间 $\mathcal{D}(A^\alpha)$ 上的强 Feller 群.

证明 与 (6.4.13) 类似, 对任意 $t > 0, R > 0, x, y \in \mathcal{D}(A^\alpha)$ 和 $\varphi \in B(\mathcal{D}(A^\alpha))$ 成立,

$$|P_t\varphi(x)-P^R_t\varphi(x)|\leqslant 2\|\varphi\|_\infty P(\tau^R(x)\leqslant t).$$

因此

$$|P_t\varphi(x)-P_t\varphi(y)|$$
$$\leqslant|P^R_t\varphi(x)-P_t\varphi(x)|+|P^R_t\varphi(y)-P_t\varphi(y)|+|P^R_t\varphi(x)-P^R_t\varphi(y)|$$
$$\leqslant2\|\varphi\|_\infty[P(\tau^R(x)\leqslant t)+P(\tau^R(y)\leqslant t)]+|P^R_t\varphi(x)-P^R_t\varphi(y)|. \tag{6.4.15}$$

由引理 6.4.3 和定理 6.4.1 推出 P_t 是强 Feller 的. $\qquad\square$

6.4.2 不可约性

先考虑 $\lambda(X) < \infty$ 的情形. 由于在这种情形下 $N(dt,dz)$ 跳的时刻可以由小到大排序, 所以在每两个时刻的间隔区间上以一种半确定的形式可以处理原方程 (6.4.2) 如下:

$$\begin{cases} dX_t = -AX_tdt - B(X_t)dt - R(X_t)dt - \displaystyle\int_X F(X_t,u)\lambda(du) + QdW_t, \\ X_0 = x. \end{cases} \tag{6.4.16}$$

用 P^0_t 表示该方程解的转移概率半群.

考虑满足下面方程的 Ornstein-Uhlenbeck 过程 z_t：

$$\begin{cases} dz_t = -Az_t dt + QdW_t, \\ z_0 = 0. \end{cases} \tag{6.4.17}$$

引理6.4.4　对每个非空开集 $\Gamma \subset C([0,T]; \mathcal{D}(A^{\frac{1}{4}+\frac{\alpha}{2}}))$, $P(z_{\cdot}(\omega) \in \Gamma) > 0$.

证明　这个定理是假设 H_1 的直接推论, 可以参阅文献 [12] 得到.　□

由变换

$$X_t(x) = Z_t(x) + z_t,$$

有下面的随机微分方程

$$\begin{cases} dZ_t = -AZ_t dt - B(Z_t+z_t)dt - R(Z_t+z_t)dt - \int_X F(Z_t+z_t, u)\lambda(du), \\ Z_0 = x. \end{cases} \tag{6.4.18}$$

固定某个 $T > 0$. 为证不可约性, 需要考虑对确定问题的控制方程

$$\begin{cases} dY_t = -AY_t dt - B(Y_t+\psi_t)dt - R(Y_t+\psi_t)dt - \int_X F(Y_t+\psi_t, u)\lambda(du), \\ Y_0 = x, \end{cases} \tag{6.4.19}$$

其中 $x \in \mathcal{D}(A^\alpha)$, $\psi \in C([0,T]; \mathcal{D}(A^\alpha)) \cap L^{\frac{4}{1-2\alpha}}(0,T; \mathcal{D}(A^{\frac{1}{4}+\frac{\alpha}{2}}))$.

与文献 [17] 的证明方法类似, 有下面的定理：

定理6.4.3　假设 $(H_2)\sim(H_4)$ 成立. 则对任意 $x \in \mathcal{D}(A^\alpha)$ 和 $\psi \in C([0,T]; \mathcal{D}(A^\alpha)) \cap L^{\frac{4}{1-2\alpha}}(0,T; \mathcal{D}(A^{\frac{1}{4}+\frac{\alpha}{2}}))$, 方程 (6.4.19) 存在一个唯一的解 Y, 满足

$$Y \in C([0,T]; \mathcal{D}(A^\alpha)) \cap L^{\frac{4}{1-2\alpha}}(0,T; \mathcal{D}(A^{\frac{1}{4}+\frac{\alpha}{2}})) \cap L^2(0,T; \mathcal{D}(A^{\frac{1}{2}+\alpha})).$$

令 $Y_t(x,\psi)$ 是方程 (6.4.19) 的解. 则有

引理6.4.5　假设 $(H_2)\sim(H_4)$ 成立. 则对 $x,y \in \mathcal{D}(A^\alpha)$, 存在 $\overline{\psi} \in C([0,T]; \mathcal{D}(A^\alpha)) \cap L^{\frac{4}{1-2\alpha}}(0,T; \mathcal{D}(A^{\frac{1}{4}+\frac{\alpha}{2}}))$ 使得 $Y_T(x,\overline{\psi}) + \overline{\psi}_T = y$.

证明　选取 $0 < t_0 < t_1 < T$, 然后令

$$\xi_t = e^{-tA}x, \quad 0 \leqslant t \leqslant t_0,$$
$$\xi_t = e^{(t-T)A}y, \quad t_1 \leqslant t \leqslant T,$$
$$\xi_t = \frac{t_1-t}{t_1-t_0}\xi_{t_0} + \frac{t-t_0}{t_1-t_0}\xi_{t_1}, \quad t_0 < t < t_1.$$

则 $\xi \in C([0,T]; \mathcal{D}(A^\alpha)) \cap L^{\frac{4}{1-2\alpha}}(0,T; \mathcal{D}(A^{\frac{1}{4}+\frac{\alpha}{2}}))$. 进一步地, 令 ζ_t 是下面方程的解：

$$\begin{cases} d\zeta_t = -A\zeta_t dt - B(\xi_t)dt - R(\xi_t)dt - \int_X F(\xi_t, u)\lambda(du), \\ Y_0 = x. \end{cases} \tag{6.4.20}$$

则 $\zeta \in C([0,T]; \mathcal{D}(A^\alpha)) \cap L^2(0,T; \mathcal{D}(A^{\frac{1}{2}+\alpha}))$, 而且类似于文献 [17] 的证明方法知, $\zeta \in L^{\frac{4}{1-2\alpha}}(0,T; \mathcal{D}(A^{\frac{1}{4}+\frac{\alpha}{2}}))$. 因此, $\overline{\psi} = \xi - \zeta \in C([0,T]; \mathcal{D}(A^\alpha)) \cap L^{\frac{4}{1-2\alpha}}(0,T; \mathcal{D}(A^{\frac{1}{4}+\frac{\alpha}{2}}))$, 再由直接的替换知 $\overline{\psi}$ 满足引理的要求. $\qquad\square$

定理6.4.4 假设 $(H_1) \sim (H_4)$ 成立. 则 P_t^0 是不可约的.

证明 为证明定理, 将对同一个初始条件 $x \in \mathcal{D}(A^\alpha)$, 估计 Z_t 和 Y_t 的在 $C([0,T]; \mathcal{D}(A^\alpha))$ 空间中的距离.

令 $W_t = Z_t - Y_t$ 和 $w_t = z_t - \psi_t$, 则

$$\begin{cases} dW_t = -[AW_t + B(z_t + Z_t, z_t + Z_t) - B(\psi_t + Y_t, \psi_t + Y_t) + R(W_t)]dt \\ \qquad\qquad + \int_X [F(Y_t + \psi_t, u) - F(Z_t + z_t, u)]\lambda(du), \\ W_0 = 0. \end{cases} \tag{6.4.21}$$

两边同乘以 $A^{2\alpha}W_t$ 并积分, 由插值不等式 (6.4.10) 得到

$$|A^\alpha W_t|^2 + 2\int_0^t |A^{\alpha+\frac{1}{2}}W_s|^2 ds$$

$$\leqslant C_0 \left[\int_0^t |A^{\frac{1}{4}+\frac{\alpha}{2}}(\psi_s + Y_s)|^2 \cdot |A^{\alpha+\frac{1}{2}}W_s| ds + \int_0^t |A^{\frac{1}{4}+\frac{\alpha}{2}}(Z_s + z_s)|^2 \cdot |A^{\alpha+\frac{1}{2}}W_s| ds \right]$$

$$+ C\int_0^t |A^\alpha W_s|^2 ds + \int_0^t \int_X |A^\alpha[F(Y_s + \psi_s, u) - F(Z_s + z_s, u)]| \cdot |A^\alpha W_s|\lambda(du)ds$$

$$\leqslant \int_0^t |A^{\alpha+\frac{1}{2}}W_s|^2 ds + C_1 \int_0^t [|A^{\frac{1}{4}+\frac{\alpha}{2}}(\psi_s + Y_s)|^4 + |A^{\frac{1}{4}+\frac{\alpha}{2}}(Z_s + z_s)|^4]ds$$

$$+ C_1 \int_0^t |A^\alpha W_s|^2 ds + C_1 \int_0^t [|A^\alpha W_s|^2 + |A^\alpha w_s|^2]ds. \tag{6.4.22}$$

由 Gronwall 不等式和 $w_0 = 0$, 有

$$\sup_{t\leqslant T} |A^\alpha W_t|^2 + \int_0^T |A^{\alpha+\frac{1}{2}}W_s|^2 \leqslant C_2 \int_0^T |A^\alpha w_s|^2 ds,$$

对某个常数 $C_2 > 0$ 成立. 因此

$$\|Z_t - Y_t\|_{C([0,T]; \mathcal{D}(A^\alpha))} \leqslant C_3 \|z_t - \psi_t\|_{C([0,T]; \mathcal{D}(A^\alpha))}, \tag{6.4.23}$$

再由引理 6.4.5,

$$\begin{aligned} \|X_T(x) - y\|_{\mathcal{D}(A^\alpha)} &= \|Z_T(x) + z_T - Y_T(x, \overline{\psi}) - \overline{\psi}_T\|_{\mathcal{D}(A^\alpha)} \\ &\leqslant \|X_\cdot(x) + z_\cdot - Y_\cdot(x, \overline{\psi}) - \overline{\psi}_\cdot\|_{C([0,T]; \mathcal{D}(A^\alpha))} \\ &\leqslant C_4 \|z - \overline{\psi}\|_{C([0,T]; \mathcal{D}(A^\alpha))}. \end{aligned}$$

由引理 6.4.4 知, z_t 在空间 $C([0,T]; \mathcal{D}(A^{\frac{1}{4}+\frac{\alpha}{2}}))$ 内是非退化的, 所以对任意 $r > 0$ 有

$$P(\|X_T(x) - y\|_{\mathcal{D}(A^\alpha)} \geqslant r) \leqslant P\left(\|z - \overline{\psi}\|_{C([0,T]; \mathcal{D}(A^\alpha))} \geqslant \frac{r}{C_4}\right) < 1.$$

因此

$$P(\|X_T(x) - y\|_{\mathcal{D}(A^\alpha)} < r) > 0,$$

P_t^0 的不可约性得证.　　　　　　　　　　　　　　　　　　　　　　　□

定理6.4.5　假设 $(H_1) \sim (H_4)$ 成立. 则 P_t 是不可约的.

证明　这个定理与 Dong[10] 的证明完全类似, 这里仅概述其过程.

假设 $\lambda(X) < \infty$. 用 P_t^F 表示方程 (6.4.2) 的解的转移半群. 则由文献 [10] 知, 有下面的关系式:

$$P_t^F(x, C) = e^{-t\lambda(U)} P_t^0(x, C) + \int_0^t \int_H \int_X e^{-s\lambda(X)} P_{t-s}^F(y + F(y, z), C)\lambda(dz) P_s^0(x, dy).$$

再结合 P_t^0 是不可约的事实 (定理 6.4.4), P_t^F 的不可约性立得.

对于 $\lambda(X)$ 是 σ 有限的一般情形, 可以通过标准的逼近方法证明定理.　　□

6.4.3　遍历性

定理6.4.6　假设 $(H_1) \sim (H_4)$ 成立, 则转移半群 P_t 至少存在一个不变测度.

证明　令 $X_t = X(t, t_0)$ 表示如下方程的解:

$$\begin{aligned}
X_t =& X_{t_0} - \int_{t_0}^t AX_s ds - \int_{t_0}^t B(X_s) ds - \int_{t_0}^t R(X_s) ds + \int_{t_0}^t Q dW_s \\
&+ \int_{t_0}^t \int_X F(X_s, z) \tilde{N}(ds, dz).
\end{aligned} \tag{6.4.24}$$

考虑满足下面方程的 Ornstein-Uhlenbeck 过程 z_t^γ :

$$dz_t^\gamma = (-A - \gamma)z_t^\gamma dt + Q dW_t. \tag{6.4.25}$$

对方程 (6.4.24) 作 Ornstein-Uhlenbeck 变换, 即令 $X(t, t_0) = Z^\gamma(t, t_0) + z_t^\gamma$, 则 $Z_t^\gamma = Z^\gamma(t, t_0)$ 满足

$$\begin{cases}
dZ_t^\gamma = -AZ_t^\gamma dt - B(Z_t^\gamma + z_t^\gamma) dt - R(Z_t^\gamma + z_t^\gamma) dt - \int_X F(Z_t^\gamma + z_t^\gamma, u) \tilde{N}(dt, du), \\
Z_{t_0}^\gamma = -z_{t_0}^\gamma.
\end{cases} \tag{6.4.26}$$

对 $|A^{2\alpha - \frac{1}{2}} Z_t^\gamma(t)|^2$ 应用 Itô 公式有

$$|A^{2\alpha - \frac{1}{2}} Z_t^\gamma|^2$$

$$= |A^{2\alpha - \frac{1}{2}} Z_{t_0}^\gamma|^2 + \int_{t_0}^t <2A^{2\alpha - \frac{1}{2}} Z_{s-}^\gamma \cdot A^{2\alpha - \frac{1}{2}}, dZ_s^\gamma>$$

$$+ \sum_{s \leqslant t} (\Delta(|A^{2\alpha - \frac{1}{2}} Z_s^\gamma|^2) - <2A^{2\alpha - \frac{1}{2}} Z_{s-}^\gamma \cdot A^{2\alpha - \frac{1}{2}}, \Delta Z_s^\gamma>$$

$$= |A^{2\alpha - \frac{1}{2}} Z_{t_0}^\gamma|^2 + \int_{t_0}^t < 2A^{2\alpha - \frac{1}{2}} Z_{s}^\gamma \cdot A^{2\alpha - \frac{1}{2}}, -[AZ_s^\gamma + B(Z_s^\gamma + z_s^\gamma) + R(Z_s^\gamma + z_s^\gamma)]ds >$$

$$+ \int_{t_0}^t \int_X < 2A^{2\alpha - \frac{1}{2}} Z_{s-}^\gamma \cdot A^{2\alpha - \frac{1}{2}}, F(Z_{s-}^\gamma + z_{s-}^\gamma, u) > \tilde{N}(ds, du)$$

$$+ \int_{t_0}^t \int_X (|A^{2\alpha - \frac{1}{2}}(Z_{s-}^\gamma + F(Z_{s-}^\gamma + z_{s-}^\gamma, u))|^2 - |A^{2\alpha - \frac{1}{2}} Z_{s-}^\gamma|^2) N(ds, du)$$

$$- \int_{t_0}^t \int_X < 2A^{2\alpha - \frac{1}{2}} Z_{s-}^\gamma \cdot A^{2\alpha - \frac{1}{2}}, F(Z_{s-}^\gamma + z_{s-}^\gamma, u) > N(ds, du)$$

$$= |A^{2\alpha - \frac{1}{2}} Z_{t_0}^\gamma|^2 + \int_{t_0}^t < 2A^{2\alpha - \frac{1}{2}} Z_{s-}^\gamma \cdot A^{2\alpha - \frac{1}{2}}, -[AZ_s^\gamma + B(Z_s^\gamma + z_s^\gamma) + R(Z_s^\gamma + z_s^\gamma)]ds >$$

$$+ (II)$$

在下面的证明中, 还要用到插值不等式 (6.4.10),

$$| < B(u, v), A^{2\alpha} w > | \leqslant C_0 |A^{\frac{1}{2} + \alpha} w| |A^{\frac{1}{4} + \frac{\alpha}{2}} u| |A^{\frac{1}{4} + \frac{\alpha}{2}} v|, \tag{6.4.28}$$

所以

$$|A^{2\alpha - \frac{1}{2}} Z_t^\gamma|^2 + 2\int_{t_0}^t |A^{2\alpha} Z_s^\gamma|^2 ds$$

$$\leqslant |A^{2\alpha - \frac{1}{2}} Z_{t_0}^\gamma|^2 + C_1 \int_{t_0}^t |A^{2\alpha} Z_s^\gamma| |A^\alpha (Z_s^\gamma + z_s^\gamma)|^2 ds$$

$$+ C_1 \int_{t_0}^t (|A^{2\alpha - \frac{1}{2}} Z_s^\gamma|^2 + |A^{2\alpha - \frac{1}{2}} Z_s^\gamma| |A^{2\alpha - \frac{1}{2}} z_s^\gamma|) ds + (II)$$

$$\leqslant |A^{2\alpha - \frac{1}{2}} Z_{t_0}^\gamma|^2 + C_2 \int_{t_0}^t [|A^{2\alpha} Z_s^\gamma| |A^\alpha Z_s^\gamma|^2$$

$$+ |A^{2\alpha} Z_s^\gamma| |A^\alpha z_s^\gamma|^2 + |A^{2\alpha - \frac{1}{2}} Z_s^\gamma|^2 + |A^{2\alpha - \frac{1}{2}} z_s^\gamma|^2] ds + (II)$$

$$\leqslant |A^{2\alpha - \frac{1}{2}} Z_{t_0}^\gamma|^2 + C_3 \int_{t_0}^t [|A^{2\alpha - \frac{1}{2}} Z_s^\gamma|^{4\alpha} |A^{2\alpha} Z_s^\gamma|^{3-4\alpha}$$

$$+ |A^{2\alpha} Z_s^\gamma| |A^\alpha z_s^\gamma|^2 + |A^{2\alpha - \frac{1}{2}} Z_s^\gamma|^2 + |A^{2\alpha - \frac{1}{2}} z_s^\gamma|^2] ds + (II)$$

$$\leqslant |A^{2\alpha - \frac{1}{2}} h|^2 + \int_{t_0}^t |A^{2\alpha} Z_s^\gamma|^2 ds + C_4 \int_{t_0}^t |A^{2\alpha - \frac{1}{2}} Z_s^\gamma|^2 ds$$

$$+ C_4 \int_{t_0}^t (|A^{2\alpha - \frac{1}{2}} z_s^\gamma|^2 + |A^\alpha z_s^\gamma|^2) ds + (II).$$

因此

$$\mathbb{E} \sup_{s \leqslant t} |A^{2\alpha - \frac{1}{2}} Z_s^\gamma|^2 + \mathbb{E} \int_{t_0}^t |A^{2\alpha} Z_s^\gamma|^2 ds$$

$$\leqslant |A^{2\alpha - \frac{1}{2}} Z_{t_0}^\gamma|^2 + C_4 \mathbb{E} \int_{t_0}^t |A^{2\alpha - \frac{1}{2}} Z_s^\gamma|^2 ds + C_4 \mathbb{E} \int_{t_0}^t (|A^{2\alpha - \frac{1}{2}} z_s^\gamma|^2 + |A^\alpha z_s^\gamma|^2) ds$$

$$+\mathbb{E}\int_{t_0}^t\int_X <2A^{2\alpha-\frac{1}{2}}Z_{s-}^\gamma\cdot A^{2\alpha-\frac{1}{2}},F(Z_{s-}^\gamma+z_{s-}^\gamma,u)>\tilde{N}(ds,du)$$

$$+\mathbb{E}\int_{t_0}^t\int_X(|A^{2\alpha-\frac{1}{2}}(Z_{s-}^\gamma+F(Z_{s-}^\gamma+z_{s-}^\gamma,u))|^2-|A^{2\alpha-\frac{1}{2}}Z_{s-}|^2)N(ds,du)$$

$$-\mathbb{E}\int_{t_0}^t\int_X <2A^{2\alpha-\frac{1}{2}}Z_{s-}^\gamma\cdot A^{2\alpha-\frac{1}{2}},F(Z_{s-}^\gamma+z_{s-}^\gamma,u)>N(ds,du)$$

$$\leqslant|A^{2\alpha-\frac{1}{2}}Z_{t_0}^\gamma|^2+C_4\mathbb{E}\int_{t_0}^t|A^{2\alpha-\frac{1}{2}}Z_s^\gamma|^2ds+C_4\mathbb{E}\int_{t_0}^t(|A^{2\alpha-\frac{1}{2}}z_s^\gamma|^2+|A^\alpha z_s^\gamma|^2)ds$$

$$+\mathbb{E}\int_{t_0}^t\int_X|<2A^{2\alpha-\frac{1}{2}}Z_{s-}^\gamma\cdot A^{2\alpha-\frac{1}{2}},F(Z_s^\gamma+z_s^\gamma,u)>|\tilde{N}(ds,du)$$

$$+\mathbb{E}\int_{t_0}^t\int_X\left|\int_0^1<2A^{2\alpha-\frac{1}{2}}(Z_{-s}^\gamma+s'F(Z_{s-}^\gamma+z_{s-}^\gamma,u))\cdot A^{2\alpha-\frac{1}{2}}\right.$$
$$\left.F(Z_{s-}^\gamma+z_{s-}^\gamma,u)>ds'\right|N(ds,dz)$$

$$+\mathbb{E}\int_{t_0}^t\int_X|<2A^{2\alpha-\frac{1}{2}}Z_{s-}^\gamma\cdot A^{2\alpha-\frac{1}{2}},F(Z_{s-}^\gamma+z_{s-}^\gamma,u)>|N(ds,du)$$

$$\leqslant|A^{2\alpha-\frac{1}{2}}Z_{t_0}^\gamma|^2+C_4\mathbb{E}\int_{t_0}^t|A^{2\alpha-\frac{1}{2}}Z_s^\gamma|^2ds+C_4\mathbb{E}\int_{t_0}^t(|A^{2\alpha-\frac{1}{2}}z_s^\gamma|^2+|A^\alpha z_s^\gamma|^2)ds$$

$$+C_5\left[\mathbb{E}\int_{t_0}^t\int_X|A^{2\alpha-\frac{1}{2}}Z_s^\gamma|^2\cdot|A^{2\alpha-\frac{1}{2}}F(Z_s^\gamma+z_s^\gamma,u)|^2\lambda(dz)ds\right]^{\frac{1}{2}}$$

$$+C_5\left[\mathbb{E}\int_{t_0}^t\int_X|A^{2\alpha-\frac{1}{2}}F(Z_s^\gamma+z_s^\gamma,u)|^2\cdot|A^{2\alpha-\frac{1}{2}}F(Z_s^\gamma+z_s^\gamma,u)|^2\lambda(dz)ds\right]^{\frac{1}{2}}$$

$$\leqslant|A^{2\alpha-\frac{1}{2}}Z_{t_0}^\gamma|^2+\varepsilon\mathbb{E}\sup_{s\leqslant t}|A^{2\alpha-\frac{1}{2}}Z_t^\gamma|^2+C_6\mathbb{E}\int_{t_0}^t|A^{2\alpha-\frac{1}{2}}Z_s^\gamma|^2ds$$

$$+C_6\mathbb{E}\int_{t_0}^t(|A^{2\alpha-\frac{1}{2}}z_s^\gamma|^2+|A^\alpha z_s^\gamma|^2)ds,$$

其中 $\varepsilon\in(0,1)$, 最后一个不等式是由假设 (H_2) 和 (H_3) 结合 Young 不等式推得的. 所以

$$(1-\varepsilon)\mathbb{E}\sup_{s\leqslant t}|A^{2\alpha-\frac{1}{2}}Z_s^\gamma|^2+\mathbb{E}\int_{t_0}^t|A^{2\alpha}Z_s^\gamma|^2ds$$

$$\leqslant|A^{2\alpha-\frac{1}{2}}Z_{t_0}^\gamma|^2+C_6\mathbb{E}\int_{t_0}^t|A^{2\alpha-\frac{1}{2}}Z_s^\gamma|^2ds$$

$$+C_6\mathbb{E}\int_{t_0}^t(|A^{2\alpha-\frac{1}{2}}z_s^\gamma|^2+|A^\alpha z_s^\gamma|^2)ds. \tag{6.4.29}$$

当 $t_0\leqslant-1$, ε 很小时,

$$\mathbb{E}|A^{2\alpha-\frac{1}{2}}Z^\gamma(0,t_0)|^2e^{2C_6}\left[|A^{2\alpha-\frac{1}{2}}Z^\gamma(-1,t_0)|^2+C_6\mathbb{E}\int_{-1}^0(|A^{2\alpha-\frac{1}{2}}z_s^\gamma|^2+|A^\alpha z_s^\gamma|^2)ds\right]$$

$$\leqslant e^{C_7}\left[|A^{\frac{1}{2}}Z^{\gamma}(-1,t_0)|^2 + C_6\mathbb{E}\int_{-1}^{0}(|A^{2\alpha-\frac{1}{2}}z_s^{\gamma}|^2 + |A^{\alpha}z_s^{\gamma}|^2)ds\right].$$

由文献 [12] 知, 假设 (H_1) 蕴含 z_t^{γ} 在空间 $\mathcal{D}(A^{\frac{1}{4}+\frac{\alpha}{2}})$ 中有一个连续的版本, 因此 其在 $\mathcal{D}(A^{\alpha})$ 和 $\mathcal{D}(A^{2\alpha-\frac{1}{2}})$ 中都有连续的版本. 从而 $\mathbb{E}\int_{-1}^{0}(|A^{2\alpha-\frac{1}{2}}z_s^{\gamma}|^2 + |A^{\alpha}z_s^{\gamma}|^2)ds$ 有限. 再由与文献 [14, 命题 15.4.3] 类似的证明方法知, 存在 $\alpha > 0$, 使得 $|A^{\frac{1}{2}}Z^{\gamma}(-1, t_0)|^2$ 对任意的 $t_0 \leqslant -1$ 几乎处处有限 [16].

所以 $\sup_{t_0 \leqslant -1}\mathbb{E}|A^{2\alpha-\frac{1}{2}}Z^{\gamma}(0, t_0)|^2$ 有限, $\sup_{t_0 \leqslant -1}\mathbb{E}|A^{2\alpha-\frac{1}{2}}X(0, t_0)|^2$ 亦有限. 由 此, 结合文献 [14, 第 6 章] 的讨论立即可得 $\{\mu_T(\cdot) = \frac{1}{T}\int_{0}^{T}P(s, x, \cdot), T > 0\}$ 是胎紧 的, 从而其极限点即是定理所求的不变测度. $\qquad\square$

定理6.4.7 假设 $(H_1) \sim (H_4)$ 成立, 则转移半群 P_t 存在一个唯一的不变测度 μ. 而且 μ 是遍历的、强混合的.

证明 由上个定理知, 只需证不变测度的唯一性. 由定理 6.4.2 和定理 6.4.5 知 P_t 是强 Feller 的和不可约的. 所以由 Doob 定理 [14], 定理得证. $\qquad\square$

参 考 文 献

[1] De Acosta A. Large deviations for vector valued Levy processes. *Stochastic Processes and Applications*, 1994, **51**: 75–115.

[2] De Acosta A. A general non-convex large deviation results with applications to stochastics equations. *Probab. Theory Related Fields*, 2000: 483–521.

[3] Xu T and Zhang T. Large deviation principles for 2D stochastic Navier-Stokes equatios driven by Lévy processes. *Journal of Functional Analysis*, 2009, **257**: 1519–1545.

[4] Mathieu Gourcy. A large deriation principle for 2D stochastic Navior -Stokes equation. *Stochastic processes and their applications*, 2007, **117**: 904–927.

[5] Jinqiao Duan and Annle Mllet. Large deriations for the Boussinesq equations under random influences. Preprint, 2008.

[6] Brune P, Duan J and Schmalfuss B. Random dynamics of the Boussinesq with dynamical boundary conditions. Preprint.

[7] Michael Rockner and Tusheng Zhang. Stochastic evolution equations of jump type: existence. uniqueness and large deviation principles. Preprint, 2007.

[8] Huang J and Duan J. Large derivations for the non-Newtonian fluid modified Boussinesq approximation equation driven by Gauss noise. Preprint, 2010.

[9] Huang J, Zheng Y and Duan J. Large deriations for the Boussinesq equations driven by Lévy processes. Preprint, 2010.

[10] Dong Z. The uniqueness of invariant measure of the Burgers equation driven by Lévy processed. *Journal of Theoretical Probability*, 2008, **21**(2): 322–335.

[11] Flandoli F. Dissipativity and invariant measures for stochastic Navier-Stokes equation. *NoDEA*, 1994, **1**: 403–423.

[12] Ferrario B. Ergodic results for stochastic Navier-Stokes equation. *Stochastics and Stochastics Reports*, 1997, **60**: 271–288.

[13] Da Prato G and Zabczyk J. *Stochastic Equations in Infinite Dimensions*. Cambridge University Press, 1992.

[14] Da Prato G and Zabczyk J. *Ergodicity for Infinite Dimensional Systems*. Cambridge: Cambridge Univ. Press, 1996.

[15] Da Prato G and Zabczyk J. Convergence to equilibrium for classical and quantum spin systems. *Probability Theory and Ralat. Fields*, 1995, **103**: 529–552.

[16] Zheng Y and Huang J. Ergodicity of stochastic Boussinesq equations driven by Lévy processes. Preprint.

[17] Dong Z, Xie Y C. Ergodicity of stochastic 2D Navier-Stokes equations with Lévy Noise. Preprint, 2009.

第 7 章　部分双曲动力系统的随机稳定性

7.1　引　　言

微分同胚双曲吸引子上的 SRB 测度相对 Markov 扰动的稳定性以及流在其双曲吸引子上的 SRB 测度相对其时间 1 映射的 Markov 扰动的稳定性在文献 [13] 中已有很好的研究结果. 这里进一步考虑对一类部分双曲吸引子上的微分同胚进行 Markov 扰动的问题. 在一定的条件下, 可以通过随机扰动产生平稳测度族的弱极限点以证明 SRB 测度的存在性, 当极限点唯一时, 同时可以得到其随机稳定性.

在本章中, 设 M 是一个光滑的黎曼流形, $U \subset M$ 是一个具备紧闭包的开集, $f : U \to M$ 是一个到象的 C^2 微分同胚. 这里把一个子集 $\Lambda \subset U$ 叫做 f 的部分扩张吸引子, 如果它满足以下的性质:

(i) Λ 是紧的, $f\Lambda = \Lambda$;

(ii) 映射 f 在 Λ 上是以如下意义部分扩张的:

$$TM = E^u \oplus E^{cs} \tag{7.1.1}$$

是切丛上的连续分解, $\dim E^u \neq 0$. 存在一个实数 $\lambda_0 > 0$ 使得

$$\begin{cases} \limsup\limits_{n\to\infty} \frac{1}{n} \log |Tf^n\xi| \geqslant \lambda_0, & \forall \xi \in E^u, \quad \xi \neq 0, \\ \liminf\limits_{n\to\infty} \frac{1}{n} \log |Tf^n\eta| \leqslant 0, & \forall \eta \in E^{cs}, \quad \eta \neq 0; \end{cases} \tag{7.1.2}$$

(iii) 存在 Λ 的一个的闭邻域 U_Λ ($U_\Lambda \subset U$), 使得 $fU_\Lambda \subset \text{int}(U_\Lambda)$ 以及 $\bigcap_{n\geqslant 0} f^n U_\Lambda$ $= \Lambda$ (U_Λ 被称为 Λ 的吸引域).

令 Λ 是一个如上引入的部分扩张吸引子. 与文献 [5, 引理2.3] 中的方法类似, 可以把分解 $T_\Lambda M = E^u \oplus E^{cs}$ 连续延展到 Λ 的一个闭邻域 V_Λ 上, 使得它仍然是 Df 不变的

$$T_{V_\Lambda} M = \hat{E}^u \oplus \hat{E}^{cs}. \tag{7.1.3}$$

可以做到 $V_\Lambda \subset U_\Lambda$ 以及 $fV_\Lambda \subset V_\Lambda$. 可以证明 (7.1.2) 对分解 (7.1.3) 依然成立. 对于 $x \in V_\Lambda$, $\hat{E}_x^{cs}$ 由 $D_x f^n$ 所决定 ($n \geqslant 0$), 事实上,

$$\hat{E}_x^{cs} = \left\{ \eta \in T_x M : \liminf_{n\to\infty} \frac{1}{n} \log |D_x f^n \eta| \leqslant 0 \right\}$$

($\hat{E}^u$ 在 V_Λ 上的延展通常并不唯一). 利用Brin 和Kifer[3] 的结果, 可以证明$\hat{E}^{cs}_x$ 对 $x \in V_\Lambda$ 是 Hölder 连续的. 这里, 假设 $\hat{E}^{cs}_x$ 对 $x \in V_\Lambda$ 是 Lipschitz 连续的而且以以下的方式局部唯一可积: 对任意 $x \in V_\Lambda$, 存在一个 $\dim \hat{E}^{cs}_x$ 维的 C^1 嵌入子流形 $W^{cs}_{\text{loc}}(x)$ 以及 $\alpha(x) > 0$ 使得, 一个 C^1 曲线 $\sigma : [0,1] \to M$ 只要满足 $\sigma(0) = x$, $\dot{\sigma}(t) \in \hat{E}^{cs}_{\sigma(t)}$ 对 $t \in [0,1]$, 并且其长度小于 $\alpha(x)$, 则一定包含在 $W^{cs}_{\text{loc}}(x)$ 内 (文献 [7] 中有相关的结果). 关于局部可积流形的其他性质将会在引理 7.2.2 中给出. 上面给出的假设限制性太强, 我们并不知道能否削弱它而不影响最终结果. 对于由行列式为 1 或 -1, 特征值的绝对值可能为1的整系数矩阵所诱导的环面自同构, $\hat{E}^{cs}_x$ 的 Lipschitz 连续性可以由文献 [11] 中的一些类似"捆束"(bunch) 的条件保证.

这里考虑由一族转移概率为 $P^\varepsilon(x, \cdot)$, $x \in U_\Lambda$ 的 Markov 链 $\{X^\varepsilon_n\}_{n \geqslant 0}$, $\varepsilon > 0$ 给出的 $f : U_\Lambda \to U_\Lambda$ 的随机扰动. 假定该转移概率族满足下面所陈述的性质[10,13], 对任意 $x \in U_\Lambda$, $\hat{\rho} > 0$ 是一个使得 $\exp_x : \{\xi \in T_x M : |\xi| < \hat{\rho}\} \to B(x, \hat{\rho})$ 微分同胚的实数.

假设　(a) $P^\varepsilon(x, \cdot)$ 具备形式 $P^\varepsilon(x, \cdot) = Q^\varepsilon_{fx}(\cdot)$, 其中 $Q^\varepsilon_y(\cdot)$, $y \in U_\Lambda$, $\varepsilon > 0$ 是一族相对于 M 上的 Lebesgue 测度 m 密度为 q^ε_y 的转移概率, 即

$$Q^\varepsilon_y(\Gamma) = \int_\Gamma q^\varepsilon_y(z) dm(z), \quad \text{任意可测的 } \Gamma \subset M;$$

(b) 存在常数 $0 < \alpha < 1$, $C > 0$ 和一族非负函数 $\{r_y(\xi), \xi \in T_y M, y \in U_\Lambda\}$ 满足, 当 $\varepsilon > 0$ 足够小时,

$$q^\varepsilon_y(z) \leqslant C\varepsilon^{-v} e^{-\alpha \cdot \frac{d(y,z)}{\varepsilon}} \quad (\text{其中 } v = \dim M),$$

对任意 $y \in U_\Lambda$, $z \in M$ 成立, 而且

$$q^\varepsilon_y(z) \leqslant (1 + \varepsilon^\alpha) \varepsilon^{-v} r_y \left(\frac{\exp^{-1}_y z}{\varepsilon} \right)$$

亦成立, 只要 $y \in U_\Lambda$, $d(y, z) \leqslant \varepsilon^{1-\alpha}$;

(c) 函数 $r_y(\xi)$, $\xi \in T_y M$, $y \in U_\Lambda$ 满足:

(i) $\displaystyle\int_{T_y M} r_y(\xi) dm_y(\xi) = 1$, 其中 m_y 是 $T_y M$ 上黎曼度量诱导的;

(ii) $r_y(\xi) \leqslant Ce^{-\alpha|\xi|}$;

(iii) 如果 $V^+_y = \{\xi \in T_y M : r_y(\xi) > 0\}$ 以及 $\partial V^+_y(\delta)$ 代表 V^+_y 的边界 ∂V^+_y 的 δ 邻域, 则

$$\int_{\partial V^+_y(\delta)} r_y(\xi) dm_y(\xi) \leqslant C\delta,$$

以及

$$r_y(\xi) \leqslant r_z(\eta) + C\rho,$$

当 $\xi \notin \partial V_y^+(C\rho)$ 时, 其中 $\rho = \rho((y,\xi),(z,\eta)) = d(y,z) + |\xi - \pi_{zy}\eta|$, π_{zy} 是从 $T_z M$ 到 $T_y M$ 的平行移动, y,z 满足 $d(y,z) < \hat{\rho}$;

(d) $q_y^\varepsilon(z) = 0$ 当 $y \in f U_\Lambda$ 且 $z \notin U_\Lambda$ 时. □

这类随机扰动的最简单情形是当 Q_y^ε 是 $B(y,\varepsilon)$ 上的均匀分布时, 即 $q_y^\varepsilon(z) = m(B(y,\varepsilon))^{-1}$ 当 $z \in B(y,\varepsilon)$ 时以及其他情况下 $q_y^\varepsilon(z) = 0$. 寻找进一步的例子见文献 [13, II.1].

U_Λ 上的一个概率测度 μ^ε 称为 Markov 链 $\{X_n^\varepsilon\}_{n \geqslant 0}$ 的平稳测度, 如果

$$\int P^\varepsilon(x,\Gamma) d\mu^\varepsilon(x) = \mu^\varepsilon(\Gamma), \quad 任意可测的 \Gamma \subset U_\Lambda.$$

一个 $f: U_\Lambda \to U_\Lambda$ 上的不变测度 μ 叫做 Sinai-Ruelle-Bowen 测度, 如果对 μ 几乎处处存在一个正的 Lyapunov 指数, 而且 μ 在不稳定流形上有绝对连续的条件测度, 或者等价地, 由文献 [14], μ 满足 Pesin 熵公式

$$h_\mu(f) = \int \chi(x) d\mu(x), \tag{7.1.4}$$

其中 $h_\mu(f)$ 是 (f,μ) 的熵, $\chi(x)$ 是 f 在 x 点处的非负 Lyapunov 指数的和. 主要结果如下:

定理7.1.1 令 Λ 是 f 的一个如上引入的局部扩张吸引子并假设 $\hat{E}^{cs}$ 是 Lipschitz 连续的, 在 Λ 的一个邻域上是局部唯一可积的. 令 $\{X_n^\varepsilon\}_{n \geqslant 0}$, $\varepsilon > 0$ 是 f 的一族满足假设的 Markov 扰动. 对每个足够小的 $\varepsilon > 0$, 令 μ^ε 是 $\{X_n^\varepsilon\}_{n \geqslant 0}$ 的平稳测度. 则 $\{\mu^\varepsilon\}_{\varepsilon > 0}$ 的任一极限点 μ 是 f 的集中在 Λ 上的 SRB 测度.

上述结果表明在 Λ 上至少存在一个 SRB 测度 μ, 而且当它是唯一的时候 (相关结果见文献 [6]), 它关于 Markov 扰动 $\{X_n^\varepsilon\}_{n \geqslant 0}$ 是随机稳定的, 即

$$\mu^\varepsilon \to \mu, \quad 当 \varepsilon \to 0 时.$$

这里要注意, 不能期待随机稳定性对任意的 Markov 扰动都成立. 即使在很简单的情形, 比方说 $f: S^1 \to S^1$, $e^{\theta i} \mapsto e^{2\theta i}$ 也会导致反例 [1,12].

我们并不知道当 Λ 是一个局部压缩吸引子时, 是否有类似定理 7.1.1 的结果存在. 局部压缩吸引子可以把 (7.1.1) 和 (7.1.2) 分别替换成

$$T_\Lambda M = E^{uc} \oplus E^s \tag{7.1.5}$$

和

$$\begin{cases} \limsup\limits_{n \to \infty} \frac{1}{n} \log |Df^n \xi| \geqslant 0, & \forall \xi \in E^{uc}, \quad \xi \neq 0, \\ \liminf\limits_{n \to \infty} \frac{1}{n} \log |Df^n \eta| \leqslant -\lambda_0, & \forall \eta \in E^s, \quad \eta \neq 0 \end{cases} \tag{7.1.6}$$

(其中 $\lambda_0 > 0$ 是一个常数) 来定义. 这种情形包含文献 [9] 中引入的 "几乎 Anosov" 微分同胚. 对于随机微分同胚的扰动, 以上引入的两类吸引子都可以证明类似的结果 (不需要假设 Lipschitz 连续性以及 E^{cs} 的可积性) [4,15].

7.2　随机部分双曲动力系统的动力学

令 Λ 是 f 的一个部分双曲吸引子. 令 $0 < \gamma < \frac{1}{12}\lambda_0$ 满足

$$e^{\lambda_0 - 4\gamma} - e^{5\gamma} > e^{5\gamma} - e^{4\gamma}. \tag{7.2.1}$$

由文献 [15], 存在一个常数 $C(\gamma) > 0$ 使得对任意的 $x \in \Lambda$,

$$|D_x f^n \xi| \geqslant C(\gamma)^{-1} e^{(\lambda_0 - \gamma)n}|\xi|, \quad \forall \xi \in E_x^u,$$
$$|D_x f^n \eta| \leqslant C(\gamma) e^{\gamma n}|\eta|, \qquad \forall \eta \in E_x^{cs}.$$

接下来, 对点 $x \in \Lambda$ 引入 $T_\Lambda M$ 上的一个新的范数 $\|\cdot\|$,

$$\|\xi\|_x = \sum_{n=1}^{+\infty} e^{(\lambda_0 - 2\gamma)n}|D_x f^{-n}\xi|, \quad \forall \xi \in E_x^u,$$
$$\|\eta\|_x = \sum_{n=0}^{+\infty} e^{-2\gamma n}|D_x f^n \eta|, \quad \forall \eta \in E_x^{cs},$$
$$\|\zeta\|_x = \max\{\|\xi\|_x, \|\eta\|_x\}, \quad \forall \zeta = \xi + \eta \in E_x^u \oplus E_x^{cs}.$$

很容易验证 $\|\cdot\|_x$ 连续依赖于 $x \in \Lambda$, 而且

$$\|Df\xi\| \geqslant e^{(\lambda_0 - 2\gamma)}\|\xi\|, \quad \forall \xi \in E^u,$$
$$\|Df\eta\| \leqslant e^{2\gamma}\|\eta\|, \quad \forall \eta \in E^{cs}.$$

选取 Λ 的一个闭邻域 V, 使得 $V \subset V_\Lambda$ 以及 $fV \subset \text{int}(V)$. 进一步地, $T_\Lambda M = E^u \oplus E^{cs}$ 和 $\|\cdot\|$ 还可以分别延拓到连续分解 $T_V M = E^1 \oplus E^2$ (例如 (7.1.3)) 和 $T_V M$ 上的一个连续范数 $\|\cdot\|$ 上,

$$\|\zeta\| = \max\{\|\xi\|, \|\eta\|\}, \quad \forall \zeta = \xi + \eta \in E^1 \oplus E^2,$$

使得对任意的 $x \in V$,

$$D_x f = \begin{pmatrix} F_x^{11} & F_x^{21} \\ F_x^{12} & F_x^{22} \end{pmatrix} : E_x^1 \oplus E_x^2 \to E_{fx}^1 \oplus E_{fx}^2$$

满足

$$\|(F_x^{11})^{-1}\| \leqslant e^{-(\lambda_0 - 3\gamma)}, \quad \|F_x^{22}\| \leqslant e^{3\gamma},$$

$$\|F_x^{21}\| \leqslant \frac{1}{8}(e^{5\gamma} - e^{4\gamma}), \quad \|F_x^{12}\| \leqslant \frac{1}{8}(e^{5\gamma} - e^{4\gamma}).$$

令 $\bar{A} = \bar{A}_{\gamma,V} > 0$ 满足

$$\bar{A}^{-1}|\zeta| \leqslant \|\zeta\| \leqslant \bar{A}|\zeta|, \quad \forall \zeta \in T_V M.$$

引理7.2.1 存在常数 $\bar{\delta} > 0, \bar{K} > 0$ 和 $\bar{\rho} > 0$ 使得对任意 $0 < \delta \leqslant \bar{\delta}$ 以及 f 在 V 内的任意 δ 伪轨 $\omega = (z_0, z_1, \cdots, z_n)$, 如果 $\bar{K}e^{5\gamma n}\delta \leqslant \bar{\rho}$, 则存在一个点 y^ω 满足

$$d(f^i y^\omega, z_i) \leqslant \bar{A}\bar{K}e^{5\gamma i}\delta, \quad 0 \leqslant i \leqslant n.$$

证明 选取 $0 < \varepsilon < 1$ 和 $\bar{K} > 0$ 使得

$$\varepsilon < \frac{1}{2}(e^{5\gamma} - e^{4\gamma}), \quad \frac{\bar{A}}{\bar{K}} < \frac{1}{2}(e^{5\gamma} - e^{4\gamma}). \tag{7.2.2}$$

选取数 $\bar{\delta} > 0$ 和 $\bar{\rho} > 0$ 使得对任意的 $x, y \in V$ $(d(fx, y) \leqslant \bar{\delta})$, 映射

$$F(x, y, \cdot) := \exp_y^{-1} \circ f \circ \exp_x : \{\zeta \in T_x M : \|\zeta\| \leqslant \bar{\rho}\} \to T_y M$$

具备形式

$$F(x, y, \xi) = F_1(x, y)\xi_1 + F_2(x, y)\xi_2 + R(x, y, \xi),$$

其中, $\xi = \xi_1 + \xi_2 \in E_x^1 \oplus E_x^2$, $\|\xi\| \leqslant \bar{\rho}$, $F_i(x, y) : E_x^i \to E_y^i$, $i = 1, 2$ 是线性映射, 而且

$$\|F_1(x, y)^{-1}\| \leqslant e^{-(\lambda_0 - 4\gamma)}, \quad \|F_2(x, y)\| \leqslant e^{4\gamma}, \quad \text{Lip}_{\|\cdot\|}(R(x, y, \cdot)) \leqslant \varepsilon.$$

令 $0 < \delta \leqslant \bar{\delta}$ 以及令 $x, y \in V$ 满足 $d(fx, y) \leqslant \delta$. 我们断言: 如果 $r_i := \bar{K}e^{5\gamma i}\delta \leqslant \bar{\rho}$ 以及 $h_x : E_x^1(r_i) := \{\xi \in E_x^1 : \|\xi\| \leqslant r_i\} \to E_x^2(r_i)$ 满足 $\text{Lip}_{\|\cdot\|}(h_x(\cdot)) \leqslant 1$, 则存在一个映射 $h_y : E_y^1(r_{i+1}) \to E_y^2(r_{i+1})$ 满足 $\text{Lip}_{\|\cdot\|}(h_y(\cdot)) \leqslant 1$ 和

$$F(x, y, \cdot)\text{Graph}(h_x) \supset \text{Graph}(h_y). \tag{7.2.3}$$

事实上, 对每个固定的 $\eta_1 \in E_y^1(r_{i+1})$, 定义一个映射

$$l : E_x^1(r_i) \to E_x^1, \quad \xi_1 \mapsto F_1(x, y)^{-1}[\eta_1 - \pi_1 R(x, y, \xi_1 + h_x(\xi_1)],$$

其中 $\pi_i : E^1 \oplus E^2 \to E^i$, $i = 1, 2$ 是自然投影. 利用 (7.2.2), 可以验证 l 是一个从 $E_x^1(r_i)$ 到自身的压缩映射, 因此它具有一个唯一的不动点 $t(\eta_1)$. 定义 $h_y : E_y^1(r_{i+1}) \to E_y^2$,

$$h_y(\eta_1) = F_2(x, y)h_x(t(\eta_1)) + \pi_2 R(x, y, t(\eta_1) + h_x(t(\eta_1))).$$

接下来, 注意到 $\|t(\eta_1) - t(\eta_2)\| \leqslant (e^{\lambda_0 - 4\gamma} - \varepsilon)^{-1}\|\eta_1 - \eta_2\|$ 对任意的 $\eta_1, \eta_2 \in E_y^1(r_{i+1})$ 成立, 以及应用 (7.2.2), 容易验证 $\text{Lip}_{\|\cdot\|}(h_y(\cdot)) \leqslant 1$ 和 $\|h_y(\eta_1)\| \leqslant r_{i+1}$ 对任意的 $\eta_1 \in E_y^1(r_{i+1})$ 成立. 映射 $h_y : E_y^1(r_{i+1}) \to E_y^2(r_{i+1})$ 显然满足 (7.2.3). 这就证明了上面的断言.

令 $0 < \delta \leqslant \bar{\delta}$ 以及令 $\omega = (z_0, z_1, \cdots, z_n)$ 是一条 f 在 V 内的满足 $\bar{K}e^{5\gamma n}\delta \leqslant \bar{\rho}$ 的 δ 伪轨. 选取一个映射 $h_{z_0} : E_{z_0}^1(r_0) \to E_{z_0}^2(r_0)$ 满足 $\text{Lip}_{\|\cdot\|}(h_{z_0}(\cdot)) \leqslant 1$. 从上面的

断言知道存在映射 $h_{z_i} : E^1_{z_i}(r_i) \to E^2_{z_i}(r_i)$, $0 \leqslant i \leqslant n$ 使得对任意的 $0 \leqslant i \leqslant n-1$ 成立:

$$F(z_i, z_{i+1}, \cdot)\mathrm{Graph}(h_{z_i}) \supset \mathrm{Graph}(h_{z_{i+1}}).$$

选取 $\xi_0 \in \mathrm{Graph}(h_{z_0})$, 使得一旦定义 $\xi_{i+1} = F(z_i, z_{i+1}, \xi_i)$, $0 \leqslant i \leqslant n-1$, 就有 $\xi_i \in \mathrm{Graph}(h_{z_i})$ 对 $0 \leqslant i \leqslant n$ 成立. 令 $y^\omega = \exp_{z_0} \xi_0$, 则 $f^i y^\omega = \exp_{z_i} \xi_i$, 所以

$$d(f^i y^\omega, z_i) = |\xi_i| \leqslant \bar{A}\|\xi_i\| \leqslant \bar{A}\bar{K}e^{5\gamma i}\delta, \quad 0 \leqslant i \leqslant n. \qquad \square$$

附注 应用文献 [16] 中的引理 III.2.1 和 III.2.2, 再经过简单的计算知, 当 ε 足够小时, 对在引理 7.2.1 的证明中出现的 h_x 和 h_y, 存在一个常数 L_0 满足, 如果 h_x 的导数 $D.h_x$ 是 Lipschitz 的, 则 $D.h_y$ 也是 Lipschitz 的, 而且

$$\mathrm{Lip}_{\|\cdot\|}(D.h_y) \leqslant e^{-(\lambda_0 - 6\gamma)}\mathrm{Lip}_{\|\cdot\|}(D.h_x) + L_0.$$

因此对于 $\omega = (z_0, z_1, \cdots, z_n)$ 和上面构造的 h_{z_i}, $0 \leqslant i \leqslant n$, 对每个 $0 \leqslant i \leqslant n$,

$$\mathrm{Lip}_{\|\cdot\|}(D.h_{z_i}) \leqslant e^{-(\lambda_0 - 6\gamma)i}\mathrm{Lip}_{\|\cdot\|}(D.h_{z_0}) + \sum_{k=0}^{i-1} e^{-(\lambda_0 - 6\gamma)k} L_0$$
$$\leqslant e^{-(\lambda_0 - 6\gamma)i}\mathrm{Lip}_{\|\cdot\|}(D.h_{z_0}) + \frac{1}{1 - e^{-(\lambda_0 - 6\gamma)}} L_0.$$

为了在证明定理 7.1.1 的过程中对 Λ 的一个固定邻域内的点 x 估计 $P(n, x, \Gamma)$, 需要在 Λ 的这个邻域内构造局部中心——稳定流形和局部不稳定流形. 这将会在下个引理中完成. 在一致双曲吸引子的情形, 只需要对 Λ 内的点构造 [13].

引理7.2.2 给定小的 $\gamma > 0$ 和足够小的 $\delta > 0$, 特别地, $0 < \delta < \min\{e^\gamma - 1, \sqrt{e^{\lambda_0 - 6\gamma}} - 1\}$, 存在 Λ 的闭邻域 $N = N_{\gamma,\delta}$, N_1 ($V \supset N \supset N_1$, $fN \subset N$ 以及 $fN_1 \subset N_1$), 一个实数 $\kappa > 0$, 一族连续的 $\dim E^{cs}$ 维 C^1 嵌入圆盘 $\{W^{cs}_\kappa(x)\}_{x \in N}$ 和一族连续的 $\dim E^u$ 维 C^2 嵌入圆盘 $\{W^u_\kappa(x)\}_{x \in N}$ 使得对 $x \in N$ 下面的事实成立:

(1) (i) $T_y W^{cs}_\kappa(x) = \hat{E}^{cs}_y$ $\forall y \in W^{cs}_\kappa(x)$;

(ii) $W^{cs}_\kappa(x) = \exp_x \mathrm{Graph}(h^{cs}_x)$, 其中 $h^{cs}_x : \{\xi \in E^2_x : |\xi| < \kappa\} \to E^1_x$ 是一个 C^1 映射, 满足 $|h^{cs}_x|_{C^1} \leqslant \delta$;

(iii) $fW^{cs}_{\theta\kappa}(x) \subset W^{cs}_\kappa(fx)$, 其中 $0 < \theta < 1$ 是一个常数, 而且

$$W^{cs}_\rho(x) = \exp_x \mathrm{Graph}(h^{cs}_x|_{\{\xi \in E^2_x : |\xi| < \rho\}}), \forall 0 < \rho < \kappa;$$

(iv) 对于 $y \in W^{cs}_\kappa(x)$, 如果 $f^k y \in B(f^k x, \Theta^{-1}\kappa)$, $\forall 0 \leqslant k \leqslant n-1$, 则

$$d(f^k y, f^k x) \leqslant \Theta[(1+\delta)e^{4\gamma}]^k d(y, x), \quad 0 \leqslant k \leqslant n,$$

其中 $\Theta > 0$ 是一个常数.

(2)(i) $W_\kappa^u(x) = \exp_x \mathrm{Graph}(h_x^u)$, 其中 $h_x^u : \{\xi \in E_x^1 : |\xi| < \kappa\} \to E_x^2$ 是一个 C^2 映射, 满足 $|h_x^u|_{C^1} \leqslant \bar{A}^2 \delta$ 且 $|h_x^u|_{C^2} \leqslant \bar{B}$ 对某个不依赖于 $x \in N$ 的常数 $\bar{B} > 0$ 成立;

(ii) 如果 $x \in fN$, 则

$$f W_\kappa^u(f^{-1}x) \supset W_\kappa^u(x);$$

如果 $x, f^{-1}x, \cdots, f^{-n}x \in N$, 则对任意的 $y \in W_\kappa^u(x)$,

$$d(f^{-k}y, f^{-k}x) \leqslant \bar{A}^2 e^{-k(\lambda_0 - 5\gamma)} d(y, x), \quad 0 \leqslant k \leqslant n;$$

(3) 对 $x \in N_1$, $W_\kappa^u(x) \subset N$, $W_\kappa^{cs}(x) \subset N$, $\bigcup_{z \in W_\kappa^u(x)} W_\kappa^{cs}(z)$ 和 $\bigcup_{z \in W_\kappa^{cs}(x)} W_\kappa^u(z)$ 包含了 x 的一个邻域.

引理 7.2.2(1)由 $\hat{E}^{cs}$ 的局部唯一可积性得到. $\{W_\kappa^u(x)\}_{x \in \Lambda}$ 的存在性可以由文献 [11] 中的 Hadamard-Perron 定理的一个局部版本得到, 引理 7.2.2(2) 中关于 $\{W_\kappa^u(x)\}_{x \in N}$ 的结果来自于文献 [8].

引理7.2.3 存在一个常数 $\hat{C} > 0$ 满足对任意的 $x, y \in N$, 只要 $f^i y \in W_\kappa^u(f^i x)$, $0 \leqslant i \leqslant n$, 就有

$$\hat{C}^{-1} \leqslant \frac{\mathcal{J}_n(x)}{\mathcal{J}_n(y)} \leqslant \hat{C},$$

其中 $\mathcal{J}_n(y) = \mathcal{J}(y)\mathcal{J}(fy) \cdots \mathcal{J}(f^{n-1}y)$, $\mathcal{J}(y) = \det(D_y f|_{E_y^u})|$, E_y^u 是 $W_\kappa^u(x)$ 在 y 点处的切空间.

证明 由引理 7.2.2(2),

$$\left| \log \frac{\mathcal{J}_n(x)}{\mathcal{J}_n(y)} \right| \leqslant \sum_{i=0}^{n-1} |\log \mathcal{J}(f^i x) - \log \mathcal{J}(f^i y)|$$

$$\leqslant \sum_{i=0}^{n-1} \bar{B}_1 d(f^i x, f^i y)$$

$$\leqslant \sum_{i=0}^{n-1} \bar{B}_2 e^{-(\lambda_0 - 5\gamma)(n-i)} d(f^n x, f^n y),$$

对常数 $\bar{B}_1, \bar{B}_2 > 0$ 成立. 引理现在易得. □

对 $x \in N$ 和 $0 < \varepsilon \leqslant \kappa$, 令 $W_\varepsilon^u(x) = \exp_x \mathrm{Graph}(h_x^u|_{\{\xi \in E_x^1 : |\xi| < \varepsilon\}})$. 在文献 [13] 中的命题 II.3.10 可以被推广过来, 即

引理7.2.4 存在常数 $\bar{C} > 0, 0 < \bar{\varepsilon} \leqslant \kappa, 0 < \bar{\rho} \leqslant \kappa$ 满足, 如果 $x, y \in N_1, 0 < \varepsilon \leqslant \bar{\varepsilon}, 0 < \rho \leqslant \bar{\rho}, n \geqslant 1$ 以及交 $W_\varepsilon^u(x) \bigcap f^{-n} W_\rho^{cs}(y)$ 由点 $\{z_k\}$ 组成, 则

$$\sum_k (\mathcal{J}_n(z_k))^{-1} \leqslant \bar{C} \varepsilon^{v^u}, \tag{7.2.4}$$

其中 $v^u = \dim W^u(x)$.

证明 证明采用与文献 [13] 中的证明相似的办法. 但是, 由于情形有所不同 (特别地, 圆盘族 $\{W_\kappa^u(x)\}_{x\in N}$ 可能并不唯一), 这里简述这个证明以省掉琐碎的细节. 令 $\hat{E}_x^u$, $\hat{E}_x^{cs}$ 分别是 $W_\kappa^u(x)$ 和 $W_\kappa^{cs}(x)$ 在 $x\in N$ 处的切空间, 则 $T_N M = \hat{E}^u \oplus \hat{E}^{cs}$ 构成了一个 Tf 不变的连续分解. 当 ε 足够小时, 对任意的 $x\in N_1$ 以及任意的 $z\in W_\varepsilon^u(x)$, 有 $W_\varepsilon^u(x) = \exp_z \text{Graph}(J_z^u)$, 其中 J_z^u 是一个从 $\hat{E}_z^u$ 中的区域到 $\hat{E}_z^{cs}$ 的 C^2 映射并满足 J_z^u 有小的 Lipschitz 常数以及 $D.J_z^u$ 的 Lipschitz 常数比常数 $\hat{L}$ 小. 而且, 存在 $0 < \bar{\rho} \leqslant \kappa$ 满足对任意的 $x\in N_1$ 和任意的 $z\in W_\varepsilon^{cs}(x)$, $W_{\bar{\rho}}^{cs}(x) = \exp_z \text{Graph}(J_z^{cs})$, 其中 J_z^{cs} 是一个从 $\hat{E}_z^{cs}$ 中的区域到 $\hat{E}_z^u$ 的 Lipschitz 常数比 $\frac{1}{2}$ 小的 C^1 映射. 令 $x, y \in N_1$, $n \geqslant 1$ 并假设 $W_\varepsilon^u(x) \bigcap f^{-n} W_{\bar{\rho}}^{cs}(y) = \{z_k\}_{k\in\mathcal{K}}$. 应用与引理 7.2.1 证明中相类似的论述及与附录和引理 7.2.3 相类似的结果知, $f^n W_\varepsilon^u(x)$ 必然包含 $\dim \hat{E}^u$ 维的无交片 (piece) $W_{f^n z_k}$, $k\in\mathcal{K}$, 并满足每片上的子流形所诱导的 Lebesgue 测度比某个常数 $\bar{L}$ 大, 这表明对任意的 $k\in\mathcal{K}$,

$$\text{Leb}(f^{-n} W_{f^n z_k}) J_n(z_k) \geqslant \bar{L} \cdot \text{Const}.$$

对 $k\in\mathcal{K}$ 作和, 得到 (7.2.4).   □

7.3 Markov 半群的动力学

下面证明一些关于 Markov 链的有用的结论. 本节的内容和思想主要来自于文献 [13], 由于现在的系统已经不是一致双曲, 很多地方做了必要的改动.

令 $\beta = 5\gamma$, $v = \dim M$. 令 $K > 1$ 是满足 $K \cdot \frac{\lambda_0}{2} > 1$ 的常数. 由假设和文献 [13, 引理 II.1.1], 有

引理7.3.1 令 $n = [-K \log \varepsilon] + 1$ 以及 $\delta = \varepsilon^{1-\beta}$. 当 ε 足够小时, 有

$$|P^\varepsilon(n, x, \Gamma) - P_x^\varepsilon\{d(fX_l^\varepsilon, X_{l+1}^\varepsilon) < \delta, l = 0, 1, \cdots, n-1, \ X_n^\varepsilon \in \Gamma\}| \leqslant \exp(-\varepsilon^{-\beta/2})$$
$$(7.3.1)$$

对任意 $x\in U_\Lambda$ 以及任意 Borel 集合 $\Gamma \subset U_\Lambda$ 成立.

证明 式子 (7.3.1) 的左边小于

$$\sum_{i=0}^{n-1} P_x^\varepsilon\{\text{dist}(fX_i^\varepsilon, X_{i+1}^\varepsilon) \geqslant \delta, i = 0, 1, \cdots, n-1, \ X_n^\varepsilon \in \Gamma\}$$

$$\leqslant \sum_{i=0}^{n-2} P_x^\varepsilon\{\text{dist}(fX_i^\varepsilon, X_{i+1}^\varepsilon) \geqslant \delta, X_n^\varepsilon \in \Gamma\} + P_x^\varepsilon\{\text{dist}(fX_{n-1}^\varepsilon, X_n^\varepsilon) \geqslant \delta, X_n^\varepsilon \in \Gamma\}.$$

$$\text{(A)} \hspace{5cm} \text{(B)}$$

令

$$A_i^\varepsilon = \{\text{dist}(fX_i^\varepsilon, X_{i+1}^\varepsilon) \geqslant \delta, \quad X_n^\varepsilon \in \Gamma\}, \quad B_i^\varepsilon = \{\text{dist}(fX_i^\varepsilon, X_{i+1}^\varepsilon) \geqslant \delta\},$$

$$C_i^\varepsilon = \{X_n^\varepsilon \in \Gamma\},$$

则

$$
\begin{aligned}
P_x^\varepsilon(A_i^\varepsilon) &= E(E_x 1_{A_i^\varepsilon}(\omega)|\mathcal{F}_{n-1}) \\
&= E(1_{B_i^\varepsilon}(\omega) E_x(1_{C_i^\varepsilon}(\omega)|\mathcal{F}_{n-1})) \\
&= E(1_{B_i^\varepsilon}(\omega) E_x(1_{C_i^\varepsilon}(\omega)|X_{n-1}^\varepsilon)) \\
&= E(1_{B_i^\varepsilon}(\omega) P_x(X_n^\varepsilon \in \Gamma | X_{n-1}^\varepsilon)) \\
&= E(1_{B_i^\varepsilon}(\omega) \int_\Gamma q_{f X_{n-1}^\varepsilon}^\varepsilon(y) dm(y)) \\
&\leqslant C\varepsilon^{-v} m(\Gamma \bigcap \overline{U_\Lambda}) P(B_i^\varepsilon), \\
\text{(A)} &\leqslant (n-1) C\varepsilon^{-v} m(\Gamma \bigcap \overline{U_\Lambda}) \sup_{y \in \overline{U_\Lambda}} \int_{\overline{U_\Lambda} \setminus B_\delta(fy)} q_{fy}^\varepsilon(z) dm(z) \\
&\leqslant C_1 n \varepsilon^{-2v} e^{-\frac{\alpha\delta}{\varepsilon}}, \\
\text{(B)} &\leqslant \sup_y \int_{\overline{U_\Lambda} \setminus B_\delta(fy)} q_{fy}^\varepsilon(z) dm(z) \\
&\leqslant C_2 n \varepsilon^{-2v} e^{-\frac{\alpha\delta}{\varepsilon}}.
\end{aligned}
$$

联合式子 (A) 和 (B), 再注意到 n, δ 和 ε 的关系, 即得到了结论. □

为了研究 $\{X_n^\varepsilon\}_{n \geqslant 0}$ 在 f 的轨道上的作用, 下面的引理考虑 Markov 链在切丛 $T_N M$ 上的作用. 对任意 $x \in N, \xi \in T_x M$ 以及一个 Borel 集合 $\Psi \subset T_{fx} M$, 定义

$$R_x^\varepsilon(\xi, \Psi) = \int_\Psi r_x^\varepsilon(\xi, \eta) dm_{fx}(\eta),$$

其中

$$r_x^\varepsilon(\xi, \eta) = \varepsilon^{-v} r_{fx}\left(\frac{\eta - Df\xi}{\varepsilon}\right).$$

对 $n \geqslant 1, x \in N, \xi \in T_x M$ 以及一个 Borel 集合 $\Psi \subset T_{f^n x} M$, 令

$$
R_x^\varepsilon(n, \xi, \Psi)
$$
$$
= \int_{T_{fx}M} \cdots \int_{T_{f^{n-1}x}M} \int_\Psi r_x^\varepsilon(\xi, \eta_1) r_{fx}^\varepsilon(\eta_1, \eta_2) \cdots r_{f^{n-1}x}^\varepsilon(\eta_{n-1}, \eta_n) dm_{fx}(\eta_1) \cdots dm_{f^n x}(\eta_n).
$$

对于任意 $x \in M$ 以及任意 $\xi, \eta \in T_x M$, 令

$$\Xi_x^\varepsilon(\xi, \eta) = \varepsilon \sum_{k=1}^n Df^{n-k} \theta_x(k) + Df^n \xi,$$

其中 $\{\theta_x(k) \in T_{f^k x} M, \ k = 1, 2, \cdots\}$ 是两两独立的随机向量, 它们的分布是

$$P\{\theta_x(k) \in \Psi\} = \int_\Psi r_{f^k x}(\eta) dm_{f^k x}(\eta).$$

引理7.3.2　当 $\Xi_x^\varepsilon(\xi, n-1) = \zeta$ 时, $\Xi_x^\varepsilon(\xi, n)$ 是一个基点为 ξ, 转移概率为 $R_{f^n x}(\zeta, \cdot)$ 的 Markov 链.

证明

$$P(\Xi_x^\varepsilon(\xi, n) \in \Psi | \Xi_x^\varepsilon(\xi, n-1))$$

$$= P(\varepsilon \theta_x(n) + Df \Xi_x^\varepsilon(\xi, n-1) \in \Psi | \Xi_x^\varepsilon(\xi, n-1))$$

$$= P(\varepsilon \theta_x(n) + Df \zeta \in \Psi | \Xi_x^\varepsilon(\xi, n-1) = \zeta)|_{\zeta = \Xi_x^\varepsilon(\xi, n-1)}$$

（由于 $\theta_x(n)$ 和 $\Xi_x^\varepsilon(\xi, n-1)$ 是相互独立的）

$$= R_{f^n x}^\varepsilon(\zeta, \Psi)|_{\zeta = \Xi_x^\varepsilon(\xi, n-1)}. \qquad \square$$

引理7.3.3　给定任意 $\xi \in T_x M$ 以及一个 Borel 集合 $\Psi \subset T_{f^n x} M$, 有

$$P(\Xi_x^\varepsilon(\xi, n) \in \Psi) = R_x^\varepsilon(n, \xi, \Psi).$$

证明　由 Chapman-Kolmogorov 方程, 结论是显然的. $\qquad \square$

令 $T_N M = \hat{E}^u \oplus \hat{E}^{cs}$ 是在证明引理 7.2.4 中引入的 Tf 不变的分解.

引理7.3.4　对于任意的 $\xi \in T_x M, n \geqslant 1$ 以及 Borel 集合 $\Psi^{cs} \subset \hat{E}_{f^n x}^{cs}, \Psi^u \subset \hat{E}_{f^n x}^u(1) = \{\xi \in \hat{E}_{f^n x}^u; \|\xi\| \leqslant 1\}$, 存在常数 $C > 0$ 使得

$$R_x^\varepsilon(n, \xi, \Psi^{cs} + \Psi^u) \leqslant C \varepsilon^{-v^u} m_{f^n x}^u(\Psi^u) \mathcal{J}_n(x)^{-1}(x),$$

其中 v^u 是 $\hat{E}_x^u$ 的维数.

证明　定义 $\phi_x^u(n) = \sum_{k=1}^{n-1} Df^{-k} \theta_x^u(k+1)$, 则

$$R_x^\varepsilon(n, \xi, \Psi^{cs} + \Psi^u) \leqslant P(\Xi_x^\varepsilon(\xi, n) \in \Psi^{cs} + \Psi^u) \quad \text{(由引理7.3.3)}$$

$$\leqslant P(\varepsilon Df^{n-1}(\phi_x^u(n) + \theta_x^u(1)) + Df^n \xi \in \Psi^u)$$

$$= P(\phi_x^u(n) + \theta_x^u(1) + \varepsilon^{-1} Df \xi^u \in \varepsilon^{-1} Df^{-(n-1)} \Psi^u)$$

$$= \int_{\hat{E}_{fx}^u} P(\phi_x^u(n) \in d\eta)$$

$$\times \int_{\varepsilon^{-1} Df^{-(n-1)} \Psi^u} r_{fx}^u(\zeta - \eta - \varepsilon^{-1} Df \xi^u) dm_{fx}^u(\zeta).$$

（由于 $\phi_x^u(n)$ 和 $\theta_x^u(1)$ 是相互独立的）

再注意到

$$P(\theta_x^u(1) \in \Psi^u) \leqslant P(\theta_x(1) \in \Psi^u + \hat{E}^{cs})$$

$$= \int_{\hat{E}^{cs}} \int_{\Psi^u} r_{fx}(\eta_1 + \eta_2) dm_f^u x(\eta_1) dm_{fx}^{cs}(\eta_2)$$

$$= \int_{\Psi^u} \left(\int_{\hat{E}^{cs}} r_{fx}(\eta_1 + \eta_2) dm_{fx}^{cs}(\eta_2) \right) dm_{fx}^u(\eta_1)$$

$$\leqslant \int_{\Psi^u} \int_{\hat{E}^{cs}} Ce^{-\alpha \|\eta_1 + \eta_2\|} dm_{fx}^{cs}(\eta_2) dm_{fx}^u(\eta_1)$$

(由假设(c)知)

$$\leqslant C m_{fx}^u(\Psi^u),$$

因此 $R_x^\varepsilon(n, \xi, \Psi^{cs} + \Psi^u) \leqslant C m_{fx}^u(\varepsilon^{-1} Df^{-(n-1)}\Psi^u)$, 结论得证. $\qquad\square$

当 $n \geqslant [-K \log \varepsilon] + 1$ 时, 有

$$\sup\{\|\xi\| : \xi \in \varepsilon^{-1} Df^{-(n-1)}\hat{E}^u(1)\} \leqslant 1,$$

其中 $\hat{E}^u(1) = \{\zeta \in \hat{E}^u : \|\zeta\| \leqslant 1\}$, $0 < \varepsilon < 1$.

引理7.3.5 存在常数 $\tilde{C} > 0, \tilde{\sigma} > 0$ (可能依赖于 γ) 和 $\tilde{\varepsilon} > 0$ 使得对任意 $x \in N$, $\xi \in T_x M$, $0 < \varepsilon < \tilde{\varepsilon}$, $n \geqslant [-K \log \varepsilon] + 1$, Borel 集合 $\Psi^u \subset \hat{E}_{f^n x}^u(1)$, $\Psi^{cs} \subset \hat{E}_{f^n x}^{cs}$, 有

$$R_x^\varepsilon(n, \xi, \Psi^u + \hat{E}^{cs}) \leqslant \tilde{C} \varepsilon^{-v^u} m_{f^n x}^u(\Psi^u) \mathcal{J}_n(x)^{-1} e^{-\tilde{\sigma}\|\xi^u\|\varepsilon^{-1}},$$

其中 v^u 是 $\hat{E}_x^u$ 的维数, ξ^u 由 $\xi = \xi^u + \xi^{cs} \in \hat{E}_x^u \oplus \hat{E}_x^{cs}$ 所定义.

证明 通过引理 7.3.4 的证明知

$$P(\theta_x^u(1) \in \Psi^u) \leqslant \int_{\Psi^u} r_{fx}^u(\eta_1) dm_{fx}^u(\eta_1),$$

其中 $r_{fx}^u(\eta_1) = \int_{\hat{E}^{cs}} r_{fx}(\eta_1 + \eta_2) dm_{fx}^{cs}(\eta_2)$. 由 $\hat{E}^u$ 和 $\hat{E}^{cs}$ 的一致横截性以及假设 (c), 有

$$r_y^u(\eta) \leqslant C_1 \exp(-\sigma_1 \|\eta\|) \tag{7.3.2}$$

对常数 $\sigma_1, C_1 > 0$ 成立.

接下来证明

$$E \exp(\sigma_1 \|\phi_x^u(n)\|) \leqslant C_2 \tag{7.3.3}$$

对某个常数 $C_2 > 0$ 成立. 令 $\lambda_1 = \lambda_0 - 3\gamma$, 则

$$\|\phi_x^u(n)\| \leqslant \sum_{k=1}^{n-1} e^{-\lambda_1 k} \|\theta_x^u(k+1)\|,$$

$$E \exp(\sigma_1 \|\phi_x^u(n)\|) \leqslant E \exp\left(\sigma_1 \left(\sum_{k=1}^{n-1} e^{-\lambda_1 k} \|\theta_x^u(k+1)\| \right) \right)$$

$$\leqslant E \prod_{k=1}^{n-1} \exp(\sigma_1 e^{-\lambda_1 k} \|\theta_x^u(k+1)\|)$$

$$\leqslant \prod_{k=1}^{n-1} E \exp(\sigma_1 e^{-\lambda_1 k} \|\theta_x^u(k+1)\|)$$

$$\leqslant \prod_{k=1}^{n-1} E \exp(\sigma_2 e^{-\lambda_1 k} \|\theta_x(k+1)\|)$$

$$= \prod_{k=1}^{n-1} \int C \exp(\sigma_2 e^{-\lambda_1 k} \|\zeta\|) \exp(-\alpha \|\zeta\|) dm_{f^{k+1}x}(\zeta)$$

$$\leqslant \prod_{k=1}^{n-1} \left(\int_{\|\zeta\| < e^{\frac{1}{2}\lambda_1 k}} \cdots + \int_{\|\zeta\| \geqslant e^{\frac{1}{2}\lambda_1 k}} \cdots \right)$$

$$\leqslant \prod_{k=1}^{n-1} \left(\exp\{\sigma_2 e^{-\frac{1}{2}\lambda_1 k}\} \right.$$

$$\left. + \int_{\|\zeta\| \geqslant e^{\frac{1}{2}\lambda_1 k}} \exp\{(\sigma_2 e^{-\lambda_1 k} - \alpha \|\zeta\|)\|\zeta\|\} dm_{f^{k+1}x}(\zeta) \right).$$

这就证明了 (7.3.3).

由契比雪夫不等式和 (7.3.3) 得到

$$P\{\|\phi_x^u(n)\| \geqslant \frac{1}{3\varepsilon} \|Df\xi^u\|\} \leqslant C_2 \exp\left(-\frac{\sigma_1}{3\varepsilon} \|Df\xi^u\| \right). \tag{7.3.4}$$

注意到已经选取好 K 以保证

$$\sup\{\|\xi\|;\ \xi \in \varepsilon^{-1} Df^{-(n-1)} \Psi^u\} \leqslant 1,$$

当 $n \geqslant [-K \log \varepsilon] + 1$ 以及 $\varepsilon > 0$ 足够小时成立. 因此, 如果 $\zeta \in \varepsilon^{-1} Df^{-(n-1)} \Psi^u$ 以及 $\|\eta\| < \frac{1}{3\varepsilon} \|Df\xi^u\|$, 则由 (7.3.2),

$$r_{fx}^u(\zeta - \eta - \varepsilon^{-1} Df\xi^u) \leqslant C_1 \exp\left(-\frac{\sigma_1}{3\varepsilon} \|Df\xi^u\| \right). \tag{7.3.5}$$

最后

$$R_x^\varepsilon(n, \xi, \Psi^{cs} + \Psi^u) \leqslant P(\Xi_x^\varepsilon(\xi, n) \in \Psi^{cs} + \Psi^u) \quad \text{(由引理7.3.3)}$$

$$\leqslant P(\varepsilon Df^{n-1}(\phi_x^u(n) + \theta_x^u(1)) + Df^n \xi^u \in \Psi^u)$$

$$= P(\phi_x^u(n) + \theta_x^u(1) + \varepsilon^{-1} Df\xi^u \in \varepsilon^{-1} Df^{-(n-1)} \Psi^u)$$

$$= \int_{\hat{E}_{fx}^u} P(\phi_x^u(n) \in d\eta) \int_{\varepsilon^{-1} Df^{-(n-1)} \Psi^u} r_{fx}^u(\zeta - \eta - \varepsilon^{-1} Df\xi^u) dm_{fx}^u(\zeta)$$

$$\text{(由于 } \phi_x^u(n) \text{ 和 } \theta_x^u(1) \text{ 是相互独立的)}$$

$$= \int_A P(\phi_x^u(n) \in d\eta) \int \cdots + \int_{A^c} P(\phi_x^u(n) \in d\eta) \int \cdots,$$

其中 $A = \{\eta;\ \|\eta\| \geqslant \frac{1}{3\varepsilon} \|Df\xi^u\|\}$. 联合 (7.3.2), (7.3.4) 和 (7.3.5), 这就完成了引理的证明. □

7.4 部分双曲动力系统的 SRB 测度

令 $\gamma > 0$ 满足 $30v(K+1) \cdot 5\gamma < \alpha$ $(0 < \alpha < 1$ 在假设中引入$)$，令 $\beta = 5\gamma$，$\delta_\varepsilon = \varepsilon^{1-\beta}$，$n_\varepsilon = [-K\log\varepsilon] + 1$. 对于 $\bar{z} \in \Lambda$，令 $R_{\bar{z},\eta,\rho} = \bigcup_{y \in W_\eta^u(\bar{z})} W_\rho^{cs}(y)$ 是一个矩形. 这一小节的主要结果是下面的定理 7.4.1，通过它完成定理 7.1.1 的证明. 它与文献 [13, 定理 II.4.1] 类似，我们将通过沿着文献 [13, 定理 II.4.1] 的证明路线来完成它的证明. 由于现在的系统是非一致双曲系统，因此会在一些地方做必要的调整.

定理7.4.1 采取与定理 7.1.1 相同的假设. 令 μ^ε，$\varepsilon > 0$ 是 $\{X_n^\varepsilon\}_{n \geq 0}$ 的一系列平稳测度，$\varepsilon > 0$，则存在正常数 η_0，ρ_0，C_0 满足对任意的矩形 $R_{\bar{z},\eta,\rho}$ $(\bar{z} \in \Lambda, 0 < \eta \leq \eta_0$，$0 < \rho \leq \rho_0)$ 以及 $\{\mu^\varepsilon\}_{\varepsilon > 0}$ 的任一极限点 μ（当 $\varepsilon \to 0$ 时），有

$$\mu(R_{\bar{z},\eta,\rho}) \leq C_0 m^u(W_\eta^u(\bar{z})), \qquad (7.4.1)$$

其中 m^u 是在不稳定流形上诱导的 Lebesgue 测度.

证明 由于 $\{\mu^\varepsilon\}_{\varepsilon > 0}$ 的任一极限点 μ（当 $\varepsilon \to 0$ 时）是 $f : U_\Lambda \to U_\Lambda$ 的不变测度以及 $\bigcap_{n \geq 0} f^n U_\Lambda = \Lambda$，$\mu$ 的支集一定在 Λ 上.

由于假设 $\hat{E}^{cs}$ 是 Lipschitz 连续和局部可积的，对于任意的 $\bar{z} \in \Lambda$ 以及任意的 $h_i : E_{\bar{z}}^u(\bar{\rho}) \to E_{\bar{z}}^{cs}(\bar{\rho})$ $(\mathrm{Lip}(h_i) \leq \frac{1}{2}$，$i = 1, 2)$，$\exp_{\bar{z}} \mathrm{Graph}(h_i)$ $(i = 1, 2)$ 沿着叶片 $\{W_{\bar{\rho}}^{cs}(y)\}_{y \in W_{\bar{\rho}}^u(\bar{z})}$ 的 poincaré 映射是 Lipschitz 连续的.

令 $0 < \eta < \frac{1}{2}\bar{\rho}$ 以及 $0 < \rho < \frac{1}{2}\bar{\rho}$. 令 $\bar{z} \in \Lambda$ 以及 $E = W_\eta^u(\bar{z})$. 注意到 W^u 圆盘对于 $E \subset \Lambda$ 内的点是唯一的，所以对于某个 $\varepsilon > 0$，由 Besicovitch 覆盖定理[16]，可以选取 $v_i \in E$，$1 \leq i \leq k_\varepsilon$ 使得

$$E \subset \bigcup_{i=1}^{k_\varepsilon} W_\varepsilon^u(v_i), \qquad \sum_{i=1}^{k_\varepsilon} m^u(W_\varepsilon^u(v_i)) \leq c(v^u) m^u(E), \qquad (7.4.2)$$

其中 $c(v^u)$ 是一个仅依赖于维数 $v^u = \dim E^u$ 的常数.

令 $x \in N_1$. 对于 Borel 集合 $\Gamma \subset N_1$，令

$$I_1^\varepsilon(\delta, n, x, \Gamma) = P_x^\varepsilon\{d(fX_l^\varepsilon, X_{l+1}^\varepsilon) < \delta, l = 0, \cdots, n-1 ; X_n^\varepsilon \in \Gamma\}.$$

由引理 7.3.1,

$$\begin{aligned} P^\varepsilon(n_\varepsilon, x, R_{\bar{z},\eta,\rho}) &\leq I_1^\varepsilon(\delta_\varepsilon, n_\varepsilon, x, R_{\bar{z},\eta,\rho}) + \exp(-\varepsilon^{-\frac{\beta}{2}}) \\ &\leq \sum_{i=1}^{k_\varepsilon} I_1^\varepsilon(\delta_\varepsilon, n_\varepsilon, x, W_\rho^{cs}(E_i)) + \exp(-\varepsilon^{-\frac{\beta}{2}}), \end{aligned}$$

其中 $E_i = W_\varepsilon^u(v_i)$ 以及 $W_\rho^{cs}(E_i) = \bigcup_{y \in E_i} W_\rho^{cs}(y)$. 令 $\omega = (x, y_1, \cdots, y_{n_\varepsilon})$ 是一个满足 $y_{n_\varepsilon} \in W_\rho^{cs}(E_i)$ 的 δ_ε 伪轨. 由引理 7.2.1, 存在 y^ω 使得

$$d(f^l y^\omega, y_l) \leqslant \bar{A}\bar{K}e^{\beta l}\delta_\varepsilon, \quad 0 \leqslant l \leqslant n_\varepsilon,$$

其中 $y_0 = x$. 由之前关于 K 和 β 的假设, 有

$$d(f^l y^\omega, y_l) \leqslant \varepsilon^{1-2K\beta}, \quad 0 \leqslant l \leqslant n_\varepsilon, \tag{7.4.3}$$

当 ε 足够小时. 由此导出

$$y^\omega \in \bigcup_{y \in W_{\varepsilon^{1-3K\beta}}^u(x)} W_{\varepsilon^{1-3K\beta}}^{cs}(y).$$

对于某个 $x' \in W_{\varepsilon^{1-3K\beta}}^u(x)$, 设 $y^\omega \in W_{\varepsilon^{1-3K\beta}}^{cs}(x')$. 由引理 7.2.2(1) (iv),

$$d(f^l x', f^l y^\omega) \leqslant 2\bar{A}^2 e^{5\gamma l}\varepsilon^{1-3K\beta} \leqslant \frac{1}{2}\varepsilon^{1-5K\beta}, \tag{7.4.4}$$

对 $0 \leqslant l \leqslant n_\varepsilon$ 成立, 当 ε 足够小时. 设

$$W_{\varepsilon^{1-3K\beta}}^u(x) \bigcap f^{-n_\varepsilon} W_{\bar{\rho}}^{cs}(v_i) = \{x_{ij}\}.$$

令 $x_{ij_\omega} \in \{x_{ij}\}$ 是这样的点: 在点 $\{f^{n_\varepsilon} x_{ij}\}$ 中, 沿着 $f^{n_\varepsilon} W_{\varepsilon^{1-3K\beta}}^u(x)$ 最接近 $f^{n_\varepsilon} x'$ 的点是 $f^{n_\varepsilon} x_{ij_\omega}$. 由于 $d(f^{n_\varepsilon} x', y_{n_\varepsilon}) \leqslant d(f^{n_\varepsilon} x', f^{n_\varepsilon} y^\omega) + d(f^{n_\varepsilon} y^\omega, y_{n_\varepsilon}) \leqslant \varepsilon^{1-5K\beta}$, 有 $f^{n_\varepsilon} x' \in \bigcup_{y \in W_{\varepsilon^{1-6K\beta}}^{cs}(y_{n_\varepsilon})} W_{\varepsilon^{1-6K\beta}}^u(y)$. 应用 W^{cs} 叶片上的 Poincaré 映射的 Lypschitz 连续性, 有

$$d(f^{n_\varepsilon} x', f^{n_\varepsilon} x_{ij_\omega}) \leqslant C_1 \varepsilon^{1-6K\beta},$$

对某个常数 $C_1 > 0$ 成立, 而且由引理 7.2.2(2)(ii)、式 (7.4.3) 和 (7.4.4),

$$d(f^l x_{ij_\omega}, y_l) \leqslant \varepsilon^{1-7K\beta}, \quad 0 \leqslant l \leqslant n_\varepsilon,$$

当 ε 足够小时. 因此

$$I_1^\varepsilon(\delta_\varepsilon, n_\varepsilon, x, W_\rho^{cs}(E_i)) \leqslant \sum_j I_2^\varepsilon(\varepsilon^{1-7K\beta}, n_\varepsilon, x, x_{ij}, W_\rho^{cs}(E_i)),$$

其中

$$I_2^\varepsilon(\delta, n, x, z, \Gamma)$$
$$= P_x^\varepsilon\{d(X_l^\varepsilon, f^l z) \leqslant \delta, \ 0 \leqslant l \leqslant n, \ X_n^\varepsilon \in \Gamma\}$$
$$= \int_{B_\delta(fz)} \cdots \int_{B_\delta(f^{n-1}z)} \int_{B_\delta(f^n z) \bigcap \Gamma} q_{fx}^\varepsilon(y_1) q_{fy_1}^\varepsilon(y_2) \cdots q_{fy_{n-1}}^\varepsilon(y_n) dm(y_1) \cdots dm(y_n),$$

$B_\delta(f^l z)$ 是圆心在 $f^l z$ 半径为 δ 的球.

由假设 (b),

$$I_2^\varepsilon(\varepsilon^{1-7K\beta}, n_\varepsilon, x, x_{ij}, W_\rho^{cs}(E_i))$$

$$\leqslant (1+\varepsilon^\alpha)^{n_\varepsilon} \int_{U_{\varepsilon^{1-7K\beta}}(fx_{ij})} \cdots \int_{U_{\varepsilon^{1-7K\beta}}(f^{n_\varepsilon-1}x_{ij})} \int_{U_{\varepsilon^{1-7K\beta}}(f^{n_\varepsilon}x_{ij}) \bigcap W_\rho^{cs}(E_i)}$$

$$\times \varepsilon^{-v} r_{fx}\left(\frac{1}{\varepsilon} \exp_{fx}^{-1} y_1\right) \varepsilon^{-v} r_{fy_1}\left(\frac{1}{\varepsilon} \exp_{fy_1}^{-1} y_2\right)$$

$$\cdots \varepsilon^{-v} r_{fy_{n_\varepsilon-1}}\left(\frac{1}{\varepsilon} \exp_{fy_{n_\varepsilon-1}}^{-1} y_{n_\varepsilon}\right) dm(y_1) \cdots dm(y_{n_\varepsilon}). \tag{7.4.5}$$

容易验证, 存在一个常数 $K_0 > 0$, 使得如果 $\mathrm{dist}(fy_{l-1}, f^l x_{ij}) \leqslant \varepsilon^{1-7K\beta}, l = 1, \cdots,$ n_ε, 则

$$\|\exp_{f^l x_{ij}}^{-1} y_l - Df \exp_{f^{l-1} x_{ij}}^{-1} y_{l-1} - \pi_{fy_{l-1} f^l x_{ij}} \exp_{fy_{l-1}}^{-1} y_l\| \leqslant K_0 \varepsilon^{2-14K\beta}, \tag{7.4.6}$$

其中 π_{xy} 是从 $T_x M$ 到 $T_y M$ 的平行移动.

令 $\eta_l = \exp_{f^l x_{ij}}^{-1} y_l$, 则由假设 (c), 有

$$r_{fy_{l-1}}\left(\frac{1}{\varepsilon} \exp_{fy_{l-1}}^{-1} y_l\right) \leqslant r_{f^l x_{ij}}\left(\frac{1}{\varepsilon}(\eta_l - Df \eta_{l-1})\right) + \varepsilon^{1-16K\beta}$$

$$+ \chi_{\partial_l^\varepsilon}(y_l) r_{fy_{l-1}}\left(\frac{1}{\varepsilon} \exp_{fy_{l-1}}^{-1} y_l\right), \tag{7.4.7}$$

其中 $\partial_l^\varepsilon = \{y; \frac{1}{\varepsilon}\exp_{fy_{l-1}}^{-1} \in \partial V_{fy_{l-1}}^+(\varepsilon^{1-16K\beta})\}$, χ_Γ 代表集合 Γ 的示性函数.

由于指数映射 $\exp_y$ 是从 $T_y M$ 的零点的一个小邻域到 M 中 y 的某个邻域的微分同胚, 而且在 $T_y M$ 的零点处的 Jacobi 矩阵恰是单位矩阵, 因此

$$1 - C_2 \mathrm{dist}(y_1, y_2) \leqslant \frac{m(dy_1)}{m_{y_2}(d \exp_{y_2}^{-1} y_1)} \leqslant 1 + C_2 \mathrm{dist}(y_1, y_2) \tag{7.4.8}$$

对某个常数 $C_2 > 0$ 成立, 其中 $m_y(\cdot)$ 代表 $T_y M$ 上的 Riemann 体积. 由 (7.4.8) 以及假设 (c)(iii), 有

$$\int_{\partial_l^\varepsilon \cap U_{\varepsilon^{1-7K\beta}}} \varepsilon^{-v} r_{fy_{l-1}}\left(\frac{1}{\varepsilon} \exp_{fy_{l-1}}^{-1} y_l\right) dm(y_l) \leqslant 2C_2 \varepsilon^{1-16K\beta}. \tag{7.4.9}$$

现在考虑 $\Psi_\varepsilon = \exp_{f^{n_\varepsilon} x_{ij}}^{-1}(W_\rho^{cs}(E_i) \bigcap U_{f^{n_\varepsilon} x_{ij}}(\varepsilon^{1-7K\beta}))$, 我们断言

$$\Psi_\varepsilon \subset E_{f^{n_\varepsilon} x_{ij}}^{cs}(1) + E_{f^{n_\varepsilon} x_{ij}}^u(C_3\varepsilon), \tag{7.4.10}$$

对某个常数 $C_3 > 0$ 成立, 其中 $E_{f^{n_\varepsilon} x_{ij}}^u(1) = \{\xi \in E_{f^{n_\varepsilon} x_{ij}}^u; \|\xi\| \leqslant 1\}$. 事实上, $\Psi_\varepsilon^{cs} \subset E_{f^{n_\varepsilon} x_{ij}}^{cs}(1)$. 由于 $W^{cs}(\cdot)$ 和 E^{cs} 丛是 Hölder 连续的[16], 因此对任意的 $\xi, \eta \in$

$\exp_{y_1}^{-1} W_{\varepsilon^{1-8K\beta}}^{cs}(y_2)$, 以及任意的 $y_1, y_2 \in U_{f^{n_\varepsilon} x_{ij}}(\varepsilon^{1-8K\beta})$, $\xi - \eta$ 和 $E_{y_1}^{cs}$ 的夹角的阶数是 $\varepsilon^{\tau(1-8K\beta)}$, 其中 $\tau > 0$ 是 Hölder 指数. 因此

$$\|\xi^u - \eta^u\| \leqslant K_1 \varepsilon^{(1-8K\beta)(1+\gamma_0)}, \tag{7.4.11}$$

对某个常数 $K_1 > 0$ 成立. 选取 $\beta > 0$ 足够小使得 $(1 - 8K\beta)(1 + \gamma_0) > 1$. 由 (7.4.11) 和事实

$$\Psi_\varepsilon \subset \exp_{f^{n_\varepsilon} x_{ij}}^{-1}(W_\rho^{cs}(E_i)), \quad W_\rho^{cs}(E_i) \supset W_\varepsilon^u(v_i)$$

即完成断言的证明.

显然, 存在常数 $K_2 > 0$, 使得

$$K_2^{-1} \varepsilon^{v^u} \leqslant m^u(E_i) \leqslant K_2 m_{f^{n_\varepsilon} x}^u(E_{f^{n_\varepsilon} x}^u(C_1 \varepsilon)) \leqslant K_2^2 \varepsilon^{v^u} \leqslant K_2^3 m^u(E_i);$$
$$K_2^{-1} \varepsilon^{v(1-7K\beta)} \leqslant m(U_{\varepsilon^{1-7K\beta}}(y)) \leqslant K_2 \varepsilon^{v(1-7K\beta)}. \tag{7.4.12}$$

结合 (7.4.5), (7.4.7), (7.4.10), (7.4.12), (7.4.9) 和 (7.4.8), 做代换 $\xi = \exp_{x_{ij}}^{-1} x$ 和 $\eta_l = \exp_{f^l x_{ij}}^{-1} y_l$, 就有

$$I_2^\varepsilon(\varepsilon^{1-7K\beta}, n_\varepsilon, x, x_{ij}, W_\rho^{cs}(E_i))$$
$$\leqslant (1 + \varepsilon^\alpha)(1 + C_2 \varepsilon^{1-7K\beta})^{n_\varepsilon}[I_3^\varepsilon(\varepsilon^{1-7K\beta}, n_\varepsilon, \xi, x_{ij}, \Psi_\varepsilon)$$
$$+ \sum_{0 \leqslant \tau \leqslant n_\varepsilon} (\varepsilon^{1-16K\beta})^\tau \prod_{1 \leqslant k \leqslant \tau, \, l_1 < l_2 < \cdots < l_\tau} \sup_{\eta \in T_{f^{l_{k+1}} x_{ij}}(\varepsilon^{1-7K\beta})} I_3^\varepsilon(\varepsilon^{1-7K\beta},$$
$$l_{k+1} - l_k - 1, \eta, f^{l_{k+1}} x_{ij}, T_{f^{l_{k+1}} x_{ij}}(\varepsilon^{1-7K\beta}))]. \tag{7.4.13}$$

其中

$$I_3^\varepsilon(\delta, k, \xi, x_{ij}, \Psi) = \int_{T_{f x_{ij}}(\delta)} \cdots \int_{T_{f^{k-1} x_{ij}}(\delta)} \int_\Psi r_{x_{ij}}^\varepsilon(\xi, \eta_1) r_{f x_{ij}}^\varepsilon(\eta_1, \eta_2)$$
$$\cdots r_{f^{k-1} x_{ij}}^\varepsilon(\eta_{k-1}, \eta_k) dm_{f x_{ij}}(\eta_1) \cdots dm_{f^k x_{ij}}(\eta_k)$$

以及 $T_{x_{ij}}(\rho) = \{\xi \in T_{x_{ij}} M; \|\xi\| \leqslant \rho\}$. 当代换 (7.4.7) 的第一项时, 在 (7.4.13) 的右边出现第一个 I_3^ε 积分式子; 当代换 (7.4.7) 的剩余两项时, 在 (7.4.13) 的右边出现复杂项 (l_k, $k = 1, \cdots, \tau$ 恰恰是进行代换的位置). 这样就成功地把 (7.4.5) 的在 M 上的积分替换成切丛上的积分, 现在可以应用上一节关于概率的引理了.

注意到

$$R_x^\varepsilon(n, \xi, \Psi) = \int_{T_{f x} M} \cdots \int_{T_{f^{n-1} x} M} \int_\Psi r_x^\varepsilon(\xi, \eta_1) r_{f x}^\varepsilon(\eta_1, \eta_2)$$
$$\cdots r_{f^n x}^\varepsilon(\eta_{n-1}, \eta_n) dm_{f x}(\eta_1) \cdots dm_{f^n x}(\eta_n).$$

因此

$$I_3^\varepsilon(\delta, k, \xi, x_{ij}, \Psi) \leqslant R_{x_{ij}}^\varepsilon(k, \xi, \Psi).$$

由引理 7.3.5,

$$I_3^\varepsilon(\varepsilon^{1-7K\beta}, n_\varepsilon, \xi, x_{ij}, \Psi_\varepsilon)$$

$$\leqslant C\varepsilon^{-v^u} m_{f^{n_\varepsilon} x_{ij}}^u(\Psi_\varepsilon^u) \mathcal{J}_{n_\varepsilon-1}(x_{ij})^{-1} \exp(-\tilde{\sigma}\|\xi^u\|\varepsilon^{-1})$$

$$\leqslant C\varepsilon^{-v^u} m_{f^{n_\varepsilon} x_{ij}}^u(E_{f^{n_\varepsilon} x_{ij}}^u(C_1\varepsilon)) \mathcal{J}_{n_\varepsilon-1}(x_{ij})^{-1} \exp(-\tilde{\sigma}\|\xi^u\|\varepsilon^{-1}) \quad (\text{由}(7.4.12))$$

$$\leqslant C_4\varepsilon^{-v^u} m^u(E_i) \mathcal{J}_{n_\varepsilon}(x_{ij})^{-1} \exp(-\tilde{\sigma}\|\xi^u\|\varepsilon^{-1}). \tag{7.4.14}$$

类似地

$$\sup_{\eta \in T_{f^{l_k+1} x_{ij}}(\varepsilon^{1-7K\beta})} I_3^\varepsilon(\varepsilon^{1-7K\beta}, l_{k+1}-l_k-1, \eta, f^{l_k+1} x_{ij}, T_{f^{l_k+1} x_{ij}}(\varepsilon^{1-7K\beta}))$$

$$\leqslant C_5^\tau \varepsilon^{\tau(1-7K\beta v^u - 16K\beta - 7K\beta v)} \mathcal{J}_{n_\varepsilon}(x_{ij})^{-1} \tag{7.4.15}$$

对常数 $C_4, C_5 > 0$ 成立.

由 (7.4.13), (7.4.14) 和 (7.4.15), 有

$$I_2^\varepsilon(\varepsilon^{1-7K\beta}, n_\varepsilon, x, x_{ij}, W_\rho^{cs}(E_i))$$

$$\leqslant (1+\varepsilon^\alpha)^{n_\varepsilon} (1+C_2\varepsilon^{1-7K\beta})^{n_\varepsilon} [C_4\varepsilon^{-v^u} m^u(E_i) \mathcal{J}_{n_\varepsilon}(x_{ij})^{-1} \exp(-\tilde{\sigma}\|\xi^u\|\varepsilon^{-1})$$

$$+ \mathcal{J}_{n_\varepsilon}(x_{ij})^{-1} \sum_{1 \leqslant \tau \leqslant n} C_5^\tau \varepsilon^{\tau(1-7K\beta v^u - 16K\beta - 7K\beta v)}]$$

$$\leqslant C_6 \mathcal{J}_{n_\varepsilon}(x_{ij})^{-1} \varepsilon^{-v^u} m^u(E_i) [\exp(-\tilde{\sigma}\|\xi^u\|\varepsilon^{-1}) + \varepsilon^{(1-32vK\beta)}], \tag{7.4.16}$$

对某个常数 $C_6 > 0$ 成立.

令 $G_k^\varepsilon = \overline{W_{k\varepsilon}^u(x) \backslash W_{(k-1)\varepsilon}^u(x)}(k=1, 2, \cdots, [\varepsilon^{-3K\beta}]+1)$. 对于每个 G_k^ε 选取 $\xi_{k1}, \cdots,$ $\xi_{kp_k} \in E_x^1$ 使得只要令 $\hat{W}_{kp} = \exp_x \text{Graph}(h_x^u|_{\{\xi \in E_x^1 : |\xi - \xi_{kp}| \leqslant \varepsilon\}})$, 就有

$$G_k^\varepsilon \subset \bigcup_{p=1}^{p_k} \hat{W}_{kp}^\varepsilon, \quad p_k \leqslant C_7 k^{v^u-1},$$

其中 $C_7 > 0$ 是一个常数. 由引理 7.2.4, 对于任何固定的 i, k, p, 有

$$\sum_{x_{ij} \in \hat{W}_{kp}^\varepsilon} \mathcal{J}_{n_\varepsilon}(x_{ij})^{-1} \leqslant \bar{C}\varepsilon^{v^u}.$$

令 $\xi_{ij} = \exp_x^{-1} x_{ij}$. 如果 $x_{ij} \in \hat{W}_{kp}^\varepsilon$, 显然有 $\|\xi_{ij}^u\| \geqslant \bar{L}k\varepsilon$ 对某个常数 $\bar{L} > 0$ 成立. 所以

$$P^\varepsilon(n_\varepsilon, x, R_{\bar{z}, \eta, \rho})$$

$$\leqslant \sum_{i=1}^{k_\varepsilon} \sum_j I_2^\varepsilon(\varepsilon^{1-7K\beta}, n_\varepsilon, x, x_{ij}, W_\rho^{cs}(E_i)) + \exp(-\varepsilon^{-\frac{\beta}{2}})$$

$$\leqslant \sum_{i=1}^{k_\varepsilon} \sum_{k,p} \sum_{x_{ij} \in \hat{W}_{kp}^\varepsilon} C_6 \mathcal{J}_{n_\varepsilon}(x_{ij})^{-1} \varepsilon^{-v^u} m^u(E_i) [\exp(-\tilde{\sigma} \|\xi_{ij}^u\| \varepsilon^{-1})$$

$$+ \varepsilon^{1-32vK\beta}] + \exp(-\varepsilon^{-\frac{\beta}{2}})$$

$$\leqslant \sum_{i=1}^{k_\varepsilon} \sum_{k,p} C_6 \bar{C} m^u(E_i) [\exp(-\tilde{\sigma} k \bar{L}) + \varepsilon^{1-32vK\beta}] + \exp(-\varepsilon^{-\frac{\beta}{2}})$$

$$\leqslant \sum_{i=1}^{k_\varepsilon} \sum_{k} C_6 \bar{C} m^u(E_i) [C_7 k^{v^u-1} \exp(-\tilde{\sigma} k \bar{L}) + C_7 k^{v^u-1} \varepsilon^{1-32vK\beta}] + \exp(-\varepsilon^{-\frac{\beta}{2}})$$

$$\leqslant \sum_{i=1}^{k_\varepsilon} C_6 C_7 \bar{C} m^u(E_i) \left[\sum_{k} k^{v^u-1} \exp(-\tilde{\sigma} k \bar{L}) + 2^{v^u} \varepsilon^{1-32vK\beta-3v^uK\beta} \right] + \exp(-\varepsilon^{-\frac{\beta}{2}})$$

$$\leqslant C_8 m^u(E) + \exp(-\varepsilon^{-\frac{\beta}{2}}),$$

对某个常数 $C_8 > 0$ 成立. 由此可以导出

$$\mu^\varepsilon(R_{\bar{z},\eta,\rho}) = \int_N P^\varepsilon(n_\varepsilon, x, R_{\bar{z},\eta,\rho}) d\mu^\varepsilon(x) + \mu^\varepsilon(U_\Lambda \setminus N)$$

$$\leqslant C_8 m^u(E) + \exp(-\varepsilon^{-\frac{\beta}{2}}) + \mu^\varepsilon(U_\Lambda \setminus N)$$

$$= C_8 m^u(E) + O(\varepsilon).$$

最后, 对于集合 $E_k = W_{\eta+\frac{1}{k}}^u(\bar{z})$ 依然成立:

$$\mu^\varepsilon(R_{\bar{z},\eta+\frac{1}{k},\rho+\frac{1}{k}}) \leqslant C_8 m^u(E_k) + O(\varepsilon), \tag{7.4.17}$$

只要 k 充分大.

如果存在一个子序列 $\varepsilon_i \to 0$, 满足 $\mu^{\varepsilon_i} \to \mu$ (弱收敛) 当 $\varepsilon_i \to 0$ 时, 则

$$\mu(R_{\bar{z},\eta,\rho}) \leqslant \mu(\inf R_{\bar{z},\eta+\frac{1}{k},\rho+\frac{1}{k}}) \leqslant \lim_{i \to \infty} \mu^{\varepsilon_i}(\inf R_{\bar{z},\eta+\frac{1}{k},\rho+\frac{1}{k}}) \leqslant C_8 m^u(E_k).$$

令 $k \to 0$,

$$\mu(R_{\bar{z},\eta,\rho}) \leqslant C_8 m^u(E). \qquad \square$$

定理 7.1.1 的证明　对于 $x \in \Lambda$, 令 $B(x,\delta) = \{y \in M : d(y,x) < \delta\}$ 以及 $B_n(x,\delta) = \{y \in M : d(f^l y, f^l x) < \delta, \ 0 \leqslant l \leqslant n-1\}$. 当 $\delta > 0$ 充分小时, 有 $B(x,\delta) \subset W_{L\delta}^{cs}(W_{L\delta}^u(x))$ 对于任意的 $x \in \Lambda$ 以及某个常数 $L > 0$ 成立. 从局部 W^{cs} 和局部 W^u 流形的不变性可知, 如果 $y \in B_n(x,\delta)$, 则 $y \in W_{L\delta}^{cs}(\bigcap_{l=0}^{n-1} f^{-l} W_{L\delta}^u(f^l x))$, 因此

$$\mu(B_n(x,\delta)) \leqslant C_8 m^u \left(\bigcap_{l=0}^{n-1} f^{-l} W_{L\delta}^u(f^l x) \right).$$

把这个式子和定理 7.4.1、引理 7.2.3 结合起来就有

$$\mu(B_n(x,\delta)) \leqslant C_9 \mathcal{J}_n(x)^{-1},$$

对某个常数 $C_9 > 0$ 成立. 因此, 对于任意的 $x \in \Lambda$,

$$\limsup_{n \to +\infty} -\frac{1}{n} \log \mu(B_n(x,\delta)) \geqslant \limsup_{n \to +\infty} \frac{1}{n} \log \mathcal{J}_n(x).$$

由 Brin-Katok 局部熵公式 [2] 即可得出

$$h_\mu(f) \geqslant \int \chi(x) d\mu(x).$$

结合这个式子和 Ruelle 不等式得, μ 满足 Pesin 熵公式. 由于对 μ 存在几乎处处为正的 Lyapunov 指数, μ 是一个 SRB 测度. $\square$

参 考 文 献

[1] Benedicks M and Viana M. Random perturbations and statistical properties of Hénon-like maps. *Ann. Inst. H. Poincaré Anal. Non Linéare.* To appear.

[2] Brin M and Katok A. On local entropy. *Lect. Not. Math.*, 1007. Springer-Verlag, 1983: 30–38.

[3] Brin M and Kifer Y. Dynamics of Markov chains and stable manifolds for random diffeomorphisms. *Ergod. Th. Dynam. Syst.*, 1987, **7**: 351–374.

[4] Cowieson W and Young L S. SRB measures as zero-noise limits. *Ergod. Th. Dynam. Syst.*, 2005, **25**: 1115–1138.

[5] Chen Z P and Liu P D. Orbit shift stability of a class of self-covering maps. *Sci. China, Ser. A,* 1991, **34** (1): 1–13.

[6] Dolgopyat D. On differentiability of SRB states for partially hyperbolic systems. *Invent. Math.*, 2004, **155**: 389–449.

[7] Hasselblatt B and Pesin Ya. Partially hyperbolic dynamical systems. *Handbook of Dynamical Systems*, Vol. 1B. Hasselblatt B and Katok A, eds. Amsterdam: Elsevier, 2006: 1–55.

[8] Hirsch M W, Palis J, Pugh C and Shub M. Neighborhoods of hyperbolic sets. *Invent. Math.*, 1970, **9**: 121–134.

[9] Hu H and Young L S. Nonexistence of SBR measures for some diffeomorphisms that are "almost Anosov". *Ergod. Th. Dynam. Syst.*, 1995, **15**: 67–76.

[10] Katok A and Kifer Y. Random perturbations of transformations of an interval. *J. Analyse Math.*, 1986, **47** : 193–237.

[11] Katok A and Hasselblatt B. *Introduction to the Modern Theory of Dynamical Systems.* Cambridge University Press, 1995.

[12] Keller G. Stochastic stability of some chaotic dynamical systems. *Monatsh. Math.*, 1982, **94**: 313–333.

[13]　Kifer Y. *Random Perturbations of Dynamical Systems*. Boston: Birkhäuser, 1988.

[14]　Ledrappier F and Young L S. The metric entropy of diffeomorphisms. Part I: charac-
terization of measures satisfying Pesin's formula. *Ann. Math.*, 1985, **122**: 509–539.

[15]　Liu P D and Lu K. Random diffeomorphism perturbations of partially hyperbolic
attractors. Preprint.

[16]　Liu P D and Qian M. Smooth ergodic theory of random dynamical Systems. *Lect.
Not. Math,* 1606. Springer, 1995.

[17]　Sinai Ya G. Gibbs measures in ergodic theory. *Russian Math. Surveys*, 1972, **27**(4):
21–69.

第8章　无界区域上的双曲动力系统的随机稳定性

8.1 引　　言

这一章研究由作用在实轴上的仿射压缩变换和作用在圆周 $S^1 = \mathbb{R}/\mathbb{Z}$ 上的"角乘积"变换的斜积所生成的动力系统:

$$T : S^1 \times \mathbb{R} \to S^1 \times \mathbb{R}, \quad T(x,y) = (lx, \lambda y + f(x)),$$

其中 $l \geqslant 2$ 是一个整数, $0 < \lambda < 1$ 是一个实数以及 f 是一个作用在 S^1 上的 C^r 函数 $(r \geqslant 3)$. 文献 [2,12] 证明了, 如果 T 是局部体积扩张的, 即 $\lambda l > 1$, 则对于 C^r 通有的 f, 存在一个相对于 Lebesgue 测度绝对连续的 SRB 测度. 而且当 $\lambda^{1+2s} l > 1$ $(0 \leqslant s < r - 2)$ 时, 对于 C^r 通有的 f 这个 SRB 测度的密度也具备一定程度的正则性. 这里, 映射 T 的不变测度 μ 叫做 SRB 测度当且仅当对 Lebesgue 几乎所有的点 $(x,y) \in S^1 \times \mathbb{R}$, 下式以弱收敛的意义成立: $\frac{1}{n} \sum_{k=0}^{n-1} \delta_{T^k(x,y)} \to \mu$.

本章研究对一类横截的宽螺旋管吸引子施加随机扰动 (横截的类似定义由 Tsujii[12] 最早引入, 也可参照定义 8.2.1). 事实上, 这种横截性条件对 C^r 通有的 f 都成立. 进一步, 当应用确定系统和扰动后的系统的转移算子的谱性质时, 就会得到关于不变密度以及混合率的随机稳定性结果.

考虑如下的关于 T 的随机扰动. 给定 $\varepsilon > 0$, 令 ν_ε 是一个作用在 $[-\varepsilon, \varepsilon] \times [-\varepsilon, \varepsilon]$ 上的概率测度, 它的密度是 $\theta_\varepsilon(t) = \theta_\varepsilon(t^{(1)}, t^{(2)})$. 对于 $t = (t^{(1)}, t^{(2)}) \in \mathbb{R}^2$, 定义

$$(T + t) : S^1 \times \mathbb{R} \to S^1 \times \mathbb{R}, \quad (x,y) \mapsto (lx + t^{(1)}, \lambda y + f(x) + t^{(2)}).$$

由 $\mathcal{T}_{\nu_\varepsilon}$, 指代由下面的复合映射所生成的动力系统:

$$T_{\bar{t}}^n = (T + t_n) \circ (T + t_{n-1}) \circ \cdots \circ (T + t_1), \quad n \geqslant 0,$$

其中 $\bar{t} = (t_1, t_2, \cdots, t_n, \cdots) \in (\mathbb{R}^2)^{\mathbb{N}}$ 是根据 $\nu_\varepsilon{}^{\mathbb{N}}$ 随机选取的, 或者等价地, t_k, $k = 1, 2, \cdots$ 根据 ν_ε 独立随机地选取.

每个 $\mathcal{T}_{\nu_\varepsilon}$ 诱导了一个 Markov 链 $\{X_n^\varepsilon\}_{n \geqslant 0}$, 它的转移概率 $P^\varepsilon(x, \cdot), x \in S^1 \times \mathbb{R}$ 是由

$$P^\varepsilon(x, E) = \nu_\varepsilon\{t \in \mathbb{R}^2 : (T + t)(x) \in E\}$$

对任意可测的 $E \subset S^1 \times \mathbb{R}$ 给出的.

一个 $S^1 \times \mathbb{R}$ 上的概率测度 μ_ε 叫做 $\mathcal{T}_{\nu_\varepsilon}$ 的不变测度, 或者等价地, 叫做 $\{X_n^\varepsilon\}_{n \geqslant 0}$ 的平稳测度, 如果

$$\int P^\varepsilon(x, E) d\mu_\varepsilon(x) = \mu_\varepsilon(E),$$

对任意可测的 $E \subset S^1 \times \mathbb{R}$ 成立.

定理8.1.1　当 l 和 λ 满足 $\lambda^{1+2s} l > 1$ $(0 \leqslant s < r - 2)$ 以及所考虑的确定系统是横截系统的时候, 则对充分小的 ε, 不变测度 μ_ε 存在而且相对于 Lebesgue 测度绝对连续. 进一步地, μ_ε 的密度包含在 Sobolev 空间 $W^s(S^1 \times \mathbb{R})$ 中.

所谓 T 的转移算子 $\mathcal{L}: L^1(S^1 \times \mathbb{R}) \to L^1(S^1 \times \mathbb{R})$ 是由

$$\mathcal{L}h(x) = \frac{1}{\lambda l} \sum_{y \in T^{-1}(x)} h(y)$$

定义的.

随机转移算子 $\mathcal{L}_\varepsilon: L^1(S^1 \times \mathbb{R}) \to L^1(S^1 \times \mathbb{R})$ 按照下面的方式定义:

$$\mathcal{L}_\varepsilon h(x) = \int \mathcal{L}_{T+t} h(x) \theta_\varepsilon(t) dt.$$

定理8.1.2　当 l 和 λ 满足 $\lambda^{1+2s} l > 1$ $(1/2 \leqslant s < r - 2)$ 以及所考虑的确定系统是横截系统的时候, 则对充分小的 ε, 转移算子 $\mathcal{L}_\varepsilon$ 连续作用在一个包含在 $W^s(S^1 \times \mathbb{R})$ 内的 Banach 空间 $\mathcal{B}$ 上, 其本质谱半径不大于 γ (γ 将在推论 8.4.2 中确定). 特别地, $\mathcal{L}_\varepsilon$ 有一个谱距, 其决定相关系数以指数速度衰退.

接下来考虑混合率的收敛问题. 把 τ_0 称为是 (T, μ_0) 关于 $(\mathcal{B}, \|\cdot\|)$ 中的函数的相关系数的衰退率, 如果 τ_0 是满足下面式子的最小实数: 对 $\tau > \tau_0$ 和每对 $\phi, \psi \in \mathcal{B}$, 存在 $C = C(\tau, \|\phi\|, \|\psi\|)$ 使得

$$\left| \int (\phi \circ T^n) \cdot \psi d\mu_0 - \int \phi d\mu_0 \int \psi d\mu_0 \right| \leqslant C\tau^n, \quad \forall n \geqslant 1$$

成立. 衰退率在很多文献里也称为是混合率. 当 $\tau_0 > \mathrm{esssp}(\mathcal{L})$ 时, 称 τ_0 为孤立衰退率.

对于马氏链 $(X^\varepsilon, \mu_\varepsilon)$, 令 $P_n^\varepsilon(x, \cdot)$ 是它的 n 步转移概率. 把 τ_ε 叫做 $(X^\varepsilon, \mu_\varepsilon)$ 关于 $(\mathcal{B}, \|\cdot\|)$ 中的函数的相关系数的衰退率 (混合率), 如果 τ_ε 是满足下面式子的最小实数: 对 $\tau > \tau_\varepsilon$ 和每对 $\phi, \psi \in \mathcal{B}$, 存在 $C = C(\tau, \|\phi\|, \|\psi\|)$ 使得

$$\left| \int \left(\int \phi(y) P_n^\varepsilon(x, dy) \right) \cdot \psi(x) d\mu_\varepsilon(x) - \int \phi d\mu_\varepsilon \int \psi d\mu_\varepsilon \right| \leqslant C\tau^n, \quad \forall n \geqslant 1$$

成立.

定理8.1.3　当 l 和 λ 满足 $\lambda^{1+2s} l > 1$ $(1/2 \leqslant s < r - 2)$ 以及所考虑的确定系统是横截的时候. 令 $\mu_0 = \rho_0 dm$ 是 T 的绝对连续的不变测度. μ_ε 是定理 8.1.1 得到的

不变测度, 密度是 ρ_ε. 对 $0 \leqslant \rho < r - 2$, 动力系统 (T, μ_0) 在 X^ε 扰动下是强随机稳定的: $\|\rho_\varepsilon - \rho_0\|_\rho^\dagger \to 0$ 当 $\varepsilon \to 0$($\|\cdot\|_\rho^\dagger$ 在 8.3 节中引进), 而且, 当 τ_0 是孤立衰退率时, 它还是健壮的, 即 $\tau_\varepsilon \to \tau_0$ 当 $\varepsilon \to 0$.

下面以如下的方式展开证明. 8.2 节为了考虑 T 以及扰动后的映射 $T_{\bar{t}}$ 的横截性条件, 引入了一系列定义. 定义的引入采用了和文献 [2] 几乎一致的方式. T 的横截性条件已经在文献 [2] 中被证明是通有的, 这也足以说明当 $\bar{t}$ 足够小时扰动映射 $T_{\bar{t}}$ 是横截的. 8.3 节仿照文献 [2,5], 对于作用在 $S^1 \times \mathbb{R}$ 上的 C^r 函数, 引入预范数 $\|\cdot\|_\rho^\dagger$. 然后, 证明两个反映范数 $\|\cdot\|_\rho^\dagger$ 和 Sobolev 范数 $\|\cdot\|_{W^s}$ 之间关系的 Lasota-Yorke 类不等式. 最后, 在 8.4 节, 建立空间紧性引理、随机扰动引理和最理想形式的 Lasota-Yorke 类不等式, 从而完成定理 8.1.1、定理 8.1.2 和定理 8.1.3 的证明.

8.2　初　始　设　定

从现在开始, 固定满足条件 $\lambda^{1+2s} l > 1$ 的一个整数 $l \geqslant 2$ 以及实数 $0 < \lambda < 1$ 和 $0 \leqslant s < r - 2$. 令 $\kappa > \|f\|_{C^r} := \max\limits_{0 \leqslant \kappa \leqslant r} \sup\limits_{x \in S^1} \left| \frac{d^k}{dx^k} f(x) \right|$, 其中 f 选自一个横截系统. 固定 $\alpha_0 = \kappa / (1 - \lambda)$ 并令 $D = S^1 \times [-\alpha_0, \alpha_0]$, 则有 $(T + t)(D) \subset D$ 当 t 足够小时.

令 $\mathcal{P}$ 是把 S^1 分成一系列区间 $\mathcal{P}(k) = [(k-1)/l, k/l)$ $(1 \leqslant k \leqslant l)$ 的分割. 令 $\tau : S^1 \to S^1$ 是由 $\tau(x) = l \cdot x$ 定义的映射, 则分割 $\mathcal{P}^n := \bigvee_{i=0}^{n-1} \tau^{-i}(\mathcal{P})$ $(n \geqslant 1)$ 由区间

$$\mathcal{P}(a) = \bigcap_{i=0}^{n-1} \tau^{-i}(\mathcal{P}(a_{n-i})), \quad a = (a_i)_{i=1}^n \in \mathcal{A}^n$$

构成, 其中 $\mathcal{A}^n$ 指代由 $\mathcal{A} = \{1, 2, \cdots, l\}$ 生成的字长为 n 的字空间.

对于 $x \in S^1$ 和 $a \in \mathcal{A}^n$, 存在唯一的点 $y \in \mathcal{P}(a)$ 使得 $\tau^n(y) = x$, 以后用 $a(x)$ 表示 y. 对于 $a = (a_i)_{i=1}^n \in \mathcal{A}^n$, 区间段 $\mathcal{P}(a) \times \{0\} \subset S^1 \times \mathbb{R}$ 在 T^n 下作用的像是函数 $S(\cdot, a)$ 的图, 函数 $S(\cdot, a)$ 的定义为

$$S(x, a) := \sum_{i=1}^n \lambda^{i-1} f(\tau^{n-i}(a(x))) = \sum_{i=1}^n \lambda^{i-1} f([a]_i(x)),$$

其中 $[a]_q = (a_i)_{i=1}^q$. 对于一个无穷长度的字 $a = (a_i)_{i=1}^\infty \in \mathcal{A}^\infty$, 定义

$$S(x, a) = \lim_{i \to \infty} S(x, [a]_i) = \sum_{i=1}^\infty \lambda^{i-1} f([a]_i(x)).$$

对于一个长度为 m 的字 c, 令 $\mathcal{P}_*(c)$ 是区间 $\mathcal{P}(c)$ 和紧邻着它的两个在 $\mathcal{P}^m$ 中的区间的并. 对于给定的一个字 $a \in \mathcal{A}^n$ $(1 \leqslant n \leqslant \infty)$ 函数 $S(\cdot, a)$ 可能未必在 $\mathcal{P}_*(c)$ 上是连续的, 比方说当 $0 \in S^1$ 恰恰是 $\mathcal{P}(c)$ 端点的时候. 然而 $S(\cdot, a)$ 在 $\mathcal{P}(c)$ 上的限制

可以被自然地延拓到 $\mathcal{P}_*(c)$ 上成为一个 C^r 函数. 事实上, 令 $\tau_{c,a}^{-i} : \mathcal{P}_*(c) \to S^1$ 是满足 $\tau_{c,a}^{-i}(\mathcal{P}(c)) \subset \mathcal{P}([a]_i)$ 的 τ^i 的逆的分支, 则 $S(\cdot, a)$ 的延拓可以如下给出:

$$S_c(\cdot, a) : \mathcal{P}_*(c) \to \mathbb{R}, \quad S_c(x, a) := \sum_{i=1}^{n} \lambda^{i-1} f(\tau_{c,a}^{-i}(x)).$$

对于任意长度 (包含无限长) 的字 a, 有

$$\sup_{x \in \mathcal{P}_*(c)} \max_{0 \leqslant v < r} l^v \left| \frac{d^v}{dx^v} S_c(x, a) \right| \leqslant \alpha_0.$$

对于 $C_0 > 2$, $a, b \in \mathcal{A}^q$ 以及 $c \in \mathcal{A}^p$, 称 a 和 b 在 c 上横截, 并且记做 $a \pitchfork_c b$, 如果

$$\left| \frac{d}{dx} S_c(x, a) - \frac{d}{dx} S_c(y, b) \right| > C_0 \lambda^q l^{-q} \alpha_0$$

对于 $\mathcal{P}_*(c)$ 闭包上的任意点 x, y 都成立.

令

$$e(q, p) = \max_{c \in \mathcal{A}^p} \max_{a \in \mathcal{A}^q} \sharp \{ b \in \mathcal{A}^q | a \pitchfork_c b \} \quad \text{以及} \quad e(q) = \lim_{p \to \infty} e(q, p).$$

定义 8.2.1 称确定动力系统是横截的, 如果

$$\limsup_{q \to \infty} \frac{e(q)}{(\lambda^{1+2s} \cdot l)^q} = 0.$$

这一章要求选定的确定动力系统对于某个 C_0 是横截的. 这是一种从文献 [2] 中提取出来的非常自然的条件, 可以证明被 C^r 通有的 f 所满足.

记 $\tau + t^{(1)}$ 为平移映射 $x \mapsto \tau(x) + t^{(1)}$ 以及

$$\tau_{\bar{t}}^n = (\tau + t_n^{(1)}) \circ (\tau + t_{n-1}^{(1)}) \cdots (\tau + t_1^{(1)}), \quad n \geqslant 1.$$

$\sigma : (\mathbb{R}^2)^{\mathbb{N}} \mapsto (\mathbb{R}^2)^{\mathbb{N}}$ 由 $\sigma(\bar{t}) = \sigma(t_1, t_2, \cdots, t_n, \cdots) = (t_2, t_3, \cdots, t_n, \cdots)$ 定义. 从现在开始称 $\bar{t}$ 是个小量如果 $\|\bar{t}\| := \max_i |t_i|$ 是个小量.

相应于随机情形, 令 $\mathcal{P}_t$ 是把 S^1 分成区间 $\mathcal{P}_t(k) = [(k-1-t)/l, (k-t)/l)$ $(1 \leqslant k \leqslant l, t > 0)$ 的分割. 对于 $\bar{t} \in ([-\varepsilon, \varepsilon]^2)^{\mathbb{N}}$, 分割 $\mathcal{P}_{\bar{t}}^n$ $(n \in \mathbb{N})$ 由区间 $\mathcal{P}_{\bar{t}}(a)$ $(a = (a_i)_{i=1}^n \in \mathcal{A}^n)$ 构成, 其中 $\mathcal{P}_{\bar{t}}(a)$ 是与进行 $\sum_{i=1}^{n} \frac{t_i}{l}$ 位移后的 $\mathcal{P}(a)$ 重合的连通分支 $\tau_{\bar{t}}^{-(n-1)}(\mathcal{P}_{t_n})$.

对 $x \in S^1$ 以及 $a \in \mathcal{A}^n$, 存在唯一的点 $y \in \mathcal{P}_{\bar{t}}(a)$ 使得 $\tau_{\bar{t}}^n(y) = x$, 用 $a_{\bar{t}}(x)$ 来指代 y. 对 $a = (a_i)_{i=1}^n \in \mathcal{A}^n$, 区间段 $\mathcal{P}_{\bar{t}}(a) \times \{0\} \subset S^1 \times \mathbb{R}$ 在 $T_{\bar{t}}^n$ 下作用的像是函数 $S_{\bar{t}}(\cdot, a)$ 的图, 函数 $S_{\bar{t}}(\cdot, a)$ 的定义由下式给出:

$$S_{\bar{t}}(x, a) = \sum_{i=1}^{n} \lambda^{i-1} (f(\tau_{\bar{t}}^{n-i}(a_{\bar{t}}(x))) + t_{n+1-i}^{(2)}) = \sum_{i=1}^{n} \lambda^{i-1} (f([a]_{i, \sigma^{n-i}(\bar{t})}(x)) + t_{n+1-i}^{(2)}).$$

对于无限长的字 $a = (a_i)_{i=1}^{\infty} \in \mathcal{A}^{\infty}$, 定义

$$S_{\bar{t}}(x,a) = \lim_{i \to \infty} S_{\bar{t}}(x,[a]_i).$$

对于一个长度 m 的字 c, 把 $\mathcal{P}^m$ 的每个区间分成两个等长的区间后形成一个新的分割 $(\mathcal{P}^m)^2$. 令 $\mathcal{P}_{*,\bar{t}}(c)$ 是区间 $\mathcal{P}(c)$ 和紧邻着它的两个在 $(\mathcal{P}^m)^2$ 中的区间的并. 显然, $\mathcal{P}_{*,\bar{t}}(c) \subset \mathrm{int}\mathcal{P}_*(c)$. 同样地, 对 $a \in \mathcal{A}^n$ ($1 \leqslant n \leqslant \infty$) 函数 $S_{\bar{t}}(\cdot, a)$ 未必在 $\mathcal{P}_{*,\bar{t}}(c)$ 上连续, 比方说当 $0 \in S^1$ 是 $\mathcal{P}(c)$ 的端点时. 然而 $S_{\bar{t}}(\cdot, a)$ 在 $\mathcal{P}(c)$ 上的限制可以自然地延拓到 $\mathcal{P}_{*,\bar{t}}(c)$ 上成为一个 C^r 函数. 实际上, 令 $\tau_{c,a,\bar{t}}^{-i} : \mathcal{P}_{*,\bar{t}}(c) \to S^1$ 是满足 $\tau_{c,a,\bar{t}}^{-i}(\mathcal{P}(c)) \subset \mathcal{P}_{\sigma^{n-i}(\bar{t})}([a]_i)$ 的 $\tau_{\sigma^{n-i}(\bar{t})}^{i}$ 的逆的分支, $S_{\bar{t}}(\cdot, a)$ 的延拓由下式给出:

$$S_{c,\bar{t}}(\cdot,a) : \mathcal{P}_{*,\bar{t}}(c) \to \mathbb{R}, \quad S_{c,\bar{t}}(x,a) := \sum_{i=1}^{n} \lambda^{i-1}(f(\tau_{c,a,\bar{t}}^{-i}(x)) + t_{n+1-i}^{(2)}).$$

对于任意长度 (包含无限长) 的字 a 以及充分小的 $\bar{t}$, 有

$$\sup_{x \in \mathcal{P}_{*,\bar{t}}(c)} \max_{0 \leqslant v < r} l^v \left| \frac{d^v}{dx^v} S_{c,\bar{t}}(x,a) \right| \leqslant \alpha_0.$$

对于 $a, b \in \mathcal{A}^q$ 以及 $c \in \mathcal{A}^p$, 称 a 和 b 在 c 上依赖于 $\bar{t}$ 横截, 如果

$$\left| \frac{d}{dx} S_{c,\bar{t}}(x,a) - \frac{d}{dx} S_{c,\bar{t}}(y,b) \right| > 2\lambda^q l^{-q} \alpha_0$$

对于 $\mathcal{P}_{*,\bar{t}}(c)$ 闭包上的任意点 x, y 都成立.

令

$$e_{\bar{t}}(q,p) = \max_{c \in \mathcal{A}^p} \max_{a \in \mathcal{A}^q} \sharp\{b \in \mathcal{A}^q | a \pitchfork_{c,\bar{t}} b\} \quad \text{以及} \quad e_{\bar{t}}(q) = \lim_{p \to \infty} e_{\bar{t}}(q,p).$$

注意由 $S_{c,\bar{t}}(\cdot,a)$, $S_c(\cdot,a)$, $\mathcal{P}_{*,\bar{t}}(c)$ 和 $\mathcal{P}_*(c)$ 的定义, 可以推断出

$$a \pitchfork_c b \Longrightarrow a \pitchfork_{c,\bar{t}} b, \quad \forall\, a, b \in \mathcal{A}^q, \ \forall\, c \in \mathcal{A}^p.$$

当 $\bar{t}$ 足够小时, 此时 $e_{\bar{t}}(q,p) \leqslant e(q,p)$ 以及 $e_{\bar{t}}(q) \leqslant e(q)$.

直到 8.3.2 节为止, 固定一个大的整数 q, q 将会在 8.4 节中确定. 由定义知, 存在一个整数 $p_0 \geqslant 1$ 使得 $e(q,p) = e(q)(p \geqslant p_0)$. 也固定一个整数 $p \geqslant p_0$.

8.3 Lasota-Yorke 不等式

8.3.1 Perron-Frobenius 算子

令 $C^r(D)$ 是作用在 $S^1 \times \mathbb{R}$ 上的 C^r 函数构成的集合, 它们的支集包含在 D 内. 为了定义范数, 先定义一个作用在 $S^1 \times \mathbb{R}$ 上的 C^r 曲线族 Γ. 令 $\gamma : \mathcal{D}(\gamma) \to S^1 \times \mathbb{R}$ 是

一个作用在 $S^1 \times \mathbb{R}$ 上的连续曲线, $\mathcal{D}(\gamma)$ 的定义是一个紧区间. 对于 $n \geqslant 0$ 和 $\bar{t} \in ([-\varepsilon, \varepsilon]^2)^{\mathbb{N}}$, 存在 l^n 个曲线 $\widetilde{\gamma}_{i,\bar{t}} : \mathcal{D}(\gamma) \to S^1 \times \mathbb{R}$, $1 \leqslant i \leqslant l^n$, 使得 $T_{\bar{t}}^n \circ \widetilde{\gamma}_{i,\bar{t}} = \gamma$, 把它们中的每一个都叫做 γ 在 $T_{\bar{t}}^n$ 下作用的逆象.

令 Γ 是 C^r 曲线 $\gamma : \mathcal{D}(\gamma) \to S^1 \times \mathbb{R}$ 构成的集合, 它们满足:

- $\mathcal{D}(\gamma)$ 的定义域是一个紧区间.
- γ 可以写成 $\gamma(t) = (\pi \circ \gamma(t), t)$ 的形式.
- $\left| \frac{d^i, (\pi \circ \gamma)}{dt^i(s)} \right| \leqslant c_i, 1 \leqslant i \leqslant r, s \in \mathcal{D}(\gamma)$.

其中 $\pi : S^1 \times \mathbb{R} \to S^1$ 是投影到第一分量的映射, $c_i, 1 \leqslant i \leqslant r$ 是正常数, 由 $T_{\bar{t}}^n$ 的双曲性质知, 这些正常数可以取到.

进一步地, $\gamma \in \Gamma$ 在 $T_{\bar{t}}^n$ ($n \geqslant 1$) 下作用的逆像 $\widetilde{\gamma}_{\bar{t}}$ 可以写成由一个曲线 $\widehat{\gamma}_{\bar{t}} \in \Gamma$ 和一个 C^r 微分同胚 $g_{\bar{t}} : \mathcal{D}(\gamma) \to \mathcal{D}(\widehat{\gamma}_{\bar{t}})$ 的复合 $\widehat{\gamma}_{\bar{t}} \circ g_{\bar{t}}$. 而且, 可以选取正常数 c 使得 $g_{\bar{t}}$ 满足

$$\left| \frac{d^v}{ds^v} (g_{\bar{t}}^{-1}(s)) \right| < c\lambda^n, \qquad \text{当 } \bar{t} \text{ 足够小时},\tag{8.3.1}$$

其中 $s \in \mathcal{D}(\widehat{\gamma}_{\bar{t}})$, $1 \leqslant v \leqslant r$, c 与 $\bar{t}$ 无关.

从现在开始固定 c, c_i, $1 \leqslant i \leqslant r$ 和 Γ, c_i 在 8.3.3 节确定.

对于函数 $h \in C^r(D)$ 以及一个整数 $0 \leqslant \rho \leqslant r-1$, 定义

$$\|h\|_{\rho}^{\dagger} := \max_{\alpha+\beta \leqslant \rho} \sup_{\gamma \in \Gamma} \sup_{\phi \in \mathcal{C}^{\alpha+\beta}(\gamma)} \int \phi(t) \partial_x^\alpha \partial_y^\beta h(\gamma(t)) dt,$$

其中 $\max\limits_{\alpha+\beta \leqslant \rho}$ 表示对于满足 $\alpha + \beta \leqslant \rho$ 的非负整数对 (α, β) 取最大值, $\mathcal{C}^s(\gamma)$ 是定义在 $\mathbb{R}$ 上的 C^s 函数 ϕ 组成的空间, ϕ 满足 $\text{supp}\phi \subset \text{int}(\mathcal{D}(\gamma))$ 以及 $\|\phi\|_{C^s} \leqslant 1$. 这是一个定义在 $C^r(D)$ 上的范数, 它满足

$$\|h\|_{L^1} \leqslant C\|h\|_0^{\dagger} \leqslant C\|h\|_{\rho}^{\dagger}.\tag{8.3.2}$$

引理8.3.1　*存在一个常数 A_0 使得*

$$\|\mathcal{L}_\varepsilon^n h\|_{\rho}^{\dagger} \leqslant A_0 l^{-\rho n} \|h\|_{\rho}^{\dagger} + C(n)\|h\|_{\rho-1}^{\dagger}, \quad 1 \leqslant \rho \leqslant r-1,\tag{8.3.3}$$

以及

$$\|\mathcal{L}_\varepsilon^n h\|_0^{\dagger} \leqslant A_0 \|h\|_0^{\dagger},\tag{8.3.4}$$

对于 $n \geqslant 0$, 充分小的 $\varepsilon > 0$ 以及 $h \in C^r(D)$ 成立. 其中 $C(n)$ 可能依赖 n 但不会依赖 h.

证明　由于

$$\mathcal{L}_\varepsilon^n h = \int \cdots \int \mathcal{L}_{T_{\bar{t}}^n} h \cdot \theta(t_1) \cdots \theta(t_n) dt_1 \cdots dt_n = \int \cdots \int \mathcal{L}_{T_{\bar{t}}^n} h \cdot \theta(t_1) \cdots \theta(t_n) d\bar{t},$$

以及积分与微分的可交换性, 考虑估计 $\|\mathcal{L}_{T_{\bar{t}}^n} h\|_\rho^\dagger$.

出于符号简化的考虑, 用 $\mathcal{L}_{\bar{t}}^n$ 来代替 $\mathcal{L}_{T_{\bar{t}}^n}$. 考虑满足 $1 \leqslant \rho \leqslant r-1$ 和 $\alpha+\beta = \rho$ 的非负整数 ρ, α 和 β, 对下式两边做微分

$$\mathcal{L}_{\bar{t}}^n h(x,y) = \frac{1}{\lambda^n l^n} \sum_{(x',y') \in T_{\bar{t}}^{-n}(x,y)} h(x',y'),$$

注意微分式 $\partial_x^\alpha \partial_y^\beta \mathcal{L}_{\bar{t}}^n h(x,y)$ 可以写成

$$\Phi_{\bar{t}}(x,y) = \sum_{(x',y') = T_{\bar{t}}^{-n}(x,y)} \sum_{k=0}^{\alpha} Q_{k,\bar{t}}(x) \frac{\partial_x^{\alpha-k} \partial_y^{\beta+k} h(x',y')}{\lambda^{(1+\beta+k)n} l^{(1+\alpha-k)n}}$$

和

$$\Psi_{\bar{t}}(x,y) = \sum_{(x',y') = T_{\bar{t}}^{-n}(x,y)} \sum_{a+b \leqslant \rho-1} Q_{a,b,\bar{t}}(x) \frac{\partial_x^a \partial_y^b h(x',y')}{\lambda^{(1+b)n} l^{(1+a)n}}$$

的和, 其中 $Q_{k,\bar{t}}(\cdot)$ 和 $Q_{a,b,\bar{t}}(\cdot)$ 分别是 C^ρ 和 C^{a+b} 函数.

对于 $\gamma \in \Gamma$ 以及 $\phi \in \mathcal{C}^\rho(\gamma)$, 估计

$$\int \phi(t) \partial_x^\alpha \partial_y^\beta \mathcal{L}_{\bar{t}}^n h(\gamma(t)) dt = \int \phi(t) \Phi_{\bar{t}}(\gamma(t)) dt + \int \phi(t) \Psi_{\bar{t}}(\gamma(t)) dt. \tag{8.3.5}$$

令 $\gamma_{i,\bar{t}}$, $1 \leqslant i \leqslant l^n$ 是曲线 γ 在 $T_{\bar{t}}^n$ 作用下的逆象, 并记作 $\widehat{\gamma}_{i,\bar{t}} \in \Gamma$ 和一个 C^r 微分同胚 $g_{i,\bar{t}}$ 的复合 $\widehat{\gamma}_{i,\bar{t}} \circ g_{i,\bar{t}}$, 则有

$$\int \phi(t) \Psi_{\bar{t}}(\gamma(t)) dt = \sum_{1 \leqslant i \leqslant l^n} \sum_{a+b \leqslant \rho-1} \int \phi(t) \frac{Q_{a,b,\bar{t}}(\pi \circ \gamma(t)) \cdot \partial_x^a \partial_y^b h(\gamma_{i,\bar{t}}(t))}{\lambda^{(1+b)n} l^{(1+a)n}} dt$$

$$= \sum_{1 \leqslant i \leqslant l^n} \sum_{a+b \leqslant \rho-1} \int \frac{\phi(g_{i,\bar{t}}^{-1}(s)) \cdot Q_{a,b,\bar{t}}(\pi \circ \gamma \circ g_{i,\bar{t}}^{-1}(s))(g_{i,\bar{t}}^{-1})'(s) \cdot \partial_x^a \partial_y^b h(\widehat{\gamma}_{i,\bar{t}}(s))}{\lambda^{(1+b)n} l^{(1+a)n}} ds.$$

$$\tag{8.3.6}$$

由于函数 $s \mapsto \phi(g_{i,\bar{t}}^{-1}(s)) \cdot Q_{a,b,\bar{t}}(\pi \circ \gamma \circ g_{i,\bar{t}}^{-1}(s))(g_{i,\bar{t}}^{-1})'(s)$ 的 C^{a+b} 范数当 $\bar{t}$ 足够小时被某个依赖于 n 的常数一致控制, 有

$$\left| \int \phi(t) \Psi_{\bar{t}}(\gamma(t)) dt \right| \leqslant C(n) \|h\|_{\rho-1}^\dagger, \tag{8.3.7}$$

其中 $C(n)$ 可能依赖 n 但与 h 和 $\bar{t}$ 无关.

(8.3.5) 右边的第一个积分化为

$$\int \phi(t) \Phi_{\bar{t}}(\gamma(t)) dt = \sum_{1 \leqslant i \leqslant l^n} \sum_{k=0}^{\alpha} \int \phi(t) \frac{Q_{k,\bar{t}}(\pi \circ \gamma(t)) \cdot \partial_x^{\alpha-k} \partial_y^{\beta+k} h(\gamma_{i,\bar{t}}(t))}{\lambda^{(1+\beta+k)n} l^{(1+\alpha-k)n}} dt$$

$$= \sum_{1 \leqslant i \leqslant l^n} \sum_{k=0}^{\alpha} \int \frac{\phi(g_{i,\bar{t}}^{-1}(s)) \cdot Q_{k,\bar{t}}(\pi \circ \gamma \circ g_{i,\bar{t}}^{-1}(s))(g_{i,\bar{t}}^{-1})'(s) \cdot \partial_x^{\alpha-k} \partial_y^{\beta+k} h(\widehat{\gamma}_{i,\bar{t}}(s))}{\lambda^{(1+\beta+k)n} l^{(1+\alpha-k)n}} ds.$$

暂时固定 $1 \leqslant i \leqslant l^n$, 做分部积分. 对于任何 $\psi \in C^\rho(\mathcal{D}(\widehat{\gamma}_{i,\bar{t}}))$, 有

$$\int \frac{d\psi}{ds}(s) \cdot \frac{\partial_x^{\alpha-k} \partial_y^{\beta+k-1} h(\widehat{\gamma}_{i,\bar{t}}(s))}{\lambda^{(1+\beta+k)n} l^{(1+\alpha-k)n}} ds = - \int \widetilde{\psi}(s) \frac{\partial_x^{\alpha-k+1} \partial_y^{\beta+k-1} h(\widehat{\gamma}_{i,\bar{t}}(s))}{\lambda^{(1+\beta+k-1)n} l^{(1+\alpha-k+1)n}} ds$$
$$- \int \psi(s) \frac{\partial_x^{\alpha-k} \partial_y^{\beta+k} h(\widehat{\gamma}_{i,\bar{t}}(s))}{\lambda^{(1+\beta+k)n} l^{(1+\alpha-k)n}} ds,$$

其中 $\widetilde{\psi}(s) = \lambda^{-n} l^n (\pi \circ \widehat{\gamma}_{i,\bar{t}})'(s) \psi(s)$. 这表明

$$\left| \int \psi(s) \frac{\partial_x^{\alpha-k} \partial_y^{\beta+k} h(\widehat{\gamma}_{i,\bar{t}}(s))}{\lambda^{(1+\beta+k)n} l^{(1+\alpha-k)n}} ds \right| \leqslant \left| \int \widetilde{\psi}(s) \frac{\partial_x^{\alpha-k+1} \partial_y^{\beta+k-1} h(\widehat{\gamma}_{i,\bar{t}}(s))}{\lambda^{(1+\beta+k-1)n} l^{(1+\alpha-k+1)n}} ds \right|$$
$$+ C(n) \|\psi\|_{C^\rho} \|h\|_{\rho-1}^\dagger, \tag{8.3.8}$$

其中 $C(n)$ 可能依赖 n 但是与 h 和 ψ 无关. 令

$$\psi_0(s) = \phi(g_{i,\bar{t}}^{-1}(s)) \cdot Q_{k,\bar{t}}(\pi \circ \gamma \circ g_{i,\bar{t}}^{-1}(s)) \cdot (g_{i,\bar{t}}^{-1})'(s),$$

以及

$$\psi_j(s) = \lambda^{-nj} l^{nj} ((\pi \circ \widehat{\gamma}_{i,\bar{t}})'(s))^j \psi_0(s) = \lambda^{-nj} ((\pi \circ \gamma \circ (g_{i,\bar{t}})^{-1})'(s))^j \psi_0(s).$$

反复用 (8.3.8), 得到

$$\left| \int \frac{\psi_0(s) \partial_x^{\alpha-k} \partial_y^{\beta+k} h(\widehat{\gamma}_{i,\bar{t}}(s))}{\lambda^{(1+\beta+k)n} l^{(1+\alpha-k)n}} ds \right| \leqslant \left| \int \frac{\psi_{\beta+k}(s) \partial_x^\rho h(\widehat{\gamma}_{i,\bar{t}}(s))}{\lambda^{n} l^{(1+\rho)n}} ds \right|$$
$$+ \sum_{j=0}^{\beta+k-1} C(n) \|\psi_j\|_{C^\rho} \|h\|_{\rho-1}^\dagger.$$

由于 $\|\psi_j\|_{C^\rho} < C_0 \lambda^n$ $(0 \leqslant j \leqslant \beta+k)$, 其中 C_0 与 $\bar{t}$ 无关, 当 $\bar{t}$ 足够小时 (这可以由 (8.3.1) 知), 有

$$\left| \int \frac{\psi_0(s) \partial_x^{\alpha-k} \partial_y^{\beta+k} h(\widehat{\gamma}_{i,\bar{t}}(s))}{\lambda^{(1+\beta+k)n} l^{(1+\alpha-k)n}} ds \right| \leqslant C_0 l^{-(1+\rho)n} \|h\|_\rho^\dagger + C(n) \|h\|_{\rho-1}^\dagger.$$

对所有的曲线 $\gamma_{i,\bar{t}}$, $1 \leqslant i \leqslant l^n$ 做和, 得到

$$\left| \int \phi(t) \Phi_{\bar{t}}(\gamma(t)) dt \right| \leqslant C_0 l^{-\rho n} \|h\|_\rho^\dagger + C(n) \|h\|_{\rho-1}^\dagger,$$

其中 C_0 不依赖于 $\bar{t}$ 当 $\bar{t}$ 足够小时. 这个式子和 (8.3.7) 一起给出了 (8.3.3). 对 (8.3.4) 可以类似给出. $\qquad\square$

8.3.2 主要的 Lasota-Yorke 不等式

这一小节证明下面的命题:

命题8.3.1 存在一个不依赖于 q 的常数 B_0 以及一个常数 $C(q)$, 使得对任意的 $\phi \in C^r(D)$, 任意整数 ρ_0 ($s + 1 < \rho_0 \leqslant r - 1$) 以及足够小的 ε, 有

$$\|\mathcal{L}_\varepsilon^q \phi\|_{W^s}^2 \leqslant \frac{B_0 e(q)}{(\lambda^{1+2sl})^q} \|\phi\|_{W^s}^2 + C(q)\|\phi\|_{W^s}\|\phi\|_{\rho_0}^\dagger.$$

首先引入一些概念, 然后证明一些跟 Sobolev 范数 $\|\cdot\|_{W^s}$ 有关的基本事实. 定义 $\phi \in C^r(D)$ 的 Fourier 变换是一个作用在 $\mathbb{Z} \times \mathbb{R}$ 上的函数:

$$\mathcal{F}\phi(\xi, \eta) = \frac{1}{\sqrt{2\pi}} \int_{S^1 \times \mathbb{R}} \phi(x, y) \exp(-i(2\pi\xi x + \eta y)) dx dy.$$

对于 $s \geqslant 0$ 以及任意的 $\phi_1, \phi_2 \in C^r(D)$, 定义

$$(\phi_1, \phi_2)_{W^s} := (\phi_1, \phi_2)_{W^s}^* + (\phi_1, \phi_2)_{L^2},$$

其中

$$(\phi_1, \phi_2)_{W^s}^* := \sum_{\xi=-\infty}^{\infty} \int_{\mathbb{R}} \mathcal{F}\phi_1(\xi, \eta) \cdot \overline{\mathcal{F}\phi_2(\xi, \eta)} \cdot ((2\pi\xi)^2 + \eta^2)^s d\eta.$$

Sobolev 范数定义为: $\|\phi\|_{W^s} = \sqrt{(\phi, \phi)_{W^s}}$. 自然地有

$$(\phi_1, \phi_2)_{W^s}^* = \sum_{\alpha+\beta=[s]} b_{\alpha\beta}(\partial_x^\alpha \partial_y^\beta \phi_1, \partial_x^\alpha \partial_y^\beta \phi_2)_{W^{s-[s]}}^*, \tag{8.3.9}$$

其中 $b_{\alpha\beta}$ 是满足 $(X^2 + Y^2)^{[s]} = \sum_{\alpha,\beta} b_{\alpha\beta} X^{2\alpha} Y^{2\beta}$ 的正整数. 特别地, 当 s 是一个整数时, 有

$$(\phi_1, \phi_2)_{W^s}^* = \sum_{\alpha+\beta=s} b_{\alpha\beta} \int_{S^1 \times \mathbb{R}} \partial_x^\alpha \partial_y^\beta \phi_1(x, y) \cdot \overline{\partial_x^\alpha \partial_y^\beta \phi_2(x, y)} dx dy. \tag{8.3.10}$$

如果 s 不是一个整数, 应用下面的公式 [10]: 存在一个只依赖于 $0 < \sigma < 1$ 的常数 $B > 0$ 使得

$$
\begin{aligned}
&(\phi_1, \phi_2)_{W^\sigma}^* \\
&= B \int_{S^1 \times \mathbb{R}} dx dy \int_{\mathbb{R}^2} \frac{(\phi_1(x+u, y+v) - \phi_1(x, y))\overline{(\phi_2(x+u, y+v) - \phi_2(x, y))}}{(u^2 + v^2)^{1+\sigma}} du dv.
\end{aligned}
\tag{8.3.11}
$$

引理8.3.2 (1) 对于 $0 \leqslant t < s \leqslant r$ 和 $\varepsilon' > 0$, 存在一个常数 $C(\varepsilon', t, s)$ 使得

$$\|\phi\|_{W^t}^2 \leqslant \varepsilon'\|\phi\|_{W^s}^2 + C(\varepsilon', t, s)\|\phi\|_{L^1}^2, \quad \phi \in C^r(D); \tag{8.3.12}$$

(2) 对于 $\varepsilon' > 0$, 存在一个常数 $C(\varepsilon', s)$ 满足下面的性质: 如果函数 $\phi_1, \phi_2 \in C^r(D)$ 的支集是无交的而且它们之间的距离大于 ε', 则

$$|(\phi_1, \phi_2)_{W^s}| \leqslant C(\varepsilon', s)\|\phi_1\|_{L^1}\|\phi_2\|_{L^1}. \tag{8.3.13}$$

证明　(1) 由范数的定义和性质 $\|\mathcal{F}\phi\|_{L^\infty} \leqslant \|\phi\|_{L^1}$ 易得. 当 s 是一个整数时, 因为 $(\phi_1, \phi_2)_s = 0\,(8.3.10)$, (2) 是平凡的. 假设 s 不是一个整数. 由 (8.3.9) 和 (8.3.11) 以及支集无交的性质, 可以把 $(\phi_1, \phi_2)^*_{W^s}$ 写作

$$-2B \sum_{\alpha+\beta=[s]} \int_{S^1 \times \mathbb{R}} dxdy \int_{\mathbb{R}^2} \frac{b_{\alpha\beta} \cdot \partial_x^\alpha \partial_y^\beta \phi_1(x+u, y+v) \cdot \overline{\partial_x^\alpha \partial_y^\beta \phi_2(x,y)}}{(u^2 + v^2)^{1+\sigma}} dudv,$$

其中 $\sigma = s - [s]$. 对 (u, v) 分部积分 $[s]$ 次, 然后交换变量再分部积分 $[s]$ 次, 得到

$$(\phi_1, \phi_2)^*_{W^s} = \int_{S^1 \times \mathbb{R}} dxdy \int_{\mathbb{R}^2} \frac{\phi_1(x+u, y+v)\overline{\phi_2(x,y)}\widetilde{B}(u,v)}{(u^2+v^2)^{1+\sigma+2[s]}} dudv,$$

其中 $\widetilde{B}(u,v)$ 一个关于 u 和 v 的 $2[s]$ 次多项式. 由此可以推出 (2). □

对于 $\beta_0 = \kappa/(l-\lambda)$, 令 C 和 C^* 是 $\mathbb{R}^2$ 中的锥, 定义为

$$C = \{(u,v) \in \mathbb{R}^2 \,|\, |u| \leqslant \beta_0^{-1}|v|\}$$

和

$$C^* = \{(\xi, \eta) \in \mathbb{R}^2 \,|\, |\eta| \leqslant \beta_0^{-1}|\xi|\},$$

使得 $D(T+t)_x^{-1}(C) \subset C$ 和 $D(T+t)_x^*(C^*) \subset C^*$ 对 $x \in S^1 \times \mathbb{R}$ 都成立只要 t 足够小. 现在来确定 c_i. 选取 $c_1 = \beta_0^{-1}$, 然后有必要的话增大 $c_2, \cdots, c_r$, 可以假设对任意小的 $\bar{t}$, 只要 I 是一个在 $S^1 \times \mathbb{R}$ 中的直线段以及 J 是 $T_{\bar{t}}^{-q}(I)$ 的一个分量都在 C 内的分支, 则 J 是 Γ 中某一个函数的像 (注意 q 在 8.3.2 节前一直被固定住). 令 $\mathcal{P}_*(c, a_{\bar{t}}) = \tau_{c,a,\bar{t}}^{-q}(\mathcal{P}_{*,\bar{t}}(c))$ $(a \in \mathcal{A}^q, c \in \mathcal{A}^p)$. 范数 $\|\cdot\|^\dagger$ 将在下面的引理中被用到.

引理 8.3.3　令 ρ_0 是一个整数 $(s+1 < \rho_0 \leqslant r-1)$. 令 a 和 c 分别是 $\mathcal{A}^q$ 和 $\mathcal{A}^p$ 中的字, 而且 $\chi: S^1 \times \mathbb{R} \to \mathbb{R}$ 是一个 C^∞ 函数, 其支集为 $\mathcal{P}_*(c, a_{\bar{t}}) \times \mathbb{R}$. 选取 $(\xi, \eta) \in \mathbb{Z} \times \mathbb{R} \backslash \{(0,0)\}$ 使得, 对任意的 $x \in \mathcal{P}_*(c, a_{\bar{t}}) \times \mathbb{R}$, 有 $(DT_{\bar{t}}^q)_x^*(\xi, \eta) \in C^*$. 则对任意的 $\phi \in C^r$ 以及足够小的 $\bar{t}$,

$$|(\xi^2 + \eta^2)^{\rho_0/2} \mathcal{F}(\mathcal{L}_{\bar{t}}^q(\chi \cdot \phi))(\xi, \eta)| \leqslant C(q, \chi)\|\phi\|_{\rho_0}^\dagger, \tag{8.3.14}$$

其中 $C(q, \chi)$ 可能依赖于 q 和 χ.

证明　令 (ξ, η) 是一个满足假设的向量. 令 Γ' 是 $S^1 \times \mathbb{R}$ 中的直线段的集合, 它们是与 (ξ, η) 正交的直线与区间 $\mathcal{P}_{*,\bar{t}}(c) \times \mathbb{R}$ 的交. 对 Γ' 中的元素按照长度进行参数化. 由于 $\mathcal{L}_{\bar{t}}^q(\chi \cdot \phi)$ 的支集包含在 $D \cap (\mathcal{P}_{*,\bar{t}}(c) \times \mathbb{R})$ 内, 因此 (8.3.14) 的左边被

$$\sup_{\gamma \in \Gamma'} \int_\gamma \partial^{\rho_0} \mathcal{L}_{\bar{t}}^q(\chi \cdot \phi) dt \tag{8.3.15}$$

的常数倍控制. 其中 ∂ 当 $|\xi| > |\eta|$ 时是关于 x 的偏导数, 反之是关于 y 的偏导数. 对每个 $\gamma \in \Gamma'$, 存在唯一的包含在 $\mathcal{P}_*(c, a_{\bar{t}}) \times \mathbb{R}$ 内的 $T_{\bar{t}}^q$ 的逆象 $\tilde{\gamma}$. 当 $x \in \tilde{\gamma}$ 以及 u 在 $T_{\bar{t}}^q(x)$ 处正切于 γ 时,

$$0 = \langle u, (\xi, \eta) \rangle = \langle (DT_{\bar{t}}^q)_x^{-1} u, (DT_{\bar{t}}^q)_x^*(\xi, \eta) \rangle.$$

由假设 $(DT_{\bar{t}}^q)_x^*(\xi, \eta) \in C^*$, 因此 $(DT_{\bar{t}}^q)_x^{-1} u \in C$. 所以 $\tilde{\gamma}$ 可以写成 Γ 中的一个元 $\hat{\gamma}$ 和一个 C^r 微分同胚 ψ 的复合 $\hat{\gamma} \circ \psi$. 对 $T_{\bar{t}}^m$ 做扭曲估计, 再注意到范数 $\|\cdot\|_{\rho_0}^\dagger$ 的定义, 得到 (8.3.15) 可以被 $C\|\phi\|_{\rho_0}^\dagger$ 控制. $\qquad\square$

令 $\{\chi_c : S^1 \to \mathbb{R}\}_{c \in \mathcal{A}^p}$ 是一个从属于覆盖 $\{\text{int}\mathcal{P}_{*,\bar{t}}(c)\}_{c \in \mathcal{A}^p}$ 的 C^∞ 分解, 因此 $\text{supp}(\chi_c) \subset \text{int}\mathcal{P}_{*,\bar{t}}(c)$. 定义函数 $\chi_{c, a_{\bar{t}}}$ 为 $\chi_{c, a_{\bar{t}}}(\tau_{c, a, \bar{t}}^{-q} x) = \chi_c(x)$ 当 $x \in \mathcal{P}_{*,\bar{t}}(c)$ 时, 然后再让它在其余点处为0, 则函数 $\chi_{c, a_{\bar{t}}}((a, c) \in \mathcal{A}^q \times \mathcal{A}^p)$ 依旧是一个 C^∞ 的单位分解. 为了保持符号的简洁, 仍用 χ_c 和 $\chi_{c, a_{\bar{t}}}$ 来表示 $\chi_c \circ \pi$ 和 $\chi_{c, a_{\bar{t}}} \circ \pi$.

引理8.3.4 存在一个常数 $C > 0$ 使得对任意 $\phi \in C^r(D)$ 以及任意 $\bar{t} \in ([-\varepsilon, \varepsilon]^2)^{\mathbb{N}}$, 有

$$\sum_{(a,c) \in \mathcal{A}^q \times \mathcal{A}^p} \|\chi_{c, a_{\bar{t}}} \phi\|_{W^s}^2 \leqslant 2\|\phi\|_{W^s}^2 + C\|\phi\|_{L^1}^2 \qquad (8.3.16)$$

和

$$\|\phi\|_{W^s}^2 \leqslant 7 \sum_{c \in \mathcal{A}^p} \|\chi_c \phi\|_{W^s}^2 + C\|\phi\|_{L^1}^2. \qquad (8.3.17)$$

证明 当 $s = 0$ 时证明是显然的, 假设 $s > 0$. 令 t 是比 s 小的最大的整数, 则对任意 $\varepsilon' > 0$, 有

$$\sum_{(a,c) \in \mathcal{A}^q \times \mathcal{A}^p} \|\chi_{c, a_{\bar{t}}} \phi\|_{W^s}^2 \leqslant (1 + \varepsilon')\|\phi\|_{W^s}^2 + C(\varepsilon')\|\phi\|_{W^t}^2.$$

事实上, 当 s 是一个整数时, 可以通过 (8.3.10) 来得到它, 不然, 则利用 (8.3.9) 和 (8.3.11). 因此 (8.3.16) 由 (8.3.12) 得到.

由 (8.3.13), 有 $(\chi_c \phi, \chi_{c'} \phi)_{W^s} \leqslant C\|\chi_c \phi\|_{L^1}\|\chi_{c'}\phi\|_{L^1} \leqslant C\|\phi\|_{L^1}^2$ 对任意 $C > 0$ 的常数都正确, 只要 $\mathcal{P}_{*,\bar{t}}(c)$ 和 $\mathcal{P}_{*,\bar{t}}(c')$ 的闭包并不相交. 同样有 $(\chi_c \phi, \chi_{c'}\phi)_{W^s} \leqslant (\|\chi_c\phi\|_{W^s}^2 + \|\chi_{c'}\phi\|_{W^s}^2)/2$. 应用这两个式子得到

$$\|\phi\|_{W^s}^2 = \sum_{(c,c') \in \mathcal{A}^p \times \mathcal{A}^p} (\chi_c \phi, \chi_{c'}\phi)_{W^s},$$

这样就证明了 (8.3.17). $\qquad\square$

现在开始证明命题 8.3.1. 由 (8.3.17), 有

$$\|\mathcal{L}_{\bar{t}}^q(\phi)\|_{W^s}^2 \leqslant 7 \sum_{c \in \mathcal{A}^p} \|\chi_c \mathcal{L}_{\bar{t}}^q(\phi)\|_{W^s}^2 + C\|\phi\|_{L^1}^2 \leqslant 7 \sum_{c \in \mathcal{A}^p} \left\| \sum_{a \in \mathcal{A}^q} \mathcal{L}_{\bar{t}}^q(\chi_{ca}\phi) \right\|_{W^s}^2 + C\|\phi\|_{L^1}^2.$$

因此考虑估计

$$\left\|\sum_{a\in\mathcal{A}^q}\mathcal{L}_{\bar{t}}^q(\chi_{ca}\phi)\right\|_{W^s}^2 = \sum_{(a,b)\in\mathcal{A}^q\times\mathcal{A}^q}(\mathcal{L}_{\bar{t}}^q(\chi_{ca}\phi),\mathcal{L}_{\bar{t}}^q(\chi_{cb}\phi))_{W^s},$$

当 $c\in\mathcal{A}^p$ 时.

首先考虑一对 $(a,b)\in\mathcal{A}^q\times\mathcal{A}^q$ 使得 $a\pitchfork_{c,\bar{t}}b$. 对于任意 $(\xi,\eta)\in\mathbb{Z}\times\mathbb{R}\backslash\{(0,0)\}$, 这蕴含要不 $(DT_{\bar{t}}^q)_x^*(\xi,\eta)\in C^*$ 对所有的 $x\in\mathcal{P}_*(c,a_{\bar{t}})\times\mathbb{R}$ 成立, 要不 $(DT_{\bar{t}}^q)_x^*(\xi,\eta)\in C^*$ 对所有的 $x\in\mathcal{P}_*(c,b_{\bar{t}})\times\mathbb{R}$ 成立. 令 U 是所有满足第一种可能的 $(\xi,\eta)\in\mathbb{Z}\times\mathbb{R}$ 构成的集合, $V=(\mathbb{Z}\times\mathbb{R})\backslash U$. 当 $(\xi,\eta)\in U$ 时, 由引理 8.3.3, 存在一个常数 $C>0$ 使得 $|\mathcal{F}(\mathcal{L}_{\bar{t}}^q(\chi_{ca}\cdot\phi))(\xi,\eta)|\leqslant C(\xi^2+\eta^2)^{-\rho_0/2}\|\phi\|_{\rho_0}^\dagger$ 以及 $|\mathcal{F}(\mathcal{L}_{\bar{t}}^q(\chi_{ca}\cdot\phi))(\xi,\eta)|\leqslant C\|\phi\|_{L^1}$. 由 (8.3.2), $|\mathcal{F}(\mathcal{L}_{\bar{t}}^q(\chi_{ca}\cdot\phi))(\xi,\eta)|$ 可以被 $C\|\phi\|_{\rho_0}^\dagger$ 进一步控制. 因此, $|\mathcal{F}(\mathcal{L}_{\bar{t}}^q(\chi_{ca}\cdot\phi))(\xi,\eta)|\leqslant C(1+\xi^2+\eta^2)^{-\rho_0/2}\|\phi\|_{\rho_0}^\dagger$. 由于当 $s<\rho_0-1$ 时 $(1+\xi^2+\eta^2)^{-\rho_0+s}$ 可积, 所以有

$$\left|\sum_{\xi=-\infty}^{\infty}\int\mathbf{1}_U(\xi,\eta)\cdot(1+\xi^2+\eta^2)^s\mathcal{F}(\mathcal{L}_{\bar{t}}^q(\chi_{ca}\cdot\phi))\cdot\overline{\mathcal{F}(\mathcal{L}_{\bar{t}}^q(\chi_{cb}\cdot\phi))}d\eta\right|$$

$$\leqslant C\left(\sum_{\xi=-\infty}^{\infty}\int\mathbf{1}_U(\xi,\eta)\cdot(1+\xi^2+\eta^2)^s|\mathcal{F}(\mathcal{L}_{\bar{t}}^q(\chi_{ca}\cdot\phi))|^2d\eta\right)^{1/2}\|\mathcal{L}_{\bar{t}}^q(\chi_{cb}\cdot\phi)\|_{W^s}$$

$$\leqslant C\|\phi\|_{\rho_0}^\dagger\|\phi\|_{W^s}.$$

对于在 V 中点可以证明类似的不等式, 进一步有

$$|(\mathcal{L}_{\bar{t}}^q(\chi_{ca}\cdot\phi),\mathcal{L}_{\bar{t}}^q(\chi_{cb}\cdot\phi))_{W^s}|\leqslant C\|\phi\|_{\rho_0}^\dagger\|\phi\|_{W^s}. \tag{8.3.18}$$

对于所有满足 $a\not\pitchfork_{c,\bar{t}}b$ 的 a 和 b 求和, 则

$$\sum_{a\not\pitchfork_{c,\bar{t}}b}((\mathcal{L}_{\bar{t}}^q(\chi_{ca}\cdot\phi),(\mathcal{L}_{\bar{t}}^q(\chi_{cb}\cdot\phi))_{W^s}\leqslant\sum_{a\not\pitchfork_{c,\bar{t}}b}\frac{\|\mathcal{L}_{\bar{t}}^q(\chi_{ca}\cdot\phi)\|_{W^s}^2+\|\mathcal{L}_{\bar{t}}^q(\chi_{cb}\cdot\phi)\|_{W^s}^2}{2}$$

$$\leqslant e_{\bar{t}}(q)\sum_{a\in\mathcal{A}^q}\|\mathcal{L}_{\bar{t}}^q(\chi_{ca}\cdot\phi)\|_{W^s}^2. \tag{8.3.19}$$

对于和式的最后一项, 可以有估计

$$\|\mathcal{L}_{\bar{t}}^q(\chi_{ca}\cdot\phi)\|_{W^s}^2\leqslant\frac{C_0\|\chi_{ca}\cdot\phi\|_{W^s}^2}{\lambda^{(1+2s)ql^q}}+C\|\phi\|_{L^1}^2, \tag{8.3.20}$$

其中 C_0 是一个依赖 λ, l 和 κ 的常数. 事实上, 当 s 是一个整数时可以由 (8.3.10) 来证明它, 其他情况利用 (8.3.9) 和 (8.3.11) 即可.

由 (8.3.18) $\sim$ (8.3.20), (8.3.16) 和 (8.3.2), 得到

$$\sum_{c\in\mathcal{A}^p}\left\|\sum_{a\in\mathcal{A}^q}\mathcal{L}_{\bar{t}}^q(\chi_{ca}\cdot\phi)\right\|_{W^s}^2\leqslant\frac{C_0e_{\bar{t}}(q)}{\lambda^{(1+2s)ql^q}}\sum_{(a,c)\in\mathcal{A}^q\times\mathcal{A}^p}\|\chi_{ca}\cdot\phi\|_{W^s}^2+C\|\phi\|_{W^s}\|\phi\|_{\rho_0}^\dagger$$

$$\leqslant 2\frac{C_0 e_{\bar{t}}(q)}{\lambda^{(1+2s)q_1 q}}\|\phi\|_{W^s}^2 + C\|\phi\|_{W^s}\|\phi\|_{\rho_0}^\dagger.$$

最后注意当 $\|\bar{t}\|$ 足够小时 $e_{\bar{t}}(q) \leqslant e(q)$, 证得了结论.

8.4 无界区域上的随机双曲动力系统的谱分析

引理8.4.1 令 $\delta \in (l^{-1}, 1)$. 存在 $C > 0$ 使得, 对整数 $1 \leqslant \rho \leqslant r-1$, 以及 $n \in \mathbb{N}$,

$$\|\mathcal{L}_\varepsilon^n h\|_\rho^\dagger \leqslant C\delta^{\rho n}\|h\|_\rho^\dagger + C\|h\|_{\rho-1}^\dagger.$$

证明 通过对 ρ 归纳来证明这个引理. 令 $\rho \geqslant 1$. 由引理 8.3.1, 存在 $N \in \mathbb{N}$ 和 $C > 0$ 使得

$$\|\mathcal{L}_\varepsilon^N h\|_\rho^\dagger \leqslant \delta^{\rho N}\|h\|_\rho^\dagger + C\|h\|_{\rho-1}^\dagger. \tag{8.4.1}$$

因此 $\rho = 1$ 的情形成立, 多次运用引理 8.3.1, 由归纳假设知 $\|\mathcal{L}_\varepsilon^n h\|_{\rho-1}^\dagger \leqslant C\|h\|_{\rho-1}^\dagger$. 因此, 再次迭代 (8.4.1) 得到结论. □

引理8.4.2 令 $\delta \in (l^{-1}, 1)$ 以及 $0 \leqslant \rho_1 < \rho_0 \leqslant r-1$ 是整数. 令 $v(\rho_0, \rho_1) = \sum_{j=\rho_1+1}^{\rho_0} \frac{1}{j}$. 存在常数 $C > 0$ 使得对任意的 $n \in \mathbb{N}$,

$$\|\mathcal{L}_\varepsilon^n h\|_{\rho_0}^\dagger \leqslant C\delta^{n/v(\rho_0,\rho_1)}\|h\|_{\rho_0}^\dagger + C\|h\|_{\rho_1}^\dagger.$$

证明 令 n 是 $(r-1)!$ 的倍数, 则对 $\rho_1 + 1 \leqslant \rho \leqslant \rho_0$ 进行归纳, 可以由引理 8.4.1 得到

$$\left\|\mathcal{L}_\varepsilon^{(\frac{1}{\rho}+\cdots+\frac{1}{\rho_1+1})n} h\right\|_\rho^\dagger \leqslant C\delta^n\|h\|_\rho^\dagger + C\|h\|_{\rho_1}^\dagger.$$

对于 $\rho = \rho_0$, 得到 $\|\mathcal{L}_\varepsilon^{v(\rho_0,\rho_1)n} h\|_{\rho_0}^\dagger \leqslant C\delta^n\|h\|_{\rho_0}^\dagger + C\|h\|_{\rho_1}^\dagger$. □

由横截的性质, $\limsup\limits_{q\to\infty} \frac{e(q)}{(\lambda^{1+2s}l)^q} = 0$. 因此可以令 q 足够大使得 $\left(\frac{(B_0 e(q))^{1/q}}{\lambda^{1+2s}l}\right) < 1$. 这里固定 q.

定理8.4.1 令 $0 \leqslant \rho_1 < \rho_0 \leqslant r-1$ 是满足 $s < \rho_0 - 1$ 的整数. 令 $v = v(\rho_0, \rho_1)$ 与上个引理中 v 的相同. 令

$$\gamma \in \left(\max\left(l^{-1/v}, \sqrt{\frac{(B_0 e(q))^{1/q}}{\lambda^{1+2s}l}}\right), 1\right).$$

令 $\|\phi\| := \|\phi\|_{W^s} + \|\phi\|_{\rho_0}^\dagger$, 则存在一个常数 C 满足对任意的 $n \in \mathbb{N}$,

$$\|\mathcal{L}_\varepsilon^n \phi\| \leqslant C\gamma^n\|\phi\| + C\|\phi\|_{\rho_1}^\dagger.$$

证明 由于 $\sqrt{a+b} \leqslant \sqrt{a} + \sqrt{b}$ 以及 $\sqrt{ab} \leqslant \varepsilon' a + \varepsilon'^{-1} b$, 命题 8.3.1 推出

$$\|\mathcal{L}_\varepsilon^q \phi\|_{W^s} \leqslant \left(\frac{(B_0 e(q))^{1/q}}{\lambda^{1+2s}l}\right)^{q/2}\|\phi\|_{W^s} + \varepsilon'\|\phi\|_{W^s} + C(\varepsilon')\|\phi\|_{\rho_0}^\dagger.$$

由于 $\left(\frac{(B_0e(q))^{1/q}}{\lambda^{1+2s}l}\right)^{q/2} < \gamma^q$, 选取 ε' 足够小就有

$$\|\mathcal{L}_\varepsilon^q \phi\|_{W^s} \leqslant \gamma^q \|\phi\|_{W^s} + C\|\phi\|_{\rho_0}^\dagger.$$

迭代这个方程 K 次得到

$$\|\mathcal{L}_\varepsilon^{Kq}\phi\|_{W^s} \leqslant \gamma^{Kq}\|\phi\|_{W^s} + C(K)\|\phi\|_{\rho_0}^\dagger \tag{8.4.2}$$

对某个常数 $C(K)$ 成立. 当 K 足够大时, 由 γ 的选取和引理 8.4.2 有

$$\|\mathcal{L}_\varepsilon^{Kq}\phi\|_{\rho_0}^\dagger \leqslant \frac{\gamma^{Kq}}{2}\|\phi\|_{\rho_0}^\dagger + C'(K)\|\phi\|_{\rho_1}^\dagger. \tag{8.4.3}$$

固定一个这样的 K, 然后定义一个范数 $\|\phi\|^* := \|\phi\|_{W^s} + 2C(K)\gamma^{-Kq}\|\phi\|_{\rho_0}^\dagger$. 对 (8.4.2) 和 (8.4.3) 做和后得到

$$\|\mathcal{L}_\varepsilon^{Kq}\phi\|^* \leqslant \gamma^{Kq}\|\phi\|^* + C\|\phi\|_{\rho_1}^\dagger.$$

迭代这个方程(注意 $\|\mathcal{L}_\varepsilon^n\phi\|_{\rho_1}^\dagger \leqslant C\|\phi\|_{\rho_1}^\dagger$ 对某个不依赖于 n 的常数 C 成立, 由引理 8.4.1 知), 则对于范数 $\|\cdot\|^*$ 得到了定理的结论. 由于该范数与原范数 $\|\cdot\|$ 等价, 因此完成了证明. □

推论8.4.1 对于扰动系统定理 8.1.1 的结论成立.

证明 选取 $\rho_0 = r-1$ 和 $\rho_1 = 0$. 因为 $s < r-2$, 它们满足定理 8.4.1 的假设. 固定一个非负函数 $\Psi_0 \in C^r(D)$ 使得 $\int \Psi_0 dm = 1$, 其中 m 为 D 上的 Lebesgue 测度, 对于给定的 ε, 令 $\Psi_n = \frac{1}{n}\sum_{i=0}^{n-1}\mathcal{L}_\varepsilon^i\Psi_0$. 由定理 8.4.1, 序列 Ψ_n $(n \geqslant 1)$ 被范数 $\|\cdot\|$ 所控制, 因此也同样被范数 $\|\cdot\|_{W^s}$ 控制. 所以存在一个子序列 $n(k) \to \infty$ 满足 $\Psi_{n(k)}$ 弱收敛到 Hilbert 空间 $W^s(S^1 \times \mathbb{R})$ 中的某一个元素 Ψ_∞. Ψ_∞ 恰恰是算子 $\mathcal{L}_\varepsilon$ 的不动点. 进一步地, 经过简单检验知 Ψ_∞ 就是所求的密度. □

令 $\mathcal{B}$ 是 $C^r(D)$ 空间在范数 $\|\cdot\|$ 下的完备化. 它是一个包含在 $W^s(D)$ 内且包含 $C^{r-1}(D)$ 的 Banach 空间. 令 $\mathcal{B}'$ 是 $C^r(D)$ 空间在范数 $\|\cdot\|_\rho^\dagger$ 下的完备化.

引理8.4.3 当 $\rho + \frac{1}{2} < s$ 时, $\mathcal{B}$ 的单位球在 $\mathcal{B}'$ 内是相对紧的.

证明 因为 $\|\phi\| := \|\phi\|_{W^s} + \|\phi\|_{\rho_0}^\dagger$, 故 $\mathcal{B}$ 在 $W^s(D)$ 内的嵌入是连续的. 令 $t \in (\rho+1/2, s)$, 则由 Sobolev 嵌入定理, $W^s(D)$ 在 $W^t(D)$ 内的嵌入是紧的. 最后, 只需检验映射 $W^t(D) \to \mathcal{B}'$ 是连续的. 由于 $t > \rho + \frac{1}{2}$, 应用 $p=q=2$, $k=1$ 和 $n=2$ 的情形) 证明了 [1], 对任意光滑曲线 $\mathcal{C} \subset D$ 和任意的 $\phi \in W^t(D)$,

$$\|\partial_x^\alpha\partial_y^\beta\phi\|_{L^2(\mathcal{C})} \leqslant C(\mathcal{C})\|\phi\|_{W^t(D)},$$

只要 α 和 β 是满足 $\alpha+\beta \leqslant \rho$ 的非负整数. 常数 $C(\mathcal{C})$ 可以选成对 Γ 中的所有曲线是一致的, 这样就得到了 $\|\phi\|_\rho^\dagger \leqslant C\|\phi\|_{W^t(D)}$. □

推论8.4.2 令 $1/2 < s < r - 2$. 如果

$$\gamma \in \left(\sqrt{\frac{(B_0 e(q))^{1/q}}{\lambda^{1+2s} l}}, 1 \right),$$

则定理 8.1.2 对于这样的 γ 成立.

证明 令 ρ_0 是满足 $s < \rho_0 - 1$ 的最小的整数, ρ_1 是满足 $\rho_1 < s - 1/2$ 的最大的整数, 都满足定理 8.4.1 的假设. 而且 $v(\rho_0, \rho_1) \leqslant 1 + \frac{1}{2} + \frac{1}{3} < 2$. 因此, $l^{-1/v} < \frac{1}{\sqrt{l}} < \sqrt{\frac{(B_0 e(q))^{1/q}}{\lambda^{1+2s} l}}$.

注意定理 8.4.1 给出了关于空间 $\mathcal{B}$ 和空间 $\mathcal{B}'$ 的 Lasota-Yorke 不等式, 因此推论是 Hennion 定理[6] 的标准结果, 如果利用引理 8.4.3. □

引理8.4.4 对于任意的 $h \in C^r(D)$ 以及任意小的 ε, $1 \leqslant \rho \leqslant r - 2$,

$$\|\mathcal{L}_\varepsilon h - \mathcal{L} h\|_\rho^\dagger \leqslant C\varepsilon \|h\|_{\rho+1}^\dagger. \tag{8.4.4}$$

证明 显然, 只要证明下式即可:

$$\|\mathcal{L}_{T+t} h - \mathcal{L}_T h\|_\rho^\dagger \leqslant Ct \|h\|_{\rho+1}^\dagger,$$

其中

$$\mathcal{L} h = \mathcal{L}_T h = \frac{1}{\lambda l} \sum_{(x', y') \in T^{-1}(x,y)} h(x', y'),$$

$$\mathcal{L}_{T+t} h = \frac{1}{\lambda l} \sum_{(x', y') \in (T+t)^{-1}(x,y)} h(x', y').$$

考虑满足 $1 \leqslant \rho \leqslant r - 2$ 和 $\alpha + \beta = \rho$ 的非负整数 ρ, α, β, 对 $\mathcal{L} h$ 两边做微分, 有

$$\partial_x^\alpha \partial_y^\beta \mathcal{L}_T h(x, y) = \sum_{(x', y') \in T^{-1}(x,y)} \sum_{a+b \leqslant \rho} Q_{a,b}(x) \frac{\partial_x^a \partial_y^b h(x', y')}{\lambda^{1+b} l^{1+a}},$$

其中 $Q_{a,b}(\cdot)$ 是属于 C^{a+b} 中的函数. 容易验证 $Q_{a,b}(\cdot)$ 的 C^{a+b} 范数被某个常数控制. 同时也存在

$$\partial_x^\alpha \partial_y^\beta \mathcal{L}_{T+t} h(x, y) = \sum_{(x', y') \in (T+t)^{-1}(x,y)} \sum_{a+b \leqslant \rho} Q_{a,b,t}(x) \frac{\partial_x^a \partial_y^b h(x', y')}{\lambda^{1+b} l^{1+a}},$$

其中 $Q_{a,b,t}(\cdot)$ 与 $Q_{a,b}(\cdot)$ 具备类似的性质, 进一步, $|Q_{a,b}(\cdot) - Q_{a,b,t}(\cdot)|_{C^{a+b}} \leqslant Ct$.

对于 $\gamma \in \Gamma$ 和 $\phi \in \mathcal{C}^\rho(\gamma)$, 估计 $\int \phi(s) \partial_x^\alpha \partial_y^\beta \mathcal{L} h(\gamma(s)) ds$. 令 γ_i (相应地, $\gamma_{i,t}$), $1 \leqslant i \leqslant l$ 是曲线 γ 在 T (相应地, $(T+t)$) 下的逆象, 把它们写成 $\widehat{\gamma}_i \in \Gamma$ (相应地, $\widehat{\gamma}_{i,t} \in \Gamma$) 和一个 C^r 微分同胚 g_i 的复合 $\widehat{\gamma}_i \circ g_i$ (相应地, $\widehat{\gamma}_{i,t} \circ g_i$). 由于 $T + t$ 只是 T 的平移, 以上的复合都是有意义的, 而且 $\widehat{\gamma}_{i,t}$ 也恰恰是 $\widehat{\gamma}_i$ 的平移, 满足 $|\widehat{\gamma}_i - \widehat{\gamma}_{i,t}|_{C^r} \leqslant Ct$.

然后有

$$\int \phi(s)\partial_x^\alpha \partial_y^\beta \mathcal{L}h(\gamma(s))ds$$

$$= \sum_{1\leqslant i\leqslant l}\sum_{a+b\leqslant \rho}\int \phi(s)\frac{Q_{a,b}(\pi\circ\gamma(s))\cdot\partial_x^a\partial_y^b h(\gamma_i(s))}{\lambda^{(1+b)}l^{(1+a)}}ds$$

$$= \sum_{1\leqslant i\leqslant l}\sum_{a+b\leqslant \rho}\int \frac{\phi(g_i^{-1}(s))\cdot Q_{a,b}(\pi\circ\gamma\circ g_i^{-1}(s))(g_i^{-1})'(s)\cdot\partial_x^a\partial_y^b h(\widehat{\gamma}_i(s))}{\lambda^{(1+b)}l^{(1+a)}}ds. \quad (8.4.5)$$

类似地

$$\int \phi(s)\partial_x^\alpha \partial_y^\beta \mathcal{L}_{T+t}h(\gamma(s))ds$$

$$= \sum_{1\leqslant i\leqslant l}\sum_{a+b\leqslant \rho}\int \phi(s)\frac{Q_{a,b,t}(\pi\circ\gamma(s))\cdot\partial_x^a\partial_y^b h(\gamma_{i,t}(s))}{\lambda^{(1+b)}l^{(1+a)}}ds$$

$$= \sum_{1\leqslant i\leqslant l}\sum_{a+b\leqslant \rho}\int \frac{\phi(g_i^{-1}(s))\cdot Q_{a,b,t}(\pi\circ\gamma\circ g_i^{-1}(s))(g_i^{-1})'(s)\cdot\partial_x^a\partial_y^b h(\widehat{\gamma}_{i,t}(s))}{\lambda^{(1+b)}l^{(1+a)}}ds. \quad (8.4.6)$$

首先

$$\left|\phi(g_i^{-1}(s))Q_{a,b}(\pi\circ\gamma\circ g_i^{-1}(s))(g_i^{-1})'(s)\partial_x^a\partial_y^b h(\widehat{\gamma}_i(s))\right.$$

$$\left.-\phi(g_i^{-1}(s))Q_{a,b,t}(\pi\circ\gamma\circ g_i^{-1}(s))(g_i^{-1})'(s)\partial_x^a\partial_y^b h(\widehat{\gamma}_i(s))\right|$$

$$= \left|\int \phi(g_i^{-1}(s))\partial_x^a\partial_y^b h(\widehat{\gamma}_i(s))(g_i^{-1})'(s)(Q_{a,b}(\pi\circ\gamma\circ g_i^{-1}(s))\right.$$

$$\left.-Q_{a,b,t}(\pi\circ\gamma\circ g_i^{-1}(s)))ds\right|. \quad (8.4.7)$$

由于 $|Q_{a,b}(\cdot)-Q_{a,b,t}(\cdot)|_{C^{a+b}}\leqslant Ct$, $|\phi(\cdot)_{C^{\alpha+\beta}}|\leqslant C$ 以及 $|g_i^{-1}(\cdot)|_{C^r}\leqslant C$, 因此可以推断出 (8.4.7) 比 $Ct\|h\|_{\rho+1}^\dagger$ 小.

因此只需要估计

$$\left|\int \phi(g_i^{-1}(s))\cdot Q_{a,b,t}(\pi\circ\gamma\circ g_i^{-1}(s))(g_i^{-1})'(s)(\partial_x^a\partial_y^b h(\widehat{\gamma}_i(s))-\partial_x^a\partial_y^b h(\widehat{\gamma}_{i,t}(s)))ds\right|$$

$$= \left|\int \phi(g_i^{-1}(s))\cdot Q_{a,b,t}(\pi\circ\gamma\circ g_i^{-1}(s))(g_i^{-1})'(s)\right.$$

$$\left.\times\int_0^1 D\partial_x^\alpha\partial_y^\beta h(\widehat{\gamma}_{i,t}(s)+s'(\widehat{\gamma}_i(s)-\widehat{\gamma}_{i,t}(s)))\cdot(\widehat{\gamma}_i(s)-\widehat{\gamma}_{i,t}(s))ds'ds\right|. \quad (8.4.8)$$

由于 $\widehat{\gamma}_{i,t}$ 是 $\widehat{\gamma}$ 的平移, 自然有 $\widehat{\gamma}_{i,t}(s)+s'(\widehat{\gamma}_i(s)-\widehat{\gamma}_{i,t}(s))\in\Gamma$. 因此当 s' 被固定住时, 每个积分都是沿着 Γ 的一条曲线做的, 因此 (8.4.8) 至多为

$$C\|h\|_{\rho+1}^\dagger|\widehat{\gamma}_{i,t}-\widehat{\gamma}_i|_{C^r}\leqslant Ct\|h\|_{\rho+1}^\dagger.$$

结合 (8.4.5) ~ (8.4.8), 即证得了引理. □

固定任意的 $\varrho \in \left(\sqrt{\frac{(B_0 e(q))^{1/q}}{\lambda^{1+2sl}}}, 1 \right)$, 然后用 $\mathrm{sp}(\mathcal{L})$ 代表算子 $\mathcal{L} : \mathcal{B} \to \mathcal{B}$ 的谱. 集合 $\mathrm{sp}(\mathcal{L}) \cap \{z \in \mathbb{C} : |z| \geqslant \varrho\}$ 由有限个有限重的特征根 $\lambda_1, \cdots, \lambda_k$ 所组成. 稍稍改变 ϱ, 如果有必要的话, 可以假定 $\mathrm{sp}(\mathcal{L}) \cap \{z \in \mathbb{C} : |z| = \varrho\} = \varnothing$. 因此存在 $\delta_* < \varrho - \sqrt{\frac{(B_0 e(q))^{1/q}}{\lambda^{1+2sl}}}$ 满足

$$|\lambda_i - \lambda_j| > \delta_* \quad (i \neq j); \quad \mathrm{dist}(\mathrm{sp}(\mathcal{L}), \{|z| = \varrho\}) > \delta_*.$$

结合引理 8.4.3、引理 8.4.4、引理 8.3.1 和定理 8.4.1 的结果, 即可以得到

定理8.4.2 对于任意的 $\delta \in (0, \delta_*]$ 和 $\eta < 1 - \frac{\log \varrho}{\log \sqrt{\frac{(B_0 e(q))^{1/q}}{\lambda^{1+2sl}}}}$, 存在 ε_0 使得对任意的 $\mathcal{L}_\varepsilon$, 只要 $\varepsilon \leqslant \varepsilon_0$ 就有

(1) 谱投影算子

$$\Pi_\varepsilon^{(j)} := \frac{1}{2\pi i} \int_{\{|z - \lambda_j| = \delta\}} (z - \mathcal{L}_\varepsilon)^{-1} dz$$

和

$$\Pi_\varepsilon^{(\varrho)} := \frac{1}{2\pi i} \int_{\{|z| = \varrho\}} (z - \mathcal{L}_\varepsilon)^{-1} dz$$

在 $\mathcal{B}$ 上是有定义的, 类似地, 用 $\Pi_0^{(j)}$ 和 $\Pi_0^{(\varrho)}$ 来表示算子 $\mathcal{L}$ 所对应的谱投影算子;

(2) 存在 $K_1 > 0$ 满足 $\|\Pi_\varepsilon^{(j)} - \Pi_0^{(j)}\|_{\mathcal{B} \to \mathcal{B}'} \leqslant K_1 \varepsilon^\eta$ 以及 $\|\Pi_\varepsilon^{(\varrho)} - \Pi_0^{(\varrho)}\|_{\mathcal{B} \to \mathcal{B}'} \leqslant K_1 \varepsilon^\eta$;

(3) $\mathrm{rank}(\Pi_\varepsilon^{(j)}) = \mathrm{rank}(\Pi_0^{(j)})$;

(4) 存在 $K_2 > 0$ 满足 $\|\mathcal{L}_\varepsilon^n \Pi_\varepsilon^{(\varrho)}\|_{\mathcal{B}} \leqslant K_2 \varrho^n$ 对任意 $n \in \mathbb{N}$ 成立.

特别地, 这个定理蕴含了算子 $\mathcal{L}$ 的孤立特征值 λ_j 的稳定性. 再注意到转移算子的特征值与衰退率之间的关系, 不难得出

推论8.4.3 定理8.1.3的结论成立.

参 考 文 献

[1] Adams R A. *Sobolev Spaces*. Pure and Applied Mathematics, Vol. 65. Academic Press, 1975.

[2] Artur Avila, Sébastien Gouëzel and Masato Tsujii. Smoothness of solenoidal attractors. *Discrete Contin. Dyn. Syst.*, 2006, **15**(1): 21–35.

[3] Blank M, Keller G, Liverani C. Ruelle-Perron-Frobenius spectrum for Anosov maps. *Nonlinearity*, 2001, **15**(6): 1905–1973.

[4] Cowieson W and Young L S. SRB measures as zero-noise limits. *Ergod. Th. Dynam. Syst.*, 2005, **25**: 1115–1138.

[5] Sébastien Gouëzel and Carlangelo Liverani. Banach spaces adapted to anosov systems. *Ergodic Theory and Dynamical Systems*, 2006, **26**(1): 189–217.

[6]   Hennion H. Sur un théorème spectral et son application aus noyaux lipschitziens. *Proc. Amer. Math. Soc.*, 1993, **118**: 627–634.

[7]   Keller G, Liverani C. Stability of the spectrum for transfer operators. *Annali della Scuola Normale Superiore di Pisa. Scienze Fisiche e Matematiche,* 1999, **XXVIII**(4): 141–152.

[8]   Keller G. Stochastic stability of some chaotic dynamical systems. *Monatsh. Math.*, 1982, **94**: 313–333.

[9]   Kifer Y. *Random Perturbations of Dynamical Systems*. Boston: Birkhäuser, 1988.

[10]   Hörmander L. *The Analysis of Linear Partial Differential Operators*. I. 2nd edition. Berlin: Springer-Verlag, 1990.

[11]   Liu P D and Qian M. Smooth ergodic theory of random dynamical systems. *Lect. Not. Math.,* **1606**. Springer, 1995.

[12]   Tsujii M. Fat solenoidal attractors. *Nonlinearity*, 2001, **14**: 1011–1027.